Oliver Haas, Ludwig Brabetz, Christian Koppe
Grundgebiete der Elektrotechnik
De Gruyter Studium

Weitere Titel der Autoren

Grundgebiete der Elektrotechnik
Ludwig Brabetz, Christian Koppe, Oliver Haas, 2022
Begründet von: Horst Clausert, Gunther Wiesemann
Band 1: Gleichstromnetze, Operationsverstärkerschaltungen,
elektrische und magnetische Felder
ISBN 978-3-11-063154-8, e-ISBN 978-3-11-063158-6

Arbeitsbuch Elektrotechnik
Band 1: Gleichstromnetze, Operationsverstärkerschaltungen,
elektrische und magnetische Felder
Christian Spieker, Oliver Haas, 2022
ISBN 978-3-11-067248-0, e-ISBN 978-3-11-067251-0
Band 2: Wechselströme, Drehstrom, Leitungen, Anwendungen der
Fourier-, der Laplace -und der z-Transformation
Christian Spieker, Oliver Haas, Karsten Golde, Christian Gierl, 2022
ISBN 978-3-11-067252-7, e-ISBN 978-3-11-067253-4

Jeweils auch als Set erhältlich:
Set Grundgebiete der Elektrotechnik 1, 13. Aufl.+ Arbeitsbuch
Elektrotechnik 1, 2. Aufl.
ISBN 978-3-11-067673-0
Set Grundgebiete der Elektrotechnik 2, 13. Aufl.+Arbeitsbuch
Elektrotechnik 2, 2. Aufl.
ISBN 978-3-11-067674-7

Weitere empfehlenswerte Titel

Elektronik für Informatiker
Von den Grundlagen bis zur Mikrocontroller-Applikation
Manfred Rost, Sandro Wefel, 2021
ISBN 978-3-11-060882-3, e-ISBN 978-3-11-040388-6

Power Electronics Circuit Analysis with PSIM®
Farzin Asadi, Kei Eguchi, 2021
ISBN 978-3-11-074063-9, e-ISBN 978-3-11-064357-2

Oliver Haas, Ludwig Brabetz, Christian Koppe

Grundgebiete der Elektrotechnik

Band 2: Wechselströme, Drehstrom, Leitungen,
Anwendungen der Fourier-, der Laplace- und der
z-Transformation

13. korrigierte Auflage

DE GRUYTER
OLDENBOURG

Autoren
Prof. Dr. Ludwig Brabetz
Universität Kassel
FB 16 Elektrotechnik und Informatik
Wilhelmshöher Allee 73
34121 Kassel
brabetz@uni-kassel.de

Dr.-Ing. Oliver Haas
Universität Kassel
Fahrzeugsysteme und Grundlagen der Elektrotechnik
Wilhelmshöher Allee 73
34121 Kassel
oliver.haas@uni-kassel.de

Christian Koppe
Wilhelmshöher Allee 73
34121 Kassel
christian.koppe@uni-kassel.de

Begründet von
 Horst Clausert
 Gunther Wiesemann

ISBN 978-3-11-063160-9
e-ISBN (PDF) 978-3-11-063164-7
e-ISBN (EPUB) 978-3-11-063180-7

Library of Congress Control Number: 2022946487

Bibliografische Information der Deutschen Nationalbibliothek
Die Deutsche Nationalbibliothek verzeichnet diese Publikation in der Deutschen
Nationalbibliografie; detaillierte bibliografische Daten sind im Internet über
http://dnb.dnb.de abrufbar.

© 2023 Walter de Gruyter GmbH, Berlin/Boston
Einbandabbildung: Nick_Picnic / iStock / Getty Images Plus
Druck und Bindung: CPI books GmbH, Leck

www.degruyter.com

Vorwort zur 13. Auflage

Die beiden Bände *Grundgebiete der Elektrotechnik* der Autoren Clausert und Wiesemann gelten schon seit vielen Jahren an der Universität Kassel als Standardwerk für die Studierenden der Fächer Elektrotechnik, Mechatronik, Maschinenbau und Informatik.

Wie bereits bei Band 1 wurden konsequent alle Empfehlungen des wissenschaftlichen Formelsatzes berücksichtigt; also die Festlegung, wie Indizes, Variablen und Funktionen sowie mathematische Konstanten gesetzt werden.

Viele Änderungen waren notwendig, damit auch diese Auflage weiterhin den Anspruch erfüllen kann, den Studierenden ein aktuelles Standardwerk zu bieten. Hierbei wurden die bestehenden Texte erweitert, Fehler korrigiert und Bilder überarbeitet. Die zusätzlich neu eingeführten Beispiele sollen dazu dienen, dem Leser den theoretischen Inhalt verständlicher zu präsentieren.

Der zweite Band dieser Reihe soll neben der neu eingeführten Wechselstromtechnik und den Mehrphasensystemen das bereits erworbene Wissen der Studierenden über die Grundlagen der Elektrotechnik erweitern. Diese fundamentalen Grundlagen geben den Studierenden die Möglichkeit tiefer in die Materie der Elektrotechnik einzutauchen und Lösungen für später auftretende Probleme zu generieren.

Abschließend möchten wir uns bei den Mitarbeitenden von DE GRUYTER OLDENBOURG für die gute und freundliche Zusammenarbeit herzlich bedanken.

Kassel im August 2022

Ludwig Brabetz
Oliver Haas
Christian Koppe

https://doi.org/10.1515/9783110631647-202

Aus dem Vorwort zur ersten Auflage

Nachdem sich Band 1 in den Kapiteln 1 bis 6 mit elektrischen und magnetischen Feldern sowie mit elektrischen Netzen bei Gleichstrom befasst hat, kommen in dem vorliegenden zweiten Band in den Kapiteln 7 bis 12 folgende Themen zur Sprache: die Wechselstromlehre (Ströme und Spannungen im eingeschwungenen Zustand) einschließlich des Drehstromsystems, die Theorie der Leitungen, Wirbelströme, die Fourier-Darstellung von nichtsinusförmigen Strömen und Spannungen und die Laplace-Transformation, die auf Ausgleichsvorgänge in linearen Netzen angewendet wird.

Wie bei einem Lehrbuch üblich, findet man auch hier in allen wichtigen Abschnitten Übungsaufgaben. Anspruchsvollere Hilfsmittel werden nicht vorausgesetzt, sondern im Text erläutert.

Recht ausführlich ist das Literaturverzeichnis ausgefallen. Es enthält auch viele Arbeitsbücher und Aufgabensammlungen, da Studenten, die sich auf Prüfungen vorbereiten wollen, meist gerade nach solchen Büchern fragen. Auch einige englische Titel haben wir aufgenommen, weil diese oft für ausländische Studenten eine große Hilfe sind, außerdem wollen wir dazu ermuntern, englische Fachliteratur schon frühzeitig zu Rate zu ziehen.

Zum Schluss danken wir allen, die zum Gelingen des Buches beigetragen haben.

Der erstgenannte Verfasser dankt Frau Bauks für die Anfertigung der Reinschrift seines Beitrages sowie Herrn cand. ing. Butscher für das Entwerfen und Zeichnen der Bilder.

Der zweitgenannte Verfasser dankt seinen Kollegen, den Professoren W. Eberhardt und W. Hogräfer, für vielerlei Anregungen, die sie ihm in jahrelanger gemeinschaftlicher Arbeit gegeben haben.

Dem Verlag gebührt unser Dank für die angenehme Zusammenarbeit und die sehr gute Ausstattung des Buches.

Wuppertal, Braunschweig im März 1980

H. Clausert
G. Wiesemann

Inhalt

7 Wechselstromlehre

7.1 Zeitabhängige Ströme und Spannungen

7.1.1 Entstehung von Sinusströmen und -spannungen

In der Physik spielen periodische Schwingungen eine besondere Rolle. An zwei Beispielen soll gezeigt werden, wie elektrische Schwingungen aus der gleichmäßigen Drehung einer Spule im Magnetfeld (Beispiel 7.1: Prinzip der Induktionsmaschine) oder aus akustischen Schwingungen (Beispiel 7.2: Kondensator-Mikrofon) entstehen können. Außer solchen in ihrem Verlauf von außen **erzwungenen** Schwingungen gibt es auch **freie** elektrische Schwingungen: deren Verlauf wird im Wesentlichen durch die Bauelemente (Kondensatoren, Widerstände, Spulen, Verstärker, Glimmlampen u. a.) eines elektrischen Netzes bestimmt, vgl. Abschnitt 12.5 »Die Behandlung von Ausgleichsvorgängen«.

Unter den periodischen Schwingungen interessieren uns vor allem die sinusförmigen, weil auch die nichtsinusförmigen periodischen Vorgänge als Summe sinusförmiger Schwingungen aufgefasst werden können, vgl. Abschnitt 11.2 »Fourier-Reihen«.

Beispiel 7.1: Prinzip der Induktionsmaschine (vgl. Bd. 1, Bsp. 6.2) .
Die Drehachse einer Leiterschleife steht senkrecht zu einem homogenen, zeitkonstanten Magnetfeld $\vec{B}$ (Bild 7.1). Zur Zeit $t = 0$ soll für den Drehwinkel gelten:

$$\varphi = 0 \, .$$

Bei konstanter Drehgeschwindigkeit gilt

$$\varphi \sim t \, .$$

Als Proportionalitätsfaktor verwendet man hierbei ω:

$$\varphi = \omega t \, . \tag{7.1}$$

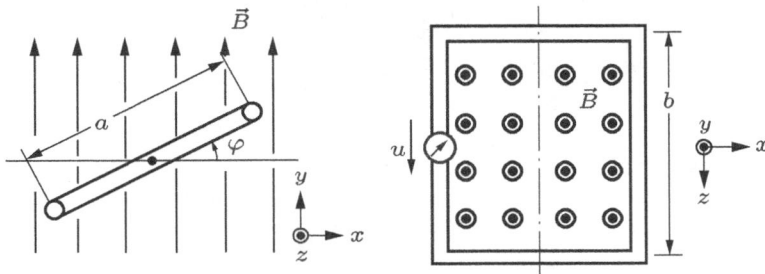

Abb. 7.1: Drehung einer Leiterschleife im konstanten Magnetfeld.

https://doi.org/10.1515/9783110631647-001

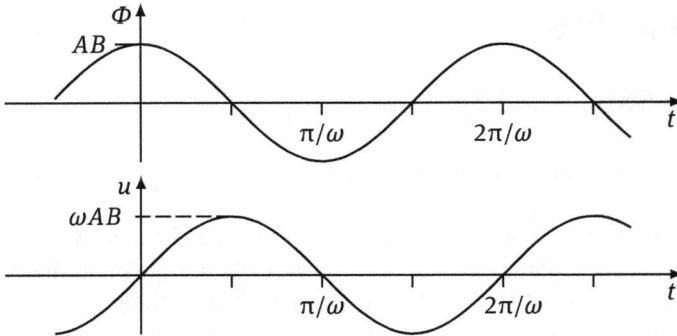

Abb. 7.2: Mit einer Leiterschleife verketteter Fluss $\Phi = f_1(t)$ und induzierte Spannung $u = f_2(t)$.

Die Größe ω gibt an, wie schnell φ mit der Zeit anwächst, ist also ein Maß für die Anzahl der Umdrehungen pro Zeit; daher wird ω als Winkelgeschwindigkeit oder Kreisfrequenz bezeichnet.

Mit der Schleife ist der Fluss

$$\Phi = Bab \cos \varphi = BA \cos \varphi \tag{7.2}$$

verkettet (hierbei bezeichnet A die Fläche des von der Leiterschleife begrenzten ebenen Rechtecks).

In der Schleife wird dem Induktionsgesetz gemäß [vgl. Band 1, Gl. (6.2)] folgende Spannung induziert:

$$u = -\frac{\mathrm{d}\Phi}{\mathrm{d}t} = -AB\frac{\mathrm{d}}{\mathrm{d}t}(\cos \omega t) = \omega AB \sin \omega t\,. \tag{7.3}$$

Der mit der Schleife verkettete Fluss Φ und die induzierte Spannung u sind in Bild 7.2 als Funktionen der Zeit dargestellt.

Nach dem Induktionsprinzip arbeiten die wichtigsten elektrischen Energie-Erzeuger (Generatoren); solche Induktionsmaschinen erzeugen primär immer Wechselspannungen, die allerdings bei den Gleichstrommaschinen durch Gleichrichten nach außen hin nur als Gleichspannung in Erscheinung treten. Der Wechselstrom bietet die Möglichkeit der Spannungs- und Stromtransformation und damit den Vorteil geringer Energie-Übertragungsverluste, wenn auf den Leitungen mit hohen Spannungen und kleinen Strömen gearbeitet wird.

Beispiel 7.2: Kondensatormikrofon.
Beim Kondensatormikrofon steht einer starren, unbeweglichen Platte als Gegenelektrode eine elastische Metallmembran gegenüber (Bild 7.3). Diese Membran kann auftreffenden Schallschwingungen folgen, wodurch der Plattenabstand d des Kondensators im

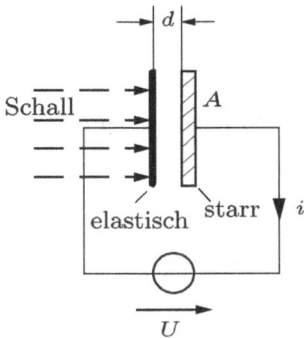

Abb. 7.3: Zum Prinzip des Kondensatormikrofons.

Takt der Schallschwingungen verändert wird. Trifft beispielsweise eine sinusförmige Tonschwingung auf, so ändert sich auch der Plattenabstand sinusförmig:

$$d = d_0 + \delta \sin \omega t \,.$$

Damit gilt für die Kapazität gemäß Gl. (3.32) aus Band 1

$$C = \varepsilon_0 \frac{A}{d_0 + \delta \sin \omega t}$$

und mit den Abkürzungen $\alpha = \delta/d_0$ und $C_0 = \varepsilon_0 A/d_0$

$$C = C_0 \frac{1}{1 + \alpha \sin \omega t}$$

$$C = C_0 (1 - \alpha \sin \omega t + \alpha^2 \sin^2 \omega t - \alpha^3 \sin^3 \omega t + \cdots - \cdots) \,. \tag{7.4}$$

Wenn die Auslenkung der Membran relativ klein ist (d. h. $\alpha \ll 1$), konvergiert die angegebene Reihe sehr rasch, und man kann schreiben

$$C \approx C_0 (1 - \alpha \sin \omega t) \,; \tag{7.5}$$

in erster Näherung ergibt sich also auch für die Kapazität C eine sinusförmige Änderung, falls die Schallschwingung sinusförmig ist. Für die Ladung des Kondensatormikrofons gilt

$$Q = CU \approx C_0 U (1 - \alpha \sin \omega t) \,,$$

für den Strom demnach

$$i = \frac{\mathrm{d}Q}{\mathrm{d}t} \approx -C_0 U \alpha \omega \cos \omega t \,, \tag{7.6}$$

d. h. eine akustische Sinusschwingung wird in eine nahezu sinusförmige elektrische Schwingung umgewandelt, deren Amplitude offenbar von ω abhängt.

7.1.2 Periodische und nichtperiodische Vorgänge

7.1.2.1 Periodische Vorgänge
Vorgänge, bei denen sich immer wieder der gleiche Ablauf wiederholt, nennen wir periodisch. Beispiele hierfür gibt das Bild 7.4.

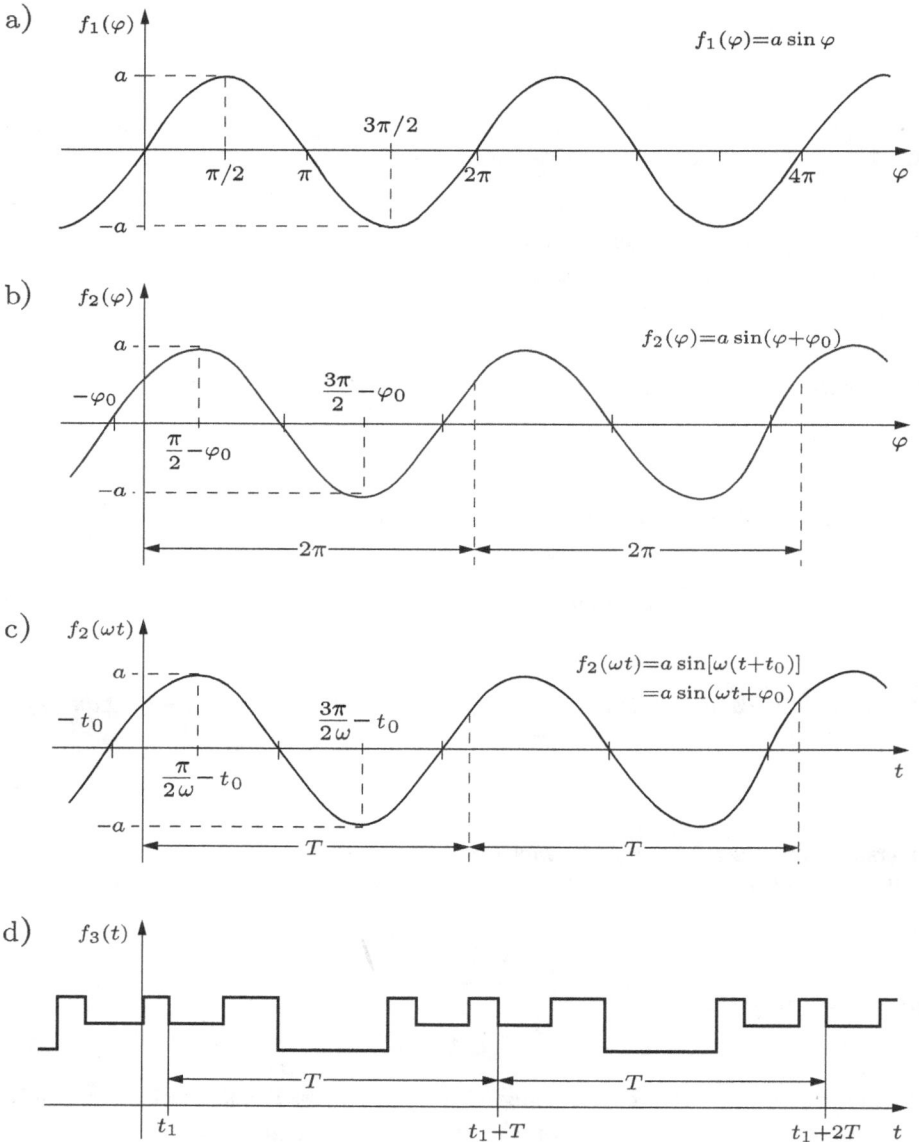

Abb. 7.4: Periodische Vorgänge.

In Bild 7.4a wird die Sinusschwingung dargestellt,

$$f_1(\varphi) = a \sin \varphi \,, \tag{7.7}$$

wobei φ einen (Phasen-) Winkel bezeichnet. Die Sinusschwingung lässt sich leicht mit Hilfe der Wertetabelle (7.1) zeichnen.

Tab. 7.1: Wichtige Werte der Sinus- und Kosinusfunktion.

φ		$\sin \varphi$		$\cos \varphi$	
0°	0	0	0	1	1
30°	$\frac{1}{6}\pi$	$\frac{1}{2}$	0,5	$\frac{1}{2}\sqrt{3}$	0,866
45°	$\frac{1}{4}\pi$	$\frac{1}{2}\sqrt{2}$	0,707	$\frac{1}{2}\sqrt{2}$	0,707
60°	$\frac{1}{3}\pi$	$\frac{1}{2}\sqrt{3}$	0,866	$\frac{1}{2}$	0,5
90°	$\frac{1}{2}\pi$	1	1	0	0
120°	$\frac{2}{3}\pi$	$\frac{1}{2}\sqrt{3}$	0,866	$-\frac{1}{2}$	−0,5
135°	$\frac{3}{4}\pi$	$\frac{1}{2}\sqrt{2}$	0,707	$-\frac{1}{2}\sqrt{2}$	−0,707
150°	$\frac{5}{6}\pi$	$\frac{1}{2}$	0,5	$-\frac{1}{2}\sqrt{3}$	−0,866
180°	π	0	0	−1	−1
210°	$\frac{7}{6}\pi$	$-\frac{1}{2}$	−0,5	$-\frac{1}{2}\sqrt{3}$	−0,866
225°	$\frac{5}{4}\pi$	$\frac{1}{2}\sqrt{2}$	0,707	$-\frac{1}{2}\sqrt{2}$	−0,707
240°	$\frac{4}{3}\pi$	$-\frac{1}{2}\sqrt{3}$	−0,866	$-\frac{1}{2}$	−0,5
270°	$\frac{3}{2}\pi$	−1	−1	0	0
300°	$\frac{5}{3}\pi$	$-\frac{1}{2}\sqrt{3}$	−0,866	$\frac{1}{2}$	0,5
315°	$\frac{7}{4}\pi$	$-\frac{1}{2}\sqrt{2}$	−0,707	$\frac{1}{2}\sqrt{2}$	0,707
330°	$\frac{11}{6}\pi$	$-\frac{1}{2}$	−0,5	$\frac{1}{2}\sqrt{3}$	0,866
360°	2π	0	0	1	1

Für die Funktion $f_1(\varphi)$ gilt die **Periodizitäts-Bedingung**

$$f_1(\varphi) = f_1(\varphi + 2\pi) = f_1(\varphi + 4\pi) = \ldots = f_1(\varphi + 2n\pi) \tag{7.8a}$$

(n positiv oder negativ ganzzahlig),

d. h. nach dem Durchlaufen des Winkelbereiches 2π nimmt die Funktion jeweils wieder den gleichen Wert an. Ebenso verhält sich die gegen $f_1(\varphi)$ um den **Nullphasenwinkel** φ_0 verschobene Funktion $f_2(\varphi)$, siehe Bild 7.4b. Stellt man den Winkel φ gemäß Gl. (7.1) dar, so wird

$$f_2(\varphi) = f_2(\omega t) \quad \text{(Bild 7.4c)}.$$

Statt der Bedingung (7.8a) schreiben wir nun:

$$f_2(t) = f_2(t + T) = f_2(t + 2T) = \ldots = f_2(t + nT) \tag{7.8b}$$

(n positiv oder negativ ganzzahlig).

Hierbei ist T die **Periode(ndauer)** der Schwingung; für eine vollständige Schwingung wird die Zeit T gebraucht:

$$\omega T = 2\pi$$

$$T = \frac{2\pi}{\omega} \, . \tag{7.9a}$$

Die Größe

$$f = \frac{1}{T} = \frac{\omega}{2\pi} \tag{7.9b}$$

bezeichnet man als **Frequenz**. Eine mögliche Einheit der Frequenz ist somit

$$[f] = \frac{1}{[T]} = \frac{1}{\text{s}} \, .$$

Die Einheit $1/\text{s}$ wird bei der Angabe von Frequenzen meist durch die Einheit **Hertz** ersetzt,

$$1 \, \text{Hertz} = 1 \, \text{Hz} = \frac{1}{\text{s}} = \text{s}^{-1} \, ,$$

jedoch als Einheit der **Kreisfrequenz** nicht verwendet. In der Darstellung

$$f_2(\omega t) = a \sin(\omega t + \varphi_0) \tag{7.10}$$

bezeichnet man a als die **Amplitude** oder den **Scheitelwert** der Schwingung.

7.1.2.2 Nichtperiodische Vorgänge

Die Wechselstromlehre befasst sich nur mit Vorgängen, die periodisch im Sinne der Bedingungen (7.8) sind. Nichtperiodisch ist zum Beispiel ein irgendwann eingeschalteter Gleich- oder Wechselvorgang oder ein einzelner Rechteck- oder Sinus-Impuls (vgl. Bild 7.5).

Die Funktion

$$f_4(t) = \begin{cases} 0 & \text{für} \quad t \leq 0 \\ 1 & \text{für} \quad t > 0 \end{cases} \tag{7.11a}$$

bezeichnet man als **Sprungfunktion** oder Heaviside-Funktion und verwendet für diesen Sprung an der Stelle $t = 0$ auch die Bezeichnungen $s(t)$, $\sigma(t)$, $\varepsilon(t)$ oder $1(t)$:

$$f_4(t) = s(t) = \sigma(t) = \varepsilon(t) = 1(t) \,. \tag{7.11b}$$

Ein Sprung im Zeitpunkt t_0 wird also bspw. durch die Funktion $\sigma(t - t_0)$ dargestellt. Sprungfunktionen spielen bei der Beschreibung aller Schaltvorgänge eine wichtige Rolle (vgl. Abschnitt 12.5 »Die Behandlung von Ausgleichsvorgängen«).

7.1.3 Überlagerung zweier Sinusschwingungen gleicher Frequenz

Wenn zwei Sinusschwingungen (z. B. zwei Sinusströme) zu addieren sind, die beide die gleiche Kreisfrequenz ω, aber verschiedene Amplituden a_1 und a_2 und verschiedene Nullphasenwinkel φ_1 und φ_2 haben, so hat auch die resultierende Sinusschwingung die Kreisfrequenz ω (vgl. Bild 7.6). Amplitude und Nullphasenwinkel der resultierenden

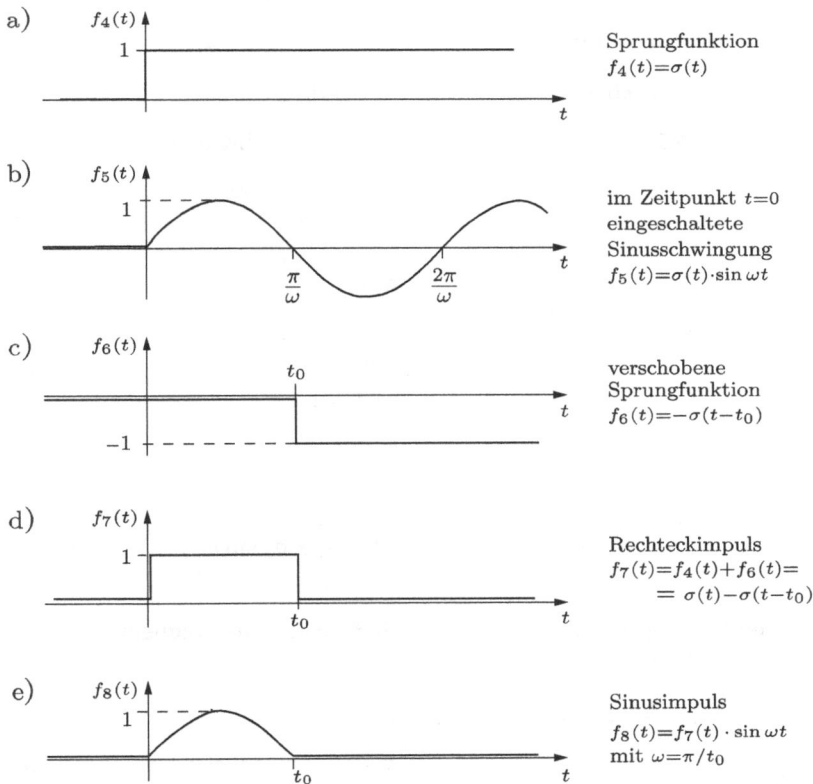

Abb. 7.5: Beispiele nichtperiodischer Funktionen.

Schwingung sollen im Folgenden berechnet werden. Die Schwingungen

$$f_1 = a_1 \sin(\omega t + \varphi_1) \quad \text{und} \quad f_2 = a_2 \sin(\omega t + \varphi_2)$$

werden addiert:

$$f = f_1 + f_2 = a_1 \sin(\omega t + \varphi_1) + a_2 \sin(\omega t + \varphi_2).$$

Mit Hilfe des Additionstheorems

$$\sin(\alpha + \beta) = \sin \alpha \cos \beta + \cos \alpha \sin \beta \tag{7.12}$$

wird daraus

$$f = a_1 \sin \omega t \cos \varphi_1 + a_1 \cos \omega t \sin \varphi_1 + a_2 \sin \omega t \cos \varphi_2 + a_2 \cos \omega t \sin \varphi_2 \,,$$
$$f = (a_1 \cos \varphi_1 + a_2 \cos \varphi_2) \sin \omega t + (a_1 \sin \varphi_1 + a_2 \sin \varphi_2) \cos \omega t \,.$$

Mit

$$K_1 = a_1 \cos \varphi_1 + a_2 \cos \varphi_2 \quad \text{und} \quad K_2 = a_1 \sin \varphi_1 + a_2 \sin \varphi_2 \tag{7.13a,b}$$

ist

$$f = K_1 \sin \omega t + K_2 \cos \omega t \,, \tag{7.14}$$

und ein Vergleich mit dem Ansatz

$$f = a \sin(\omega t + \varphi) = a \cos \varphi \sin \omega t + a \sin \varphi \cos \omega t \tag{7.15}$$

(a = Amplitude, φ = Nullphasenwinkel der resultierenden Schwingung) ergibt

$$K_1 = a \cos \varphi; \qquad K_2 = a \sin \varphi \,. \tag{7.16}$$

Hieraus folgt

$$\frac{K_2}{K_1} = \frac{\sin \varphi}{\cos \varphi} = \tan \varphi \tag{7.17a}$$

und mit den Gln. (7.13)

$$\tan \varphi = \frac{a_1 \sin \varphi_1 + a_2 \sin \varphi_2}{a_1 \cos \varphi_1 + a_2 \cos \varphi_2} \tag{7.17b}$$

sowie wegen $\cos^2 \varphi + \sin^2 \varphi = 1$

$$\sqrt{K_1^2 + K_2^2} = a \sqrt{\cos^2 \varphi + \sin^2 \varphi} = a \tag{7.18a}$$

$$a = \sqrt{(a_1 \cos \varphi_1 + a_2 \cos \varphi_2)^2 + (a_1 \sin \varphi_1 + a_2 \sin \varphi_2)^2} \tag{7.18b}$$

Beispiel 7.3: Überlagerung zweier sinusförmiger Ströme gleicher Frequenz.
Die beiden Wechselströme

$$i_1(t) = 1\,\text{A} \sin \omega t \quad \text{und} \quad i_2(t) = \sqrt{2}\,\text{A} \cos \omega t$$

werden addiert. Welche Amplitude î und welchen Nullphasenwinkel φ hat der resultierende Wechselstrom?

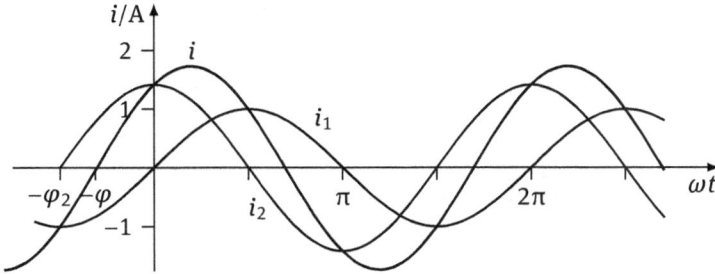

Abb. 7.6: Liniendiagramm zweier sinusförmiger Ströme und ihrer Summe.

Lösung
Für den resultierenden Strom gilt

$$i(t) = i_1(t) + i_2(t) = \hat{i}\sin(\omega t + \varphi)\,,$$

also

$$\hat{i}\sin(\omega t + \varphi) = 1\,\text{A}\sin\omega t + \sqrt{2}\,\text{A}\sin\left(\omega t + \frac{\pi}{2}\right)\,.$$

Mit $a_1 = 1\,\text{A}$, $a_2 = \sqrt{2}\,\text{A}$; $\varphi_1 = 0$, $\varphi_2 = \pi/2$ und den Gln. (7.13) wird

$$K_1 = 1\,\text{A}\cdot 1 + \sqrt{2}\,\text{A}\cdot 0 = 1\,\text{A}$$
$$K_2 = 1\,\text{A}\cdot 0 + \sqrt{2}\,\text{A}\cdot 1 = \sqrt{2}\,\text{A}\,,$$

eingesetzt in die Gln. (7.17a) und (7.18a) folgt

$$\tan\varphi = \frac{K_2}{K_1} = \frac{\sqrt{2}}{1}\,; \quad \varphi \approx 54,7°$$
$$\hat{i} = \sqrt{K_1^2 + K_2^2} = \sqrt{3}\,\text{A} \approx 1,73\,\text{A}\,.$$

In Bild 7.6 werden die Ströme i_1, i_2 und i dargestellt.

7.1.4 Darstellung von Schwingungen mit Hilfe komplexer Größen

7.1.4.1 Euler'sche Formeln und Gauß'sche Zahlenebene
Mit Hilfe der Euler'schen Formeln können Sinus- und Kosinusschwingungen durch Exponentialfunktionen dargestellt werden. Es gilt mit $j^2 = -1$

$$e^{j\alpha} = \cos\alpha + j\sin\alpha\,, \tag{7.19a}$$

und wenn man hierin α durch $-\alpha$ ersetzt

$$e^{-j\alpha} = \cos\alpha - j\sin\alpha\,. \tag{7.19b}$$

Diese Zusammenhänge werden in der Gauß'schen Zahlenebene veranschaulicht (Bild 7.7).

Für den Sonderfall $\alpha = \pi/2$ ergibt sich aus Gl. (7.19a) wegen $\sin(\pi/2) = 1$

$$e^{j\pi/2} = j \; ; \tag{7.20a}$$

und für $\alpha = -\pi/2$ folgt aus Gl. (7.19a) wegen $\sin(-\pi/2) = -1$

$$e^{-j\pi/2} = -j \; . \tag{7.20b}$$

Fügt man auf beiden Seiten der Gl. (7.20a) den Exponenten n hinzu, so wird

$$e^{jn\pi/2} = j^n \; . \tag{7.21}$$

Dieser Zusammenhang wird für $n = -4, \ldots, 4$ auch in Tabelle 7.2 wiedergegeben und in Bild 7.8 veranschaulicht.

Addition und Subtraktion der Gln. (7.19) ergeben:

$$\cos\alpha = \frac{1}{2}\left(e^{j\alpha} + e^{-j\alpha}\right) \; , \qquad \sin\alpha = \frac{1}{2j}\left(e^{j\alpha} - e^{-j\alpha}\right) \; . \tag{7.22a,b}$$

Aus der Gl. (7.19a) folgt außerdem, dass $\cos\alpha$ und $\sin\alpha$ als **Realteil** bzw. **Imaginärteil** der Exponentialfunktion darstellbar sind:

$$\cos\alpha = \Re\{e^{j\alpha}\} \; , \qquad \sin\alpha = \Im\{e^{j\alpha}\} \; . \tag{7.23a,b}$$

Die Euler'sche Formel lässt sich übrigens leicht aus den **Taylor-Reihen** für $e^{j\alpha}$, $\cos\alpha$ und $\sin\alpha$ begründen. Es ist nämlich

$$e^{j\alpha} = 1 + j\alpha + \frac{(j\alpha)^2}{2!} - \frac{(j\alpha)^3}{3!} + \cdots = 1 - \frac{\alpha^2}{2!} + \frac{\alpha^4}{4!} - + \cdots + j\left(\alpha - \frac{\alpha^3}{3!} + - \cdots\right) \; .$$

Mit

$$1 - \frac{\alpha^2}{2!} + \frac{\alpha^4}{4!} - + \cdots = \cos\alpha \; , \qquad \alpha - \frac{\alpha^3}{3!} + \frac{\alpha^5}{5!} - + \cdots = \sin\alpha$$

gilt demnach

$$e^{j\alpha} = \cos\alpha + j\sin\alpha \; .$$

Im allgemeinen werden **komplexe Größen** durch Unterstreichung des betreffenden Buchstabens kenntlich gemacht, z. B.

$$\underline{U} = \Re\{\underline{U}\} + j\Im\{\underline{U}\} = U_r + jU_i \; . \tag{7.24}$$

Für den Betrag $|\underline{U}|$ der komplexen Größe $\underline{U}$ gilt

$$|\underline{U}| = U = \sqrt{U_r^2 + U_i^2} \tag{7.25}$$

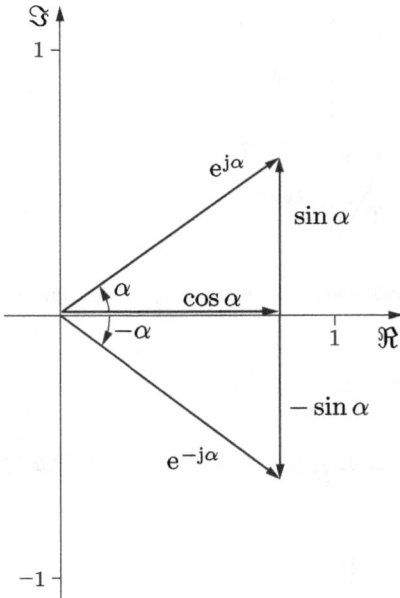

Abb. 7.7: Darstellung der komplexen Funktionen $e^{j\alpha}$ und $e^{-j\alpha}$ in der Gauß'schen Zahlenebene.

Tab. 7.2: Lösungen von j^n für $n \in [-4,4]$.

n	−4	−3	−2	−1	0	1	2	3	4
j^n	1	j	−1	−j	1	j	−1	−j	1

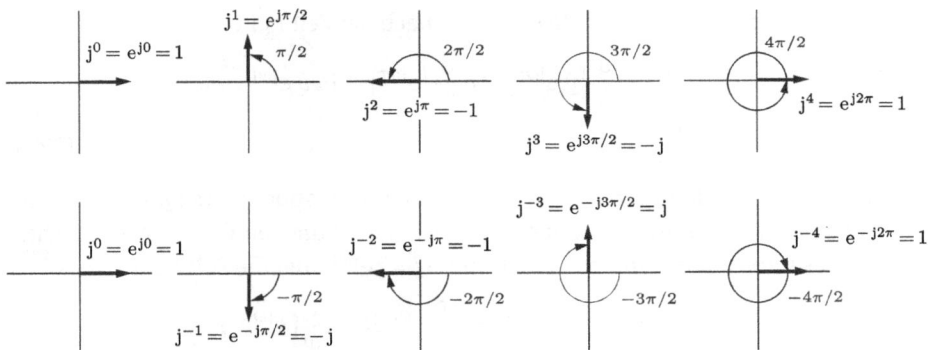

Abb. 7.8: Grafische Darstellung der Potenzen von j aus Tabelle 7.2.

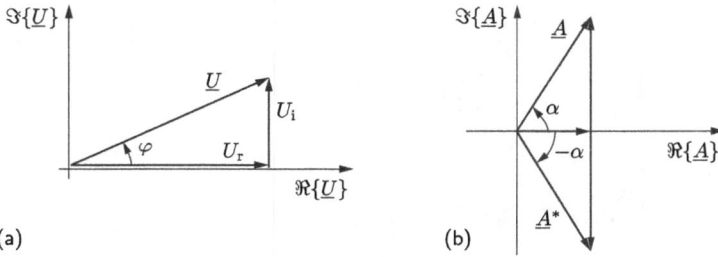

Abb. 7.9: a) Darstellung einer komplexen Größe in der Gauß'schen Zahlenebene. b) Eine komplexe Größe und ihr konjugiert komplexer Wert.

(vgl. Bild 7.9a) und für den Winkel $\varphi = \arg \underline{U}$

$$\tan \varphi = \frac{U_i}{U_r}, \qquad \varphi = \arctan \frac{U_i}{U_r}, \tag{7.26a,b}$$

womit man auch schreiben kann

$$\underline{U} = U \cos \varphi + jU \sin \varphi = U\,e^{j\varphi} \tag{7.27}$$

oder mit anderer Schreibweise für die Exponentialfunktion

$$\underline{U} = U \exp(j\varphi) = U \angle \varphi \quad \text{(sprich: } U \text{ Versor } \varphi\text{)} .$$

Hieraus folgen auch

$$\underline{U}^n = U^n\,e^{jn\varphi} \quad \text{und} \quad \sqrt[n]{\underline{U}} = \sqrt[n]{U}\,e^{j(\varphi+2\pi k)/n} . \tag{7.28a,b}$$

Anmerkung *Die Versor-Schreibweise muss immer dann verwendet werden, wenn der Winkel in Grad angegeben werden soll, denn die komplexe e-Funktion ist nur für Werte in Radiant definiert.*

7.1.4.2 Differenziation und Integration
Für die Differenziation einer Größe $\underline{u} = \hat{\underline{u}}\,e^{j\omega t}$ nach der Zeit t gilt

$$\frac{d\underline{u}}{dt} = \frac{d}{dt}\{\hat{\underline{u}}\,e^{j\omega t}\} = \hat{\underline{u}}\frac{d}{dt}\{e^{j\omega t}\} = j\omega\hat{\underline{u}}\,e^{j\omega t}$$

$$\frac{d\underline{u}}{dt} = j\omega\underline{u}, \tag{7.29a}$$

d. h. die Differenziation führt einfach zu einer Multiplikation mit $j\omega$; $\underline{u}$ wird also mit der reellen Größe ω multipliziert und gemäß Gl. (7.20a) um den Winkel $\pi/2$ gedreht.

Für das unbestimmte Integral einer Größe $\underline{i} = \hat{\underline{i}}\,e^{j\omega t}$ über die Zeit t gilt

$$\int \underline{i}\,dt = \int \hat{\underline{i}}\,e^{j\omega t}\,dt = \hat{\underline{i}}\int e^{j\omega t}\,dt = \frac{1}{j\omega}\hat{\underline{i}}\,e^{j\omega t}$$

$$\int \underline{i}\,dt = \frac{\underline{i}}{j\omega} = -j\frac{\underline{i}}{\omega}, \tag{7.29b}$$

die Integration führt demnach zur Division durch ω und Drehung um $-\pi/2$.

7.1.4.3 Addition und Subtraktion; Multiplikation und Division

Für die wichtigsten Verknüpfungen zweier komplexer Größen

$$\underline{Z}_1 = R_1 + jX_1 = Z_1\,e^{j\varphi_1} \tag{7.30a}$$

und

$$\underline{Z}_2 = R_2 + jX_2 = Z_2\,e^{j\varphi_2} \tag{7.30b}$$

gelten folgende Regeln:

$$\underline{Z}_1 + \underline{Z}_2 = (R_1 + R_2) + j(X_1 + X_2)\,, \tag{7.31a}$$

$$\underline{Z}_1 - \underline{Z}_2 = (R_1 - R_2) + j(X_1 - X_2)\,, \tag{7.31b}$$

$$\underline{Z}_1 \cdot \underline{Z}_2 = Z_1\,e^{j\varphi_1} \cdot Z_2\,e^{j\varphi_2} = Z_1 Z_2\,e^{j(\varphi_1+\varphi_2)}\,, \tag{7.31c}$$

$$\frac{\underline{Z}_1}{\underline{Z}_2} = \frac{Z_1\,e^{j\varphi_1}}{Z_2\,e^{j\varphi_2}} = \frac{Z_1}{Z_2}\,e^{j(\varphi_1-\varphi_2)}\,. \tag{7.31d}$$

7.1.4.4 Bestimmung von Real- und Imaginärteil

Real- und Imaginärteil einer Summe oder Differenz
Für den Realteil der Summe bzw. Differenz $\underline{Z}_1 \pm \underline{Z}_2$ gilt

$$\mathbb{R}\{\underline{Z}_1 \pm \underline{Z}_2\} = \mathbb{R}\{R_1 + jX_1 \pm R_2 \pm jX_2\} = R_1 + R_2$$
$$\mathbb{R}\{\underline{Z}_1 \pm \underline{Z}_2\} = \mathbb{R}\{\underline{Z}_1\} \pm \mathbb{R}\{\underline{Z}_2\} \tag{7.32a}$$

und für ihren Imaginärteil:

$$\mathbb{J}\{\underline{Z}_1 \pm \underline{Z}_2\} = \mathbb{J}\{R_1 + jX_1 \pm R_2 \pm jX_2\} = X_1 \pm X_2$$
$$\mathbb{J}\{\underline{Z}_1 \pm \underline{Z}_2\} = \mathbb{J}\{\underline{Z}_1\} \pm \mathbb{J}\{\underline{Z}_2\}\,. \tag{7.32b}$$

Erweitern mit dem konjugiert komplexen Nenner
Wenn die komplexe Größe $\underline{Z}$ in der Form

$$\underline{Z} = R + jX$$

vorliegt, so sind deren Real- und Imaginärteil unmittelbar gegeben:

$$\mathbb{R}\{\underline{Z}\} = R\,; \qquad \mathbb{J}\{\underline{Z}\} = X\,.$$

Bildet man nun z. B. den Kehrwert

$$\underline{Y} = \frac{1}{\underline{Z}} = \frac{1}{R + jX}\,,$$

so erreicht man dessen Aufspaltung in Real- und Imaginärteil, indem man mit dem konjugiert komplexen Wert des Nenners erweitert:

$$\underline{Y} = \frac{R - jX}{(R + jX)(R - jX)} = \frac{R - jX}{R^2 + X^2} = \frac{R}{R^2 + X^2} + j\frac{-X}{R^2 + X^2}$$

$$\mathbb{R}\{\underline{Y}\} = \frac{R}{R^2 + X^2} \; ; \qquad \mathbb{J}\{\underline{Y}\} = \frac{-X}{R^2 + X^2} \; . \tag{7.32c,d}$$

Real- und Imaginärteil eines Produktes oder Quotienten

Für den Realteil des Produktes $\underline{Z}_1\underline{Z}_2$ gilt

$$\mathbb{R}\{\underline{Z}_1\underline{Z}_2\} = \mathbb{R}\{(R_1 + jX_1)(R_2 + jX_2)\} = \mathbb{R}\{R_1R_2 - X_1X_2 + j(R_1X_2 + R_2X_1)\}$$

$$\mathbb{R}\{\underline{Z}_1\underline{Z}_2\} = R_1R_2 - X_1X_2$$

$$\mathbb{R}\{\underline{Z}_1\underline{Z}_2\} = \mathbb{R}\{\underline{Z}_1\}\mathbb{R}\{\underline{Z}_2\} - \mathbb{J}\{\underline{Z}_1\}\mathbb{J}\{\underline{Z}_2\}$$

und für seinen Imaginärteil:

$$\mathbb{J}\{\underline{Z}_1\underline{Z}_2\} = R_1X_2 + R_2X_1$$

$$\mathbb{J}\{\underline{Z}_1\underline{Z}_2\} = \mathbb{R}\{\underline{Z}_1\}\mathbb{J}\{\underline{Z}_2\} + \mathbb{J}\{\underline{Z}_1\}\mathbb{R}\{\underline{Z}_2\} \; .$$

Für den Realteil des Quotienten $\underline{Z}_1/\underline{Z}_2$ gilt

$$\mathbb{R}\left\{\frac{\underline{Z}_1}{\underline{Z}_2}\right\} = \mathbb{R}\left\{\frac{R_1 + jX_1}{R_2 + jX_2}\right\} = \mathbb{R}\left\{\frac{(R_1 + jX_1)(R_2 - jX_2)}{(R_2 + jX_2)(R_2 - jX_2)}\right\}$$

$$= \mathbb{R}\left\{\frac{R_1R_2 + X_1X_2 + j(X_1R_2 - R_1X_2)}{R_2^2 + X_2^2}\right\}$$

$$\mathbb{R}\left\{\frac{\underline{Z}_1}{\underline{Z}_2}\right\} = \frac{R_1R_2 + X_1X_2}{R_2^2 + X_2^2}$$

$$\mathbb{R}\left\{\frac{\underline{Z}_1}{\underline{Z}_2}\right\} = \frac{\mathbb{R}\{\underline{Z}_1\}\mathbb{R}\{\underline{Z}_2\} + \mathbb{J}\{\underline{Z}_1\}\mathbb{J}\{\underline{Z}_2\}}{\mathbb{R}^2\{\underline{Z}_2\} + \mathbb{J}^2\{\underline{Z}_2\}}$$

und für seinen Imaginärteil:

$$\mathbb{J}\left\{\frac{\underline{Z}_1}{\underline{Z}_2}\right\} = \frac{X_1R_2 - R_1X_2}{R_2^2 + X_2^2}$$

$$\mathbb{J}\left\{\frac{\underline{Z}_1}{\underline{Z}_2}\right\} = \frac{\mathbb{J}\{\underline{Z}_1\}\mathbb{R}\{\underline{Z}_2\} - \mathbb{R}\{\underline{Z}_1\}\mathbb{J}\{\underline{Z}_2\}}{\mathbb{R}^2\{\underline{Z}_2\} + \mathbb{J}^2\{\underline{Z}_2\}} \; .$$

7.1.4.5 Bestimmung von Betrag und Winkel

Für die komplexe Größe $\underline{Z}$ gilt

$$\underline{Z} = Z\,e^{j\varphi_Z} = R + jX \tag{7.33}$$

(Bild 7.10). Hierbei ist $Z = \sqrt{R^2 + X^2}$ der Betrag und $\varphi_Z = \arctan\frac{X}{R}$ der Winkel von $\underline{Z}$.
Für $\underline{Y} = 1/\underline{Z}$ gilt

$$\underline{Y} = Y\,e^{j\varphi_Y} = \frac{1}{Z\,e^{j\varphi_Z}} = \frac{1}{\sqrt{R^2 + X^2}}\,e^{-j\varphi_Z} \; ,$$

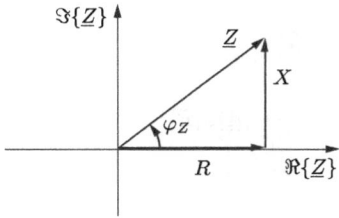

Abb. 7.10: Darstellung der komplexen Größe $\underline{Z}$.

daher ist

$$Y = \frac{1}{Z} = \frac{1}{\sqrt{R^2 + X^2}} , \qquad \varphi_Y = -\varphi_Z = -\arctan\frac{X}{R} . \qquad (7.34\mathrm{a,b})$$

Für den Quotienten zweier komplexer Größen gilt:

$$\underline{F} = \frac{a + \mathrm{j}\,b}{c + \mathrm{j}\,d} = \frac{\sqrt{a^2 + b^2}\,\mathrm{e}^{\mathrm{j}\,\arctan(b/a)}}{\sqrt{c^2 + d^2}\,\mathrm{e}^{\mathrm{j}\,\arctan(d/c)}} = F\,\mathrm{e}^{\mathrm{j}\varphi} \qquad (7.35)$$

mit

$$F = \frac{\sqrt{a^2 + b^2}}{\sqrt{c^2 + d^2}} ; \qquad \varphi = \arctan\frac{b}{a} - \arctan\frac{d}{c} .$$

Bei der Bildung des Betrages F braucht also der Bruch nicht mit seinem konjugiert komplexen Nenner erweitert zu werden.

7.1.4.6 Summen und Produkte konjugiert komplexer Größen

Der konjugiert komplexe Wert einer Größe

$$\underline{A} = \Re\{\underline{A}\} + \mathrm{j}\,\Im\{\underline{A}\} = A\,\mathrm{e}^{\mathrm{j}\alpha} ,$$

ist

$$\underline{A}^* = \Re\{\underline{A}\} - \mathrm{j}\,\Im\{\underline{A}\} = A\,\mathrm{e}^{-\mathrm{j}\alpha} ,$$

vgl. Bild 7.9b. Daraus folgt:

$$\underline{A} + \underline{A}^* = 2\Re\{\underline{A}\} \quad \text{und} \quad \Re\{\underline{A}\} = \frac{1}{2}(\underline{A} + \underline{A}^*) \qquad (7.36\mathrm{a,b})$$

sowie

$$\underline{A} - \underline{A}^* = 2\,\mathrm{j}\,\Im\{\underline{A}\} \quad \text{und} \quad \Im\{\underline{A}\} = \frac{1}{2\,\mathrm{j}}(\underline{A} - \underline{A}^*) . \qquad (7.36\mathrm{c,d})$$

Speziell für $\underline{A} = \mathrm{e}^{\mathrm{j}\alpha}$ ergeben sich hieraus wieder die Gleichungen (7.22).

Aus den Definitionen für $\underline{A}$ und $\underline{A}^*$ folgt außerdem

$$\underline{A} \cdot \underline{A}^* = A\,\mathrm{e}^{\mathrm{j}\alpha} \cdot A\,\mathrm{e}^{-\mathrm{j}\alpha} ,$$

$$\underline{A} \cdot \underline{A}^* = A^2 . \qquad (7.36\mathrm{e})$$

Multipliziert man die Größe $\underline{A}$ mit dem konjugiert komplexen Wert $\underline{B}^*$ einer zweiten komplexen Größe

$$\underline{B} = \Re\{\underline{B}\} + \mathrm{j}\,\Im\{\underline{B}\},$$

so gilt

$$\underline{A} \cdot \underline{B}^* = [\Re\{\underline{A}\} + j\,\Im\{\underline{A}\}] \cdot [\Re\{\underline{B}\} - j\,\Im\{\underline{B}\}]$$
$$= \Re\{\underline{A}\}\Re\{\underline{B}\} + \Im\{\underline{A}\}\Im\{\underline{B}\} + j[\Im\{\underline{A}\}\Re\{\underline{B}\} - \Re\{\underline{A}\}\Im\{\underline{B}\}]$$

und entsprechend

$$\underline{A}^* \cdot \underline{B} = \Re\{\underline{A}\}\Re\{\underline{B}\} + \Im\{\underline{A}\}\Im\{\underline{B}\} - j[\Im\{\underline{A}\}\Re\{\underline{B}\} - \Re\{\underline{A}\}\Im\{\underline{B}\}] \,,$$

so dass

$$\underline{A}\underline{B}^* + \underline{A}^*\underline{B} = 2\Re\{\underline{A}\underline{B}^*\} = 2\Re\{\underline{A}^*\underline{B}\} \tag{7.36f}$$

und

$$\underline{A}\underline{B}^* - \underline{A}^*\underline{B} = 2\,j\,\Im\{\underline{A}\underline{B}^*\} = -2\,j\,\Im\{\underline{A}^*\underline{B}\} \tag{7.36g}$$

wird. Außerdem folgt aus $\underline{A} = \underline{B} + \underline{C}$ die Beziehung $\underline{A}^* = \underline{B}^* + \underline{C}^*$, und aus $\underline{A} = \underline{B} \cdot \underline{C}$ folgt $\underline{A}^* = \underline{B}^* \cdot \underline{C}^*$. (Diese Beziehungen ergeben sich, wenn man in den Gleichungen des Abschnittes 7.1.4.3 jeweils j durch $-$ j ersetzt.)

Im übrigen ist $(\underline{A}\underline{B})^* = \underline{A}^*\underline{B}^*$ und $(\underline{A} + \underline{B})^* = \underline{A}^* + \underline{B}^*$.

Vorteile der komplexen Rechnung

Die komplexe Beschreibung der Sinus- und Kosinusfunktionen bringt folgende Vorteile:

1. Beim Differenzieren und Integrieren der Funktion $e^{j\omega t}$ bleibt die Funktion erhalten, und es tritt gemäß den Gln. (7.29) nur der Faktor $j\omega$ bzw. $1/j\omega$ hinzu; in Abschnitt 7.2 »Eingeschwungene Sinusströme und -spannungen in linearen RLC-Netzen« wird gezeigt, wie man diesen Vorteil nutzt.

2. Bestimmte Umrechnungen zwischen trigonometrischen Funktionen lassen sich leichter ausführen.

Beispiel 7.4: Herleitung des Additionstheorems für $\cos(\alpha + \beta)$.

Mit Gl. (7.23a) gilt

$$\cos(\alpha + \beta) = \Re\{e^{j(\alpha+\beta)}\} = \Re\{e^{j\alpha}\,e^{j\beta}\} = \Re\{(\cos\alpha + j\sin\alpha)(\cos\beta + j\sin\beta)\}$$
$$\cos(\alpha + \beta) = \underline{\underline{\cos\alpha\cos\beta - \sin\alpha\sin\beta}} \,. \tag{7.37}$$

Beispiel 7.5: Umrechnung der Funktion $\sin 3\alpha$.

Mit Gl. (7.23b) gilt

$$\sin 3\alpha = \Im\{e^{j3\alpha}\} = \Im\{(\cos\alpha + j\sin\alpha)^3\}$$
$$= 3\sin\alpha\cos^2\alpha - \sin^3\alpha = (3\sin\alpha)(1 - \sin^2\alpha) - \sin^3\alpha$$
$$\sin 3\alpha = \underline{\underline{3\sin\alpha - 4\sin^3\alpha}} \,. \tag{7.38a}$$

Hieraus folgt auch

$$\sin^3\alpha = \frac{1}{4}(3\sin\alpha - \sin 3\alpha) \,. \tag{7.38b}$$

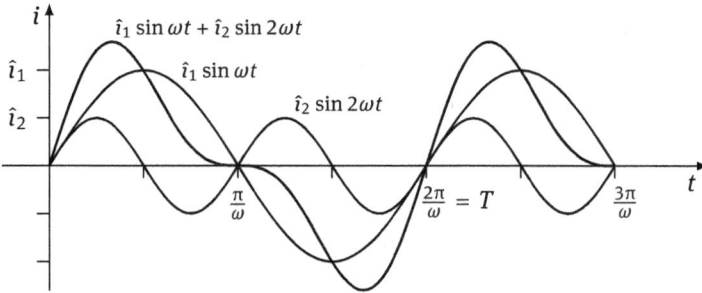

Abb. 7.11: Überlagerung von Grundschwingung und 1. Oberschwingung (Oktave).

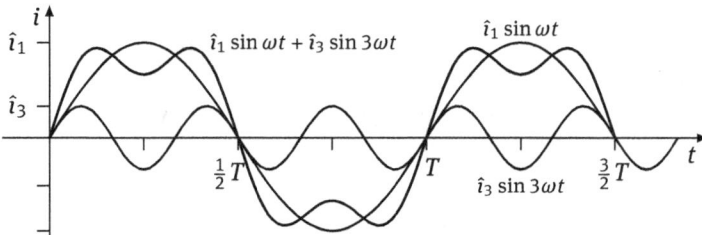

Abb. 7.12: Überlagerung von Grundschwingung und 2. Oberschwingung.

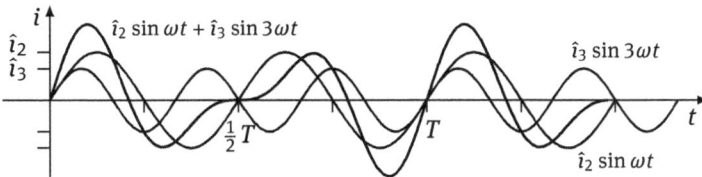

Abb. 7.13: Überlagerung von 1. und 2. Oberschwingung.

7.1.5 Oberschwingungen

Überlagert man z. B. der Schwingung $\hat{\imath}_1 \sin \omega t$ die Schwingung $\hat{\imath}_2 \sin 2\omega t$ (Bild 7.11) oder die Schwingung $\hat{\imath}_3 \sin 3\omega t$ (Bild 7.12), so entstehen ebenfalls wieder periodische Schwingungen mit der Periode $T = 2\pi/\omega$.

Das gleiche gilt für die Addition der Schwingungen $\hat{\imath}_2 \sin \omega t$ und $\hat{\imath}_3 \sin 3\omega t$ (Bild 7.13).

Da aus der Überlagerung von Grundschwingung und Oberschwingungen nichtsinusförmige periodische Schwingungen entstehen, kann man vermuten, dass sich umgekehrt auch jeder periodische Vorgang als Summe von Grundschwingung und Oberschwingungen auffassen lässt (harmonische Analyse), vgl. Abschnitt 11.2 »Fourier-Reihen«.

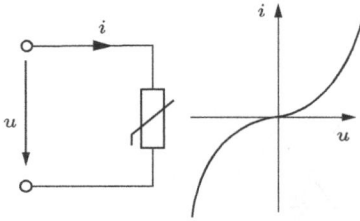

Abb. 7.14: Schaltsymbol und Kennlinie eines Varistors.

Nichtsinusförmige periodische Schwingungen werden z. B. elektrisch in Funktionsgeneratoren oder akustisch in Musikinstrumenten gebildet; sie können aber auch durch nichtlineare Verzerrung aus reinen Sinusschwingungen entstehen, was im folgenden Beispiel gezeigt wird.

Beispiel 7.6: Nichtlineare Verzerrung an einem Varistor (VDR).
Die Strom-Spannungs-Kennlinie eines Siliziumkarbid-Varistors soll durch folgende Darstellung beschrieben werden:

$$i = Ku^3 \, ,$$

*vgl. Bild 7.14 (**varistor** = **var**iable re**sistor**; VDR = **v**oltage **d**ependent **r**esistor). Am Varistor liegt die Spannung*

$$u = \hat{u} \sin \omega t \, .$$

Der Strom ist daher

$$i = K\hat{u}^3 \sin^3 \omega t$$

und mit Gl. (7.38b) wird

$$i = K\hat{u}^3 \cdot \frac{1}{4}(3 \sin \omega t - \sin 3\omega t) \, . \tag{7.39}$$

Eine rein sinusförmige Spannung verursacht in diesem Fall einen Strom, der außer der Grundschwingung noch die Oberschwingung mit der dreifachen Frequenz enthält; siehe Bild 7.15.

7.1.6 Gleichrichtung

In vielen Anwendungsfällen braucht man Gleichspannung und -strom, z. B. zur Stromversorgung von Verstärkerschaltungen in Rundfunkgeräten oder zum Aufladen von (Blei-) Akkumulatoren; wenn hierfür zunächst nur ein Wechselstromnetz vorhanden ist, so muss der Wechselstrom gleichgerichtet werden. Die einfachste Schaltung hierzu ist in Bild 7.16 dargestellt, wobei der Einfachheit halber vorausgesetzt wird, dass die Diode für $u < 0$ keinen Sperrstrom führt und für $u > 0$ einen konstanten Durchlasswiderstand hat.

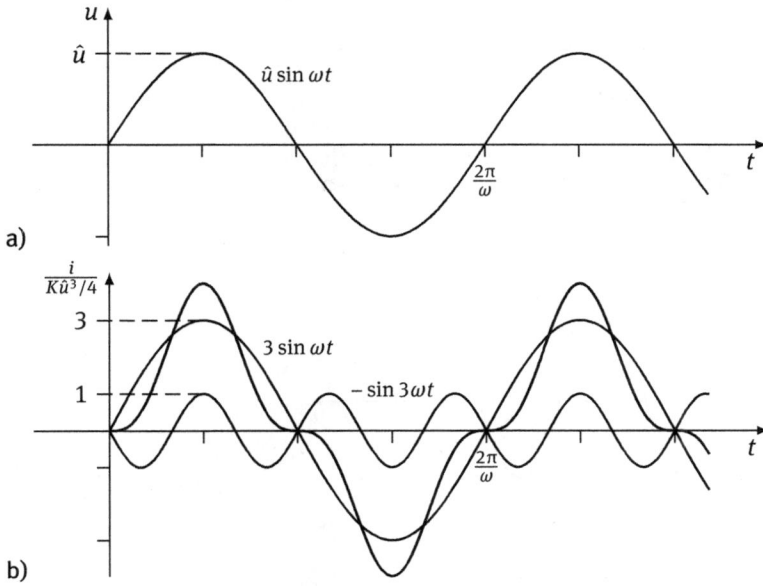

Abb. 7.15: Entstehung eines nichtsinusförmigen Stromes aus einer sinusförmigen Spannung durch nichtlineare Verzerrung.

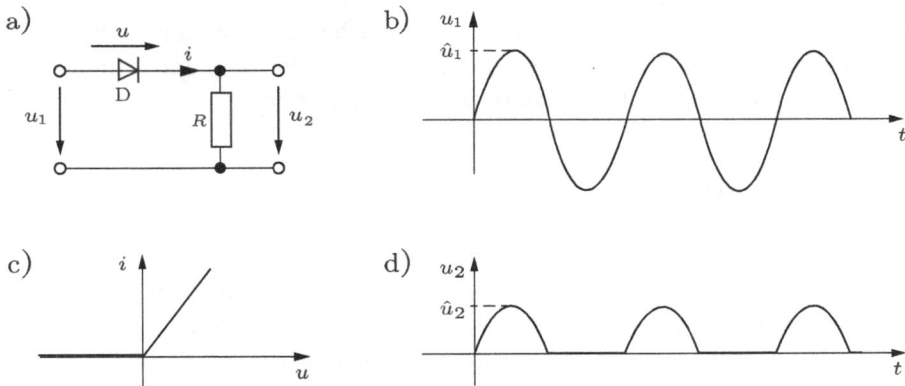

Abb. 7.16: Einweg-Gleichrichtung.

a)

b)

c)

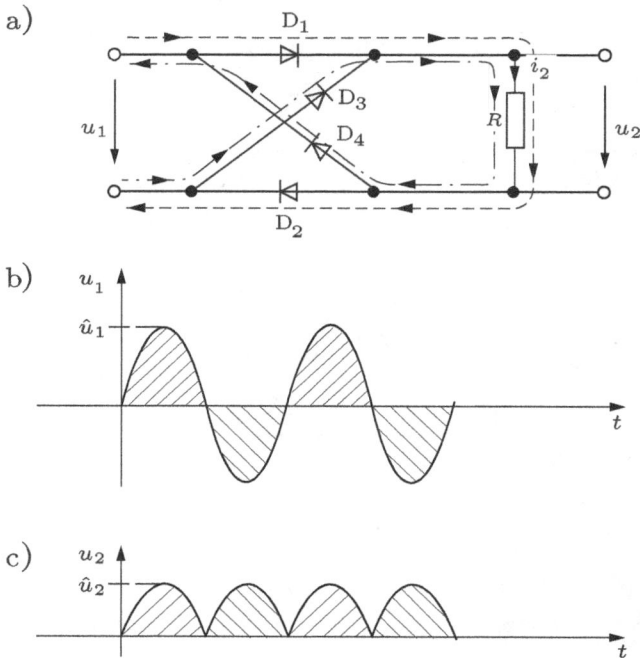

Abb. 7.17: Brückengleichrichtung. (a) Gleichrichterschaltung mit vier Dioden, (b) sinusförmige Eingangsspannung, (c) gleichgerichtete Spannung am Ausgang

Bei der Gleichrichtung mit nur einer Diode (Einweg-Gleichrichtung) werden die negativen Halbwellen der Eingangsspannung $u_1(t)$ sozusagen abgeschnitten. Genutzt werden die negativen Halbwellen dagegen durch Brückengleichrichtung, wie es in Bild 7.17 dargestellt wird (Graetzschaltung). Während der positiven Halbwellen von u_1 fließt der Strom i_2 über die Dioden D_1 und D_2 (gestrichelter Weg) und während der negativen Halbwellen über D_3 und D_4 (strichpunktierter Weg).

7.1.7 Mittelwerte periodischer Funktionen

7.1.7.1 Arithmetischer Mittelwert (Gleichwert)

Wenn man sich bei einem zeitabhängigen Strom für die im zeitlichen Mittel transportierte Ladungsmenge interessiert, so muss man seinen arithmetischen Mittelwert bilden. Für den arithmetischen Mittelwert $\overline{f}$ einer Funktion $f(t)$ gilt (Bild 7.18)

$$\overline{f} = \frac{1}{T} \int_{\tau}^{\tau+T} f(t)\, dt \qquad (\tau \text{ beliebig}). \tag{7.40}$$

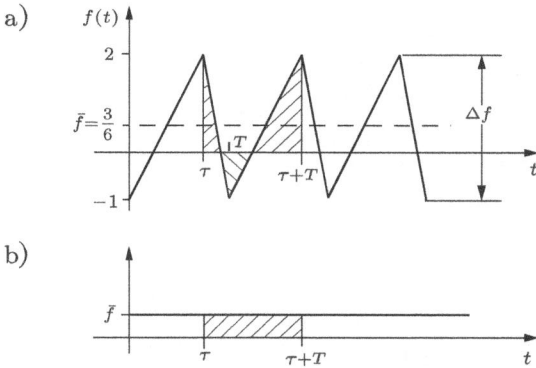

Abb. 7.18: Zur Bildung des arithmetischen Mittelwertes $\overline{f}$.

Der Gleichwert $\overline{f}_{\sin}$ einer Sinusschwingung ist also immer gleich null; es ist nämlich

$$\overline{f}_{\sin} = \frac{1}{T} \int\limits_0^T \sin \omega t \, \mathrm{d}t \, ,$$

und mit $\omega t = \varphi$, $\mathrm{d}t = \mathrm{d}\varphi/\omega$; $\omega T = 2\pi$ gilt

$$\overline{f}_{\sin} = \frac{1}{2\pi} \int\limits_0^{2\pi} \sin \varphi \, \mathrm{d}\varphi = \frac{1}{2\pi} \Big[-\cos \varphi \Big]_0^{2\pi} = 0 \, . \qquad (7.41)$$

Eine Schwingung, deren Gleichwert null ist, nennt man eine (reine) Wechselgröße (Wechselspannung; Wechselstrom). Ist der Gleichwert einer Schwingung von null verschieden, so nennt man sie eine Mischgröße (Mischspannung; Mischstrom). Die Größe Δf in Bild 7.18a nennt man die Schwingungsbreite (Schwankung) der Mischgröße f.

7.1.7.2 Einweg-Gleichrichtwert

Setzt man eine Funktion $f(t)$ zu allen Zeiten, zu denen sie negative Funktionswerte annimmt, gleich null und bildet von der daraus entstandenen Funktion $f_{\mathrm{EG}}(t)$ den arithmetischen Mittelwert, so entsteht ihr Einweg-Gleichrichtwert

$$\overline{f}_{\mathrm{EG}} = \frac{1}{T} \int\limits_\tau^{\tau+T} f_{\mathrm{EG}} \, \mathrm{d}t \qquad (\tau \text{ beliebig}). \qquad (7.42)$$

Zu der in Bild 7.18 gegebenen Funktion $f(t)$ gehört die Funktion $f_{\mathrm{EG}}(t)$ in Bild 7.19; für dieses Beispiel wird $\overline{f}_{\mathrm{EG}} > \overline{f}$. Die schraffierte Fläche im oberen Diagramm des Bildes 7.19 hat den gleichen Inhalt wie die im unteren Diagramm. Für den Einweg-Gleichrichtwert einer Sinusfunktion gilt

a)

b)

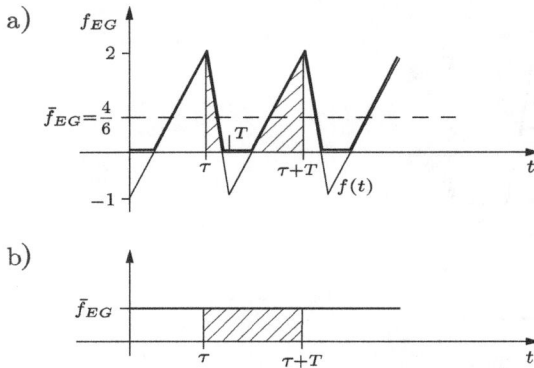

Abb. 7.19: Zur Bildung des Mittelwertes $\bar{f}_{EG}$ nach Einweggleichrichtung.

$$\bar{f}_{EG\,\sin} = \frac{1}{T} \int_0^{T/2} \sin \omega t \, dt = \frac{1}{2\pi} \int_0^{\pi} \sin \varphi \, d\varphi = \frac{1}{2\pi} \left[-\cos \varphi \right]_0^{\pi}$$

$$\bar{f}_{EG\,\sin} = \frac{1}{2\pi} [1 + 1] = \frac{1}{\pi} \approx 0{,}318 \, . \tag{7.43}$$

7.1.7.3 Gleichrichtwert (elektrolytischer Mittelwert)

Will man mit einem zeitlich veränderlichen Strom, insbesondere einem Sinusstrom, in vorgegebener Zeit eine möglichst große Ladungsmenge in einer bestimmten Richtung transportieren (wie es für die Elektrolyse nötig ist), so wird man hierfür die Brückengleichrichtung nehmen (vgl. Bild 7.17). Ein in dieser Weise gleichgerichteter Strom hat einen arithmetischen Mittelwert, den man als Gleichrichtwert oder elektrolytischen Mittelwert bezeichnet. Man definiert daher den Gleichrichtwert einer Funktion $f(t)$ wie folgt:

$$\overline{|f|} = \frac{1}{T} \int_\tau^{\tau+T} |f(t)| \, dt \qquad (\tau \text{ beliebig}) \, . \tag{7.44}$$

In Bild 7.20 wird dieselbe Funktion $f(t)$ dargestellt wie schon in den Bildern 7.18 und 7.19; außerdem werden die Funktion $|f(t)|$ und der Wert $\overline{|f|}$ abgebildet. Die schraffierten Flächen in den beiden Diagrammen des Bildes 7.20 sind gleich groß. Für den Gleichrichtwert einer Sinusfunktion gilt

$$\overline{|f_{\sin}|} = \frac{2}{T} \int_0^{T/2} \sin \omega t \, dt = \frac{1}{\pi} \int_0^{\pi} \sin \varphi \, d\varphi = \frac{1}{\pi} \left[-\cos \varphi \right]_0^{\pi} = \frac{1}{\pi} [1 + 1]$$

$$\overline{|f_{\sin}|} = \frac{2}{\pi} \approx 0{,}637 \, . \tag{7.45}$$

a)

b)

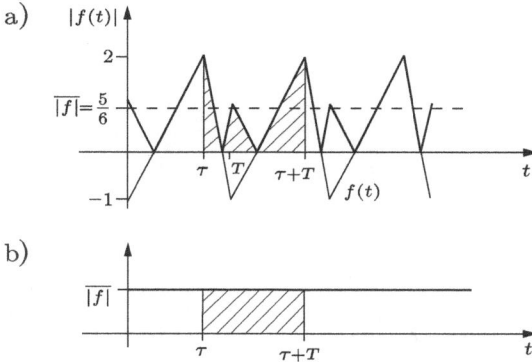

Abb. 7.20: Zur Bildung des elektrolytischen Mittelwertes $\overline{|f|}$.

7.1.7.4 Effektivwert (quadratischer Mittelwert)

Wenn ein Wechselstrom $i(t)$ in einem ohmschen Widerstand R fließt, so wird die Leistung $p(t) = Ri^2(t)$ umgesetzt; diese Leistung hat den arithmetischen Mittelwert

$$\bar{p} = P = \frac{1}{T} \int\limits_{\tau}^{\tau+T} p(t)\, dt = \frac{1}{T} \int\limits_{\tau}^{\tau+T} Ri^2(t)\, dt \,. \tag{7.46}$$

Für einen Gleichstrom I, der im zeitlichen Mittel in R die gleiche Leistung P umsetzt, muss gelten

$$P = RI^2 \,,$$

also mit Gl. (7.46)

$$RI^2 = \frac{1}{T} \int\limits_{\tau}^{\tau+T} Ri^2(t)\, dt$$

$$I = \sqrt{\frac{1}{T} \int\limits_{\tau}^{\tau+T} i^2(t)\, dt} \qquad (\tau \text{ beliebig}).$$

Den Gleichstrom I, der dem zeitabhängigen Strom $i(t)$ in Bezug auf die Leistung äquivalent ist, nennt man auch den Effektivwert oder quadratischen Mittelwert des Stromes $i(t)$. Der Effektivwert F einer beliebigen Zeitfunktion $f(t)$ ist

$$F = \sqrt{\frac{1}{T} \int\limits_{\tau}^{\tau+T} f^2(t)\, dt} \qquad (\tau \text{ beliebig}). \tag{7.47}$$

In Bild 7.21 wird wieder die Funktion $f(t)$ aus den Bildern 7.18 bis 7.20 dargestellt, außerdem die Funktion $f^2(t)$ sowie deren arithmetischer Mittelwert F^2 und schließlich der Effektivwert F. Für den Effektivwert F_{sin} der Sinusschwingung $\sin \omega t$ gilt

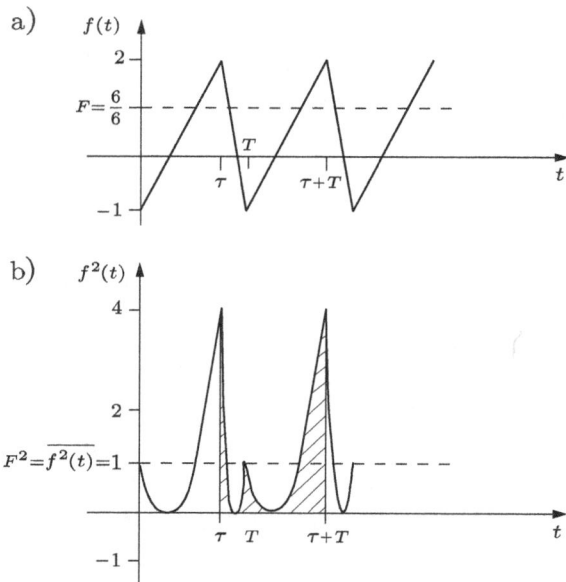

Abb. 7.21: Zur Berechnung des Effektivwertes *F*.

$$F_{\sin}^2 = \frac{1}{T} \int\limits_0^T \sin^2 \omega t \, dt = \frac{1}{2\pi} \int\limits_0^{2\pi} \sin^2 \varphi \, d\varphi \, .$$

Mit

$$\sin^2 \varphi = \frac{1}{2}(1 - \cos 2\varphi) \tag{7.48}$$

wird hieraus

$$F_{\sin}^2 = \frac{1}{2\pi} \int\limits_0^{2\pi} \frac{1}{2}(1 - \cos 2\varphi) \, d\varphi = \frac{1}{4\pi}\left[\varphi - \frac{1}{2}\sin 2\varphi\right]_0^{2\pi}$$

$$= \frac{1}{4\pi}[2\pi - 0 + 0] = \frac{1}{2}$$

$$F_{\sin} = \frac{1}{\sqrt{2}} \approx 0{,}707 \, . \tag{7.49}$$

Der Effektivwert einer Spannung, die sich aus Grundschwingung und Oberschwingungen zusammensetzt, wird in Abschnitt 11.3 (»Die Leistung bei nichtsinusförmigen Strömen und Spannungen«) berechnet: Gl. (11.17) beschreibt den Gesamteffektivwert U als Wurzel aus der Summe der Quadrate aller Teileffektivwerte (U_0, U_1, U_2 usw.):

$$U = \sqrt{U_0^2 + U_1^2 + U_2^2 + U_3^2 + \cdots} \, .$$

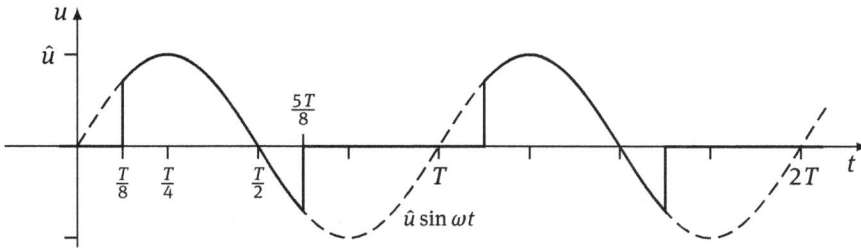

Abb. 7.22: Synchron getastete Sinusspannung.

Beispiel 7.7: Mittelwerte einer synchron getasteten Sinusspannung.
Für den in Bild 7.22 dargestellten Spannungsverlauf mit dem Tastverhältnis $0,5$ sollen berechnet werden
a) *der Gleichwert $\bar{u}$,*
b) *der Einweg-Gleichrichtwert $\bar{u}_{EG}$,*
c) *der Gleichrichtwert $\overline{|u|}$,*
d) *der Effektivwert U.*

Lösung

a) $\bar{u} = \dfrac{1}{T} \displaystyle\int_{T/8}^{5T/8} \hat{u} \sin \omega t\, dt$.

Ersetzt man hier ωt durch den Winkel φ, so kann man φ als neue Integrationsvariable verwenden. Als Periode tritt dann 2π statt T auf, und die Integrationsgrenzen sind nun $\pi/4$ und $5\pi/4$:

$$\bar{u} = \frac{1}{2\pi} \int_{\pi/4}^{5\pi/4} \hat{u} \sin \varphi\, d\varphi = \frac{1}{2\pi} \hat{u} \left[-\cos \varphi \right]_{\pi/4}^{5\pi/4} = \frac{\hat{u}}{2\pi} \left[-\cos \frac{5\pi}{4} + \cos \frac{\pi}{4} \right]$$

$$\bar{u} = \frac{\hat{u}}{2\pi} \left[\frac{\sqrt{2}}{2} + \frac{\sqrt{2}}{2} \right] = \frac{\hat{u}}{\pi} \frac{\sqrt{2}}{2} \approx \underline{\underline{0,22\hat{u}}} \ .$$

b) $\bar{u}_{EG} = \dfrac{1}{T} \displaystyle\int_{T/8}^{T/2} \hat{u} \sin \omega t\, dt = \dfrac{1}{2\pi} \int_{\pi/4}^{\pi} \hat{u} \sin \varphi\, d\varphi = \dfrac{\hat{u}}{2\pi} \left[-\cos \varphi \right]_{\pi/4}^{\pi}$

$$= \frac{\hat{u}}{2\pi} \left[-\cos \pi + \cos \frac{\pi}{4} \right] = \frac{\hat{u}}{2\pi} \left[1 + \frac{\sqrt{2}}{2} \right] \approx \underline{\underline{0,27\hat{u}}} \ .$$

c) $\overline{|u|} = \dfrac{1}{T} \displaystyle\int_{T/8}^{5T/8} \hat{u} \left| \sin \omega t \right| dt = \dfrac{1}{2\pi} \int_{\pi/4}^{5\pi/4} \hat{u} \left| \sin \varphi \right| d\varphi$.

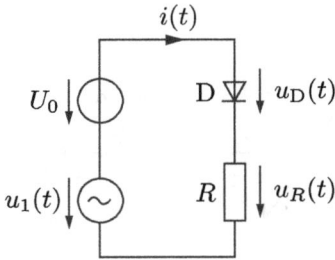

Abb. 7.23: Gleichrichten eines Mischstromes.

Die Integration von $\pi/4$ bis $5\pi/4$ kann durch eine Integration von 0 bis π (Integration über eine Halbwelle) ersetzt werden:

$$\overline{|u|} = \frac{1}{2\pi} \int_0^\pi \hat{u} \sin\varphi \, d\varphi = \frac{\hat{u}}{2\pi}\Big[-\cos\varphi\Big]_0^\pi = \frac{\hat{u}}{2\pi}[1+1] = \frac{\hat{u}}{\pi} \approx 0{,}32\hat{u} \,.$$

d) $\quad U^2 = \dfrac{1}{T} \displaystyle\int_{T/8}^{5T/8} \hat{u}^2 \sin^2 \omega t \, dt = \dfrac{1}{2\pi} \int_{\pi/4}^{5\pi/4} \hat{u}^2 \sin^2\varphi \, d\varphi = \dfrac{1}{2\pi} \int_0^\pi \hat{u}^2 \sin^2\varphi \, d\varphi$

$$= \frac{\hat{u}^2}{2\pi} \int_0^\pi \frac{1}{2}(1-\cos 2\varphi)\, d\varphi = \frac{\hat{u}^2}{4\pi}\Big[\varphi - \frac{1}{2}\sin 2\varphi\Big]_0^\pi = \frac{\hat{u}^2}{4\pi}[\pi - 0 + 0] = \frac{\hat{u}^2}{4}$$

$$U = \frac{\hat{u}}{2} = 0{,}5\hat{u} \,.$$

Beispiel 7.8: Effektivwert eines einweg-gleichgerichteten Mischstromes.
Gegeben sind die Gleichspannung $U_0 = 1$ V und die Wechselspannung $u_1(t) = 2$ V $\sin\omega t$, der Widerstand $R = 100\,\Omega$ und eine ideale Diode (Durchlasswiderstand gleich null, Sperrwiderstand unendlich groß), siehe Bild 7.23.
a) *Der Strom $i(t)$ soll skizziert werden.*
b) *Welchen Effektivwert I hat $i(t)$?*
c) *Wie groß ist die mittlere Leistung P_R im Widerstand?*

Lösung
a) Ohne die Diode fließt der Strom

$$i^*(t) = \frac{U_0 + u_1(t)}{R} = 10\,\text{mA} + 20\,\text{mA} \cdot \sin\omega t \,.$$

Die Diode unterdrückt alle Werte von $i^* < 0$, daher ergibt sich der in Bild 7.24 dargestellte Strom $i(t)$.

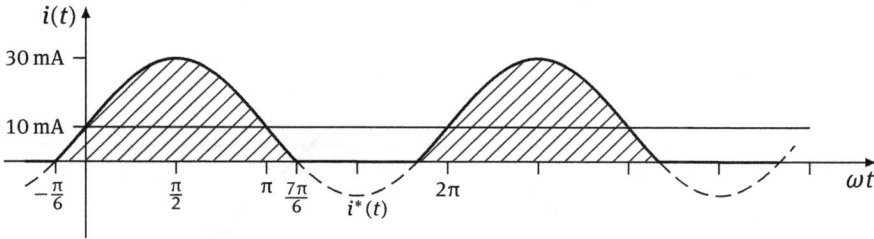

Abb. 7.24: Mischstrom nach Einweggleichrichtung.

b) Für den Effektivwert I des Stromes $i(t)$ gilt:

$$I^2 = \frac{(10\,\text{mA})^2}{2\pi} \int\limits_{-\pi/6}^{7\pi/6} (1 + 2\sin\varphi)^2 \, \mathrm{d}\varphi = \frac{(10\,\text{mA})^2}{2\pi} \int\limits_{-\pi/6}^{7\pi/6} (1 + 4\sin\varphi + 4\sin^2\varphi)\, \mathrm{d}\varphi \, .$$

Mit Gl. (7.48) ist

$$I^2 = \frac{(10\,\text{mA})^2}{2\pi} \int\limits_{-\pi/6}^{7\pi/6} (3 + 4\sin\varphi - 2\cos 2\varphi)\, \mathrm{d}\varphi$$

$$= \frac{(10\,\text{mA})^2}{2\pi} \left[3\varphi - 4\cos\varphi - \sin 2\varphi \right]_{-\pi/6}^{7\pi/6}$$

$$= \frac{(10\,\text{mA})^2}{2\pi} \left\{ \frac{7\pi}{2} + \frac{\pi}{2} - 4\left[\cos\frac{7\pi}{6} - \cos\left(-\frac{\pi}{6}\right) \right] - \left[\sin\frac{7\pi}{3} - \sin\left(-\frac{\pi}{3}\right) \right] \right\} \, .$$

Hierbei gilt

$$\cos\frac{7\pi}{6} = -\cos\frac{\pi}{6} = -\frac{\sqrt{3}}{2}; \qquad \cos\left(-\frac{\pi}{6}\right) = \cos\frac{\pi}{6} = \frac{\sqrt{3}}{2}$$

$$\sin\frac{7\pi}{3} = \sin\frac{\pi}{3} = \frac{\sqrt{3}}{2}; \qquad \sin\left(-\frac{\pi}{3}\right) = -\sin\frac{\pi}{3} = -\frac{\sqrt{3}}{2} \, ,$$

so dass sich ergibt

$$I^2 = \frac{(10\,\text{mA})^2}{2\pi} \left\{ 4\pi - 4\left[-\frac{\sqrt{3}}{2} - \frac{\sqrt{3}}{2} \right] - \left[\frac{\sqrt{3}}{2} - \left(-\frac{\sqrt{3}}{2}\right) \right] \right\}$$

$$I^2 = \frac{(10\,\text{mA})^2}{2\pi} (4\pi + 3\sqrt{3}) \approx 2{,}827 \cdot 100\,\text{mA}^2$$

$$I \approx \underline{\underline{16{,}8\,\text{mA}}} \, .$$

c) $P_R = RI^2 \approx 100\,\Omega \cdot 2{,}827 \cdot 10^{-4}\,\text{A}^2 \approx \underline{\underline{28{,}27\,\text{mW}}}$.

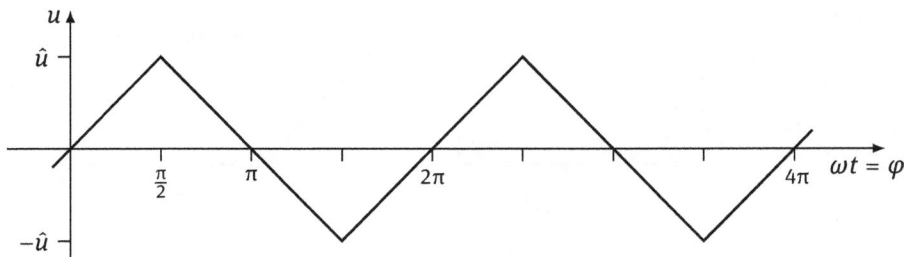

Abb. 7.25: Dreieckschwingung.

7.1.7.5 Scheitel- und Formfaktor

Bei einer reinen Wechselspannung definiert man das Verhältnis von Scheitelwert zu Effektivwert als

$$\text{Scheitelfaktor:} \quad f_s = \frac{\hat{u}}{U} \tag{7.50}$$

und das Verhältnis des Effektivwertes zum elektrolytischen Mittelwert (Gleichrichtwert) als

$$\text{Formfaktor:} \quad f_f = \frac{U}{\overline{|u|}} \, . \tag{7.51}$$

Für eine Sinusschwingung gilt mit den Gln. (7.45) und (7.49):

$$f_{s\,\text{sin}} = \frac{\hat{u}}{\hat{u}/\sqrt{2}} = \sqrt{2} \approx 1{,}414 \tag{7.52}$$

und

$$f_{f\,\text{sin}} = \frac{\hat{u}/\sqrt{2}}{2/\pi \, \hat{u}} = \frac{\pi}{2\sqrt{2}} \approx 1{,}11 \, . \tag{7.53}$$

Zum Vergleich sollen im Folgenden f_s und f_f für eine Dreieckschwingung (Bild 7.25) berechnet werden. Als Gleichrichtwert der Dreieckschwingung ergibt sich

$$\overline{|u_d|} = \frac{1}{2\pi} \int_0^{2\pi} |u(\varphi)| \, d\varphi = \frac{1}{\pi/2} \int_0^{\pi/2} \frac{\hat{u}}{\pi/2} \varphi \, d\varphi = \frac{\hat{u}}{(\pi/2)^2} \cdot \left[\frac{1}{2} \varphi^2 \right]_0^{\pi/2}$$

$$\overline{|u_d|} = \frac{\hat{u}}{2} \, ; \tag{7.54}$$

dieses Ergebnis hätte man aus Bild 7.25 auch unmittelbar erkennen können. Für den Effektivwert der Dreieckschwingung gilt

$$U_d^2 = \frac{1}{2\pi} \int_0^{2\pi} u^2(\varphi) \, d\varphi = \frac{1}{\pi/2} \int_0^{\pi/2} \frac{\hat{u}^2}{(\pi/2)^2} \varphi^2 \, d\varphi = \frac{\hat{u}^2}{(\pi/2)^3} \cdot \left[\frac{1}{3} \varphi^3 \right]_0^{\pi/2} = \frac{\hat{u}^2}{3}$$

$$U_d = \frac{\hat{u}}{\sqrt{3}} \, . \tag{7.55}$$

Die Dreieckschwingung hat demnach den Scheitelfaktor

$$f_{sd} = \frac{\hat{u}}{\hat{u}/\sqrt{3}} = \sqrt{3} \approx 1{,}732$$

und den Formfaktor

$$f_{fd} = \frac{\hat{u}/\sqrt{3}}{\hat{u}/2} = \frac{2}{\sqrt{3}} \approx 1{,}156 \, .$$

Allgemein gilt

$$\hat{u} \geq U \geq \overline{|u|} \geq \bar{u}_{EG} \geq \bar{u} \, ,$$

und deshalb ist für alle Wechselspannungen

$$f_s \geq 1 \, ; \qquad f_f \geq 1 \, .$$

7.1.8 Messung von Wechselgrößen

Drehspulinstrument

Beim Drehspulmesswerk ist die Anzeige dem Messstrom proportional; wegen der mechanischen Trägheit der Drehspule und des Zeigers zeigt es daher den arithmetischen Mittelwert der Messgröße an, in Verbindung mit einer Dioden-Brückenschaltung (vgl. Abschnitt 7.1.6) also den Gleichrichtwert $\overline{|i|}$ (oder $\overline{|u|}$). Fließt z. B. der Strom

$$i(t) = \hat{\imath} \sin \omega t = 1\,\text{A} \cdot \sin \omega t$$

durch das Messinstrument, so müsste der Zeiger eigentlich den Wert

$$\overline{|i|} = {}^2\!/_\pi \, \hat{\imath} \approx 0{,}637\,\text{A}$$

anzeigen. Da man normalerweise aber den Effektivwert des gemessenen Stromes ablesen möchte, wird die Skala so beschriftet, dass der Zeiger statt des Wertes 0,637 A den Wert

$$I = f_f \, \overline{|i|} = 1{,}11 \cdot 0{,}637\,\text{A} = 0{,}707\,\text{A}$$

angibt.

Misst man nun mit einem in dieser Weise geeichten Drehspulmessgerät einen Dreieckstrom mit dem Scheitelwert

$$\hat{\imath} = {}^4\!/_\pi \, \text{A} \approx 1{,}274\,\text{A} \, ,$$

so wird der Zeiger ebenso weit ausschlagen wie bei dem Sinusstrom mit der Amplitude 1 A, denn auch in diesem Fall wird $\overline{|i|} \approx 0{,}637\,\text{A}$ (wegen $\overline{|i|} = \hat{\imath}/2$). Die Angabe $I = 0{,}707\,\text{A}$ wäre nun aber falsch, da der betrachtete Dreieckstrom den Effektivwert

$$I = \frac{1{,}274}{\sqrt{3}}\,\text{A} \approx 0{,}735\,\text{A}$$

hat. Das auf sinusförmige Wechselgrößen geeichte Drehspulinstrument würde nun einen zu kleinen Effektivwert anzeigen. Werden nichtsinusförmige Wechselgrößen gemessen, so kann sich also ein **Formfehler** ergeben.

Anmerkung *Es gibt aber auch nichtsinusförmige Zeitverläufe, bei denen der Formfaktor den gleichen Wert wie bei Sinusschwingungen hat; in solchen Fällen würde ein Drehspulmessgerät mit idealem Brückengleichrichter den Effektivwert genauso richtig anzeigen wie bei Sinusschwingungen.*

Dreheiseninstrument
Beim Dreheiseninstrument ist der Zeigerausschlag ein Maß für das Quadrat des Messstromes; wegen seiner mechanischen Trägheit zeigt das Messwerk also den arithmetischen Mittelwert des Stromquadrates an. Die Anzeige ist somit ein Maß für den Effektivwert: das Dreheisenmesswerk zeigt unabhängig von der Kurvenform den Effektivwert richtig an.

Digitales Messinstrument
Bei digitalen Messgeräten wird die zu messende Größe diskretisiert. Dazu wird aus dem kontinuierlichen analogen Signal ein zeit- und wert-diskretes Signal gebildet. Vor der A/D-Wandlung erfolgt in der Regel noch eine Signalaufbereitung (Bild 7.26). Dazu gehören eine Pegelanpassung und Gleichrichtung sowie eine Tiefpass-Filterung des Signals (vgl. Abtasttheorem von Shannon). Die Pegelanpassung (Abschwächung bzw. Verstärkung) und die Gleichrichtung sorgen dafür, dass der verfügbare Spannungsbereich U_{min} bis U_{max} des A/D-Wandlers optimal genutzt werden kann.

Das gefilterte Signal wird vom Abtast-Halte-Glied mit der Taktfrequenz f_T abgetastet. Die Zeitdifferenz zwischen zwei Abtast-Schritten ist die Abtastzeit $T_A = 1/f_T$; es entsteht eine diskrete Zeitreihe

$$t_k = (k-1)T_A \quad \text{mit} \quad k = 1, 2, 3, \ldots, n+1 \,.$$

Dabei ist die Anzahl n abhängig von der Messdauer T_{mess} und der Abtastzeit T_A:

$$n = \frac{T_{mess}}{T_A} \,.$$

Nach dem Abtast-Halte-Glied erfolgt die Digitalisierung des abgetasteten Signals (Quantisierung). Wie schon in Abschnitt 2.3.4 (Bd. 1) geschrieben, ist die Auflösung des Signals von der Bit-Anzahl b des A/D-Wandlers abhängig. So ist

$$\Delta U = \frac{U_{max} - U_{min}}{2^b - 1} \,.$$

Abb. 7.26: Beispiel für eine Signalverabeitungskette bei der digitalen Messung von Gleichricht- und Effektivwert.

Das gleichgerichtete, abgetastete und diskretisierte Signal kann dann durch die Gleichung

$$u_k = \left\lfloor \frac{|u(t_k)|}{\Delta U} \right\rfloor \cdot \Delta U$$

beschrieben werden, wobei die Gauss-Klammern $\lfloor\ \rfloor$ für das Abrunden des umklammerten Ausdruckes auf ganzzahlige Werte stehen.

Bei der Effektivwert-Bildung wird das Integral von Gl. (7.47) durch eine Summe ersetzt:

$$U_{\mathrm{eff}} \approx \sqrt{\frac{1}{T_{\mathrm{mess}}} \sum_{k=1}^{n+1} u_k^2 \cdot T_{\mathrm{A}}}\ .$$

Die Auswertung des Integrals erfolgt also näherungsweise mit Hilfe der $n+1$ abgetasteten Werte der Zeitreihe über die Messzeit $T_{\mathrm{mess}} = nT_{\mathrm{A}}$. Ist die Abtastzeit T_{A} konstant, wird außerdem

$$U_{\mathrm{eff}} \approx \sqrt{\frac{1}{nT_{\mathrm{A}}} \sum_{k=1}^{n+1} u_k^2 \cdot T_{\mathrm{A}}} = \sqrt{\frac{1}{n} \sum_{k=1}^{n+1} u_k^2}\ . \tag{7.56}$$

Diese Vorgehensweise soll im folgenden an einem konkreten Beispiel näher betrachtet werden.

Beispiel 7.9: Digitale Messung des Effektivwerts.
Zur Verfügung stehe ein digitales Messgerät mit 8-Bit-D/A-Wandler und einer Abtastzeit $T_{\mathrm{A}} = 0{,}1$ ms. Die erlaubte Eingangsspannung des A/D-Wandlers liege zwischen 0 und 5 V. Die Messdauer sei $T_{\mathrm{mess}} = 0{,}1$ s. Bis auf die Quantisierungsfehler sei die Signalaufbereitung ideal.

Gemessen werden soll der Effektivwert des Eingangssignals

$$u_{\mathrm{sig}}(t) = 2\,\mathrm{V}(\sin(2\pi ft) + \cos(2\pi ft)) = 2\sqrt{2}\,\mathrm{V}\sin(2\pi ft + \pi/4)\,, \quad f = 50\,\mathrm{Hz}\,.$$

Wie groß ist der relative Fehler des Messverfahrens?

Lösung
Der kleinste darstellbare Wert (größer null) ist

$$\Delta U = \frac{5\,\mathrm{V}}{255} = \frac{1}{51}\,\mathrm{V}\,.$$

Die Quantisierung von $u(t)$ erfolgt also mit

$$u_k = \left\lfloor \frac{|u(t_k)| \cdot 51}{1\,\mathrm{V}} \right\rfloor \cdot \frac{1}{51}\,\mathrm{V}\,.$$

Bei einer Messdauer von $0{,}1$ s und einer Abtastzeit von $0{,}1$ ms ergeben sich

$$n = \frac{T_{\mathrm{mess}}}{T_{\mathrm{A}}} = \frac{0{,}1\,\mathrm{s}}{0{,}1\,\mathrm{ms}} = 1000$$

bzw. $n + 1 = 1001$ abgetastete Werte, was bei einer Frequenz von 50 Hz fünf Signal-Perioden entspricht. Die Auswertung der Gleichung (7.56)

$$\widetilde{U}_{\text{eff}} \approx \sqrt{\frac{1}{1000} \sum_{k=1}^{1001} u_k^2}$$

liefert einen genäherten Wert $\widetilde{U}_{\text{eff}} \approx 1{,}9925$ V. Der wahre Wert beträgt $U_{\text{eff}} = 2$ V. Es ergibt sich ein relativer Fehler

$$f = \frac{\widetilde{U}_{\text{eff}}}{U_{\text{eff}}} - 1 = \frac{1{,}9925\,\text{V}}{2\,\text{V}} - 1 \approx \underline{\underline{-0{,}37\,\%}}\,.$$

Anmerkung *Handelsübliche digitale Messgeräte haben in der Regel A/D-Wandler mit mindestens 10 bit Auflösung. Hier verringert sich der Fehler für das gegebene Beispiel bereits auf −0,05 %.*

7.2 Eingeschwungene Sinusströme und -spannungen in linearen RLC-Netzen

7.2.1 Komplexe Zeitfunktion, komplexe Amplitude

Eine Wechselspannung

$$u(t) = \hat{u} \cos(\omega t + \varphi_{\text{u}}) \tag{7.57}$$

kann gemäß Gl. (7.23a) in folgender Weise beschrieben werden:

$$u(t) = \hat{u}\,\Re\{e^{j(\omega t + \varphi_u)}\} = \Re\{\hat{u}\,e^{j(\omega t + \varphi_u)}\}$$
$$u(t) = \Re\{\hat{u}\,e^{j\varphi_u}\,e^{j\omega t}\}\,. \tag{7.58}$$

Hierbei ist der Realteil eines komplexen Ausdrucks zu bilden. Diesen Ausdruck bezeichnet man auch als komplexen Augenblickswert (komplexen Momentanwert) oder als **komplexe Zeitfunktion** $\underline{u}(t)$:

$$\underline{u}(t) = \hat{u}\,e^{j\varphi_u}\,e^{j\omega t}\,. \tag{7.59}$$

Bei den Darstellungen (7.58) und (7.59) beachte man, dass die reelle Zeitfunktion (reeller Augenblickswert, physikalischer Augenblickswert) $u(t)$ nicht der Betrag, sondern der Realteil von $\underline{u}(t)$ ist.

Eine reelle Kosinusschwingung, wie z. B. die in Gl. (7.57) beschriebene Spannung $u(t)$, lässt sich als Produkt einer zeitunabhängigen Amplitude $\hat{u}$ mit einer zeitabhängigen Schwingung $\cos(\omega t + \varphi_{\text{u}})$ darstellen. Entsprechend lässt sich in der Definition (7.59) die zeitunabhängige Größe

$$\underline{\hat{u}} = \hat{u}\,e^{j\varphi_u} \tag{7.60}$$

als **komplexe Amplitude** und die Zeitfunktion $e^{j\omega t}$ als komplexe Schwingung auffassen. Aus der Definition (7.60) folgt, dass

$$|\hat{\underline{u}}| = \hat{u} \tag{7.61}$$

wird; d. h. der Betrag der komplexen Amplitude $\hat{\underline{u}}$ ist gleich der reellen Amplitude $\hat{u}$. Mit den Gln. (7.59) und (7.60) lässt sich auch schreiben

$$\underline{u}(t) = \hat{\underline{u}}\,e^{j\omega t}\,, \tag{7.62}$$

$$u(t) = \Re\{\underline{u}(t)\}\,, \tag{7.63a}$$

$$u(t) = \Re\{\hat{\underline{u}}\,e^{j\omega t}\}\,. \tag{7.63b}$$

Anmerkung *Geht man zur Beschreibung der Spannung u(t) nicht von der Darstellung (7.57) aus, sondern nimmt statt der Kosinus- die Sinusfunktion zu Hilfe, so muss man z. B. die Gl. (7.63a) durch die Gleichung u(t) = $\Im\{\underline{u}(t)\}$ ersetzen.*

7.2.2 Eingeschwungene Vorgänge in linearen Bauelementen

7.2.2.1 Der ohmsche Widerstand an Wechselspannung

Wenn man das Ohm'sche Gesetz

$$i_R = \frac{u_R}{R} \quad \text{(mit } R = konst\text{)} \tag{7.64}$$

(vgl. Bild 7.27) für den Fall einer Wechselspannung

$$u_R(t) = \hat{u}_R \cos(\omega t + \varphi_R) = \Re\{\hat{\underline{u}}_R\,e^{j\omega t}\} \quad \text{(mit } \hat{\underline{u}}_R = \hat{u}_R\,e^{j\varphi_u}\text{)}$$

anwendet, so wird

$$i_R(t) = \frac{u_R(t)}{R} = \frac{\hat{u}_R}{R}\cos(\omega t + \varphi_R) = \Re\left\{\frac{\hat{u}_R}{R}\,e^{j\varphi_R}\,e^{j\omega t}\right\}\,.$$

Die komplexe Amplitude des Stromes $i_R(t)$ ist also

$$\hat{\underline{\imath}}_R = \frac{\hat{u}_R}{R}\,e^{j\varphi_R}$$

$$\hat{\underline{\imath}}_R = \frac{\hat{\underline{u}}}{R}\,, \tag{7.65}$$

d. h. das Ohm'sche Gesetz behält seine Gültigkeit auch für die komplexen Amplituden $\hat{\underline{\imath}}_R$ und $\hat{\underline{u}}_R$.

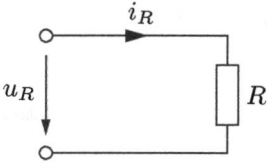

Abb. 7.27: Zählpfeile von Spannung und Strom beim ohmschen Widerstand.

7.2.2.2 Der Kondensator an Wechselspannung

Aus der Kondensatorspannung $u_C(t)$ (vgl. Bild 7.28) lässt sich mit Hilfe der Gln. (1.3) und (3.28) aus Band 1 der Strom $i_C(t)$ eindeutig bestimmen:

$$i_C(t) = \frac{dQ_C(t)}{dt} = \frac{d}{dt}[Cu_C(t)] \, ;$$

wenn $C = konst$ ist (Linearitätsbedingung), wird

$$i_C(t) = C\frac{du_C(t)}{dt} \, . \tag{7.66}$$

Umgekehrt lässt sich aus dem Strom die Spannung nicht eindeutig bestimmen; die Integration der Gl. (7.66) liefert nämlich das unbestimmte Integral

$$u_C(t) = \frac{1}{C} \int i_C(t) \, dt \, ; \tag{7.67}$$

wenn also $i_C(t)$ gegeben ist, so sind beliebig viele Lösungen $u_C(t)$ möglich, die sich durch eine Integrationskonstante K voneinander unterscheiden, die durch eine zusätzliche Bedingung festgelegt werden kann. Zum Beispiel ergibt sich für $i_C = I_C = konst$

$$u_C(t) = \frac{1}{C} \int I_C \, dt = \frac{I_C}{C} \int dt = \frac{I_C}{C} t + K$$

(vgl. Bild 7.29). Für $i_C(t) = \hat{\imath}_C \cos \omega t$ wird

$$u_C(t) = \frac{1}{C} \int \hat{\imath}_C \cos \omega t \, dt = \frac{\hat{\imath}_C}{\omega C} \sin \omega t + K$$

$$u_C(t) = \hat{u}_C \sin \omega t + K \tag{7.68}$$

(vgl. Bild 7.30). Statt der Darstellung (7.67) kann man auch die Beschreibung von $u_C(t)$ durch ein bestimmtes Integral wählen:

$$u_C(t) = \frac{1}{C} \int_{-\infty}^{t} i_C(\tau) \, d\tau$$

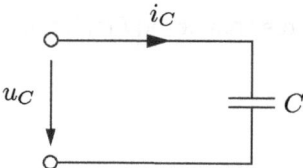

Abb. 7.28: Zählpfeile für Kondensatorstrom und -spannung.

a)

b)

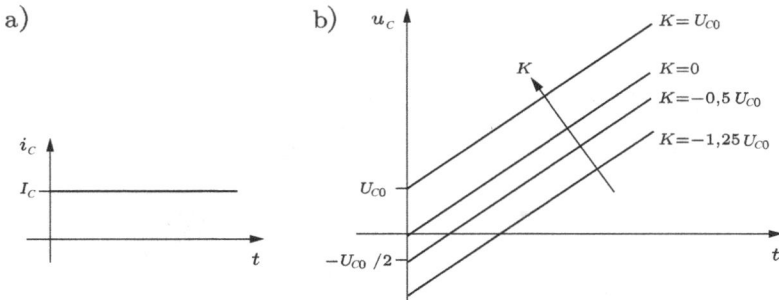

Abb. 7.29: Konstanter Kondensatorstrom und vier mögliche zugehörige Kondensator-Spannungsverläufe.

$$u_C(t) = \frac{1}{C} \int_{-\infty}^{0} i_C(\tau)\, d\tau + \frac{1}{C} \int_{0}^{t} i_C(\tau)\, d\tau \,. \tag{7.69}$$

Der Summand

$$\frac{1}{C} \int_{-\infty}^{0} i_C(\tau)\, d\tau = U_{C0} \tag{7.70}$$

ist der Wert, den die Spannung $u_C(t)$ für $t = 0$ erreicht hat; man nennt ihn den **Anfangswert**. Es wird nun

$$u_C(t) = U_{C0} + \frac{1}{C} \int_{0}^{t} i_C(\tau)\, d\tau \,. \tag{7.71}$$

In der Wechselstromlehre werden nur reine Wechselströme und -spannungen betrachtet, d. h. die Integrationskonstante – wie sie z. B. in Gl. (7.68) auftritt – wird grundsätzlich gleich null gesetzt:

$$K = 0 \,.$$

Das bedeutet: Wenn am Kondensator zur Wechselspannung tatsächlich noch eine Gleichspannung dazukommt, so soll sie hier trotzdem außer Betracht bleiben. Wegen dieser willkürlichen Festsetzung liefert uns die Wechselstromlehre nur Aussagen über die Wechselkomponenten aller betrachteten Ströme und Spannungen, und über eventuell vorhandene Gleichkomponenten kann sie nichts aussagen. Wenn ebenfalls alle Quellenspannungen und Quellenströme reine Wechselgrößen sind, dann können übrigens an den Kondensatoren eines Netzes gar keine Gleichspannungskomponenten mehr auftreten, sobald eine genügend lange Zeit nach dem Einschalten aller Quellen vergangen ist. Dass alle Einschaltvorgänge lange genug zurückliegen und somit alle Spannungen und Ströme eingeschwungen sind, ist Hauptvoraussetzung der ganzen Wechselstromlehre.

Anmerkung *Die Ströme und Spannungen in RLC-Schaltungen können durch Differenzialgleichungen beschrieben werden, deren Lösung sich aus dem Partikular-Integral und der*

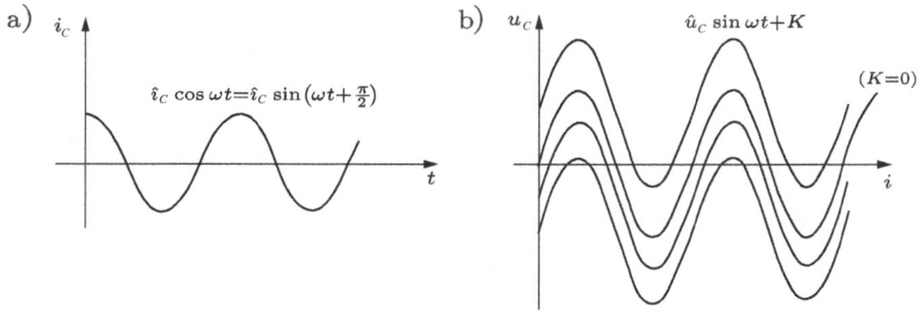

a)

b)

Abb. 7.30: Sinusförmiger Kondensatorstrom und vier mögliche zugehörige Kondensator-Spannungsverläufe.

homogenen Lösung zusammensetzt. In der Wechselstromlehre wird nur das Partikular-Integral betrachtet, und auch dies nur für den Sonderfall sinusförmiger Anregungen; vgl. Abschnitt 11.1.

Setzt man in Gl. (7.66)

$$u_C(t) = \hat{u}_C \cos(\omega t + \varphi_C) \tag{7.72a}$$

ein (wodurch ein beliebiger sinus- oder kosinusförmiger Verlauf beschrieben wird), so erhält man

$$i_C(t) = C \frac{\mathrm{d}}{\mathrm{d}t} \{\hat{u}_C \cos(\omega t + \varphi_C)\}$$

$$i_C(t) = -\omega C \hat{u}_C \sin(\omega t + \varphi_C) ; \tag{7.72b}$$

der Strom $i_C(t)$ hat demnach die Amplitude

$$\hat{\imath}_C = \omega C \hat{u}_C . \tag{7.72c}$$

Damit wird

$$i_C(t) = -\hat{\imath}_C \sin(\omega t + \varphi_C) = \hat{\imath}_C \cos\left(\omega t + \varphi_C + \frac{\pi}{2}\right) = \Re\{\hat{\imath}_C\, \mathrm{e}^{\mathrm{j}(\omega t + \varphi_C + \pi/2)}\}$$

und mit Gl. (7.20a)

$$i_C(t) = \Re\{\mathrm{j}\hat{\imath}_C\, \mathrm{e}^{\mathrm{j}\varphi_C}\, \mathrm{e}^{\mathrm{j}\omega t}\} . \tag{7.73}$$

In Bild 7.31 werden der Strom $i_C(t)$ und die ihm um $\pi/2$ nacheilende Spannung $u_C(t)$ als Funktionen der Zeit t dargestellt.

Wenn wir gemäß Abschnitt 7.2.1 die reelle Zeitfunktion $u_C(t)$ als Realteil der komplexen Zeitfunktion $\underline{u}_C(t)$ auffassen, dann folgt aus Gl. (7.72a)

$$u_C(t) = \Re\{\hat{u}_C\, \mathrm{e}^{\mathrm{j}\varphi_C}\, \mathrm{e}^{\mathrm{j}\omega t}\}$$

$$\underline{u}_C(t) = \hat{u}_C\, \mathrm{e}^{\mathrm{j}\varphi_C}\, \mathrm{e}^{\mathrm{j}\omega t} \tag{7.74}$$

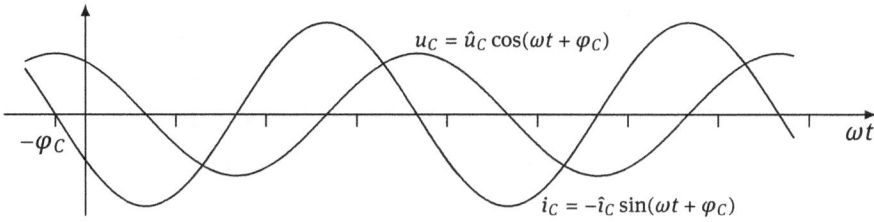

Abb. 7.31: Kondensatorspannung und -strom im eingeschwungenen Zustand.

und mit der komplexen Amplitude

$$\underline{\hat{u}}_C = \hat{u}_C \, e^{j\varphi_C} \tag{7.75}$$

wird

$$\underline{u}_C(t) = \underline{\hat{u}}_C \, e^{j\omega t} . \tag{7.76}$$

Auch der Strom $i_C(t)$ lässt sich entsprechend darstellen: aus Gl. (7.73) folgt

$$\underline{i}_C(t) = j\hat{i}_C \, e^{j\varphi_C} \, e^{j\omega t} ; \tag{7.77}$$

die komplexe Amplitude des Stromes ist

$$\underline{\hat{i}}_C = j\hat{i}_C \, e^{j\varphi_C} , \tag{7.78}$$

mit Gl. (7.72c) und (7.75) also

$$\underline{\hat{i}}_C = j\omega C \hat{u}_C \, e^{j\varphi_C}$$
$$\underline{\hat{i}}_C = j\omega C \underline{\hat{u}}_C . \tag{7.79}$$

Zeigerdiagramm

Zwischen den komplexen Zeitfunktionen $\underline{i}_C(t)$ und $\underline{u}_C(t)$ gilt der Zusammenhang

$$\underline{\hat{i}}_C \, e^{j\omega t} = j\omega C \underline{\hat{u}}_C \, e^{j\omega t}$$
$$\underline{i}_C(t) = j\omega C \underline{u}_C(t) .$$

Die Größen $\underline{i}_C(t)$ und $\underline{u}_C(t)$ bezeichnet man gern als **Zeiger** und veranschaulicht sie in der Gauß'schen Zahlenebene in einem **Zeigerdiagramm**, das die Größen $\underline{i}_C(t)$ und $\underline{u}_C(t)$ als Momentanwerte (also zu irgendeinem festen Zeitpunkt) wiedergibt. In Bild 7.32a sind die Zeiger $\underline{i}_C$ und $\underline{u}_C$ für den Fall $\omega t = -\varphi_C$ dargestellt; in diesem Fall wird gemäß Gl. (7.77) und (7.74)

$$\underline{i}_C(t)|_{t=-\varphi_C/\omega} = j\hat{i}_C$$

und

$$\underline{u}_C(t)|_{t=-\varphi_C/\omega} = \hat{u}_C .$$

a)

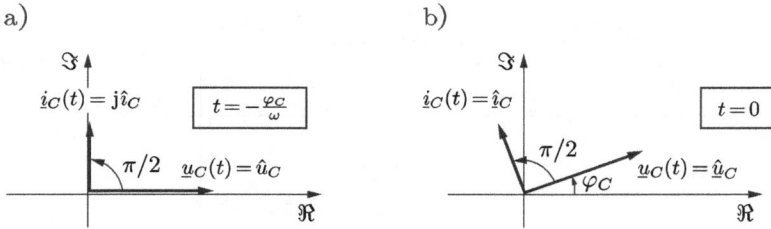

b)

Abb. 7.32: Zeigerdiagramme für $\underline{u}_C(t)$ und $\underline{i}_C(t)$ für zwei verschiedene Zeiten t.

Für $t = 0$ ergibt sich aus den Gln. (7.77) und (7.74) mit (7.78) und (7.75)

$$\underline{i}_C(t)|_{t=0} = \hat{\underline{i}}_C \tag{7.80a}$$

und

$$\underline{u}_C(t)|_{t=0} = \hat{\underline{u}}_C \, . \tag{7.80b}$$

Das heißt: im Fall $t = 0$ stellt das Zeigerdiagramm unmittelbar die komplexen Amplituden $\hat{\underline{i}}_C$ und $\hat{\underline{u}}_C$ dar (Bild 7.32b).

Im Folgenden werden wir das Zeigerdiagramm stets für den Sonderfall $t = 0$ betrachten, also einfach als die Darstellung der komplexen Amplituden $\hat{\underline{u}}_C$ und $\hat{\underline{i}}_C$ (vgl. Bild 7.32b). Das Zeigerdiagramm in Bild 7.32b, das Liniendiagramm in Bild 7.31, die Gleichung (7.79) und das Gleichungspaar (7.72a,b) beschreiben in unterschiedlicher Weise, dass der Strom im Kondensator der Spannung um $\pi/2$ vorauseilt. Hierbei lässt sich jeder Wert des Liniendiagramms als Projektion eines rotierenden Zeigers auf eine feste Achse (z. B. die reelle Achse) der komplexen Ebene deuten. Der Vorteil der komplexen Darstellung reeller Spannungen und Ströme zeigt sich u. a., wenn man die Quotienten $u_C(t)/i_C(t)$ und $\underline{u}_C(t)/\underline{i}_C(t)$ bildet. Mit den Gln. (7.72a,b) wird

$$\frac{u_C(t)}{i_C(t)} = \frac{\hat{u}_C \cos(\omega t + \varphi_C)}{-\omega C \hat{u}_C \sin(\omega t + \varphi_C)} = \frac{-1}{\omega C} \cot(\omega t + \varphi_C);$$

und aus den Gln. (7.74) und (7.77) folgt

$$\frac{\underline{u}_C(t)}{\underline{i}_C(t)} = \frac{\hat{u}_C \, e^{j\varphi_C} \, e^{j\omega t}}{j\hat{i}_C \, e^{j\varphi_C} \, e^{j\omega t}} = \frac{\hat{\underline{u}}_C}{\hat{\underline{i}}_C} \, ,$$

mit den Gln. (7.72c) und (7.79) wird hieraus

$$\frac{\underline{u}_C(t)}{\underline{i}_C(t)} = \frac{\hat{\underline{u}}_C}{\hat{\underline{i}}_C} = \frac{\hat{u}_C}{j\hat{i}_C} = \frac{1}{j\omega C} \, . \tag{7.81}$$

Das Verhältnis der reellen Momentanwerte $u_C(t)$ und $i_C(t)$ ist also zeitabhängig, während das Verhältnis der komplexen Momentanwerte $\underline{u}_C(t)$ und $\underline{i}_C(t)$ den konstanten Wert $1/j\omega C$ ergibt. Analog zum Ohm'schen Gesetz bezeichnet man auch hier den zeitunabhängigen Quotienten $\underline{u}_C(t)/\underline{i}_C(t)$ als einen Widerstand, und zwar als den **komplexen**

Scheinwiderstand (die **Impedanz**) $\underline{Z}_C$ des Kondensators:

$$\underline{Z}_C = \frac{1}{j\omega C} = -j\frac{1}{\omega C} \, . \tag{7.82}$$

Den Imaginärteil einer Impedanz bezeichnet man als ihren **Blindwiderstand** (ihre **Reaktanz**) X, vgl. Abschnitt 7.4; die Reaktanz X_C des Kondensators ist demnach

$$X_C = -\frac{1}{\omega C} \, , \tag{7.83}$$

und man kann schreiben

$$\underline{Z}_C = jX_C \, , \tag{7.84}$$

d. h. die Impedanz des Kondensators hat keinen Realteil. (Hier ist X_C als der Imaginärteil von $\underline{Z}_C$ definiert. Den Kehrwert des Wechselstromwiderstandes $\underline{Z}$ nennt man den **komplexen Scheinleitwert** (die **Admittanz**) $\underline{Y}$:

$$\underline{Y} = \frac{1}{\underline{Z}} \tag{7.85}$$

$$\underline{Y}_C = \frac{1}{\underline{Z}_C} = \frac{1}{+jX_C} = -j\frac{1}{X_C}$$

$$\underline{Y}_C = j\omega C \, . \tag{7.86a}$$

Den Imaginärteil einer Admittanz bezeichnet man als ihren **Blindleitwert** (ihre **Suszeptanz**) B; es gilt also für den Blindleitwert eines Kondensators

$$B_C = \omega C = -\frac{1}{X_C} \, . \tag{7.86b}$$

7.2.2.3 Die Spule an Wechselspannung
Aus dem Spulenstrom $i_L(t)$ (vgl. Bild 7.33) lässt sich die Spannung $u_L(t)$ eindeutig bestimmen:

$$u_L(t) = \frac{d\Psi_L(t)}{dt} = \frac{d}{dt}[Li_L(t)]$$

$$u_L(t) = L\frac{di_L(t)}{dt} \quad (L = konst), \tag{7.87}$$

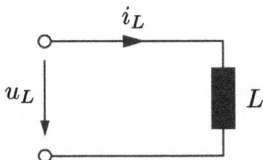

Abb. 7.33: Zählpfeile für Spulenstrom und -spannung.

a)

b)

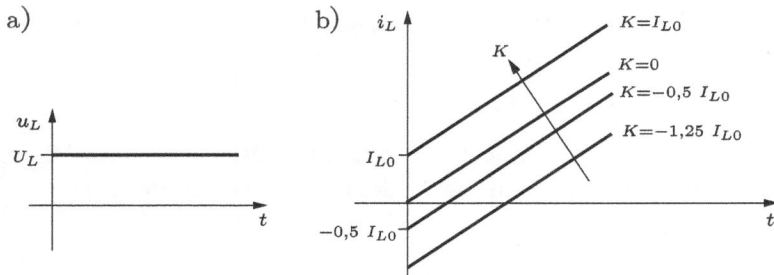

Abb. 7.34: Konstante Spulenspannung und vier mögliche zugehörige Spulen-Stromverläufe.

vgl. Gl. (6.19) in Band 1. Umgekehrt lässt sich der Strom aus der Spannung nicht eindeutig bestimmen; die Integration der Gl. (7.87) liefert nämlich das unbestimmte Integral

$$i_L(t) = \frac{1}{L} \int u_L(t)\, dt \; ; \tag{7.88}$$

wenn also $u_L(t)$ gegeben ist, so sind beliebig viele Lösungen $i_L(t)$ möglich, die sich durch eine Integrationskonstante K unterscheiden, die durch eine zusätzliche Bedingung festgelegt werden kann. Zum Beispiel ergibt sich für

$$u_L = U_L = konst$$

$$i_L(t) = \frac{1}{L} \int U_L\, dt = \frac{U_L}{L} \int dt = \frac{U_L}{L} t + K \, ,$$

vgl. Bild 7.34. Für $u_L(t) = \hat{u}_L \cos \omega t$ wird

$$i_L(t) = \frac{1}{L} \int \hat{u}_L \cos \omega t\, dt = \frac{\hat{u}_L}{\omega L} \sin \omega t + K$$

$$i_L(t) = \hat{\imath}_L \sin \omega t + K \tag{7.89}$$

(vgl. Bild 7.35). Statt die Darstellung (7.88) zu nehmen, kann man $i_L(t)$ auch als bestimmtes Integral schreiben:

$$i_L(t) = \frac{1}{L} \int_{-\infty}^{t} u_L(\tau)\, d\tau$$

$$i_L(t) = \frac{1}{L} \int_{-\infty}^{0} u_L(\tau)\, d\tau + \frac{1}{L} \int_{0}^{t} u_L(\tau)\, d\tau \, . \tag{7.90}$$

Der Summand

$$\frac{1}{L} \int_{-\infty}^{0} u_L(\tau)\, d\tau = I_{L0} \tag{7.91}$$

a) u_L

$\hat{u}_L \cos \omega t = \hat{u}_L \sin(\omega t + \frac{\pi}{2})$

t

b) i_L

$\hat{i}_L \sin \omega t + K$

$(K=0)$

t

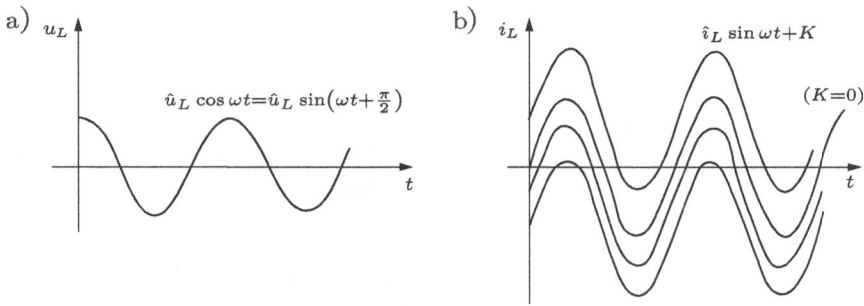

Abb. 7.35: Sinusförmige Spulenspannung und vier mögliche zugehörige Spulen-Stromverläufe.

ist der Wert, den der Strom $i_L(t)$ zur Zeit $t = 0$ erreicht hat (Anfangswert). Es wird nun

$$i_L(t) = I_{L0} + \frac{1}{L} \int_0^t u_L(\tau)\,d\tau\,. \tag{7.92}$$

Da man in der Wechselstromlehre immer von der Voraussetzung $K = 0$ ausgeht (vgl. Abschnitt 7.2.2), ist nicht nur $u_L(t)$ aus $i_L(t)$ eindeutig berechenbar, sondern umgekehrt auch $i_L(t)$ aus $u_L(t)$. Setzt man in Gl. (7.87)

$$i_L(t) = \hat{i}_L \cos(\omega t + \varphi_L) \tag{7.93a}$$

ein, so erhält man

$$u_L(t) = L \frac{d}{dt}\{\hat{i}_L \cos(\omega t + \varphi_L)\}$$
$$u_L(t) = -\omega L \hat{i}_L \sin(\omega t + \varphi_L)\,; \tag{7.93b}$$

die Spannung $u_L(t)$ hat demnach die Amplitude

$$\hat{u}_L = \omega L \hat{i}_L\,. \tag{7.93c}$$

Damit wird

$$u_L(t) = \hat{u}_L \cos(\omega t + \varphi_L + \pi/2) = \Re\{\hat{u}_L\,e^{j(\omega t + \varphi_L + \pi/2)}\}$$

und mit Gl. (7.20a)

$$u_L(t) = \Re\{j\hat{u}_L\,e^{j\varphi_L}\,e^{j\omega t}\}\,. \tag{7.94}$$

In Bild 7.36 werden die Spannung $u_L(t)$ und der ihr um $\pi/2$ nacheilende Strom $i_L(t)$ als Funktionen der Zeit t dargestellt. Gemäß Abschnitt 7.2.1 lässt sich die reelle Zeitfunktion $i_L(t)$ als Realteil der komplexen Zeitfunktion $\underline{i}_L(t)$ auffassen, so dass sich aus Gl. (7.93a) ergibt

$$i_L(t) = \Re\{\hat{i}_L\,e^{j\varphi_L}\,e^{j\omega t}\}$$
$$\underline{\hat{i}}_L(t) = \hat{i}_L\,e^{j\varphi_L}\,e^{j\omega t}\,; \tag{7.95}$$

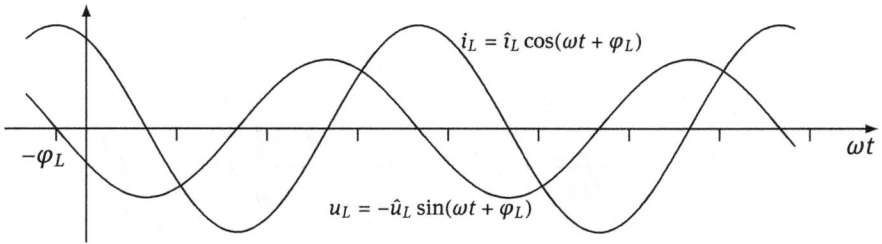

Abb. 7.36: Spulenstrom und -spannung im eingeschwungenen Zustand.

a)   b)

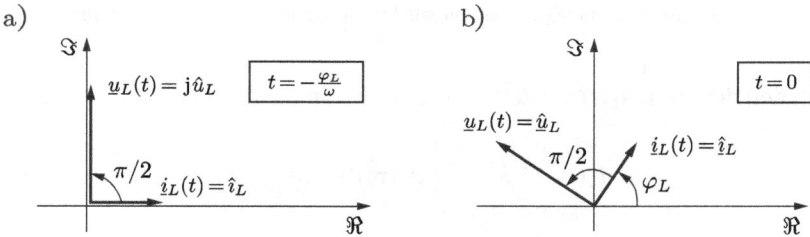

Abb. 7.37: Zeigerdiagramme für $\underline{i}_L(t)$ und $\underline{u}_L(t)$ für zwei verschiedene Zeiten t.

mit der komplexen Amplitude

$$\hat{\underline{i}}_L = \hat{i}_L\, e^{j\varphi_L} \tag{7.96}$$

wird

$$\underline{i}_L(t) = \hat{\underline{i}}_L\, e^{j\omega t} . \tag{7.97}$$

Auch die Spannung $u_L(t)$ lässt sich entsprechend darstellen: aus Gl. (7.94) folgt

$$\underline{u}_L(t) = j\hat{u}_L\, e^{j\varphi_L}\, e^{j\omega t} ; \tag{7.98}$$

die komplexe Amplitude der Spannung ist

$$\hat{\underline{u}}_L = j\hat{u}_L\, e^{j\varphi_L} \tag{7.99}$$

oder mit Gl. (7.93c) und (7.96)

$$\hat{\underline{u}}_L = j\omega L \hat{i}_L\, e^{j\varphi_L}$$
$$\hat{\underline{u}}_L = j\omega L \hat{\underline{i}}_L . \tag{7.100}$$

Die durch die Gln. (7.95) und (7.98) beschriebenen komplexen Schwingungen $\underline{i}_L(t)$ und $\underline{u}_L(t)$ können in Zeigerdiagrammen dargestellt werden. Für die Fälle $t = -\varphi_L/\omega$ und $t = 0$ zeigt Bild 7.37 die Zeigerdiagramme. In diesen Diagrammen wird ebenso wie in Bild 7.36 deutlich, dass an der Spule die Spannung dem Strom um $\pi/2$ vorauseilt. Den Quotienten $\underline{u}_L(t)/\underline{i}_L(t)$ bezeichnet man als den komplexen Scheinwiderstand (die

Impedanz) $\underline{Z}_L$ der Spule. Mit den Gln. (7.93c) und (7.100) wird

$$\frac{u_L(t)}{i_L(t)} = \frac{\hat{u}_L}{\hat{i}_L} = \frac{j\hat{u}_L}{\hat{i}_L} = j\omega L \ . \tag{7.101}$$

$$\underline{Z}_L = j\omega L \ . \tag{7.102}$$

Mit der Abkürzung

$$X_L = \omega L \tag{7.103}$$

für die Reaktanz einer Spule wird

$$\underline{Z}_L = jX_L \ . \tag{7.104}$$

(Die Impedanz einer Spule hat – ebenso wie die eines Kondensators – keinen Realteil.)
Die Admittanz der Spule ist

$$\underline{Y}_L = \frac{1}{\underline{Z}_L} = \frac{1}{jX_L} = -j\frac{1}{X_L}$$

$$\underline{Y}_L = \frac{1}{j\omega L} \ . \tag{7.105a}$$

Mit der Bezeichnung B für den Imaginärteil einer Admittanz $\underline{Y}$ gilt:

$$B_L = -\frac{1}{\omega L} = -\frac{1}{X_L} \ . \tag{7.105b}$$

7.2.3 Die Kirchhoff'schen Gleichungen für die komplexen Amplituden

7.2.3.1 Die Knotengleichung für die komplexen Stromamplituden
Die 1. Kirchhoff'sche Gleichung

$$\sum_{\nu=1}^{n} I_\nu = 0 \tag{2.5}$$

gilt nicht nur für Gleichströme, sondern muss auch zu jeder Zeit für die Momentanwerte von n zeitabhängigen Strömen gelten, die aus einem Knoten abfließen (Bild 7.38). Sie ist z. B. auch anwendbar für n sinusförmige Ströme gleicher Kreisfrequenz ω, aber verschiedener Nullphase φ_ν:

$$\sum_{\nu=1}^{n} \hat{i}_\nu \cos(\omega t + \varphi_\nu) = 0 \ . \tag{7.106}$$

Die Summe der Amplituden aber kann nie verschwinden, da sie als positive Größen definiert sind (vgl. Abschnitt 7.1.2). Dass dagegen die Summe der Momentanwerte zu jedem Zeitpunkt verschwinden kann, wird in Bild 7.39 für die drei aus einem Knoten ausfließenden Ströme i_1, i_2 und i_3 gezeigt.

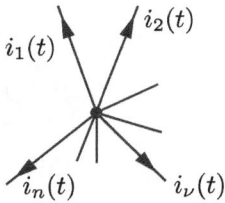

Abb. 7.38: Knoten mit n abfließenden zeitabhängigen Strömen.

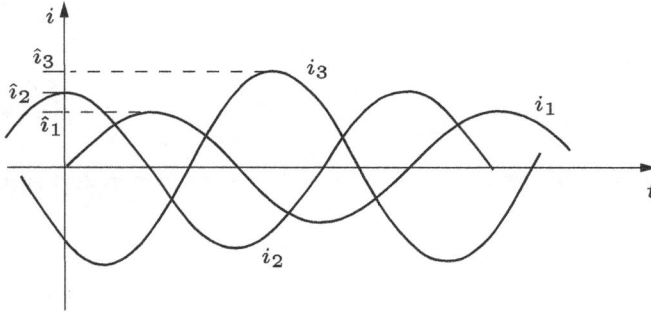

Abb. 7.39: Drei gleichfrequente Ströme, die aus einem Knoten herausfließen.

Die Gl. (7.106) lässt sich mit Hilfe von Gl. (7.23a) umformen:

$$\sum_{\nu=1}^{n} \Re\{\hat{\imath}_\nu \, \mathrm{e}^{\mathrm{j}(\omega t + \varphi_\nu)}\} = 0 \, .$$

Summation und Realteilbildung lassen sich hierbei aufgrund der Formel (7.32a) miteinander vertauschen:

$$\Re\left\{\sum_{\nu=1}^{n} \hat{\imath}_\nu \, \mathrm{e}^{\mathrm{j}(\omega t + \varphi_\nu)}\right\} = 0$$

$$\Re\left\{\sum_{\nu=1}^{n} \hat{\imath}_\nu \, \mathrm{e}^{\mathrm{j}\varphi_\nu} \, \mathrm{e}^{\mathrm{j}\omega t}\right\} = 0 \, .$$

Da der Faktor $\mathrm{e}^{\mathrm{j}\omega t}$ nicht von der Summationsvariablen ν abhängt, kann er als gemeinsamer Faktor aller n Summanden vor das Summationszeichen gezogen werden:

$$\Re\left\{\mathrm{e}^{\mathrm{j}\omega t} \sum_{\nu=1}^{n} \hat{\imath}_\nu \, \mathrm{e}^{\mathrm{j}\varphi_\nu}\right\} = 0 \, . \tag{7.107}$$

Die komplexe Summe hierin kürzen wir ab:

$$\sum_{\nu=1}^{n} \hat{\imath}_\nu \, \mathrm{e}^{\mathrm{j}\varphi_\nu} = \underline{S} \, .$$

Aus Gl. (7.107) entsteht nun:

$$\Re\{\mathrm{e}^{\mathrm{j}\omega t} \cdot \underline{S}\} = \Re\{(\cos \omega t + \mathrm{j} \sin \omega t)(\Re\{\underline{S}\} + \mathrm{j}\,\Im\{\underline{S}\})\}$$
$$= \cos \omega t \cdot \Re\{\underline{S}\} - \sin \omega t \cdot \Im\{\underline{S}\} = 0 \, .$$

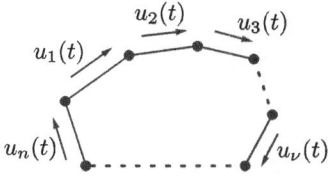

Abb. 7.40: Umlauf mit n zeitabhängigen Spannungen.

Dies muss für alle Werte von t gelten. Setzt man $\omega t = 0$, so folgt daraus

$$\Re\{\underline{S}\} = 0 \; ;$$

setzt man $\omega t = \pi/2$, so folgt hieraus

$$\Im\{\underline{S}\} = 0 \,.$$

Es gilt also

$$\underline{S} = \sum_{\nu=1}^{n} \hat{\imath}_\nu \, e^{j\varphi_\nu} = 0 \,.$$

Hierbei stellen die n Summanden $\hat{\imath}_\nu \, e^{j\varphi_\nu}$ die komplexen Amplituden $\underline{\hat{\imath}}_\nu$ dar (wie aus der Definition (7.60) hervorgeht), so dass man schreiben kann

$$\sum_{\nu=1}^{n} \underline{\hat{\imath}}_\nu = 0 \,. \tag{7.108}$$

Die Summe der komplexen Amplituden aller aus einem Knoten herausfließenden Ströme ist also null. Das heißt: die 1. Kirchhoff'sche Gleichung gilt nicht nur für Gleichströme oder Momentanwerte beliebiger zeitabhängiger Ströme, sondern sie gilt auch für die komplexen Stromamplituden. Auch hier zeigt sich der Vorteil der komplexen Schreibweise: die 1. Kirchhoff'sche Gleichung behält für die komplexen Stromamplituden ihre Gültigkeit, während sie für die reellen Amplituden nicht angewendet werden kann.

7.2.3.2 Die Umlaufgleichung für die komplexen Spannungsamplituden
Die Kirchhoff'sche Gleichung

$$\sum_{\nu=1}^{n} U_\nu = 0 \tag{2.7}$$

gilt nicht nur für Gleichspannungen, sondern muss auch zu jedem beliebigen Zeitpunkt für die Momentanwerte von n zeitabhängigen Spannungen gelten, die zu einem Umlauf gehören (Bild 7.40).

Sie ist z. B. auch anwendbar für n sinusförmige Spannungen gleicher Kreisfrequenz ω, aber verschiedener Nullphase φ_ν:

$$\sum_{\nu=1}^{n} \hat{u}_\nu \cos(\omega t + \varphi_\nu) = 0 \,. \tag{7.109}$$

Ebenso wie sich aus Gl. (7.106) das Ergebnis (7.108) herleiten lässt, so folgt aus Gl. (7.109) das Ergebnis

$$\sum_{v=1}^{n} \hat{\underline{u}}_v = 0 \tag{7.110}$$

für die Summe der komplexen Spannungsamplituden, die zu einem geschlossenen Umlauf gehören. So wie die 1. Kirchhoff'sche Gleichung gilt demnach die 2. Kirchhoff'sche Gleichung nicht nur für reelle Momentanwerte, sondern ebenfalls für komplexe Amplituden.

7.2.4 Komplexe Effektivwerte

Der Effektivwert A einer sinusförmigen Schwingung $\hat{a} \sin \omega t$ hat die Größe

$$A = \frac{\hat{a}}{\sqrt{2}},$$

vgl. Gl. (7.49). Teilt man also die reelle Amplitude $\hat{a}$ durch $\sqrt{2}$, so erhält man den Effektivwert. Entsprechend nennt man die durch $\sqrt{2}$ geteilte komplexe Amplitude $\hat{\underline{a}}$ den komplexen Effektivwert $\underline{A}$:

$$\underline{A} = \frac{\hat{\underline{a}}}{\sqrt{2}}.$$

Für die komplexen Effektivwerte $\underline{U}$ und $\underline{I}$ gelten z. B. die Gln. (7.65), (7.79), (7.100), (7.108) und (7.110) ebenso wie für die komplexen Amplituden: dividiert man nämlich beide Seiten der Gl. (7.65) durch $\sqrt{2}$, so erhält man

$$\frac{\hat{\underline{i}}_R}{\sqrt{2}} = \frac{\hat{\underline{u}}_R / \sqrt{2}}{R}$$

und mit $\hat{\underline{i}}_R / \sqrt{2} = \underline{I}_R$; $\hat{\underline{u}}_R / \sqrt{2} = \underline{U}_R$

$$\underline{I}_R = \frac{\underline{U}_R}{R}. \tag{7.111}$$

Entsprechend folgt aus Gl. (7.79)

$$\underline{I}_C = j\omega C \underline{U}_C \tag{7.112}$$

und aus Gl. (7.100)

$$\underline{U}_L = j\omega L \underline{I}_L. \tag{7.113}$$

Dividiert man beide Seiten der Gl. (7.108) durch $\sqrt{2}$, so entsteht

$$\sum_{v=1}^{n} \underline{I}_v = 0 \tag{7.114}$$

und aus Gl. (7.110) folgt

$$\sum_{v=1}^{n} \underline{U}_v = 0. \tag{7.115}$$

Mit den komplexen Effektivwerten kann man also genauso arbeiten wie mit den komplexen Amplituden. Vorteilhaft bei der allgemein üblichen Verwendung der komplexen Effektivwerte ist, dass der Betrag des komplexen Effektivwertes unmittelbar den (reellen) Effektivwert liefert, für den man sich in der Elektrotechnik im Allgemeinen mehr interessiert als für die Amplitude, die allerdings in der Schwingungslehre und Feldtheorie (siehe Kapitel 10 »Zeitlich veränderliche elektromagnetische Felder«) der wichtigere Begriff ist. Im Folgenden werden wir uns den allgemeinen Gepflogenheiten anschließen und hauptsächlich mit komplexen Effektivwerten statt mit komplexen Amplituden rechnen.

7.2.5 Parallel- und Reihenschaltung von Impedanzen

7.2.5.1 RLC-Parallelschaltung
Aus der Knotengleichung (7.114) ergibt sich für die komplexen Effektivwerte der Ströme in einer RLC-Parallelschaltung (Bild 7.41):

$$\underline{I} = \underline{I}_L + \underline{I}_R + \underline{I}_C \ . \tag{7.116}$$

An allen drei Bauelementen liegt dieselbe Spannung $\underline{U}$, so dass sich mit Berücksichtigung der Gln. (7.111) bis (7.113) für die Parallelschaltung schreiben lässt

$$\underline{I} = \frac{\underline{U}}{j\omega L} + \frac{\underline{U}}{R} + j\omega C\underline{U} = \left[\frac{1}{j\omega L} + \frac{1}{R} + j\omega C \right] \underline{U} = \underline{Y}_p \underline{U} \ ,$$

d. h. die Parallelschaltung hat den komplexen Leitwert (die Admittanz)

$$\underline{Y}_p = \frac{1}{j\omega L} + \frac{1}{R} + j\omega C \ . \tag{7.117a}$$

Mit $G = 1/R$, $-1/\omega L = B_L$, $\omega C = B_C$, $B = B_L + B_C$ wird

$$\underline{Y}_p = G + j\left(\omega C - \frac{1}{\omega L}\right) = G + j(B_C + B_L) \tag{7.117b}$$

$$\underline{Y}_p = G + jB \ , \tag{7.117c}$$

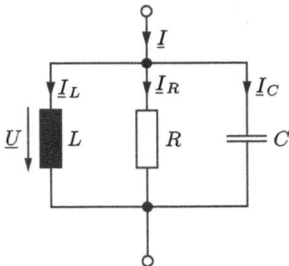

Abb. 7.41: Parallelschaltung von Spule, Widerstand und Kondensator.

vgl. Bild 7.44. Hierin bezeichnet man den Realteil G der Admittanz $\underline{Y}_p$ als ihren Wirk-
leitwert (= **Konduktanz**), den Imaginärteil B als ihren Blindleitwert (= Suszeptanz);
vgl. Abschnitt 7.4. Die Impedanz der RLC-Parallelschaltung ist

$$\underline{Z}_p = \frac{1}{\underline{Y}_p} = \frac{1}{G + jB} . \tag{7.118}$$

Das Schaltsymbol für eine Impedanz $\underline{Z}$ ist in Bild 7.42 dargestellt.

Aus der Darstellung (7.118) können Real- und Imaginärteil von $\underline{Z}_p$ nicht unmittelbar
abgelesen werden, sondern erst nach Erweitern mit dem konjugiert komplexen Wert
des Nenners, vgl. Gln. (7.32c,d):

$$\underline{Z}_p = \frac{1}{G + jB} \cdot \frac{G - jB}{G - jB} = \frac{G - jB}{G^2 + B^2} ; \tag{7.119a}$$

$$\mathfrak{R}\{\underline{Z}_p\} = \frac{G}{G^2 + B^2} = \frac{1}{G} \frac{1}{1 + (B/G)^2} = R \frac{1}{1 + (BR)^2} , \tag{7.119b}$$

$$\mathfrak{I}\{\underline{Z}_p\} = -\frac{B}{G^2 + B^2} = -\frac{1}{G} \frac{B/G}{1 + (B/G)^2} = -R \frac{BR}{1 + (BR)^2} . \tag{7.119c}$$

Das Bild 7.43 zeigt das Linien- und das Zeigerdiagramm der Spannung und der vier
Ströme. Hierbei wurde vorausgesetzt, dass $u(t) = \hat{u} \cos \omega t$ ist; die Nullphase von u
verschwindet also, der Zeiger $\underline{U}$ ist damit reell. Die drei Zeiger $\underline{I}_R$, $\underline{I}_C$ und $\underline{I}_L$ sind im
Zeigerdiagramm vektoriell addiert und ergeben den Zeiger $\underline{I} = \underline{I}_R + \underline{I}_C + \underline{I}_L$.

Die zeitunabhängigen komplexen Größen $\underline{Z}$ und $\underline{Y}$ bezeichnet man auch als Operatoren. Das Diagramm der Operatoren $\underline{Y}$ der RLC-Parallelschaltung ist in Bild 7.44
dargestellt; es entspricht dem Zeigerdiagramm der Ströme in Bild 7.43a.
Für den Betrag Y_p der Admittanz $\underline{Y}_p$ gilt:

$$Y_p = \sqrt{G^2 + B^2} = \sqrt{G^2 + \left(\omega C - \frac{1}{\omega L} \right)^2} , \tag{7.120a}$$

und für ihren Winkel

$$\varphi_{Y_p} = \arctan \frac{B}{G} = \arctan \frac{\omega C - \frac{1}{\omega L}}{G} \tag{7.120b}$$

(vgl. Bild 7.44). Die zugehörige Impedanz ist

$$\underline{Z}_p = Z_p e^{j\varphi_{Z_p}} = \frac{1}{\underline{Y}_p} = \frac{1}{Y_p e^{j\varphi_{Y_p}}} = \frac{1}{Y_p} e^{-j\varphi_{Y_p}} .$$

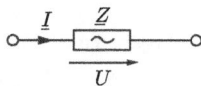

Abb. 7.42: Schaltsymbol einer Impedanz $\underline{Z}$.

a)

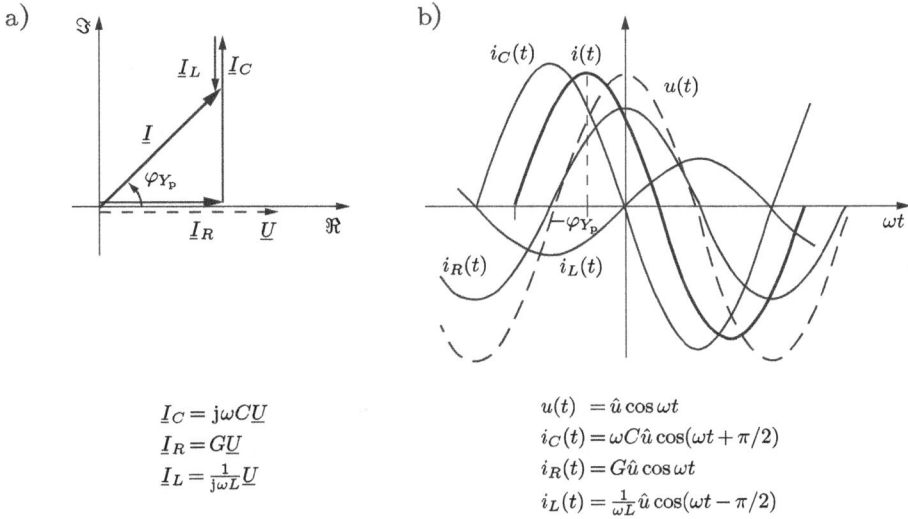

b)

$$I_C = j\omega C \underline{U}$$
$$I_R = G \underline{U}$$
$$I_L = \frac{1}{j\omega L} \underline{U}$$

$$u(t) = \hat{u}\cos\omega t$$
$$i_C(t) = \omega C \hat{u}\cos(\omega t + \pi/2)$$
$$i_R(t) = G\hat{u}\cos\omega t$$
$$i_L(t) = \frac{1}{\omega L}\hat{u}\cos(\omega t - \pi/2)$$

Abb. 7.43: Spannung und Ströme einer RLC-Parallelschaltung.

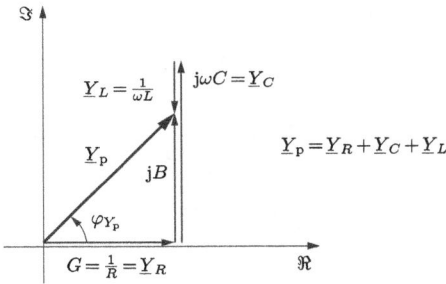

$$\underline{Y}_p = \underline{Y}_R + \underline{Y}_C + \underline{Y}_L$$

Abb. 7.44: Operatordiagramm der Admittanzen einer RLC-Parallelschaltung.

Wegen Gl. (7.34a) müssen die Beträge Z_p und $1/Y_p$ übereinstimmen, mit Gl. (7.120a) wird also

$$Z_p = \frac{1}{\sqrt{G^2 + B^2}} \; ; \qquad (7.121a)$$

außerdem muss Gl. (7.34b) gelten: $\varphi_{Z_p} = -\varphi_{Y_p}$, mit Gl. (7.120b) also

$$\varphi_{Z_p} = -\arctan\frac{B}{G} \; . \qquad (7.121b)$$

Die Frequenzabhängigkeit von $\underline{Y}_p$

Der Realteil G der durch Gl. (7.117c) beschriebenen Admittanz $\underline{Y}_p$ ist unabhängig von der Kreisfrequenz ω, der Imaginärteil B ist frequenzabhängig (Bild 7.45). Die Frequenzabhängigkeit von $\underline{Y}_p$ kann auch gemäß den Gln. (7.120) durch den Betrag $Y_p = f_1(\omega)$ und den Winkel $\varphi_{Y_p} = f_2(\omega)$ vollständig beschrieben werden (siehe Bild 7.46).

a)

$\Re\{\underline{Y}_\mathrm{p}\}$

G

ω

b)

$\Im\{\underline{Y}_\mathrm{p}\}$

ωC

$B = \left(\omega C - \frac{1}{\omega L}\right)$

ω_r

ω

$-\frac{1}{\omega L}$

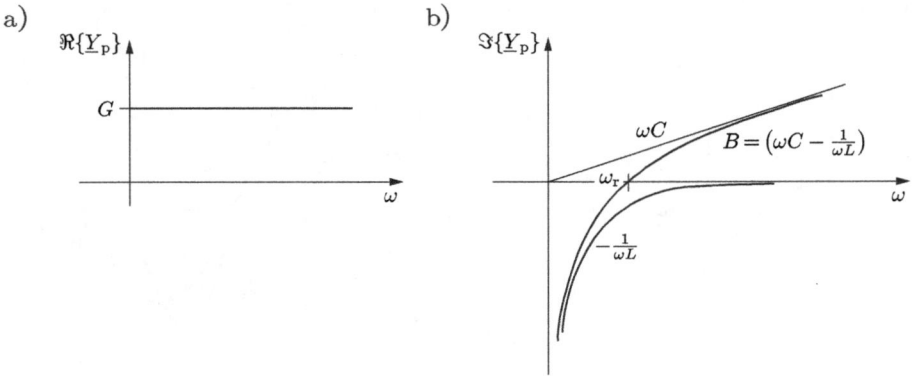

Abb. 7.45: Die Frequenzabhängigkeit des Real- und Imaginärteiles von $\underline{Y}_\mathrm{p}$.

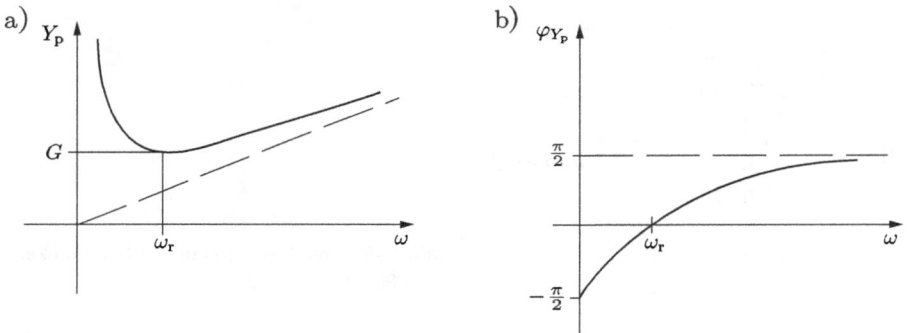

a)

Y_p

G

ω_r

ω

b)

φ_{Y_p}

$\frac{\pi}{2}$

ω_r

ω

$-\frac{\pi}{2}$

Abb. 7.46: Die Frequenzabhängigkeit von Betrag und Winkel der Admittanz $\underline{Y}_p$.

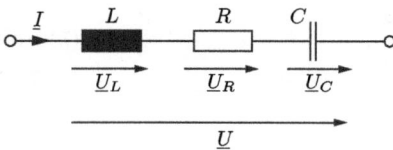

$\underline{I}$ L R C

$\underline{U}_L$ $\underline{U}_R$ $\underline{U}_C$

$\underline{U}$

Abb. 7.47: Reihenschaltung von Spule, Widerstand und Kondensator.

7.2.5.2 RLC-Reihenschaltung

Aus der Umlaufgleichung (7.115) ergibt sich für die komplexen Effektivwerte der Spannungen in einer RLC-Reihenschaltung (Bild 7.47):

$$\underline{U} = \underline{U}_L + \underline{U}_R + \underline{U}_C. \tag{7.122}$$

Durch alle drei Bauelemente fließt derselbe Strom $\underline{I}$, so dass sich mit Berücksichtigung der Gln. (7.111) bis (7.113) für die Reihenschaltung schreiben lässt

$$\underline{U} = \mathrm{j}\omega L\underline{I} + R\underline{I} + \frac{\underline{I}}{\mathrm{j}\omega C} = \left(\mathrm{j}\omega L + R + \frac{1}{\mathrm{j}\omega C} \right)\underline{I} = \underline{Z}_\mathrm{r}\underline{I} \,,$$

d. h. die Reihenschaltung hat den komplexen Widerstand (die Impedanz)

$$\underline{Z}_\mathrm{r} = \mathrm{j}\omega L + R + \frac{1}{\mathrm{j}\omega C} \,. \tag{7.123a}$$

Mit $\omega L = X_L$, $-1/\omega C = X_C$, $X = X_L + X_C$ wird

$$\underline{Z}_\mathrm{r} = R + \mathrm{j}\left(\omega L - \frac{1}{\omega C} \right) = R + \mathrm{j}(X_L + X_C) \tag{7.123b}$$

$$\underline{Z}_\mathrm{r} = R + \mathrm{j}X \,. \tag{7.123c}$$

Hierin bezeichnet man den Realteil der Impedanz $\underline{Z}_\mathrm{r}$ als ihren Wirkwiderstand (Resistanz), den Imaginärteil X als ihren Blindwiderstand (Reaktanz); vgl. Abschnitt 7.4. Die Admittanz der RLC-Reihenschaltung ist

$$\underline{Y}_\mathrm{r} = \frac{1}{\underline{Z}_\mathrm{r}} = \frac{1}{R + \mathrm{j}X} \,. \tag{7.124}$$

Hieraus folgt

$$\underline{Y}_\mathrm{r} = \frac{1}{R + \mathrm{j}X} \cdot \frac{R - \mathrm{j}X}{R - \mathrm{j}X} = \frac{R - \mathrm{j}X}{R^2 + X^2}$$

$$\mathbb{R}\{\underline{Y}_\mathrm{r}\} = \frac{R}{R^2 + X^2} = \frac{1}{R}\frac{1}{1 + (X/R)^2} = G\frac{1}{1 + (GX)^2}, \tag{7.125a}$$

$$\mathbb{J}\{\underline{Y}_\mathrm{r}\} = -\frac{X}{R^2 + X^2} = -\frac{1}{R}\frac{X/R}{1 + (X/R)^2} = -G\frac{GX}{1 + (GX)^2} \,. \tag{7.125b}$$

a)

b)

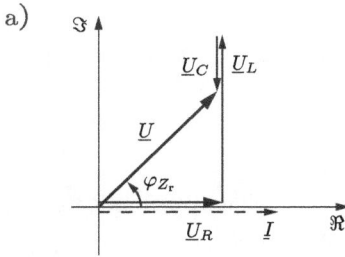

$$\underline{U}_L = j\omega L \underline{I}$$
$$\underline{U}_R = R\underline{I}$$
$$\underline{U}_C = \frac{1}{j\omega C}\underline{I}$$

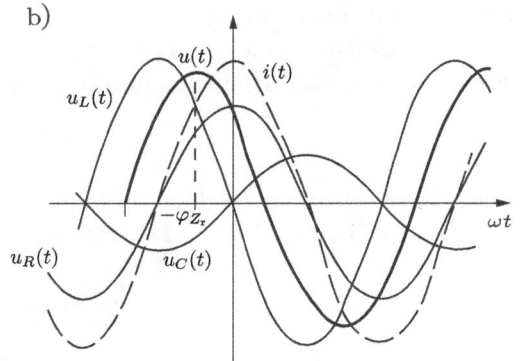

$$i(t) = \hat{\imath}\cos\omega t$$
$$u_L(t) = \omega L\hat{\imath}\cos(\omega t + \pi/2)$$
$$u_R(t) = R\hat{\imath}\cos\omega t$$
$$u_C(t) = \frac{1}{\omega C}\hat{\imath}\cos(\omega t - \pi/2)$$

Abb. 7.48: Strom und Spannungen einer RLC-Reihenschaltung.

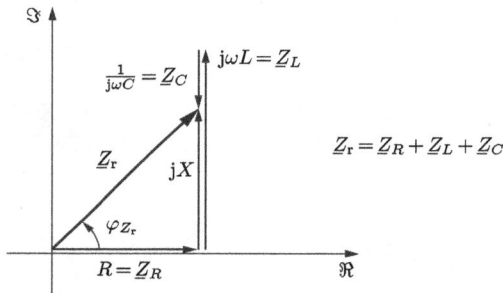

$$\underline{Z}_r = \underline{Z}_R + \underline{Z}_L + \underline{Z}_C$$

Abb. 7.49: Operatordiagramm der Impedanzen einer RLC-Reihenschaltung.

Das Bild 7.48 zeigt das Linien- und das Zeigerdiagramm des Stromes und der vier Spannungen für den Fall $i(t) = \hat{\imath}\cos\omega t$ (Nullphasenwinkel des Stromes gleich null).

Das Operatordiagramm der RLC-Reihenschaltung ist in Bild 7.49 dargestellt. Für den Betrag Z_r der Impedanz $\underline{Z}_r$ gilt (vgl. Bild 7.49):

$$Z_r = \sqrt{R^2 + X^2} = \sqrt{R^2 + \left(\omega L - \frac{1}{\omega C}\right)^2} \tag{7.126a}$$

und für ihren Winkel

$$\varphi_{Z_r} = \arctan\frac{X}{R} = \arctan\frac{\omega L - \frac{1}{\omega C}}{R}. \tag{7.126b}$$

Die zugehörige Admittanz ist

$$\underline{Y}_r = Y_r\,e^{j\varphi_{Y_r}} = \frac{1}{\underline{Z}_r} = \frac{1}{Z_r\,e^{j\varphi_{Z_r}}} = \frac{1}{Z_r}\,e^{-j\varphi_{Z_r}}.$$

a)

b)

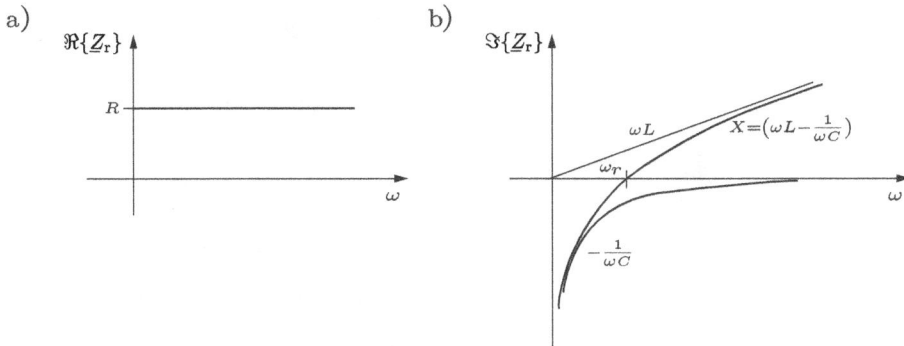

Abb. 7.50: Die Frequenzabhängigkeit des Real- und Imaginärteils von $\underline{Z}_r$.

Die Beträge Y_r und $1/z_r$ stimmen überein, mit Gl. (7.126a) ist daher

$$Y_r = \frac{1}{\sqrt{R^2 + X^2}} \; ; \tag{7.127a}$$

außerdem muss gelten

$$\varphi_{Y_r} = -\varphi_{Z_r} \, ,$$

mit Gl. (7.126b) also

$$\varphi_{Y_r} = -\arctan \frac{X}{R} \, . \tag{7.127b}$$

Die Frequenzabhängigkeit von $\underline{Z}_r$

Der Realteil R der durch Gl. (7.123c) beschriebenen Impedanz $\underline{Z}_r$ ist unabhängig von der Kreisfrequenz ω, der Imaginärteil X ist frequenzabhängig (Bild 7.50).

Die Frequenzabhängigkeit der Impedanz $\underline{Z}_r$ kann auch gemäß den Gln. (7.126) durch den Betrag $Z_r = f_1(\omega)$ und den Winkel $\varphi_{Z_r} = f_2(\omega)$ vollständig beschrieben werden, siehe Bild 7.51.

7.2.6 Berechnung der reellen Zeitfunktionen mit Hilfe der komplexen Größen

Die komplexen Amplituden und komplexen Effektivwerte elektrischer Ströme und Spannungen sind nur mathematische Hilfsgrößen. Man kann aber leicht aus dem Bereich der komplexen Größen in den Bereich der reellen Größen zurückkehren; dies wird im Folgenden gezeigt.

Eine reelle Zeitfunktion kann gemäß Gl. (7.63a) als Realteil einer komplexen Zeitfunktion aufgefasst werden. Wenn z. B. die komplexe Amplitude $\underline{\hat{u}}$ einer gesuchten Spannung berechnet worden ist, so braucht man $\underline{\hat{u}}$ nur noch mit der Exponentialfunktion $e^{j\omega t}$ zu multiplizieren und den Realteil des Produktes zu bilden. Die Verwendung

a)

b)

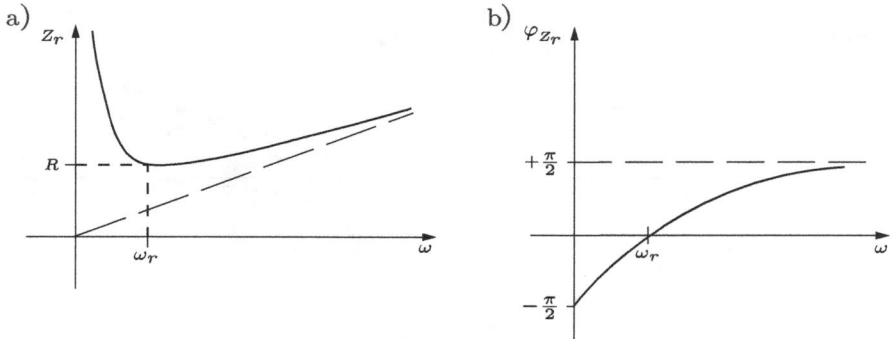

Abb. 7.51: Die Frequenzabhängigkeit von Betrag und Winkel der Impedanz $\underline{Z}_r$.

komplexer Größen zur Berechnung reeller Zeitfunktionen kann man daher in folgendem Schema zusammenfassen:

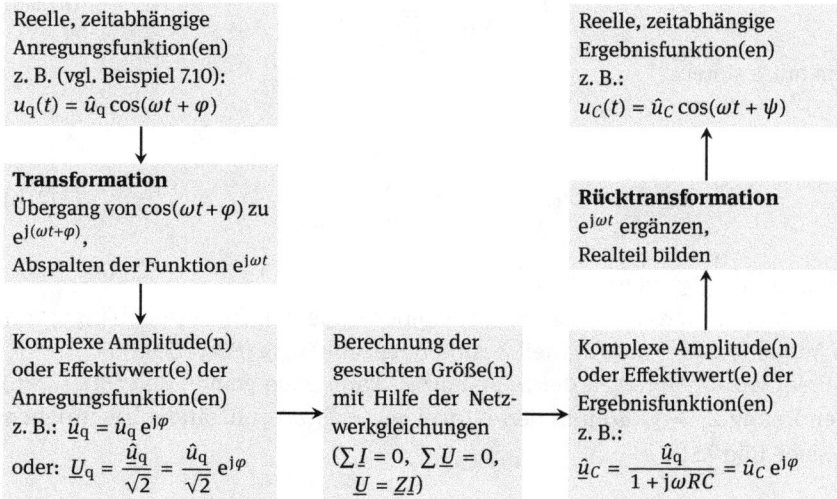

Reelle, zeitabhängige Anregungsfunktion(en) z. B. (vgl. Beispiel 7.10): $u_q(t) = \hat{u}_q \cos(\omega t + \varphi)$		Reelle, zeitabhängige Ergebnisfunktion(en) z. B.: $u_C(t) = \hat{u}_C \cos(\omega t + \psi)$

Transformation
Übergang von $\cos(\omega t + \varphi)$ zu $e^{j(\omega t + \varphi)}$,
Abspalten der Funktion $e^{j\omega t}$

Rücktransformation
$e^{j\omega t}$ ergänzen,
Realteil bilden

Komplexe Amplitude(n) oder Effektivwert(e) der Anregungsfunktion(en)
z. B.: $\underline{\hat{u}}_q = \hat{u}_q\, e^{j\varphi}$
oder: $\underline{U}_q = \dfrac{\underline{\hat{u}}_q}{\sqrt{2}} = \dfrac{\hat{u}_q}{\sqrt{2}}\, e^{j\varphi}$

Berechnung der gesuchten Größe(n) mit Hilfe der Netzwerkgleichungen
$(\sum \underline{I} = 0,\ \sum \underline{U} = 0,$
$\underline{U} = \underline{Z}\underline{I})$

Komplexe Amplitude(n) oder Effektivwert(e) der Ergebnisfunktion(en)
z. B.:
$\underline{\hat{u}}_C = \dfrac{\underline{\hat{u}}_q}{1 + j\omega RC} = \hat{u}_C\, e^{j\varphi}$

Dieses Schema wird im folgenden Beispiel angewandt.

Beispiel 7.10: Die Spannung $u_C(t)$ einer RC-Reihenschaltung.
An einer RC-Reihenschaltung liegt eine (ko)sinusförmige Quellenspannung, siehe Bild 7.52. Die Spannung $u_C(t)$ am Kondensator soll berechnet werden.

Lösung
Aus der Formel für die RLC-Reihenschaltung ergibt sich für diesen Sonderfall $(L = 0)$:

$$\underline{Z} = R + \frac{1}{j\omega C}\,.$$

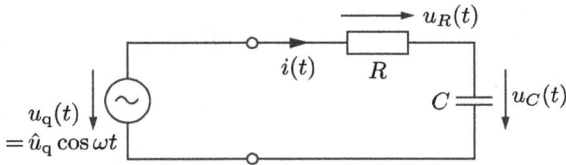

Abb. 7.52: Sinusförmige Quellenspannung an einer RC-Reihenschaltung.

Der reellen Spannung $u_q(t) = \hat{u}_q \cos\omega t$ entspricht gemäß Gl. (7.59) die komplexe Zeitfunktion

$$\underline{u}_q(t) = \hat{u}_q\, e^{j\omega t}$$

mit der komplexen Amplitude $\hat{\underline{u}}_q = \hat{u}_q$. Der Strom $i(t)$ hat die komplexe Amplitude

$$\hat{\underline{\imath}} = \frac{\hat{\underline{u}}_q}{\underline{Z}} = \frac{\hat{u}_q}{\underline{Z}},$$

und die Spannung am Kondensator hat die komplexe Amplitude

$$\hat{\underline{u}}_C = \hat{\underline{\imath}}\underline{Z}_C = \hat{\underline{\imath}}\frac{1}{j\omega C} = \hat{u}_q\frac{\frac{1}{j\omega C}}{R + \frac{1}{j\omega C}} = \frac{\hat{u}_q}{1 + j\omega RC} = \frac{\hat{u}_q}{\sqrt{1 + (\omega RC)^2}}\, e^{-j\arctan(\omega RC)}.$$

Hieraus folgt

$$u_C(t) = \Re\{\hat{\underline{u}}_C\, e^{j\omega t}\} = \Re\left\{\frac{\hat{u}_q}{\sqrt{1 + (\omega RC)^2}}\, e^{j[\omega t - \arctan(\omega RC)]}\right\}$$

$$= \frac{\hat{u}_q}{\sqrt{1 + (\omega RC)^2}}\cos[\omega t - \arctan(\omega RC)].$$

In Bild 7.53a sind die Spannungen $u_q(t)$, $u_R(t)$, $u_C(t)$ und der Strom $i(t)$ für den Fall $\omega RC = 1$ dargestellt, in Bild 7.53b die zugehörigen komplexen Effektivwerte im Zeigerdiagramm.

Beispiel 7.11: Die Kurvenschar $u_L = f(t;L)$ einer RL-Reihenschaltung.
In einer RL-Reihenschaltung (Bild 7.54a) sind der Widerstandswert R und die Quellenspannung $u_q = \hat{u}_q \sin\omega t$ gegeben. Die Induktivität L soll so bestimmt werden, dass $u_L(t)$ zu einem bestimmten Zeitpunkt $t = t_1$ einen vorgegebenen Wert $k\hat{u}_q$ annimmt. Welche Werte L ergeben sich speziell für $t_1 = 0$ und

$$a)\quad k = 0,5 \qquad b)\quad k = 0,25$$

und wie sehen in diesen beiden Fällen die Spannungsverläufe $u_L(t)$ aus?

Lösung
Nach der Spannungsteilerregel gilt für die komplexen Amplituden $\hat{u}_q$ und $\hat{u}_L$

$$\hat{\underline{u}}_L = \frac{j\omega L}{R + j\omega L}\hat{u}_q = \frac{\omega L}{\sqrt{R^2 + (\omega L)^2}}\hat{u}_q\, e^{j(\pi/2 - \arctan\omega L/R)}.$$

a)

b)

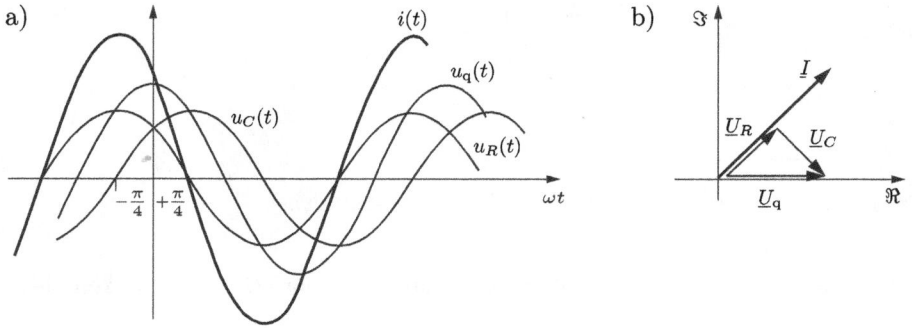

Abb. 7.53: Strom und Spannungen in einer RC-Reihenschaltung.

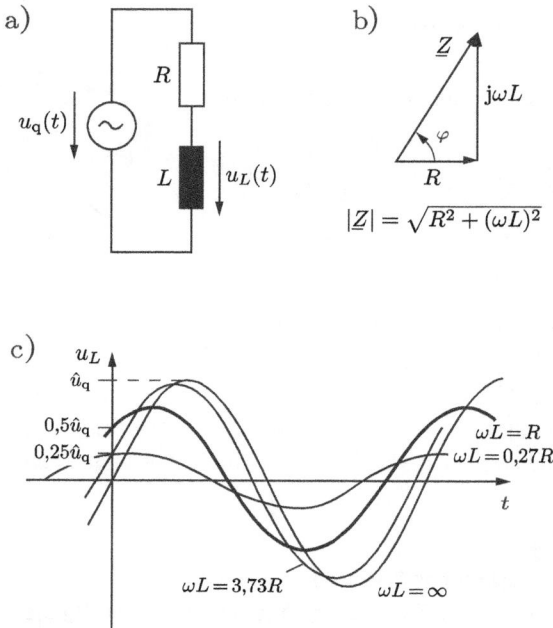

a)

b)

$$|\underline{Z}| = \sqrt{R^2 + (\omega L)^2}$$

c)

Abb. 7.54: Darstellungen zur RL-Reihenschaltung.

Hierbei ist

$$\frac{\omega L}{\sqrt{R^2 + (\omega L)^2}}\hat{u}_q = \hat{u}_L$$

die (reelle) Amplitude von $u_L(t)$ und der Winkel

$$\frac{\pi}{2} - \arctan\frac{\omega L}{R} = \psi$$

die Phasenverschiebung von $u_L(t)$ gegen $u_q(t)$, daher wird

$$u_L(t) = \hat{u}_L \sin(\omega t + \Psi) = \frac{\omega L}{\sqrt{R^2 + (\omega L)^2}} \hat{u}_q \sin\left(\omega t + \frac{\pi}{2} - \arctan\frac{\omega L}{R}\right)$$

$$u_L(t) = \hat{u}_q \frac{\omega L}{\sqrt{R^2 + (\omega L)^2}} \cos\left(\omega t - \arctan\frac{\omega L}{R}\right).$$

Wenn $u_L(t)$ für $t = t_1$ den Wert $k\hat{u}_q$ annehmen soll, dann gilt

$$u_L(t_1) = k\hat{u}_q = \hat{u}_q \frac{\omega L}{\sqrt{R^2 + (\omega L)^2}} \cos\left(\omega t_1 - \arctan\frac{\omega L}{R}\right),$$

und mit dem Additionstheorem

$$\cos(\alpha - \beta) = \cos\alpha\cos\beta + \sin\alpha\sin\beta$$

wird

$$k\hat{u}_q = \hat{u}_q \frac{\omega L}{\sqrt{R^2 + (\omega L)^2}} \left\{\cos\omega t_1 \cos\left(\arctan\frac{\omega L}{R}\right) + \sin\omega t_1 \sin\left(\arctan\frac{\omega L}{R}\right)\right\}.$$

Aus dem Diagramm 7.54b können die folgenden Beziehungen abgelesen werden:

$$\tan\varphi = \frac{\omega L}{R}, \qquad \varphi = \arctan\frac{\omega L}{R};$$

$$\cos\varphi = \cos\left(\arctan\frac{\omega L}{R}\right) = \frac{R}{\sqrt{R^2 + (\omega L)^2}},$$

$$\sin\varphi = \sin\left(\arctan\frac{\omega L}{R}\right) = \frac{\omega L}{\sqrt{R^2 + (\omega L)^2}}.$$

Damit wird

$$k = \frac{\omega L}{R^2 + (\omega L)^2}\{R\cos\omega t_1 + \omega L\sin\omega t_1\}.$$

Aus dieser Gleichung kann L bestimmt werden. Speziell für $t_1 = 0$ gilt

$$k = \frac{\omega L R}{R^2 + (\omega L)^2}.$$

a) Mit $k = 0,5$ wird daraus

$$R^2 + (\omega L)^2 = 2\omega L R$$

$$\underline{\underline{L = R/\omega}}.$$

Die Spulenspannung ist nun

$$u_L(t) = \frac{\hat{u}_q}{\sqrt{2}} \sin\left(\omega t + \frac{\pi}{4}\right);$$

diese Funktion ist in Bild 7.54c dargestellt.

b) Mit $k = 0,25$ wird

$$R^2 + (\omega L)^2 = 4\omega LR$$

$$\omega L = (2 \pm \sqrt{3})R \; ; \qquad \underline{\omega L_1 \approx 3,73R} \; , \qquad \underline{\omega L_2 \approx 0,27R} \; .$$

Die Spulenspannung hat im ersten Fall den Verlauf

$$u_L(t) \approx 0,965\hat{u}_q \sin(\omega t + 21,3°)$$

und im zweiten Fall

$$u_L(t) \approx 0,255\hat{u}_q \sin(\omega t + 74,8°) \; .$$

Auch diese beiden Spannungsverläufe sind in Bild 7.54c dargestellt.

Anmerkung *Für $t_1 = 0$ führt die Forderung $k > 0,5$ zu keiner reellen Lösung für L. Für $k = 0,5$ gibt es nur eine Lösung (Fall a) und für $0 < k < 0,5$ jeweils zwei Lösungen für L. Dies zeigt sich auch in der Kurvenschar in Bild 7.54c: es gibt keine Schwingung, die die u_L-Achse oberhalb des Wertes $0,5\hat{u}_q$ schneidet.*

7.2.7 Graphische Lösungen mit Hilfe des Zeigerdiagramms

Eine Spannung kann als Differenz zweier Potenziale aufgefasst werden (vgl. Abschnitt 3.2.3 in Band 1). Diese Definition einer Spannung als Potenzialdifferenz braucht man nicht auf reelle Spannungen zu beschränken, d. h. man kann eine komplexe Spannung (genauer: den komplexen Effektivwert $\underline{U}$ oder die komplexe Amplitude $\hat{\underline{u}}$ einer Spannung) als Differenz zweier komplexer Potenziale ansehen. Am Beispiel einer RC-Reihenschaltung soll dies verdeutlicht werden (Bild 7.55a).

Aus den gegebenen Werten für R und X_C lässt sich leicht das Diagramm für $\underline{Z} = R + jX_C$ darstellen (Bild 7.55b); $\underline{Z}$ entsteht hierbei aus der (geometrischen) Addition der Werte R und jX_C, und man kann ablesen:

$$Z = |\underline{Z}| = 50\,\Omega \; ; \qquad \varphi_Z \approx -53° \; .$$

Multipliziert man die Größen R, jX_C, $\underline{Z}$ des Diagramms 7.55b mit dem Faktor $\underline{I}$, so entsteht wegen

$$R\underline{I} = \underline{U}_R \; , \qquad jX_C\underline{I} = \underline{U}_X \; , \qquad \underline{Z}\underline{I} = \underline{U}_q$$

hieraus das Zeigerdiagramm der Spannungen (Bild 7.55c); der Winkel φ_Z bleibt dabei erhalten.

Um die Aufteilung der gegebenen Spannung $\underline{U}_q$ auf $\underline{U}_R$ und $\underline{U}_X$ zu ermitteln, kann man also folgendermaßen vorgehen: Man stellt in einem beliebig gewählten Maßstab $\underline{U}_q$ dar und trägt den aus Bild 7.55b gefundenen Winkel φ_Z an. Außerdem zeichnet man den Halbkreis (Thaleskreis) über $\underline{U}_q$. Dort wo der an $\underline{U}_q$ angetragene freie Schenkel den Thaleskreis schneidet (b), liegt die Pfeilspitze von $\underline{U}_R$; der von b nach c reichende Zeiger ist $\underline{U}_X$; $\underline{U}_R$ und $\underline{U}_X$ stehen senkrecht aufeinander. Zu den Punkten a, b und c gehören die komplexen Potenziale ϕ_a, ϕ_b bzw. ϕ_c ($\phi_c = 0$). Man beachte, dass hier die dem Potenzial zugeordneten Pfeile im Koordinatenursprung enden.

a)

b)

c)

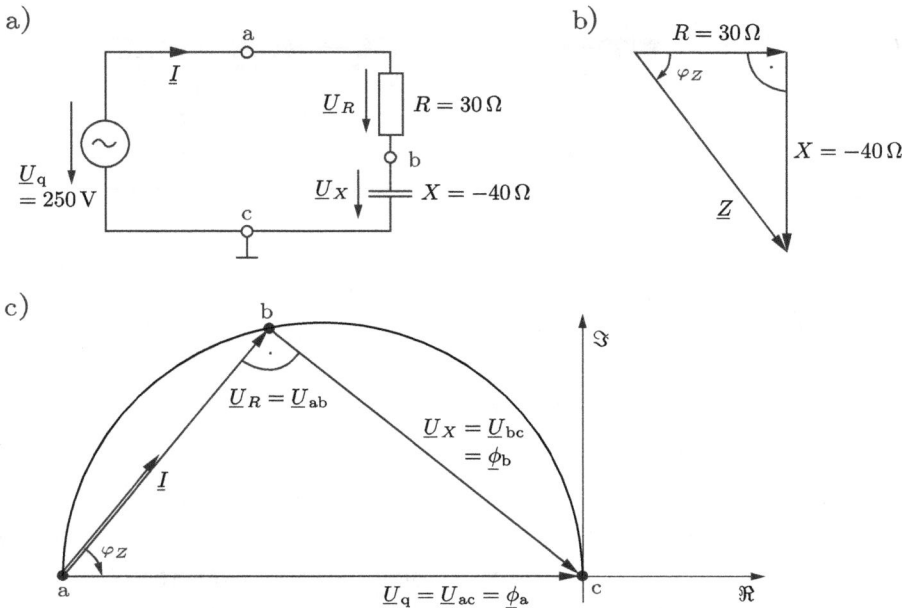

Abb. 7.55: RC-Reihenschaltung.

Beispiel 7.12: Bestimmung der Potenziale in einer Reihenschaltung aus mehreren Widerständen und Induktivitäten.
Es ist eine Reihenschaltung (Bild 7.56a) mit folgenden Werten gegeben:

$$\underline{U}_q = 100\,V; \quad R_1 = 20\,\Omega, \quad X_{L2} = 20\,\Omega, \quad R_3 = 10\,\Omega,$$
$$X_{L4} = 20\,\Omega, \quad X_{L5} = 40\,\Omega, \quad R_6 = 30\,\Omega.$$

Die Spannungen $\underline{U}_a, \ldots, \underline{U}_e$ sind gesucht.

Lösung
In der einfacheren Schaltung 7.56b mit

$$R = R_1 + R_3 + R_6 = 60\,\Omega; \quad X_L = X_{L2} + X_{L4} + X_{L5} = 80\,\Omega$$

fließt der gleiche Strom $\underline{I}$ wie in Schaltung 7.56a. Das Zeigerdiagramm für die Spannungen $\underline{U}_q$, $\underline{U}_R$, $\underline{U}_L$ lässt sich ebenso konstruieren wie das Diagramm 7.55c für die Spannungen einer RC-Reihenschaltung (siehe Bild 7.57a und die Spannungen $\underline{U}_q$, $\underline{U}_R$, $\underline{U}_L$ in Bild 7.57b). Hierbei ist

$$Z = \sqrt{R^2 + X^2} = 100\,\Omega; \quad I = \frac{100\,V}{100\,\Omega} = 1\,A.$$

a)

b)

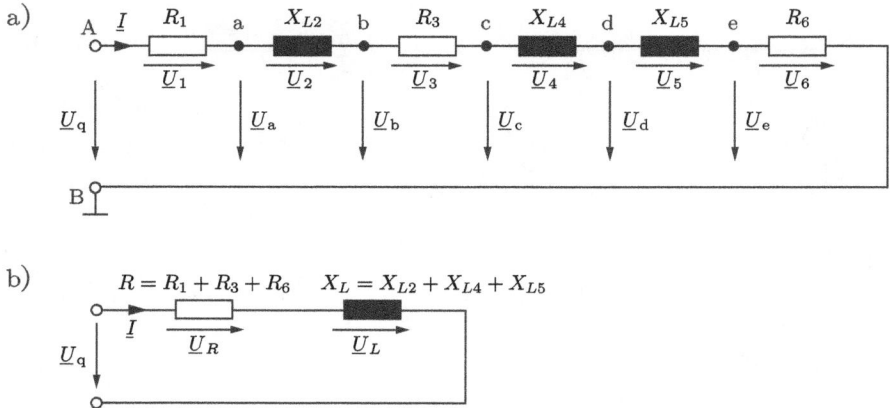

Abb. 7.56: RL-Reihenschaltungen.

Für die Schaltung 7.56a gilt damit

$$U_1 = R_1 I = 20\,\text{V}\,, \qquad U_2 = X_{L2}I = 20\,\text{V}\,, \qquad U_3 = R_3 I = 10\,\text{V}\,,$$
$$U_4 = X_{L4}I = 20\,\text{V}\,, \qquad U_5 = X_{L5}I = 40\,\text{V}\,, \qquad U_6 = R_6 I = 30\,\text{V}\,.$$

Die ohmschen Spannungsabfälle $\underline{U}_1$, $\underline{U}_3$, $\underline{U}_6$ sind ebenso gerichtet wie $\underline{U}_R$ (Bild 7.56b), die induktiven Spannungsabfälle $\underline{U}_2$, $\underline{U}_4$, $\underline{U}_5$ wie $\underline{U}_L$. Damit kann man vom Punkt A ausgehend der Reihe nach die Spannungen $\underline{U}_1$, $\underline{U}_2$ usw. einzeichnen und so die Spannungen $\underline{U}_a$, $\underline{U}_b$ usw. ablesen, vgl. Bild 7.57c:

$$\underline{U}_a = 90\,\text{V}\,\underline{/9°}\,, \qquad \underline{U}_b = 72\,\text{V}\,\underline{/2,5°}\,, \qquad \underline{U}_c = 67,5\,\text{V}\,\underline{/10°}\,,$$
$$\underline{U}_d = 50\,\text{V}\,, \qquad \underline{U}_e = 30\,\text{V}\,\underline{/-53,5°}\,.$$

Diese Spannungen stellen zugleich die Potenziale der Punkte a, ..., e dar, wenn das Potenzial des Punktes B gleich null gesetzt wird.

Beispiel 7.13: Minimieren eines Stromes (Blindstromkompensation).

Eine RLC-Schaltung entnimmt einer Spannungsquelle $\underline{U}_q$ den Strom $\underline{I}$ (Bild 7.58a). Wie groß muss X_C gewählt werden, damit der Betrag I dieses Stromes möglichst klein wird (vgl. Abschnitt 7.4.3)?

Lösung

Der Strom $\underline{I}_R$ fließt durch R und X_L. Wegen $R = X_L$ gilt auch $U_L = U_R$, wobei $\underline{U}_L$ um $\pi/2$ voreilt (Zeigerdiagramm 7.58b). U_R kann man nun aus der Zeichnung ablesen:

$$U_R = \frac{U_q}{\sqrt{2}} \approx 155,5\,\text{V}\,.$$

Daraus folgt

$$I_R = \frac{U_R}{R} \approx \frac{155,5\,\text{V}}{10\,\Omega} = 15,55\,\text{A}\,.$$

a)

b)

c)

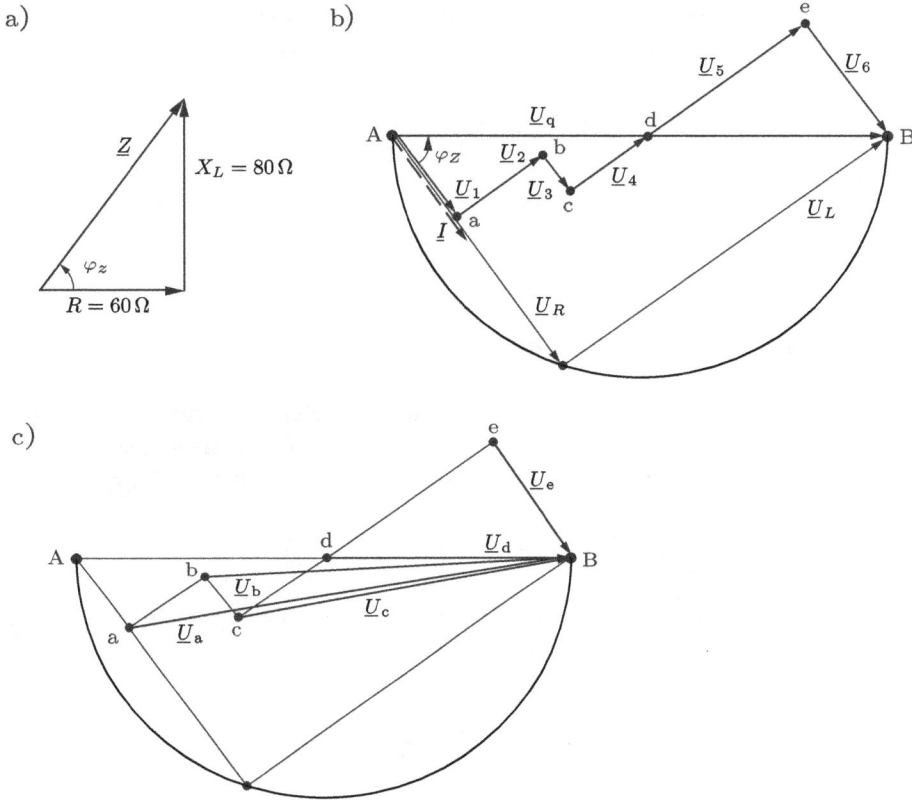

Abb. 7.57: Konstruktion des Zeigerdiagramms für die Schaltung 7.56a.

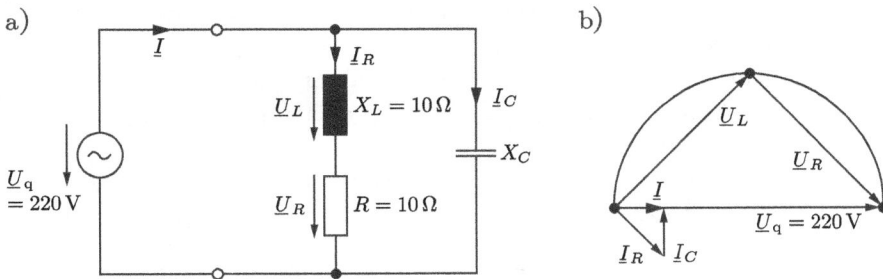

a)

b)

Abb. 7.58: Blindstromkompensation.

Diesen Strom trägt man ins Zeigerdiagramm ein (seine Richtung muss mit der von $\underline{U}_R$ übereinstimmen). Der Strom im Kondensator eilt der Spannung $\underline{U}_q$ um $\pi/2$ voraus. Wählt man nun I_C so groß, wie es im Diagramm 7.58b dargestellt ist, so erreicht der

Betrag I des Gesamtstromes $\underline{I} = \underline{I}_R + \underline{I}_C$ offensichtlich gerade in diesem Fall sein Minimum, und man kann aus dem Diagramm ablesen: $I_C = 11$ A oder berechnen:

$$I_C = \frac{I_R}{\sqrt{2}} = \frac{U_q}{2R} = 11 \text{ A}.$$

Daraus folgt

$$|X_C| = \frac{U_q}{I_C} = \frac{U_q}{U_q/2R} = 2R = \underline{\underline{20\,\Omega}}.$$

7.2.8 Allgemeine Analyse linearer RLC-Schaltungen

In den Abschnitten 7.2.2 und 7.2.4 wurde folgendes gezeigt: Nicht nur in einem konstanten Widerstand ist der Zusammenhang zwischen $\underline{U}$ und $\underline{I}$ linear, sondern auch in Spulen mit konstanter Induktivität und Kondensatoren mit konstanter Kapazität:

$$\underline{I}_R = \frac{\underline{U}_R}{R}\; ; \quad \underline{I}_C = j\omega C \underline{U}_C\; ; \quad \underline{I}_L = \frac{\underline{U}_L}{j\omega L}\,.$$

Außer diesen (dem Ohm'schen Gesetz entsprechenden) linearen Gleichungen gelten für die komplexen Effektivwerte auch noch die Kirchhoff'schen Gleichungen

$$\sum_{\nu=1}^{n} \underline{I}_\nu = 0 \quad \text{und} \quad \sum_{\nu=1}^{n} \underline{U}_\nu = 0\,,$$

was in den Abschnitten 7.2.3 und 7.2.4 begründet wurde. Daher bleiben alle Berechnungsverfahren, bei denen Linearität vorausgesetzt wird, nicht nur für ohmsche Netze mit Gleichspannungsquellen (oder Gleichstromquellen), sondern auch für beliebige lineare RLC-Netze mit linearen Wechselquellen anwendbar. Unter anderem können also die folgenden Verfahren ohne weiteres in der Wechselstromlehre benutzt werden:
- Spannungs- und Stromteilerformeln,
- Methoden zur Zusammenfassung der Widerstände in Gruppenschaltungen,
- Methode der Ersatzspannungsquelle, Methode der Ersatzstromquelle,
- Überlagerungssatz,
- Transformation passiver Netze (z. B. Stern-Dreieck-Umwandlung),
- Umlauf- und Knotenanalyse.

Diese Verfahren wurden in der Gleichstromlehre (Kapitel 2 in Band 1) ausführlich behandelt.

Beispiel 7.14: Berechnung eines Stromes in einem RC-Netz.
In einem RC-Netz mit einer Spannungsquelle (Bild 7.59) sind $\underline{U}_q$, X_{C1}, R_2, R_3, X_{C4} gegeben. Gesucht ist der Strom $\underline{I}_4$.

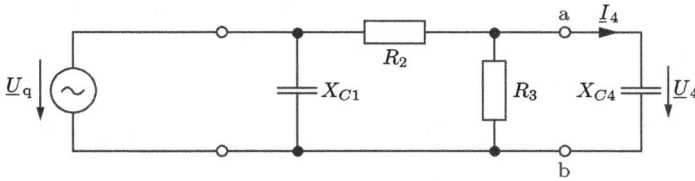

Abb. 7.59: RC-Kettenschaltung mit einer Spannungsquelle.

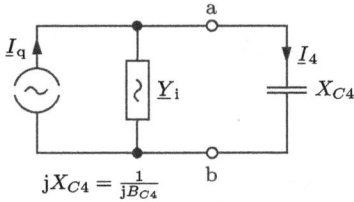

$jX_{C4} = \frac{1}{jB_{C4}}$

Abb. 7.60: Ersatzstromquelle zur Berechnung von $\underline{I}_4$.

Lösung 1   (Methode der Ersatzstromquelle):
Der Schaltungsteil links von den Klemmen a und b in Schaltung 7.59 lässt sich durch eine Ersatzstromquelle repräsentieren (Bild 7.60).

Der Kurzschlussstrom ist derjenige Strom, der bei Kurzschluss der Klemmen a, b in Schaltung 7.59 über diese Klemmen fließt

$$\underline{I}_q = \underline{U}_q / R_2 \; .$$

Der linke Teil der Schaltung 7.59 hat von seinen Klemmen a, b aus gesehen die innere Admittanz

$$\underline{Y}_i = \frac{1}{R_2} + \frac{1}{R_3}$$

(die Spannungsquelle ist hierbei als kurzgeschlossen zu betrachten: dadurch wird $\underline{Y}_i$ unabhängig von X_{C1}). Wie die Schaltung 7.60 zeigt, wird damit nach dem Gesetz der Stromteilung

$$\frac{\underline{I}_4}{\underline{I}_q} = \frac{jB_{C4}}{\underline{Y}_i + jB_{C4}}$$

$$\underline{I}_4 = \frac{\underline{U}_q}{R_2} \frac{jB_{C4}}{\underline{Y}_i + jB_{C4}} = \frac{\underline{U}_q}{R_2} \frac{\frac{1}{jX_{C4}}}{\frac{1}{R_2} + \frac{1}{R_3} + \frac{1}{jX_{C4}}} = \underline{\underline{\frac{\underline{U}_q}{R_2 + jX_{C4}\left(1 + R_2/R_3\right)}}} \; .$$

Lösung 2   (mit der Ersatzspannungsquelle):
Den linken Teil der Schaltung 7.59 kann man auch durch eine Ersatzspannungsquelle darstellen (Bild 7.61). Die Leerlaufspannung dieser Ersatzquelle ist

$$\underline{U}_l = \underline{U}_q \frac{R_3}{R_2 + R_3}$$

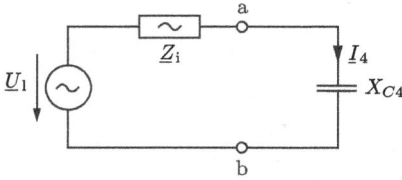

Abb. 7.61: Ersatzspannungsquelle zur Berechnung von $\underline{I}_4$.

und ihre innere Impedanz

$$\underline{Z}_i = \frac{R_2 R_3}{R_2 + R_3} ,$$

so dass man erhält

$$\underline{I}_4 = \frac{\underline{U}_1}{\underline{Z}_i + jX_{C4}} = \underline{U}_q \frac{R_3}{R_2 + R_3} \frac{1}{\dfrac{R_2 R_3}{R_2 + R_3} + jX_{C4}}$$

$$\underline{I}_4 = \frac{\underline{U}_q R_3}{R_2 R_3 + jX_{C4}(R_2 + R_3)} = \frac{\underline{U}_q}{R_2 + jX_{C4}\left(1 + R_2/R_3\right)} ,$$

wodurch das Ergebnis des Lösungsweges 1 bestätigt wird.

Anmerkung *Hier sei noch einmal betont, dass Impedanzen, die direkt parallel zu einer Spannungsquelle liegen, keinen Einfluss auf die Spannungs- und Stromverteilung in einem Netzwerk haben. Dies ist im vorliegenden Beispiel daran erkennbar, dass die Reaktanz X_{C1} in der Gleichung zur Berechnung von $\underline{I}_4$ nicht vorhanden ist.*

Lösung 3 (mit der Spannungsteilerregel):
Die Schaltung 7.59 ist eine Gruppenschaltung. Man kann Ströme und Spannungen in solchen Fällen auch mit Hilfe der Teilerformeln (2.16) und (2.28) berechnen; in unserem Beispiel genügt die Spannungsteilerregel:

$$\underline{U}_4 = \underline{U}_q \frac{\dfrac{R_3\, jX_{C4}}{R_3 + jX_{C4}}}{R_2 + \dfrac{R_3\, jX_{C4}}{R_3 + jX_{C4}}} = \underline{U}_q \frac{R_3\, jX_{C4}}{R_2(R_3 + jX_{C4}) + R_3\, jX_{C4}}$$

$$\underline{I}_4 = \frac{\underline{U}_4}{jX_{C4}} = \underline{U}_q \frac{R_3}{R_2(R_3 + jX_{C4}) + R_3\, jX_{C4}} = \frac{\underline{U}_q}{R_2 + jX_{C4}(1 + R_2/R_3)} .$$

Auch hier finden wir das Ergebnis der beiden ersten Lösungswege bestätigt.

Beispiel 7.15: Ermittlung eines Stromes in einer dreimaschigen RL-Kettenschaltung.
In Bild 7.62 wird eine RL-Kettenschaltung dargestellt. Hierbei sind gegeben:

$$\underline{U}_q = 64\,\text{V} , \quad R_1 = R_3 = R_5 = R = 1\,\Omega , \quad X_{L2} = X_{L4} = X_{L6} = X = 1\,\Omega .$$

Der Strom $\underline{I}_5$ wird gesucht.

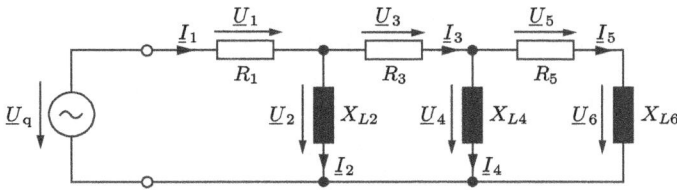

Abb. 7.62: RL-Kettenschaltung mit einer Spannungsquelle.

Lösung (mit Umlaufanalyse):
Wir wählen den vollständigen Baum mit den Zweigen 2 und 4 und stellen das Gleichungssystem für die unabhängigen Ströme $\underline{I}_1, \underline{I}_3, \underline{I}_5$ auf:

$\underline{I}_1$	$\underline{I}_3$	$\underline{I}_5$	
$R + \mathrm{j}X$	$-\mathrm{j}X$	0	$\underline{U}_\mathrm{q}$
$-\mathrm{j}X$	$R + \mathrm{j}2X$	$-\mathrm{j}X$	0
0	$-\mathrm{j}X$	$R + \mathrm{j}2X$	0

Mit den speziellen Werten für R, X und $\underline{U}_\mathrm{q}$ sieht das System folgendermaßen aus:

$\underline{I}_1$	$\underline{I}_3$	$\underline{I}_5$	
$1 + \mathrm{j}$	$-\mathrm{j}$	0	$64\,\mathrm{A}$
$-\mathrm{j}$	$1 + 2\,\mathrm{j}$	$-\mathrm{j}$	0
0	$-\mathrm{j}$	$1 + 2\,\mathrm{j}$	0

Löst man das System nach $\underline{I}_5$ auf, so wird schließlich

$$\underline{I}_5 = \frac{-64}{-5 + 4\,\mathrm{j}}\,\mathrm{A} = \frac{64}{5 - 4\,\mathrm{j}}\,\mathrm{A} = \frac{64\,\mathrm{A}}{\sqrt{41}}\,\mathrm{e}^{\mathrm{j}\arctan 0{,}8} \approx \underline{10\,\mathrm{A} \,\angle 38{,}6°}\,.$$

Anmerkung *Dieses Ergebnis hätte man auch mit Hilfe des Zeigerdiagramms durch »Stromannahme« oder »Spannungsannahme« erhalten.*
  Hierbei geht man wie folgt vor:

1. *Wir nehmen z. B. willkürlich an, der Strom $\underline{I}_5$ hätte den Wert $\underline{I}_5 = 2{,}5\,\mathrm{A}$, und zeichnen ihn als Zeiger auf. Dieser Zeiger wird zum Ausgangspunkt bei der Konstruktion des Zeigerdiagramms 7.63.*

2. *Die Spannung $\underline{U}_5$ wird eingezeichnet. Strom und Spannung in R_5 sind phasengleich, und es wird $\underline{U}_5 = 2{,}5\,\mathrm{V}$. Wählt man für 1 V im Zeigerdiagramm die gleiche Länge wie für 1 A, so sind die Zeiger $\underline{I}_5$ und $\underline{U}_5$ identisch.*

3. *An X_{L6} fallen ebenfalls $2{,}5\,\mathrm{V}$ ab, aber um $\pi/2$ gegen $\underline{I}_5$ voreilend; die Spannung $\underline{U}_6$ kann nun eingezeichnet werden.*

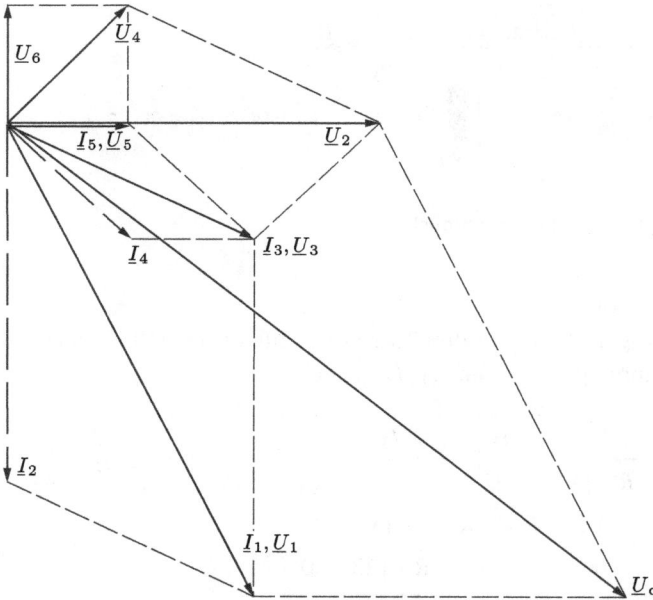

Abb. 7.63: Zeigerdiagramm zur Schaltung 7.62.

4. *Die Summe $\underline{U}_4 = \underline{U}_5 + \underline{U}_6$ wird im Zeigerdiagramm gebildet.*
5. *Es ist $I_4 = U_4/X_{L4} \approx 3{,}54$ A; $\underline{I}_4$ eilt gegen $\underline{U}_4$ um $\pi/2$ nach und kann damit gezeichnet werden.*
6. *Die Summe $\underline{I}_3 = \underline{I}_4 + \underline{I}_5$ wird im Zeigerdiagramm gebildet: $I_3 \approx 5{,}7$ A.*
7. *$\underline{U}_3$ und $\underline{I}_3$ sind phasengleich; es wird $U_3 = R_3 I_3 \approx 5{,}7$ V, d. h. die Zeiger $\underline{U}_3$ und $\underline{I}_3$ sind identisch.*
8. *Die Summe $\underline{U}_2 = \underline{U}_3 + \underline{U}_4$ wird im Zeigerdiagramm gebildet.*
9. *Es ist $I_2 = U_2/X_{L2} \approx 7{,}5$ A; $\underline{I}_2$ eilt gegen $\underline{U}_2$ um $\pi/2$ nach und kann damit gezeichnet werden.*
10. *Die Summe $\underline{I}_1 = \underline{I}_2 + \underline{I}_3$ wird im Zeigerdiagramm gebildet: $I_1 \approx 11{,}2$ A.*
11. *$\underline{U}_1$ und $\underline{I}_1$ sind phasengleich; es wird $U_1 = R_1 I_1 \approx 11{,}2$ V, d. h. die Zeiger $\underline{U}_1$ und $\underline{I}_1$ sind identisch.*
12. *Die Summe $\underline{U}_q = \underline{U}_1 + \underline{U}_2$ wird im Zeigerdiagramm gebildet:*

$$\underline{U}_q \approx 16\,\text{V}\,\underline{/-38°}\ .$$

Da in Wahrheit $\underline{U}_q = 64$ V ist, müssen also alle Werte des Zeigerdiagramms mit

$$4\,\underline{/38°}$$

multipliziert werden. Damit gilt insbesondere: statt des angenommenen Wertes $\underline{I}_5 = 2{,}5$ A wird

$$\underline{I}_5 \approx 10\,\text{A}\,\underline{/38°}\ .$$

a)

b)

$$U_q = \sqrt{5}\,\text{V}$$
$$R_1 = 1\,\Omega$$
$$X \ = R_3 = 2\,\Omega$$

1 V; 0,5 A

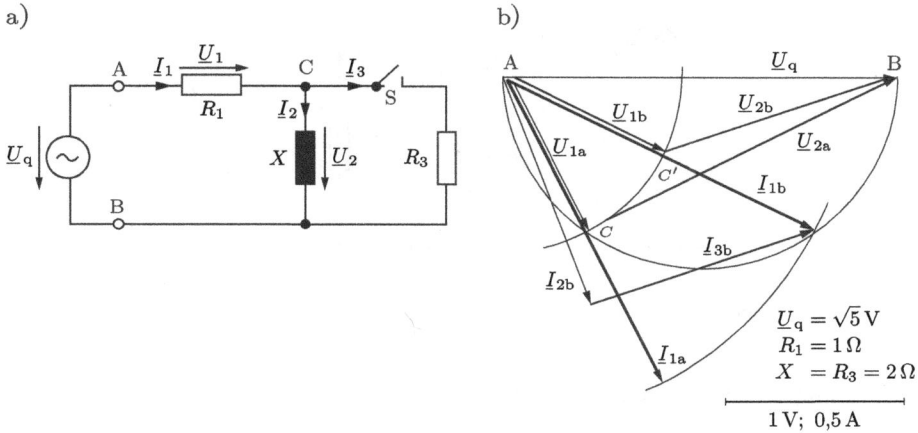

Abb. 7.64: Wechselstromparadoxon.

Beispiel 7.16: Wechselstromparadoxon.

In Bild 7.64 ist eine Schaltung dargestellt, in der sich trotz des Hinzuschaltens des Widerstandes R_3 der Betrag des Gesamtstromes $\underline{I}_1$ nicht ändert (Wechselstromparadoxon); das ist allerdings nur für einen bestimmten Wert R_3 möglich. Dieser Wert soll berechnet werden (R_1 und X sind gegeben).

Lösung

Im Fall a (offener Schalter S) wird

$$\underline{I}_{1a} = \frac{\underline{U}_q}{R_1 + jX}\,, \qquad I_{1a}^2 = \frac{U_q^2}{R_1^2 + X^2}\,;$$

im Fall b (geschlossener Schalter S) wird

$$\underline{I}_{1b} = \frac{\underline{U}_q}{R_1 + \dfrac{jXR_3}{jX + R_3}} = \frac{\underline{U}_q(jX + R_3)}{R_1(jX + R_3) + jXR_3} = \frac{\underline{U}_q(jX + R_3)}{jX(R_1 + R_3) + R_1 R_3}$$

$$I_{1b}^2 = U_q^2 \frac{X^2 + R_3^2}{X^2(R_1 + R_3)^2 + R_1^2 R_3^2}\,.$$

Aus der Forderung $I_{1a} = I_{1b}$ folgt als Bestimmungsgleichung für R_3:

$$\frac{X^2 + R_3^2}{X^2(R_1 + R_3)^2 + R_1^2 R_3^2} = \frac{1}{R_1^2 + X^2}\,.$$

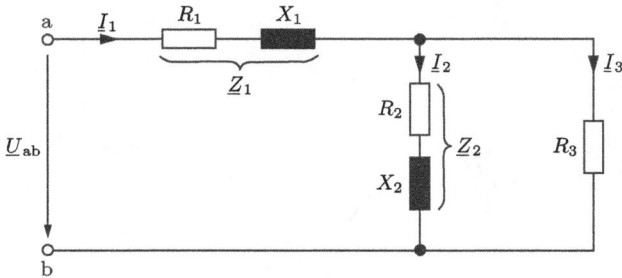

Abb. 7.65: Hummel-Schaltung.

Umformung dieser Gleichung führt zu

$$(R_3^2 + X^2)(R_1^2 + X^2) = X^2(R_1 + R_3)^2 + R_1^2 R_3^2$$

$$R_1^2 R_3^2 + (R_1^2 + R_3^2)X^2 + X^4 = X^2(R_1^2 + R_3^2 + 2R_1 R_3) + R_1^2 R_3^2$$

$$X^4 = X^2 \cdot 2R_1 R_3$$

$$R_3 = \frac{X^2}{2R_1} \ .$$

(Im Zeigerdiagramm des Bildes 7.64 stoßen $\underline{I}_{3b}$ und $\underline{I}_{1b}$ wegen der Wahl des Strommaß-stabes zufällig auf dem Thaleskreis zusammen.) Vgl. auch Beispiel 7.21.

Beispiel 7.17: 90°-Schaltung (Hummel-Schaltung).

Falls man eine Schaltung braucht, bei der eine Spannung einem Strom um genau $\pi/2$ voreilt (90°-Schaltung, z. B. für Blindleistungsmessung), so könnte man einfach eine Spule nehmen, wenn diese außer ihrer Induktivität nicht auch noch einen ohmschen Widerstand enthielte. Eine reale Spule ist also keine 90°-Schaltung. Verwendet man dagegen die in Bild 7.65 dargestellte Schaltung aus zwei realen Spulen ($\underline{Z}_1$, $\underline{Z}_2$) und einem ohmschen Widerstand, so kann R_3 so gewählt werden, dass die Spannung $\underline{U}_{ab}$ dem Strom $\underline{I}_2$ genau um $\pi/2$ voreilt.

Wie groß muss R_3 sein, damit diese Bedingung erfüllt wird? ($\underline{Z}_1$ und $\underline{Z}_2$ sind gegeben.)

Lösung

In Schaltung 7.65 gelten die Knotengleichung

$$\underline{I}_1 = \underline{I}_2 + \underline{I}_3$$

und die beiden Umlaufgleichungen

$$\underline{U}_{ab} = \underline{Z}_1 \underline{I}_1 + \underline{Z}_2 \underline{I}_2$$

$$\underline{Z}_2 \underline{I}_2 = R_3 \underline{I}_3 \ ,$$

aus denen nach Elimination von $\underline{I}_1$ und $\underline{I}_3$ eine Beziehung zwischen den Größen $\underline{U}_{ab}$ und $\underline{I}_2$ übrigbleibt:

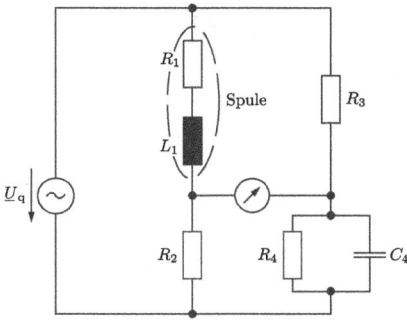

Abb. 7.66: Maxwell-Wien-Brücke.

$$\frac{\underline{U}_{ab}}{\underline{I}_2} = \frac{(\underline{Z}_1 + \underline{Z}_2)R_3 + \underline{Z}_1\underline{Z}_2}{R_3} \, .$$

Wenn $\underline{U}_{ab}$ um $\pi/2$ gegen $\underline{I}_2$ voreilen soll, muss gelten

$$\mathbb{R}\{(\underline{Z}_1 + \underline{Z}_2)R_3 + \underline{Z}_1\underline{Z}_2\} = 0$$
$$(R_1 + R_2)R_3 + R_1R_2 - X_1X_2 = 0$$
$$R_3 = \frac{X_1X_2 - R_1R_2}{R_1 + R_2} \, ;$$

die Forderung ist erfüllbar, wenn $X_1X_2 > R_1R_2$ ist (d. h.: solange die ohmschen Widerstände R_1 und R_2 der Spulen klein genug sind).

Beispiel 7.18: Messung der Induktivität und des Wicklungswiderstandes einer Spule (Maxwell-Wien-Brücke).

Mit der Messbrücke in Bild 7.66 können die unbekannten Werte R_1 und L_1 einer Spule gemessen werden, wenn R_2, R_3, R_4 und C_4 bekannt sind; R_4 und C_4 können so eingestellt werden, dass über das Nullanzeige-Instrument kein Strom fließt (Brückenabgleich). R_1 und L_1 sollen durch die Größen R_2, R_3, R_4 und C_4 der abgeglichenen Brücke ausgedrückt werden.

Lösung
Durch das Messinstrument fließt kein Strom, wenn die Abgleichbedingung erfüllt ist [vgl. Gln. (2.32) in Band 1]:

$$\frac{\underline{Z}_1}{\underline{Z}_2} = \frac{\underline{Z}_3}{\underline{Z}_4}$$

$$\frac{R_1 + j\omega L_1}{R_2} = \frac{R_3}{\dfrac{1}{1/R_4 + j\omega C_4}}$$

$$R_1 + j\omega L_1 = R_2R_3\left(\frac{1}{R_4} + j\omega C_4\right) \, .$$

Die Realteile auf beiden Seiten dieser komplexen Gleichung müssen übereinstimmen,

$$R_1 = \frac{R_2 R_3}{R_4} \, ,$$

und ebenfalls die Imaginärteile:

$$\omega L_1 = \omega C_4 R_2 R_3$$
$$L_1 = R_2 R_3 C_4 \, .$$

Mit der betrachteten Messbrücke können R_1 und L_1 also bestimmt werden, und zwar unabhängig von der Kreisfrequenz ω der Spannungsquelle.

7.2.9 Ortskurven komplexer Widerstände und Leitwerte

7.2.9.1 Geraden als Ortskurven

In manchen Fällen will man wissen: Wie wirkt sich eine Änderung der Kreisfrequenz ω auf die Impedanz eines Zweipols aus? Welchen Einfluss hat eine Änderung eines Widerstandes, einer Induktivität oder einer Kapazität auf die Impedanz? Zur Veranschaulichung einer solchen Abhängigkeit zeichnet man die Kurve auf, die von der Spitze des Impedanz-Operators in der komplexen Ebene durchlaufen wird, wenn die veränderliche Größe verschiedene Werte annimmt; eine solche Kurve nennt man **Ortskurve**. Als Beispiel hierzu betrachten wir eine RL-Reihenschaltung (Bild 7.67) und stellen ihre Ortskurven dar, wenn jeweils R, L oder ω verändert werden (Bild 7.68).

Die Ortskurve in Bild 7.68a kommt dadurch zustande, dass in der Impedanz $\underline{Z} = R + j\omega L$ die Größe R verschiedene Werte durchläuft. Zum Beispiel nimmt $\underline{Z}$ für $R = R_1$ den Wert $\underline{Z}_1 = R_1 + j\omega L$ und für $R = R_2$ den Wert $\underline{Z}_2 = R_2 + j\omega L$ an; hierbei bewegt sich die Spitze des Operators $\underline{Z}$ entlang der eingezeichneten Ortskurve.

Die Ortskurve in Bild 7.68b entsteht durch Verändern des Wertes L. Die gleiche Ortskurve (Bild 7.68c) erhält man, wenn ω variiert wird; diese Ortskurve hat ihren Fußpunkt auf der reellen Achse ($\omega = 0$) und ist eine Halbgerade, die parallel zur imaginären Achse liegt. Ortskurven, die die Frequenzabhängigkeit einer Impedanz oder Admittanz darstellen, sind für die elektrische Nachrichtentechnik besonders interessant. Eine Reihe solcher Ortskurven, die $\underline{Z}$ und $\underline{Y}$ als Funktion der Frequenz darstellen, sollen im Folgenden betrachtet werden.

Bild 7.69 zeigt eine RC-Reihenschaltung und ihre $\underline{Z}$-Ortskurve; der Punkt auf der reellen Achse wird für $\omega = \infty$ erreicht. Bild 7.70 zeigt eine RLC-Reihenschaltung und ihre $\underline{Z}$-Ortskurve. Der Imaginärteil $X = \omega L - 1/\omega C$ wird null, wenn ω den Wert

$$\omega_r = \frac{1}{\sqrt{LC}}$$

annimmt: bei dieser Kreisfrequenz schneidet die Ortskurve die reelle Achse.

a)

R variabel
L = konst
ω = konst

b)

L variabel
ω = konst
R = konst

c)

ω variabel
L = konst
R = konst

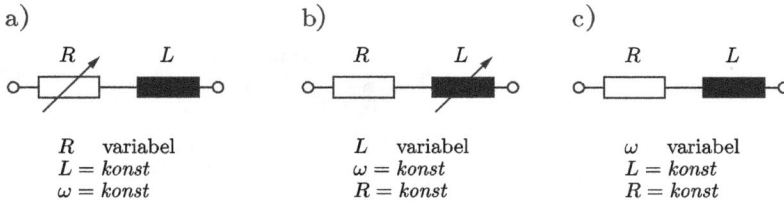

Abb. 7.67: RL-Reihenschaltung.

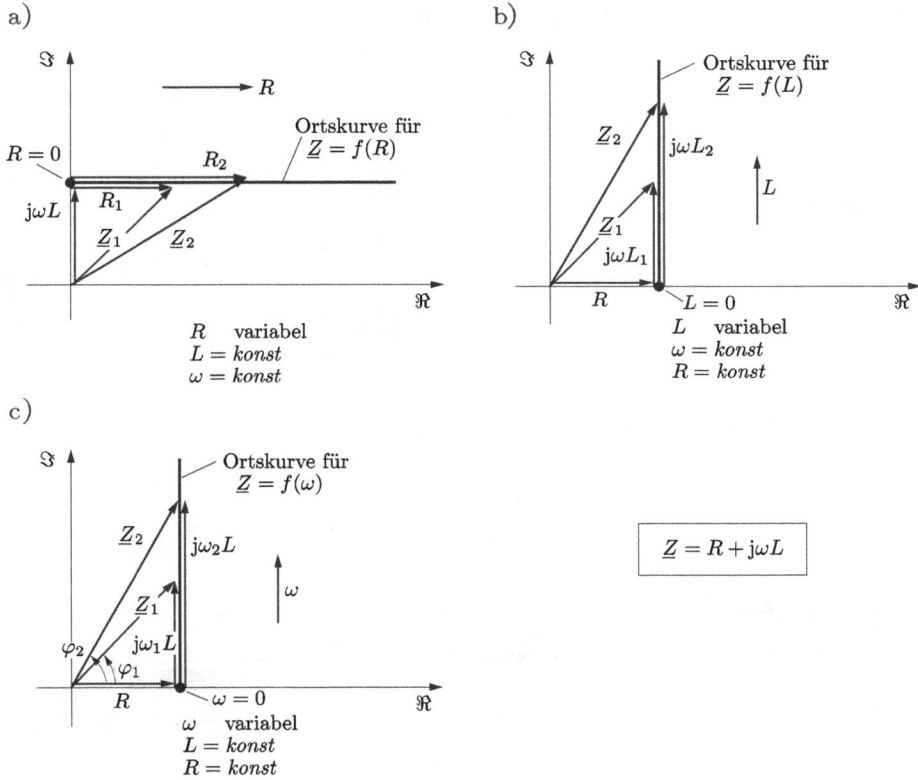

a)

Ortskurve für
$\underline{Z} = f(R)$

R variabel
L = konst
ω = konst

b)

Ortskurve für
$\underline{Z} = f(L)$

L variabel
ω = konst
R = konst

c)

Ortskurve für
$\underline{Z} = f(\omega)$

ω variabel
L = konst
R = konst

$$\underline{Z} = R + \mathrm{j}\omega L$$

Abb. 7.68: $\underline{Z}$-Ortskurven einer RL-Reihenschaltung.

So wie die $\underline{Z}$-Ortskurven von Reihenschaltungen leicht aus der Addition der Teilwiderstände konstruiert werden können, so können auch die $\underline{Y}_2$-Ortskurven von Parallelschaltungen aus der Addition der Teilleitwerte konstruiert werden. Auch in diesem Fall ergeben sich als Ortskurven Halbgeraden oder Geraden (vgl. Bild 7.71).

a)

$$Z = R - \mathrm{j}\frac{1}{\omega C}$$

b)

Ortskurve für $\underline{Z} = f(\omega)$

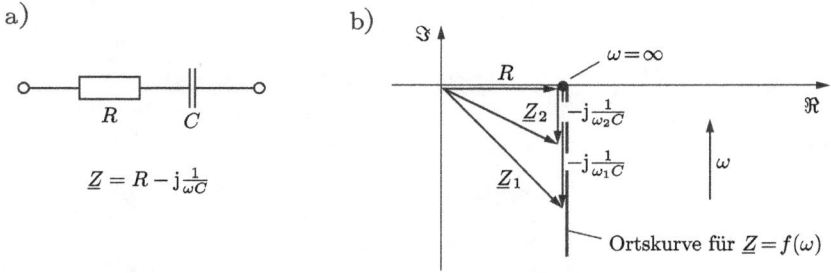

Abb. 7.69: Die RC-Reihenschaltung und ihre $\underline{Z}$-Ortskurve.

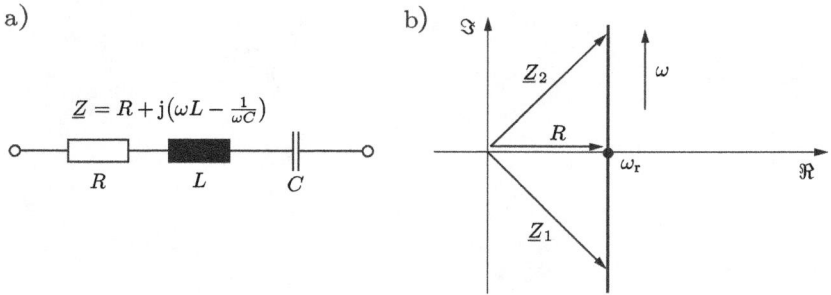

a)

$$\underline{Z} = R + \mathrm{j}\left(\omega L - \frac{1}{\omega C}\right)$$

b)

Abb. 7.70: Die RLC-Reihenschaltung und ihre $\underline{Z}$-Ortskurve.

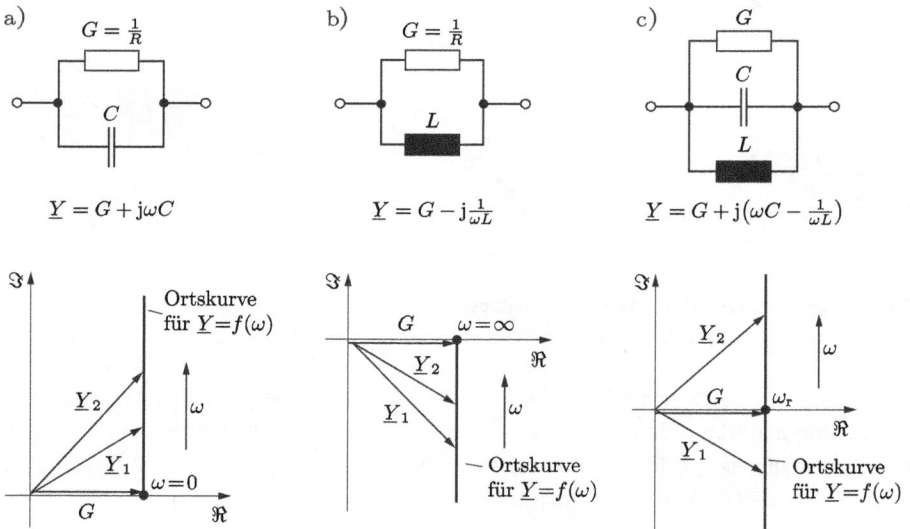

a)

$$G = \frac{1}{R}$$

$$\underline{Y} = G + \mathrm{j}\omega C$$

b)

$$G = \frac{1}{R}$$

$$\underline{Y} = G - \mathrm{j}\frac{1}{\omega L}$$

c)

$$\underline{Y} = G + \mathrm{j}\left(\omega C - \frac{1}{\omega L}\right)$$

Ortskurve für $\underline{Y} = f(\omega)$

Ortskurve für $\underline{Y} = f(\omega)$

Ortskurve für $\underline{Y} = f(\omega)$

Abb. 7.71: $\underline{Y}_2$-Ortskurven von Parallelschaltungen.

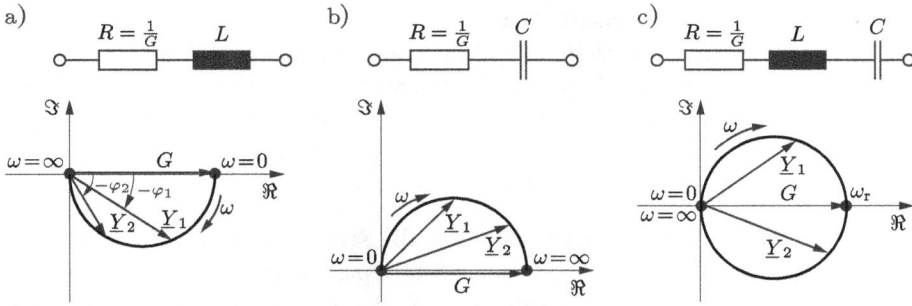

Abb. 7.72: $\underline{Y}_2$-Ortskurven von Reihenschaltungen.

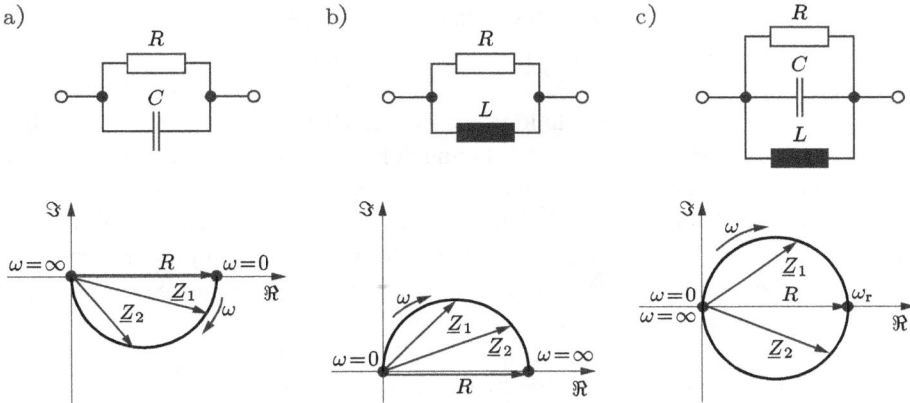

Abb. 7.73: $\underline{Z}$-Ortskurven von Parallelschaltungen.

7.2.9.2 Kreise als Ortskurven

Die RL-Reihenschaltung (Bild 7.67c) hat eine Impedanz $\underline{Z}$, deren Ortskurve eine Halb-gerade ist (Bild 7.68c). Bildet man nun den Kehrwert $\underline{Y} = 1/\underline{Z}$ so entsteht als Ortskurve für alle möglichen Werte $\underline{Y}$ ein Halbkreis mit dem Durchmesser $G = 1/R$ (Bild 7.72a). Man sagt, dass die $\underline{Y}_2$-Ortskurve durch **Inversion** aus der $\underline{Z}$-Ortskurve entsteht (und umgekehrt: die $\underline{Z}$-Ortskurve entsteht durch Inversion aus der $\underline{Y}_2$-Ortskurve). Allgemein gilt: die Inversion eines Kreises ergibt wiederum einen Kreis. (Dieser Satz soll hier im Anschluss an das Beispiel 7.20 bewiesen werden.) Hierbei werden Geraden als Sonderfall eines Kreises (mit unendlich großem Radius) angesehen:

Jeder Kreis, der den Nullpunkt der Gauß'schen Zahlenebene berührt, geht durch Inversion in eine Gerade über (und umgekehrt). Invertiert man die Ortskurve für die Im-pedanz der RC-Reihenschaltung (Bild 7.69b) und der RLC-Reihenschaltung (Bild 7.70b), so entstehen die Ortskurven, die in den Bildern 7.72b und c dargestellt sind. Die In-version der in Bild 7.71 dargestellten $\underline{Y}_2$-Ortskurven führt zu den $\underline{Z}$-Ortskurven des Bildes 7.73.

Konstruktion eines Frequenzmaßstabes

Am Beispiel einer RL-Reihenschaltung (Bild 7.74a) soll gezeigt werden, wie man in einfachen Fällen (Geraden und Kreise als Ortskurven) eine Frequenzskala konstruieren kann. Die RL-Schaltung hat eine Halbgerade als Ortskurve (Bild 7.74b). Im Punkt A gilt:

$$\omega L = R; \qquad \omega = \frac{R}{L}.$$

An den Punkt A könnte man also unmittelbar die Kreisfrequenz $\omega = R/L$ schreiben. Man kann aber auch besondere Frequenzmaßstäbe parallel zur $\underline{Z}$-Ortskurve zeichnen. Der Frequenzmaßstab in Bild 7.74b hat den Vorteil, dass nicht nur der Wert $\omega = R/L$ bequem angegeben werden kann, sondern auch eine Dezimalteilung bei vorgegebenem Raster besonders einfach wird.

Den gleichen Frequenzmaßstab wie für die $\underline{Z}$-Ortskurve kann man auch für die $\underline{Y}_2$-Ortskurve verwenden, man muss ihn nur nach unten klappen (Bild 7.74c). Denn der Impedanz $\underline{Z}_A$ mit dem Winkel φ_A entspricht die Admittanz $\underline{Y}_A$ mit dem Winkel $-\varphi_A$, d. h. die Winkel der jeweiligen Admittanzen stimmen bis auf das Vorzeichen mit den Winkeln der Impedanzen überein. Man kann mit Hilfe einer Frequenzskala z. B. sehr leicht feststellen, welcher Wert $\underline{Y}$ sich für eine vorgegebene Kreisfrequenz ergibt.

Will man für $R = 0,7\,\Omega$, $L = 3,5\,\text{mH}$ und $\omega = 300\,\text{s}^{-1}$ den Wert $\underline{Y}$ ermitteln, so muss man durch den Punkt $\omega = 300\,\text{s}^{-1}$ und den Nullpunkt der komplexen Ebene eine Gerade zeichnen, deren Schnittpunkt C' mit der $\underline{Y}_2$-Ortskurve die Spitze des Operators $\underline{Y}_C$ festlegt (Bild 7.74c).

Beispiel 7.19: Verschobene Kreise als Ortskurven.
Für die Schaltungen in Bild 7.75 sollen die Ortskurven für $\underline{Z}(\omega)$ und $\underline{Y}(\omega)$ skizziert werden.

Lösung

Die $\underline{Y}_2$-Ortskurve der in Schaltung 7.75a enthaltenen RLC-Reihenschaltung ist bekannt, vgl. Bild 7.72c. Zu jedem Punkt dieser Ortskurve muss nun der konstante Leitwert $G_2 = 1/R_2$ addiert werden: die gesamte $\underline{Y}_2$-Ortskurve der RLC-Reihenschaltung wird also um G_2 nach rechts verschoben, siehe Bild 7.76a.

Die $\underline{Z}$-Ortskurve der in Schaltung 7.75b enthaltenen RLC-Parallelschaltung ist bekannt, vgl. Bild 7.73c. Zu jedem Punkt dieser Ortskurve ist nun der konstante Widerstand R_2 zu addieren: die $\underline{Z}$-Ortskurve der RLC-Parallelschaltung muss demnach um R_2 nach rechts verschoben werden, siehe Bild 7.76b.

Beispiel 7.20: Maximaler Winkel einer Admittanz.
Die Größen R und C der Schaltung in Bild 7.77a sind gegeben.
a) *Für die Admittanz des dargestellten Zweipols ist die Ortskurve $\underline{Y} = f(\omega)$ gesucht.*
b) *Welchen Wert $\hat{\varphi}$ kann die Admittanz $\underline{Y} = Y\,e^{j\varphi}$ höchstens erreichen?*
c) *Bei welcher Kreisfrequenz ω_1 hat $\underline{Y}$ den Winkel $\hat{\varphi}$?*

a)

R (0,7 Ω)   L (3,5 mH)

b)

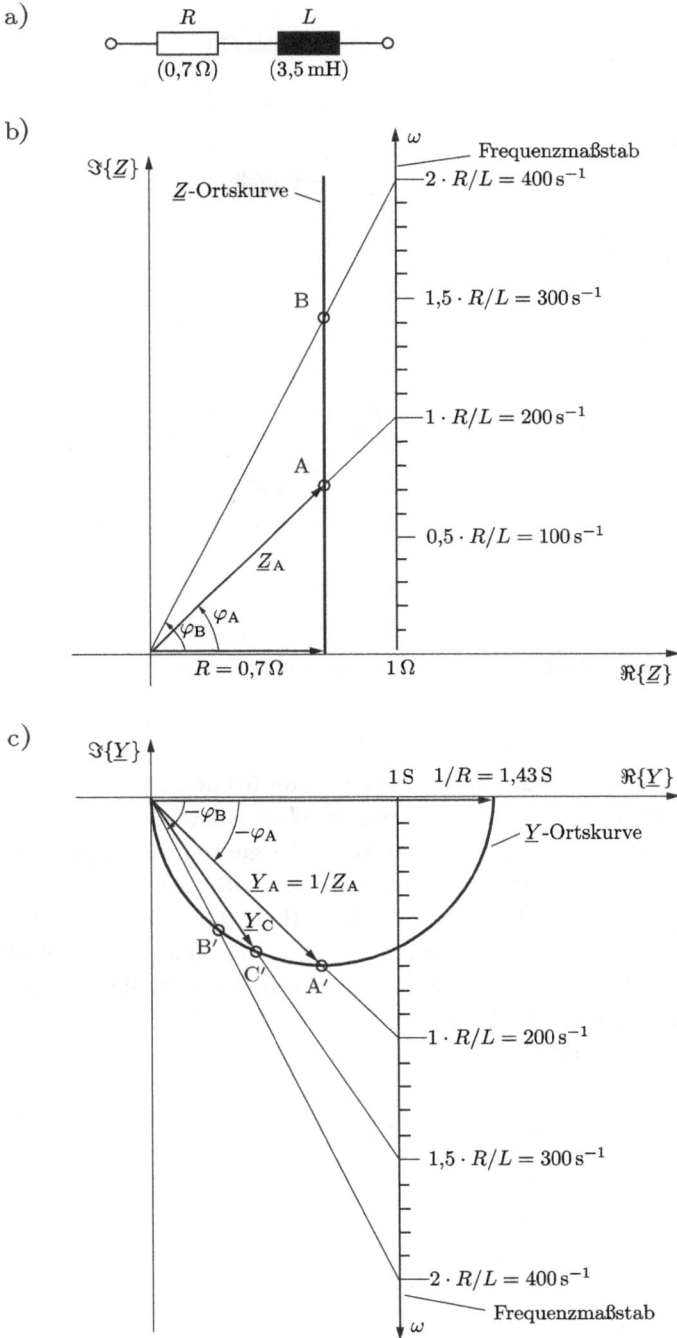

$\Im\{\underline{Z}\}$

$\underline{Z}$-Ortskurve

Frequenzmaßstab

$2 \cdot R/L = 400\,\text{s}^{-1}$

B

$1{,}5 \cdot R/L = 300\,\text{s}^{-1}$

$1 \cdot R/L = 200\,\text{s}^{-1}$

A

$0{,}5 \cdot R/L = 100\,\text{s}^{-1}$

$\underline{Z}_A$

φ_B φ_A

$R = 0{,}7\,\Omega$ $1\,\Omega$ $\Re\{\underline{Z}\}$

c)

$\Im\{\underline{Y}\}$

$1\,\text{S}$ $1/R = 1{,}43\,\text{S}$ $\Re\{\underline{Y}\}$

$-\varphi_B$ $-\varphi_A$ $\underline{Y}$-Ortskurve

$\underline{Y}_A = 1/\underline{Z}_A$

$\underline{Y}_C$

B′

C′   A′

$1 \cdot R/L = 200\,\text{s}^{-1}$

$1{,}5 \cdot R/L = 300\,\text{s}^{-1}$

$2 \cdot R/L = 400\,\text{s}^{-1}$

Frequenzmaßstab

ω

Abb. 7.74: Konstruktion eines Frequenzmaßstabes zur $\underline{Z}$- und $\underline{Y}_2$-Ortskurve einer RL-Reihenschaltung.

a)

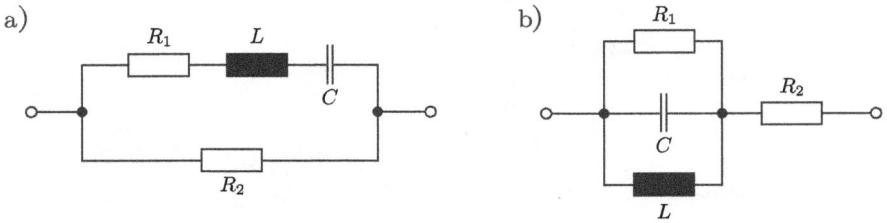

b)

Abb. 7.75: Einfache RLC-Gruppenschaltungen.

a)

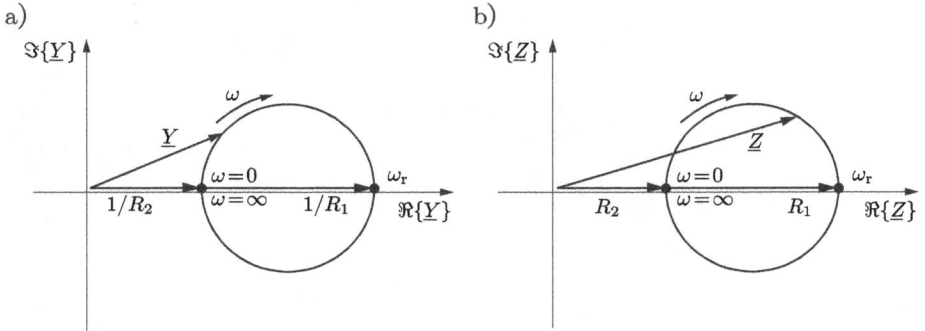

b)

Abb. 7.76: Ortskurven der einfachen RLC-Gruppenschaltungen aus Bild 7.75.

Lösung

a) Die $\underline{Z}$-Ortskurve der Parallelschaltung von Kondensator (C) und ohmschem Widerstand ($2R$) ist ein Halbkreis, wie in Bild 7.73a gezeigt wurde. In Reihe zur Parallelschaltung liegt ein Widerstand R, so dass die Ortskurve des gesamten Zweipols ein um R nach rechts verschobener Halbkreis ist (Bild 7.77b). Die $\underline{Y}_2$-Ortskurve ergibt sich aus der $\underline{Z}$-Ortskurve durch Inversion, ist also ebenfalls ein Halbkreis. Hierbei geht das Betragsmaximum $\hat{Z} = 3R$ in das Betragsminimum $\check{Y} = 1/\hat{z} = 1/3R$ über ($\omega = 0$), und das Minimum $\check{Z} = R$ in das Maximum $\hat{Y} = 1/\check{z} = 1/R$ ($\omega = \infty$). Damit ist die Lage des $\underline{Y}_2$-Halbkreises eindeutig bestimmt (Bild 7.77c).

b) Das schraffierte Dreieck in Bild 7.77c zeigt, dass

$$\sin\hat{\varphi} = \frac{\dfrac{1}{3R}}{\dfrac{2}{3R}} = \frac{1}{2}$$

ist, also

$$\underline{\underline{\hat{\varphi} = \frac{\pi}{6}}} .$$

c) Die Schaltung hat die Impedanz

$$\underline{Z} = R + \frac{1}{\frac{1}{2R} + j\omega C} = R + \frac{2R}{1 + j2\omega RC} = R\frac{3 + j2\omega RC}{1 + j2\omega RC}$$

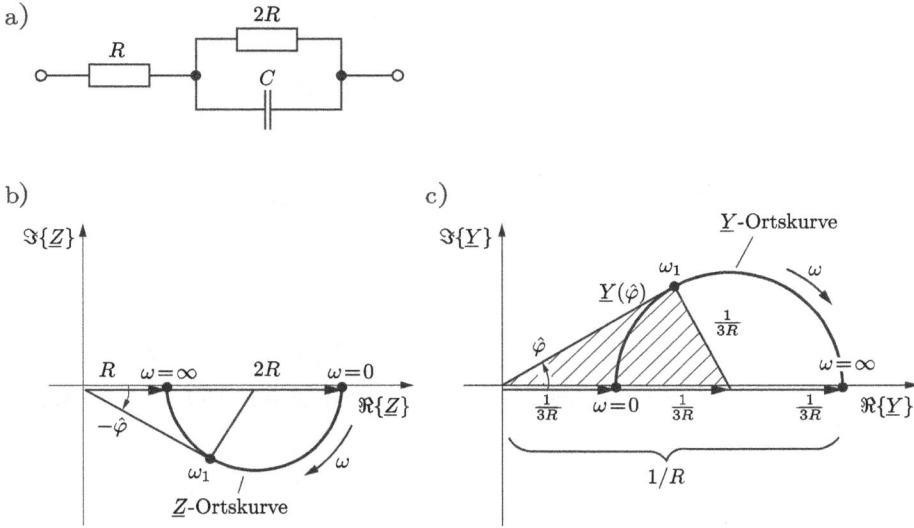

Abb. 7.77: (a) RC-Gruppenschaltung, (b) und (c) Ortskurven der Gruppenschaltung.

mit dem Betragsquadrat

$$Z^2 = R^2 \frac{9 + 4(\omega RC)^2}{1 + 4(\omega RC)^2}.$$

Damit wird speziell für $\omega = \omega_1$

$$Y^2\big|_{\omega=\omega_1} = \frac{1}{R^2} \frac{1 + 4(\omega_1 RC)^2}{9 + 4(\omega_1 RC)^2}. \tag{7.128}$$

Wie das Bild 7.77c zeigt, ist außerdem

$$Y^2\big|_{\omega=\omega_1} = \left(\frac{2}{3R}\right)^2 - \left(\frac{1}{3R}\right)^2 = \frac{1}{3R^2}. \tag{7.129}$$

Ein Vergleich der Gl. (7.128) mit (7.129) ergibt dann

$$\frac{1}{R^2} \frac{1 + 4(\omega_1 RC)^2}{9 + 4(\omega_1 RC)^2} = \frac{1}{3R^2}$$

$$3 + 12(\omega_1 RC)^2 = 9 + 4(\omega_1 RC)^2$$

$$\underline{\underline{\omega_1 = \frac{\sqrt{3}}{2} \frac{1}{RC}}}.$$

Ergänzungen

Zunächst hatten wir die Aussagen über die Inversion von Kreisen und Geraden nur als plausibel vorausgesetzt, aber nicht bewiesen. Die Beweise werden im Folgenden nachgeholt.

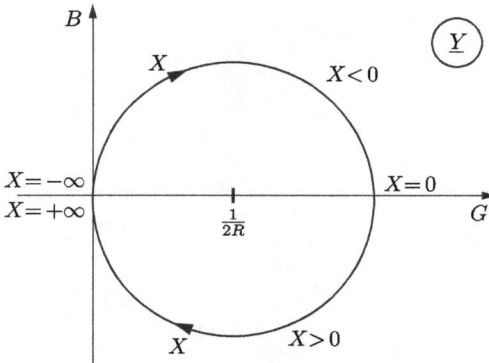

Abb. 7.78: Der Kreis durch den Koordinatenursprung, der durch Inversion von $\underline{Z} = R + jX$ bei veränderlichem X entsteht.

7.2.9.3 Inversion von Parallelen zu den Achsen

Beim Übergang zum Kehrwert geht eine geradlinige Ortskurve in einen Kreis durch den Ursprung über. Das soll hier für die Gerade gezeigt werden, die in der $\underline{Z}$-Ebene parallel zur imaginären Achse verläuft ($R = konst$, $X = veränderlich$).

Wir suchen also die Ortskurve in der $\underline{Y}_2$-Ebene, die durch die Kehrwertbildung

$$\underline{Y} = \frac{1}{\underline{Z}}$$

aus der Geraden $\underline{Z} = R + jX$ (mit $R = konst$) hervorgeht. Es gilt

$$\underline{Z} = R + jX = \frac{1}{\underline{Y}} = \frac{1}{G + jB} = \frac{G - jB}{G^2 + B^2} \ .$$

Aus der Gleichheit der Realteile folgt

$$R = \frac{G}{G^2 + B^2} \quad \text{oder} \quad G^2 + B^2 = \frac{G}{R}$$

(die Veränderliche X kommt nicht mehr vor!).

Durch quadratische Ergänzung ergibt sich

$$G^2 - \frac{G}{R} + \left(\frac{1}{2R}\right)^2 + B^2 = \left(\frac{1}{2R}\right)^2 \ .$$

Das ist die Gleichung eines Kreises durch den Koordinatenursprung (Bild 7.78):

$$B^2 + \left(G - \frac{1}{2R}\right)^2 = \left(\frac{1}{2R}\right)^2$$

mit dem Mittelpunkt $(1/2R, 0)$ und dem Radius $1/2R$.

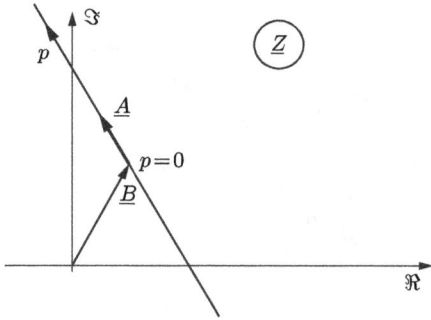

Abb. 7.79: Die Gerade $\underline{Z} = \underline{A}p + \underline{B}$.

7.2.9.4 Inversion der Geraden in allgemeiner Lage

Die Gerade in allgemeiner Lage wird z. B. durch die Gleichung

$$\underline{Z} = \underline{A}\,p + \underline{B} \qquad (p \text{ ist ein reeller Parameter, z. B. die Frequenz})$$

beschrieben (Bild 7.79).

Eine gleichwertige, aber für die folgenden Betrachtungen geeignetere Darstellung ist (Bild 7.80a):

$$\underline{Z} = \underline{Z}_0(1 + \mathrm{j}a) \qquad (a = \text{reeller Parameter}).$$

Diese Darstellung ergibt sich aus der Gleichung für die Gerade parallel zur imaginären Achse durch Drehung um den Winkel $\varphi_0 = \arg(\underline{Z}_0)$. Damit entspricht die zugehörige $\underline{Y}_2$-Ortskurve einem Kreis durch den Ursprung, der aber gegenüber dem Kreis in Bild 7.78 um $-\varphi_0$ gedreht ist: (Bild 7.80a). Der Punkt $a = 0$ auf der $\underline{Z}$-Ortskurve, der den kleinsten Abstand vom Koordinatenursprung hat, geht in der $\underline{Y}_2$-Ebene in den Punkt mit maximalem Abstand vom Ursprung über. Die Verbindungslinie dieses Punktes mit dem Ursprung ist also der Durchmesser des Kreises.

Allgemein gilt für die Inversion:

$$|\underline{Z}|_{\max} \leftrightarrow |\underline{Y}|_{\min}\,, \qquad |\underline{Z}|_{\min} \leftrightarrow |\underline{Y}|_{\max}\,.$$

Die beschriebenen geometrischen Überlegungen können durch Rechnung leicht bestätigt werden, wenn man in der Gleichung für $\underline{Y}(a)$ den Mittelpunkt des Kreises abspaltet, d. h. folgende Form anstrebt

$$\underline{Y} = \underline{K} + \underline{R}\,\mathrm{e}^{\mathrm{j}\varphi(a)}\,,$$

wobei nach Bild 7.80b gesetzt wird:

$$\underline{K} = \frac{1}{2\underline{Z}_0}\,.$$

a)

b)

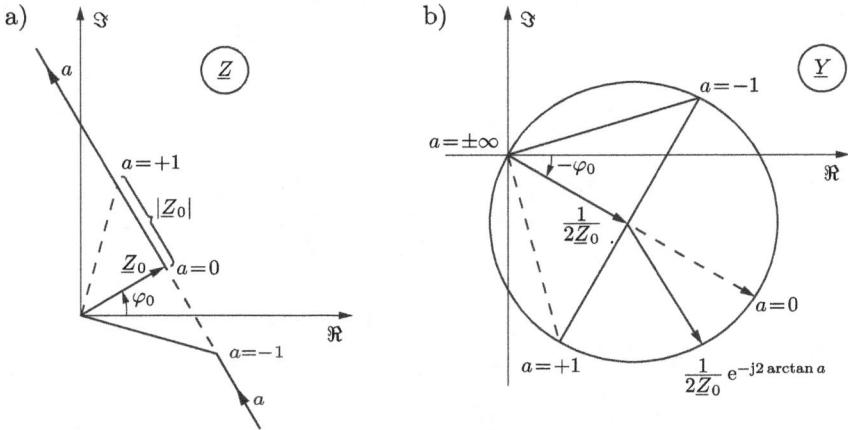

Abb. 7.80: Inversion der Geraden in allgemeiner Lage (a): Kreis durch den Ursprung (b).

Man hat also:

$$\underline{Y} = \frac{1}{\underline{Z}} = \frac{1}{\underline{Z}_0(1 + \mathrm{j}a)} = \frac{1}{2\underline{Z}_0} \cdot \frac{2}{1 + \mathrm{j}a} = \frac{1}{2\underline{Z}_0}\left(1 + \frac{2}{1 + \mathrm{j}a} - 1\right)$$

$$\underline{Y} = \frac{1}{2\underline{Z}_0}\left(1 + \frac{1 - \mathrm{j}a}{1 + \mathrm{j}a}\right) = \frac{1}{2\underline{Z}_0}\left(1 + \mathrm{e}^{-\mathrm{j}2\arctan a}\right) .$$

7.2.9.5 Inversion des Kreises in allgemeiner Lage

Die Betrachtungen im vorigen Abschnitt haben gezeigt, dass die Gleichung

$$\underline{Y} = \frac{1}{\underline{Z}} = \frac{1}{\underline{A}\,p + \underline{B}}$$

einen Kreis durch den Ursprung beschreibt. Ein Kreis in allgemeiner Lage entsteht daraus durch Addieren einer beliebigen Konstanten $\underline{S}$ (Bild 7.81):

$$\underline{Y} = \frac{1}{\underline{A}\,p + \underline{B}} + \underline{S} = \frac{1 + \underline{B}\underline{S} + \underline{A}\underline{S}\,p}{\underline{A}\,p + \underline{B}} .$$

Den Ausdruck auf der rechten Seite nennt man eine gebrochen-lineare Abbildung (Funktion). Nach Umbenennung der Konstanten erhält man:

$$\underline{Y} = \frac{\underline{C}\,p + \underline{D}}{\underline{A}\,p + \underline{B}} .$$

Wenn $\underline{A}$, $\underline{B}$, $\underline{C}$, $\underline{D}$ ungleich null sind, beschreibt eine solche Funktion also einen Kreis, der nicht durch den Ursprung geht. Der Kehrwert von $\underline{Y}$ ist

$$\underline{Z} = \frac{1}{\underline{Y}} = \frac{\underline{A}\,p + \underline{B}}{\underline{C}\,p + \underline{D}} , \tag{7.130}$$

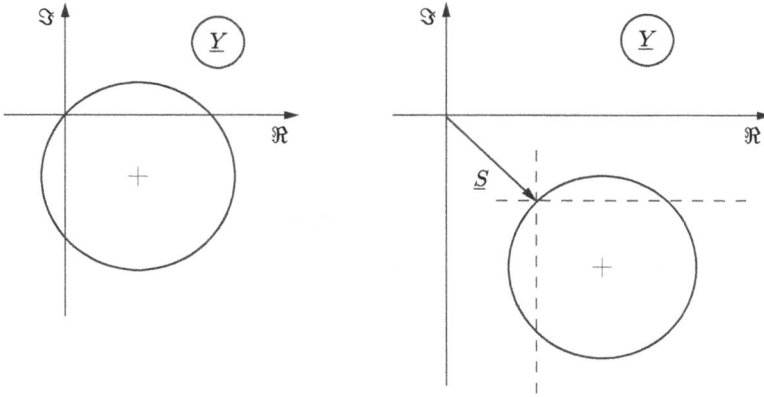

Abb. 7.81: Entstehung eines Kreises in allgemeiner Lage aus der Verschiebung eines Kreises durch den Koordinatenursprung.

also wieder eine gebrochen-lineare Funktion (Gleichung eines Kreises). Für die Inversion von Geraden und Kreisen gilt daher:

Gerade in allgemeiner Lage ↔ Kreis durch Ursprung;

Kreis in allgemeiner Lage ↔ Kreis in allgemeiner Lage.

Wenn z. B. eine kreisförmige $\underline{Z}$-Ortskurve gegeben und zu invertieren ist, so genügt es also, die beiden Punkte mit den Beträgen Z_{min} und Z_{max} zu invertieren (die die Endpunkte eines Durchmessers des $\underline{Z}$-Kreises sind). Bei der Inversion erhält man Y_{max} und Y_{min}, also auch zwei Endpunkte eines Durchmessers des $\underline{Y}_2$-Kreises und damit auch sofort dessen Mittelpunkt und Radius (Bild 7.82), vgl. auch die Beispiele 7.19 und 7.20.

Beispiel 7.21: Ortskurvenbetrachtung beim Wechselstromparadoxon.
Es soll wieder wie in Beispiel 7.16 das Wechselstromparadoxon von Schaltung 7.64 betrachtet werden. Die Lösung soll nun mit Hilfe der Ortskurven-Theorie gefunden werden.

Lösung
Die Schaltung in Bild 7.64 hat die Eingangsimpedanz

$$\underline{Z} = \underline{Z}(R_3) = R_1 + \frac{R_3\,jX}{R_3 + jX} = \frac{(R_1 + jX)R_3 + jXR_1}{R_3 + jX}\,.$$

Diese Darstellung stimmt mit der Kreis-Gleichung (7.130) überein, wenn als reelle Variable

$$p = R_3$$

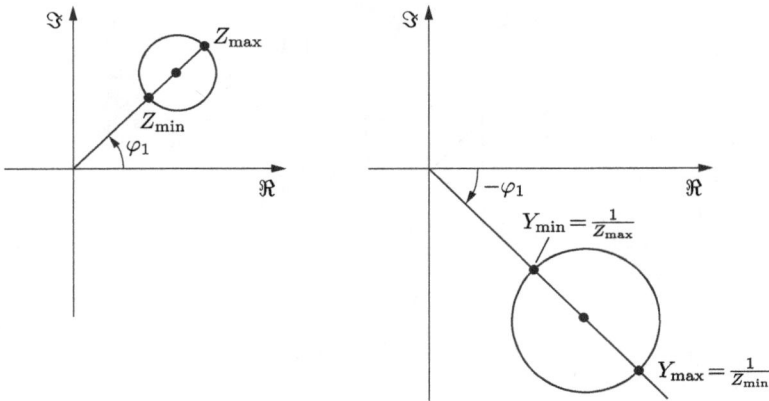

Abb. 7.82: Inversion eines Kreises in allgemeiner Lage.

und als Konstanten

$$\underline{A} = R_1 + jX \; ; \quad \underline{B} = jXR_1 \; ; \quad \underline{C} = 1 \; ; \quad \underline{D} = jX$$

gesetzt werden: die Ortskurve $\underline{Z} = f(R_3)$ ist also ein Kreis. Seine Lage und Größe ergibt sich, wenn man drei Punkte bestimmt, z. B.:

$$\text{①} \qquad R_3 = 0, \qquad \underline{Z} = R_1$$

$$\text{②} \qquad R_3 = \infty, \qquad \underline{Z} = R_1 + jX$$

$$\text{③} \qquad R_3 = X, \qquad \underline{Z} = R_1 + \frac{X}{2} + j\frac{X}{2} \; .$$

Daraus lässt sich die Ortskurve in Bild 7.83 konstruieren. Damit die Forderung $Z_a = Z_b$ erfüllt ist, wird zusätzlich ein Kreis mit dem Radius Z_a und dem Ursprung als Mittelpunkt eingetragen. Der Schnittpunkt mit der Ortskurve im Punkt b liefert dann die gesuchte Lösung für $\underline{Z}_b$. Man sieht, dass $\underline{Z}$ (und daher auch $\underline{I}_1$) in den Punkten a und b den gleichen Betrag hat.

7.2.9.6 Kompliziertere Ortskurvenformen

Die bisher betrachteten Ortskurven waren gerade oder kreisförmig. Aber schon aus nur drei Elementen (R, L, L oder R, C, C oder R, L, C) lassen sich Gruppenschaltungen mit komplizierteren Ortskurven zusammensetzen (Bilder 7.84 und 7.110).

Beispiel 7.22: Ortskurvenschar der Eingangsimpedanz eines verlustlosen Transformators.
Man skizziere Ortskurven $\underline{Z} = f(\omega; L_1)$ für den in Bild 7.84a dargestellten Zweipol (der sich übrigens ebenso verhält wie ein verlustloser Transformator an seinen Primärklemmen, vgl. Abschnitt 7.5).

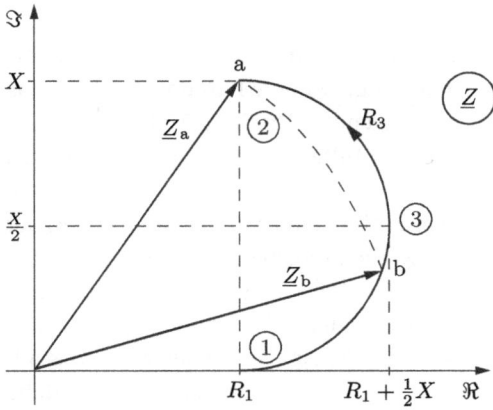

Abb. 7.83: Ortskurve zur Schaltung nach Bild 7.64 (Wechselstromparadoxon).

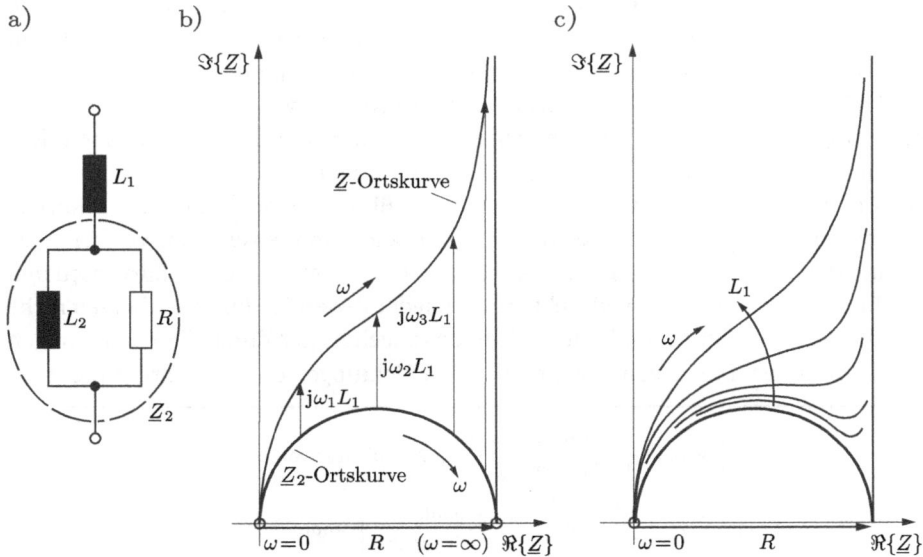

Abb. 7.84: Ersatzzweipol und $\underline{Z}$-Ortskurven eines verlustlosen Transformators.

Lösung

Eine $\underline{Z}$-Ortskurve entsteht, wenn zu jedem Punkt des Halbkreises der $\underline{Z}_2$-Ortskurve (vgl. Bild 7.73b) der mit der Kreisfrequenz ω zunehmende Wert $j\omega L_1$ addiert wird, siehe Bild 7.84b. Für andere Werte von L_1 entstehen andere Ortskurven, vgl. die Ortskurven-schar in Bild 7.84c.

In den Abschnitten 7.3.3 und 7.3.4 werden weitere Beispiele komplizierterer Ortskurven-scharen gegeben.

7.2.9.7 Das Kreisdiagramm

Bei der Berechnung von Wechselstromschaltungen ist es oft zweckmäßig, eine Reihenschaltung aus Wirk- und Blindwiderstand in eine äquivalente Parallelschaltung aus
Wirk- und Blindleitwert umzuwandeln, vgl. den folgenden Abschnitt 7.2.10.1 »Bedingte
Äquivalenz«. Eine solche Umwandlung lässt sich mit Hilfe des Kreisdiagramms einfach
und recht genau ausführen.

Zum Kreisdiagramm gelangt man, indem man einmal die Ortskurven $\underline{Y} = f(B)$ der
Parallelschaltung aus G und jB invertiert: In der $\underline{Z}$-Ebene ergeben sich Kreise durch den
Ursprung, deren Mittelpunkte auf der positiv-reellen Achse liegen (Bild 7.85 oben). Zu
einem Leitwert $\underline{Y}$, dessen Pfeilspitze z. B. auf der Geraden $G_2 = konst$ liegt, gehört ein $\underline{Z}$-
Wert, der in der $\underline{Z}$-Ebene abgelesen werden kann: die Pfeilspitze liegt auf dem Kreis mit
dem Durchmesser $1/G_2$. Die Winkel des $\underline{Z}$- und des $\underline{Y}_2$-Pfeils haben unterschiedliche
Vorzeichen. Damit ist der $\underline{Z}$-Pfeil festgelegt, und es können Real- und Imaginärteil von
$\underline{Z}$ auf den Achsen abgelesen werden.

Invertiert man die Ortskurven $\underline{Y} = f(G)$ der Parallelschaltung aus G und jB, so
erhält man in der $\underline{Z}$-Ebene Halbkreise durch den Ursprung, deren Mittelpunkte auf
der imaginären Achse liegen (Bild 7.85 unten). Jetzt kann der bereits betrachtete $\underline{Y}_2$-
Pfeil mit der Pfeilspitze auf $B_1 = konst$ ebenfalls invertiert werden: die Pfeilspitze des
zugehörigen Wertes von $\underline{Z}$ liegt im vierten Quadranten auf dem Halbkreis mit dem
Durchmesser $1/B_1$, für den Winkel gilt das schon Gesagte.

Die Inversion der $\underline{Y}_2$-Werte lässt sich durchführen, indem man mit den Kurven
im oberen oder unteren Teil des Bildes 7.85 arbeitet und jeweils den Winkel φ als
zweite Angabe hinzunimmt. Einfacher ist es, wenn die beiden rechten Kurvenscharen
aus Bild 7.85 übereinander gedruckt werden. Jeder $\underline{Z}$-Wert ist durch die beiden recht-
winkligen Koordinaten R und X festgelegt, das zugehörige $\underline{Y}$ durch die krummlinigen
GB-Koordinaten. Die Inversion kann in beiden Richtungen durchgeführt werden:

$$\left. \begin{array}{c} \underline{Z} \\ \underline{Y} \end{array} \right\} \text{ wird in } \left\{ \begin{array}{c} \text{rechtwinkligen} \\ \text{krummlinigen} \end{array} \right\} \text{ Koordinaten vorgegeben und}$$

$$\text{das zugehörige } \left\{ \begin{array}{c} \underline{Y} \\ \underline{Z} \end{array} \right\} \text{ in } \left\{ \begin{array}{c} \text{krummlinigen} \\ \text{rechtwinkligen} \end{array} \right\} \text{ Koordinaten abgelesen.}$$

Vor der Lösung einer Aufgabe mit dem Kreisdiagramm müssen die Werte so normiert
werden, dass sie im Bereich des Kreisdiagramms liegen und genau genug abgelesen
werden können:

$$\underline{Z} = R + jX \rightarrow \frac{\underline{Z}}{R_1} = \frac{R}{R_1} + j\frac{X}{R_1}$$

$$\underline{Y} = G + jB \rightarrow \frac{\underline{Y}}{G_1} = \frac{G}{G_1} + j\frac{B}{G_1}$$

$$\text{mit } R_1 G_1 = 1 \,.$$

Bisher wurde nur der Einsatz des Kreisdiagramms zur Bildung des Kehrwerts besprochen. Anhand des Bildes 7.86 soll gezeigt werden, welche weiteren Aufgaben mit dem
Kreisdiagramm gelöst werden können.

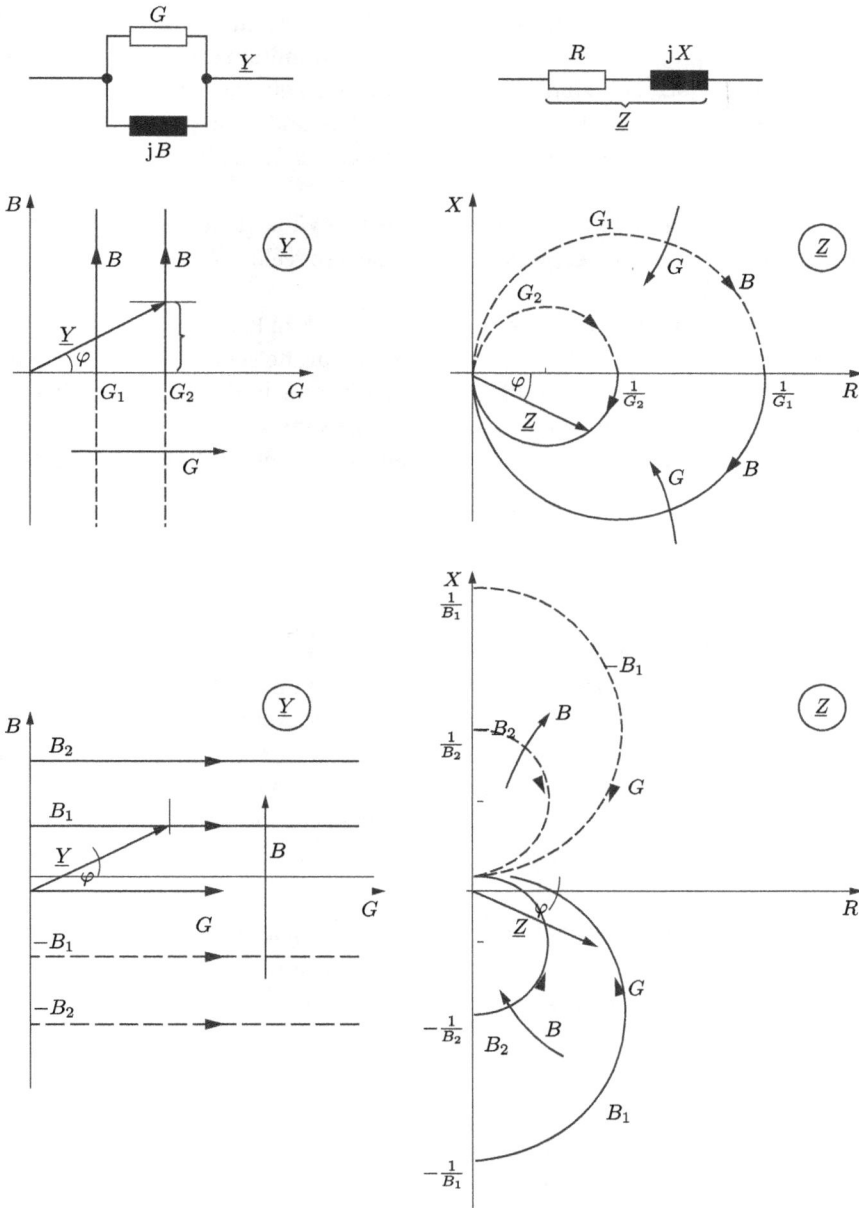

Abb. 7.85: Ortskurvenscharen der G,B-Parallelschaltung und der R,X-Reihenschaltung, wobei einmal G als konstant (oberer Bildteil) und das andere Mal B als konstant (unterer Bildteil) vorausgesetzt wird.

Gegeben sei ein passiver Zweipol, dessen normierte Impedanz durch den Punkt P, d. h. $\underline{Z}/R_1 = 2 + \mathrm{j}1$ gegeben ist. (Die zugehörige normierte Admittanz ist laut Diagramm $\underline{Y}/G_1 = 0{,}4 - \mathrm{j}0{,}2$). Jetzt soll zu diesem Zweipol jeweils ein Bauelement R, L oder C hinzugeschaltet werden, und zwar zunächst in Reihe und dann parallel. Wie sich das Hinzuschalten eines Bauelements auswirkt, zeigt Tabelle 7.3 (in Verbindung mit Bild 7.86).

Aus Bild 7.86 ist leicht zu entnehmen, wie ein reeller Widerstand durch Beschalten mit einem Kondensator und einer Spule in einen anderen reellen Widerstand transformieren werden kann (Anwendung: Anpassung).

Schaltet man z. B. zu $\underline{Z}/R_1 = 2$ eine Spule mit $X/R_1 = 1$ in Reihe, so erhält man ein $\underline{Z}/R_1$, das dem Punkt P in Bild 7.86 entspricht. Durch Parallelschalten eines Kondensators bewegt man sich von P aus in Richtung des Pfeiles 6, und zwar bis zum Punkt $\underline{Z}/R_1 = 2{,}5$, wenn ein Kondensator mit $B/G_1 = 0{,}2$ gewählt wird. Im beschriebenen Fall wird also $\underline{Z}/R_1 = 2$ in $\underline{Z}/R_1 = 2{,}5$ (jeweils reell) transformiert (Resonanztransformation).

7.2.10 Äquivalente Zweipole

7.2.10.1 Bedingte Äquivalenz
Ein Zweipol aus zwei parallelgeschalteten Bauelementen unterschiedlicher Art kann für eine bestimmte Frequenz durch einen Zweipol aus zwei in Reihe geschalteten Elementen ersetzt werden, siehe Bild 7.87.

Wenn der Scheinwiderstand zweier Schaltungen übereinstimmt, so bezeichnen wir sie als **äquivalent**. Stimmen die beiden Schaltungen aber nicht bei allen Frequenzen überein, so sprechen wir von bedingter Äquivalenz.

Umwandlung einer RC-Parallelschaltung in eine RC-Reihenschaltung
Soll eine RC-Parallelschaltung durch eine RC-Reihenschaltung ersetzt werden (wie in Bild 7.87a), so ist es zweckmäßig, deren Impedanzen $\underline{Z}_\mathrm{p}$ und $\underline{Z}_\mathrm{r}$ auszurechnen:

$$\underline{Z}_\mathrm{p} = \frac{1}{\frac{1}{R_\mathrm{p}} + \mathrm{j}\omega C_\mathrm{p}} = \frac{R_\mathrm{p}}{1 + \mathrm{j}\omega C_\mathrm{p} R_\mathrm{p}} = R_\mathrm{p} \frac{1 - \mathrm{j}\omega C_\mathrm{p} R_\mathrm{p}}{1 + (\omega C_\mathrm{p} R_\mathrm{p})^2} \,, \tag{7.131}$$

$$\underline{Z}_\mathrm{r} = R_\mathrm{r} + \frac{1}{\mathrm{j}\omega C_\mathrm{r}} = R_\mathrm{r} - \mathrm{j}\frac{1}{\omega C_\mathrm{r}} \,. \tag{7.132}$$

Es soll gelten $\underline{Z}_\mathrm{r} = \underline{Z}_\mathrm{p}$. Daraus folgt auch

$$\Re\{\underline{Z}_\mathrm{r}\} = \Re\{\underline{Z}_\mathrm{p}\} \quad \text{und} \quad \Im\{\underline{Z}_\mathrm{r}\} = \Im\{\underline{Z}_\mathrm{p}\} \,.$$

Tab. 7.3: Beispiele für die Anwendung des Kreisdiagramms in Bild 7.86. Zu der normierten Impedanz $\underline{Z}/R_1 = 2 + j1$ werden zusätzlich weitere ideale Bauelemente in Reihe oder parallel geschaltet.

Reihenschaltung

Bauelement	normierter Zusatzwiderstand	die neue normierte Impedanz $\underline{Z}/R$	Verdeutlichung durch Pfeil
R	$R/R_1 = 0{,}5$	$2{,}5 + j1{,}0$	1
L	$X/R_1 = 0{,}5$	$2{,}0 + j1{,}5$	2
C	$X/R_1 = -0{,}5$	$2{,}0 + j0{,}5$	3

Parallelschaltung

Bauelement	normierter Zusatzleitwert	die neue norm. Admittanz $\underline{Y}/G_1$	die zugehörige Impedanz $\underline{Z}/R_1$	Verdeutlichung durch Pfeil
R	$G/G_1 = 0{,}1$	$0{,}5 - j0{,}2$	$1{,}70 + j0{,}67$	4
L	$B/G_1 = -0{,}1$	$0{,}4 - j0{,}3$	$1{,}60 + j1{,}20$	5
C	$B/G_1 = 0{,}1$	$0{,}4 - j0{,}1$	$2{,}35 + j0{,}58$	6

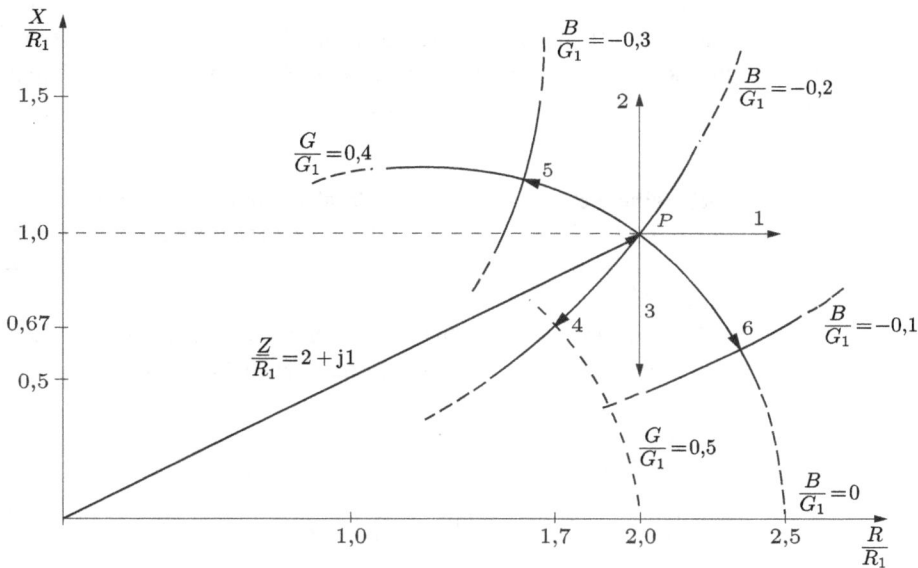

Abb. 7.86: Ermittlung der Impedanz (oder Admittanz), wenn zu einem gegebenen Wert ein Bauelement (R, L oder C) in Reihe oder parallel geschaltet wird.

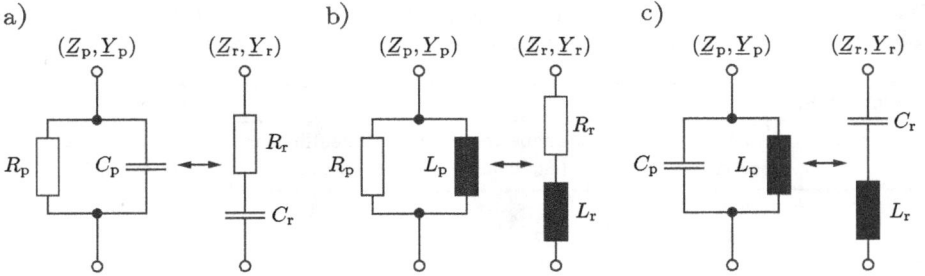

Abb. 7.87: Zum Vergleich einfacher Parallel- mit einfachen Reihenschaltungen.

Der Vergleich der Real- und Imaginärteile von $\underline{Z}_p$ und $\underline{Z}_r$ liefert unmittelbar die gesuchten Größen R_r, C_r:

$$R_r = \frac{R_p}{1 + (\omega C_p R_p)^2} \ ; \tag{7.133a}$$

$$\frac{1}{\omega C_r} = \frac{\omega C_p R_p^2}{1 + (\omega C_p R_p)^2}$$

$$C_r = \frac{1 + (\omega C_p R_p)^2}{\omega^2 C_p R_p^2} = C_p \frac{1 + (\omega C_p R_p)^2}{(\omega C_p R_p)^2} \ . \tag{7.133b}$$

Die Äquivalenzbedingungen (7.133) sind offenbar von ω abhängig. Ein Wertepaar R_r, C_r liefert also immer nur bei einer bestimmten Frequenz eine Schaltung mit der gleichen Impedanz wie die Parallelschaltung aus R_p und C_p.

Umwandlung einer RC-Reihenschaltung in eine RC-Parallelschaltung
Gibt man die Werte R_r, C_r einer RC-Reihenschaltung (Bild 7.87a) vor und sucht die Werte R_p, C_p der bedingt äquivalenten Parallelschaltung, so könnte man das Gleichungssystem (7.133) nach den Größen C_p und R_p auflösen; zweckmäßiger ist es aber, die Admittanzen beider Schaltungen zu vergleichen, weil sich dann die gesuchten Größen R_p und C_p unmittelbar auf die gegebenen Werte R_r und C_r zurückführen lassen:

$$\underline{Y}_r = \frac{1}{R_r + \frac{1}{j\omega C_r}} = \frac{j\omega C_r}{1 + j\omega C_r R_r} = \frac{j\omega C_r(1 - j\omega C_r R_r)}{1 + (\omega C_r R_r)^2}$$

$$\underline{Y}_r = \frac{1}{R_r} \frac{(\omega C_r R_r)^2}{1 + (\omega C_r R_r)^2} + j\omega C_r \frac{1}{1 + (\omega C_r R_r)^2} \ , \tag{7.134}$$

$$\underline{Y}_p = \frac{1}{R_p} + j\omega C_p \ . \tag{7.135}$$

Es soll gelten $\underline{Y}_r = \underline{Y}_p$. Daraus folgt auch

$$\Re\{\underline{Y}_p\} = \Re\{\underline{Y}_r\} \quad \text{und} \quad \Im\{\underline{Y}_p\} = \Im\{\underline{Y}_r\} \ .$$

Der Vergleich der Real- und Imaginärteile von $\underline{Y}_r$ und $\underline{Y}_p$ liefert unmittelbar die gesuchten Größen R_p und C_p:

$$R_p = R_r \frac{1 + (\omega C_r R_r)^2}{(\omega C_r R_r)^2} \;,\qquad C_p = C_r \frac{1}{1 + (\omega C_r R_r)^2} \;. \tag{7.136a,b}$$

Umwandlung einer RL-Parallelschaltung in eine RL-Reihenschaltung
Die Parallelschaltung (Bild 7.87b) hat die Impedanz

$$\underline{Z}_p = \frac{j\omega L_p R_p}{R_p + j\omega L_p} = \frac{j\omega L_p(1 - j\omega L_p/R_p)}{1 + (\omega L_p/R_p)^2} = R_p \frac{j\omega L_p/R_p = (\omega L_p/R_p)^2}{1 + (\omega L_p/R_p)^2}$$

$$\underline{Z}_p = R_p \frac{(\omega L_p/R_p)^2}{1 + (\omega L_p/R_p)^2} + j\omega L_p \frac{1}{1 + (\omega L_p/R_p)^2} \;, \tag{7.137}$$

und die Reihenschaltung hat die Impedanz

$$\underline{Z}_r = R_r + j\omega L_r \;. \tag{7.138}$$

Der Vergleich der Gln. (7.137) und (7.138) ergibt

$$R_r = R_p \frac{(\omega L_p/R_p)^2}{1 + (\omega L_p/R_p)^2} \;,\qquad L_r = L_p \frac{1}{1 + (\omega L_p/R_p)^2} \;. \tag{7.139a,b}$$

Umwandlung einer RL-Reihenschaltung in eine RL-Parallelschaltung
Die Reihenschaltung (Bild 7.87b) hat die Admittanz

$$\underline{Y}_r = \frac{1}{R_r + j\omega L_r} = \frac{R_r - j\omega L_r}{R_r^2 + (\omega L_r)^2}$$

$$\underline{Y}_r = \frac{R_r}{R_r^2 + (\omega L_r)^2} - j\frac{\omega L_r}{R_r^2 + (\omega L_r)^2} \;, \tag{7.140}$$

und die Parallelschaltung hat die Admittanz

$$\underline{Y}_p = \frac{1}{R_p} - j\frac{1}{\omega L_p} \;. \tag{7.141}$$

Der Vergleich der Gln. (7.140) und (7.141) ergibt

$$R_p = R_r \left[1 + (\omega L_r/R_r)^2\right] \;,\qquad L_p = L_r \frac{1 + (\omega L_r/R_r)^2}{(\omega L_r/R_r)^2} \;. \tag{7.142a,b}$$

Graphische Umwandlung einer RL-Parallelschaltung in eine RL-Reihenschaltung und umgekehrt

Für die Impedanz der RL-Reihenschaltung (Bild 7.87b) gilt

$$\underline{Z}_r = R_r + j\omega L_r = R_r + jX_r = Z_r\, e^{j\varphi_r} \;. \tag{7.143}$$

Die Impedanz der RL-Parallelschaltung ist

$$\underline{Z}_p = \frac{1}{\frac{1}{R_p} + \frac{1}{j\omega L_p}} = \frac{1}{\frac{1}{R_p} + \frac{1}{jX_p}} = \frac{jX_pR_p}{R_p + jX_p}$$

$$\underline{Z}_p = \frac{R_pX_p}{\sqrt{R_p^2 + X_p^2}}\, e^{j\left(\pi/2 - \arctan X_p/R_p\right)} = Z_p\, e^{j\varphi_p}\,. \tag{7.144}$$

In Bild 7.88 wird die Impedanz $\underline{Z}_r$ in der komplexen Zahlenebene dargestellt. Senkrecht zu $\underline{Z}_r$ ist außerdem eine Strecke eingezeichnet, deren Endpunkte auf den beiden Achsen liegen. Diese Endpunkte geben zugleich die Lage und Länge der Operatoren R_p und jX_p der bedingt äquivalenten Parallelschaltung an, was im Folgenden bewiesen wird. Die beiden unterschiedlich schraffierten Dreiecke (d. h. das große mit den Katheten X_p, R_p und das linke mit der Hypotenuse X_p) sind nämlich ähnlich, so dass folgende Proportion gilt:

$$\frac{Z_r}{X_p} = \frac{R_p}{\sqrt{R_p^2 + X_p^2}}$$

$$Z_r = \frac{R_pX_p}{\sqrt{R_p^2 + X_p^2}} = Z_p\,.$$

Aus der Parallelschaltung von R_p und X_p ergibt sich also eine Impedanz, die den gleichen Betrag wie die Impedanz der Reihenschaltung von R_r und X_r hat. Für den Winkel von $\underline{Z}_p$ gilt gemäß Gl. (7.144)

$$\varphi_p = \frac{\pi}{2} - \arctan \frac{X_p}{R_p}\,.$$

Bild 7.88 zeigt, dass

$$\frac{X_p}{R_p} = \tan \alpha\,; \quad \alpha = \arctan \frac{X_p}{R_p}$$

ist und außerdem

$$\alpha = \frac{\pi}{2} - \varphi_r\,.$$

Damit wird

$$\varphi_p = \frac{\pi}{2} - \alpha = \varphi_r\,,$$

d. h. nicht nur die Beträge, sondern auch die Winkel von $\underline{Z}_r$ und $\underline{Z}_p$ stimmen überein, so dass man schreiben kann

$$\underline{Z}_r = \underline{Z}_p\,.$$

Die in Bild 7.88 dargestellten Zusammenhänge erlauben z. B. die graphische Umwandlung der Werte R_p, X_p in die Werte R_r, X_r der äquivalenten Schaltung: Man zeichnet zuerst die Größen R_p, jX_p in einem beliebigen Widerstandsmaßstab (z. B. 1 cm $\widehat{=}$ 10 Ω). Dann schlägt man einen Thaleskreis über der Strecke R_p (oder auch über jX_p) und verbindet die Spitzen der Operatoren jX_p und R_p durch eine Gerade. Der Schnittpunkt

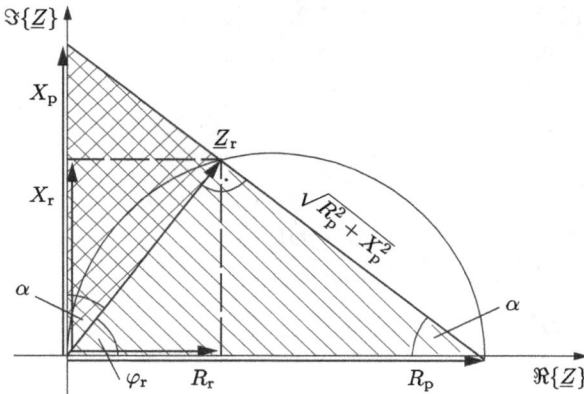

Abb. 7.88: Graphische Umwandlung einer RL-Parallelschaltung in eine RL-Reihenschaltung.

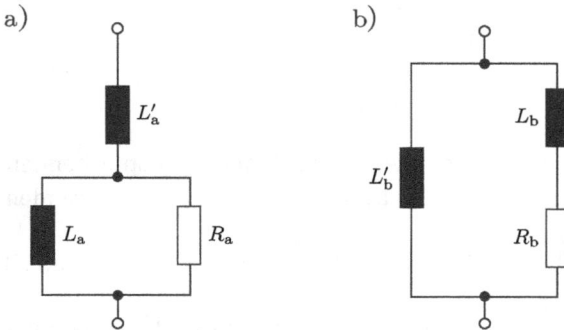

Abb. 7.89: Äquivalente Zweipole.

dieser Geraden mit dem Thaleskreis ist die Spitze des Operators $\underline{Z}_r = \underline{Z}_p$. Schließlich wird $\underline{Z}_r$ in den Realteil R_r und den Imaginärteil X_r zerlegt. Umgekehrt kann man auch leicht aus den gegebenen Größen R_r, X_r die Größen R_p, X_p konstruieren. (Die hier angegebene Konstruktion folgt übrigens auch aus der Theorie des Kreisdiagramms.)

7.2.10.2 Unbedingte Äquivalenz

Die Umrechnungsformeln (7.133), (7.136), (7.139) und (7.142) zeigen, dass sich die Werte der gesuchten Schaltung bei unterschiedlichen Frequenzen voneinander unterscheiden. Es gibt aber auch Paare äquivalenter Schaltungen, bei denen die Umrechnungsformeln die Kreisfrequenz ω nicht enthalten. In solchen Fällen spricht man von unbedingter Äquivalenz. Als Beispiel hierfür betrachten wir das Schaltungspaar in Bild 7.89.

Der Zweipol a hat die Impedanz

$$\underline{Z}_a = j\omega L_a' + \frac{j\omega L_a R_a}{R_a + j\omega L_a} = \frac{j\omega L_a'(R_a + j\omega L_a) + j\omega L_a R_a}{R_a + j\omega L_a}$$

$$\underline{Z}_a = j\omega \frac{L'_a(R_a + j\omega L_a) + L_a R_a}{R_a + j\omega L_a} = j\omega \frac{(L'_a + L_a)R_a + j\omega L_a L'_a}{R_a + j\omega L_a}$$

$$\underline{Z}_a = j\omega \frac{(L'_a + L_a) + j\omega \frac{L_a L'_a}{R_a}}{1 + j\omega \frac{L_a}{R_a}} \,. \tag{7.145}$$

Der Zweipol b hat die Impedanz

$$\underline{Z}_b = \frac{j\omega L'_b(R_b + j\omega L_b)}{R_b + j\omega(L'_b + L_b)} = j\omega \frac{L'_b R_b + j\omega L'_b L_b}{R_b + j\omega(L'_b + L_b)}$$

$$\underline{Z}_b = j\omega \frac{L'_b + j\omega \frac{L'_b L_b}{R_b}}{1 + j\omega \frac{L'_b + L_b}{R_b}} \,. \tag{7.146}$$

Die Impedanzen $\underline{Z}_a$ und $\underline{Z}_b$ sind beide gebrochen rationale Funktionen von ω und haben die gleiche Form:

$$\underline{Z}_a = j\omega \frac{A_a + j\omega B_a}{1 + j\omega D_a}$$

bzw.

$$\underline{Z}_b = j\omega \frac{A_b + j\omega B_b}{1 + j\omega D_b} \,.$$

$\underline{Z}_a$ und $\underline{Z}_b$ stimmen für jeden Wert ω überein, wenn die einander entsprechenden Koeffizienten übereinstimmen: $A_a = A_b$, $B_a = B_b$, $D_a = D_b$. Das heißt, es muss werden

$$L'_a + L_a = L'_b \,, \quad \frac{L_a L'_a}{R_a} = \frac{L'_b L_b}{R_b} \,, \quad \frac{L_a}{R_a} = \frac{L'_b + L_b}{R_b} \,. \tag{7.147a,b,c}$$

Diese drei Gleichungen können als Bestimmungsgleichungen für L'_b, L_b, R_b benutzt werden, wenn L'_a, L_a, R_a gegeben sind (und umgekehrt).

7.2.11 Dualität

Vergleicht man beispielsweise die beiden Schaltungen in Bild 7.90 miteinander, so fällt die Analogie zwischen der Admittanz

$$\underline{Y}_a = G_a + j\omega C_a \tag{7.148a}$$

und der Impedanz

$$\underline{Z}_b = R_b + j\omega L_b \tag{7.148b}$$

auf. Diese formale Analogie gilt auch zwischen der Stromteilung der Schaltung a,

$$\frac{\underline{I}_G}{\underline{I}} = \frac{G_a}{G_a + j\omega C_a} \,, \tag{7.149a}$$

und der Spannungsteilung der Schaltung b,

$$\frac{\underline{U}_R}{\underline{U}} = \frac{R_b}{R_b + j\omega L_b} \,. \tag{7.149b}$$

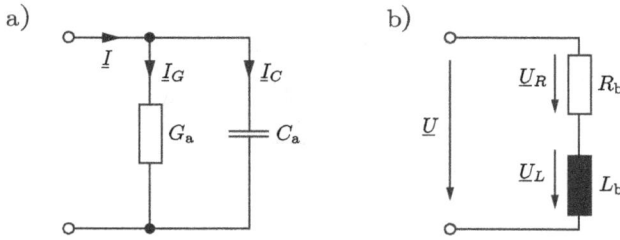

Abb. 7.90: Duale Schaltungen.

Aus den Gln. (7.148) folgt

$$Z_a Z_b = \frac{Z_b}{Y_a} = \frac{R_b + j\omega L_b}{G_a + j\omega C_a} \; ;$$

wenn G_a und C_a gegeben sind, dann können R_b und L_b so bestimmt werden, dass das Produkt $Z_a Z_b$ frequenzunabhängig und reell wird, so dass man schreiben kann

$$\frac{R_b + j\omega L_b}{G_a + j\omega C_a} = R_0^2 \, , \tag{7.150}$$

wobei die Dualitätskonstante R_0^2 das Quadrat eines ohmschen Widerstandes ist. Aus der Forderung (7.150) folgt

$$R_b + j\omega L_b = R_0^2 G_a + j\omega R_0^2 C_a \, ,$$

und nach Vergleich der Real- und Imaginärteile:

$$R_b = R_0^2 G_a \, , \quad L_b = R_0^2 C_a \, . \tag{7.151a,b}$$

Man nennt R_b und L_b die zu G_a und C_a **dualen** Werte. Umgekehrt können R_b und L_b gegeben sein und die dualen Werte G_a und C_a daraus bestimmt werden.

Wenn die Schaltungen a und b zueinander dual sind [d. h. wenn die Bedingungen (7.151) erfüllt sind], dann ergibt sich aus Gl. (7.149a) nach Erweitern mit R_0^2

$$\frac{I_G}{I} = \frac{G_a R_0^2}{G_a R_0^2 + j\omega R_0^2 C_a} = \frac{R_b}{R_b + j\omega L_b}$$

und durch Vergleich mit Gl. (7.149b)

$$\frac{I_G}{I} = \frac{U_R}{U} \; ;$$

die Stromaufteilung in Schaltung a und die Spannungsaufteilung in Schaltung b verhalten sich nun nicht nur analog, sondern sie stimmen völlig überein. Kennt man also das Verhalten der Schaltung a, so kann man unmittelbar Aussagen über die Schaltung b machen (oder umgekehrt).

a)

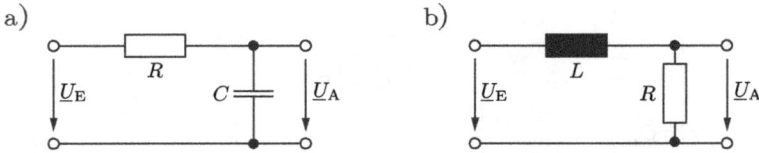

b)

Abb. 7.91: Tiefpässe 1. Grades.

7.2.12 Einfache RC-Kettenschaltungen

7.2.12.1 Tiefpässe
Tiefpass 1. Grades
In der Schaltung a des Bildes 7.91 gilt aufgrund der Spannungsteilerformel für das Verhältnis der Ausgangs- zur Eingangsspannung:

$$\frac{U_A}{U_E} = \frac{\frac{1}{j\omega C}}{R + \frac{1}{j\omega C}} = \frac{1}{1 + j\omega RC} \ . \tag{7.152}$$

Mit der Frequenznormierung

$$\omega RC = \Omega \tag{7.153}$$

wird

$$\frac{U_A}{U_E} = \frac{1}{1 + j\Omega} = \frac{1}{\sqrt{1 + \Omega^2}} \, e^{-j \arctan \Omega} \tag{7.154}$$

Diese (Spannungs-)**Übertragungsfunktion** hat den Betrag

$$\frac{U_A}{U_E} = \frac{1}{\sqrt{1 + \Omega^2}}$$

und den Winkel

$$\varphi = - \arctan \Omega \ ,$$

die als Kurven für den Tiefpass 1. Grades in Bild 7.92 dargestellt sind. Der Betrag U_A/U_E hat die Anfangssteigung 0, der Winkel die Anfangssteigung −1.

Die Funktion $U_A/U_E = f(\Omega)$ veranschaulicht, dass die an den Ausgang des Vierpols übertragene Spannung mit der Frequenz abnimmt, dass der Vierpol also ein Tiefpass ist. (Die RL-Schaltung in Bild 7.91b verhält sich übrigens ebenso, ist aber von geringerer praktischer Bedeutung als die RC-Schaltung.) Als **Grenzfrequenz Ω_g** des Tiefpasses definiert man diejenige Frequenz, bei der das Spannungsverhältnis den Wert

$$\frac{U_A}{U_E} = \frac{1}{\sqrt{2}}$$

annimmt (3-Dezibel-Abfall):

$$\frac{U_A}{U_E}\bigg|_{\Omega=\Omega_g} = \frac{1}{\sqrt{1 + \Omega_g^2}} = \frac{1}{\sqrt{2}} \tag{7.155a}$$

a)

b)

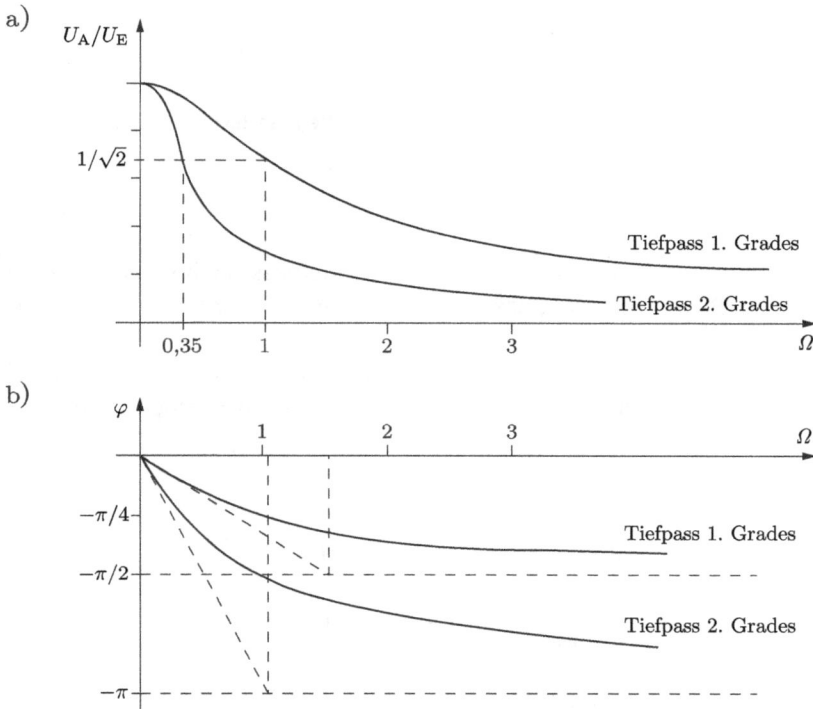

Abb. 7.92: Betrag U_A/U_E und Winkel φ von Tiefpass-Übertragungsfunktionen.

was zur Lösung

$$\Omega_g = 1$$

führt. Wegen der Abkürzung (7.153) wird demnach

$$\omega_g = \frac{\Omega_g}{RC} = \frac{1}{RC} \,. \tag{7.155b}$$

Ergänzung

Zur Definition der Grenzfrequenz gelten im Allgemeinen die folgenden Regeln für den Betrag einer Funktion:

$$\frac{\text{Funktionswert bei } \omega_g}{\text{Maximum der Funktion}} = \frac{1}{\sqrt{2}} \quad \text{bzw.} \quad \frac{\text{Funktionswert bei } \omega_g}{\text{Minimum der Funktion}} = \sqrt{2} \,.$$

Weiterhin ist

$$\frac{U_a}{U_e} = 20 \lg\left(\frac{1}{\sqrt{2}}\right) = 10 \lg\left(\frac{1}{2}\right) \approx -3\,\text{dB}$$

die Angabe des Spannungsverhältnisses als logarithmisches Maß zur Basis 10.

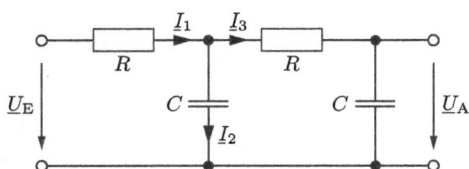

Abb. 7.93: Tiefpass 2. Grades aus zwei RC-Gliedern.

Tiefpass 2. Grades

Wenn man die Ausgangsklemmen des einfachen RC-Tiefpasses mit einem weiteren RC-Glied belastet (Bild 7.93), so wird das Tiefpassverhalten der Schaltung noch ausgeprägter.

Um $\underline{U}_A$ zu berechnen, kann man z. B. die Umlaufanalyse anwenden (vgl. Beispiel 2.28 in Band 1) und das Gleichungssystem für die beiden Ströme $\underline{I}_1$ und $\underline{I}_3$ anschreiben:

$\underline{I}_1$	$\underline{I}_3$	
$R + \dfrac{1}{j\omega C}$	$-\dfrac{1}{j\omega C}$	$\underline{U}_E$
$-\dfrac{1}{j\omega C}$	$R + \dfrac{2}{j\omega C}$	0

Die Auflösung dieses Systems ergibt

$$\underline{I}_3 = \frac{\underline{U}_E}{j\omega C}\,\frac{1}{R^2 + 3R/j\omega C + \left(1/j\omega C\right)^2}\,,$$

so dass

$$\underline{U}_A = \underline{I}_3\,\frac{1}{j\omega C} = \frac{\underline{U}_E}{1 - (\omega RC)^2 + j3\omega RC} \tag{7.156a}$$

wird; mit der Abkürzung (7.153) ist

$$\frac{\underline{U}_A}{\underline{U}_E} = \frac{1}{1 - \Omega^2 + j3\Omega}\,. \tag{7.156b}$$

Der Betrag

$$\frac{U_A}{U_E} = \frac{1}{\sqrt{(1 - \Omega^2)^2 + 9\Omega^2}}$$

und der Winkel

$$\varphi = -\arctan\frac{3\Omega}{1 - \Omega^2}$$

sind als Kurven für den Tiefpass 2. Grades in Bild 7.92 eingetragen. Der Betrag U_A/U_E hat die Anfangssteigung 0, der Winkel φ die Anfangssteigung −3. Die Grenzfrequenz des Tiefpasses 2. Grades ergibt sich aus der Definition, die beim Tiefpass 1. Grades zu

a)

b)

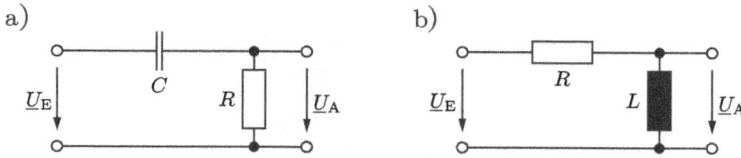

Abb. 7.94: Hochpässe 1. Grades.

dem Ergebnis geführt hat. Mit ihr wird hier

$$\frac{1}{(1 - \Omega_g^2)^2 + (3\Omega_g)^2} = \frac{1}{2}$$

$$\Omega_g^4 + 7\Omega_g^2 - 1 = 0 \,.$$

(7.157)

Von den Lösungen dieser quadratischen Gleichung für Ω_g^2 ist nur eine positiv:

$$\Omega_g^2 = \frac{1}{2}\left(\sqrt{53} - 7\right)$$

$$\Omega_g \approx 0{,}35 \,; \quad \omega_g \approx \frac{0{,}35}{RC} \,.$$

(7.158a,b)

7.2.12.2 Hochpässe
Hochpass 1. Grades

Vertauscht man die Bauelemente in einem Tiefpass 1. Grades (Bild 7.91) miteinander, so entsteht ein Hochpass (Bild 7.94), wie die Anwendung der Spannungsteilerformel für die Schaltung a und die Betrachtung der daraus hervorgehenden Übertragungsfunktion U_A/U_E zeigt:

$$\frac{U_A}{U_E} = \frac{R}{R + \frac{1}{j\omega C}} = \frac{j\omega RC}{1 + j\omega RC}$$

$$\frac{U_A}{U_E} = \frac{j\Omega}{1 + j\Omega} = \frac{U_A}{U_E}\, e^{j\varphi}$$

(7.159)

$$\frac{U_A}{U_E} = \frac{\Omega}{\sqrt{1 + \Omega^2}} \,; \quad \varphi = \frac{\pi}{2} - \arctan\Omega = \arctan\frac{1}{\Omega} \,.$$

Der Betrag und der Winkel der komplexen Übertragungsfunktion $\underline{U}_A/\underline{U}_E$ sind in Bild 7.95 als Kurven für den Hochpass 1. Grades dargestellt. Die Anfangssteigung des Betrages ist 1, die des Winkels φ ist −1. Die Grenzfrequenz ergibt sich aus

$$\left(\frac{U_A}{U_E}\right)^2\Bigg|_{\Omega = \Omega_g} = \frac{\Omega_g^2}{1 + \Omega_g^2} = \frac{1}{2} \,.$$

Damit wird

$$\Omega_g = 1 \,; \quad \omega_g = \frac{1}{RC} \,.$$

(7.160a,b)

a)

b)

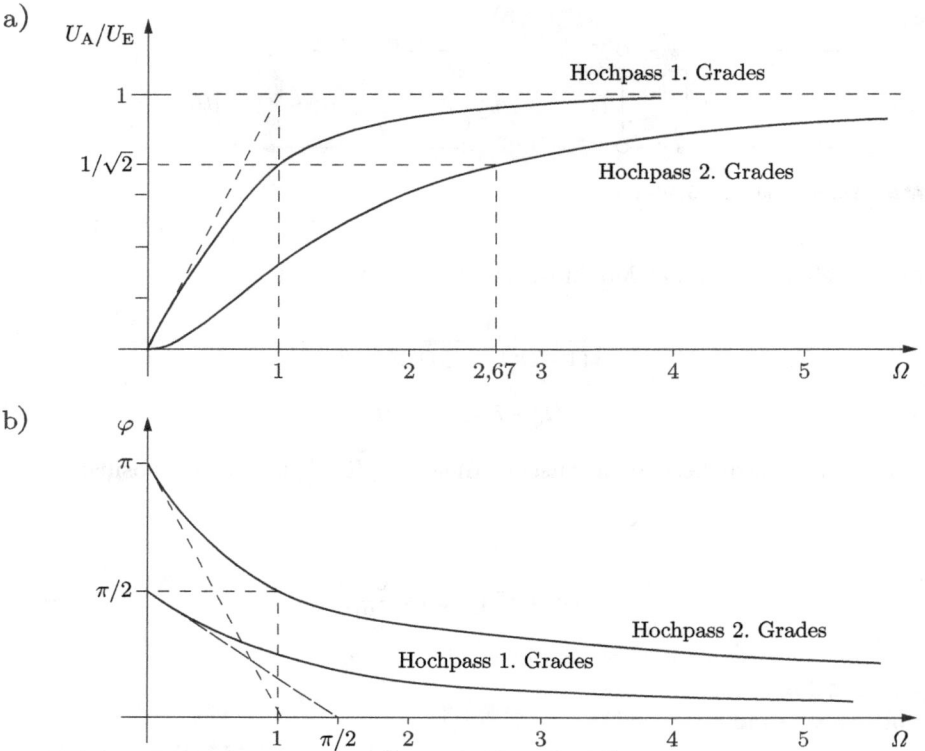

Abb. 7.95: Betrag U_A/U_E und Winkel φ von Hochpass-Übertragungsfunktionen.

Hochpass 2. Grades

Wenn man dem einfachen Hochpassglied (Bild 7.94a) ein zweites hinzufügt (Bild 7.96), so wird das Hochpassverhalten ausgeprägter. Um $\underline{U}_A$ zu berechnen, kann man auch hier die Umlaufanalyse anwenden:

$$
\begin{array}{ccc}
\underline{I}_1 & \underline{I}_3 & \\
\hline
R + \dfrac{1}{j\omega C} & -R & \underline{U}_E \\[2mm]
-R & 2R + \dfrac{1}{j\omega C} & 0 \\
\hline
\end{array}
$$

Die Auflösung dieses Gleichungssystems ergibt

$$
\underline{I}_3 = \frac{R\underline{U}_E}{\left(R + \dfrac{1}{j\omega C}\right)\left(2R + \dfrac{1}{j\omega C}\right) - R^2} \, ,
$$

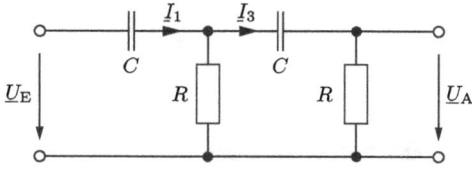

Abb. 7.96: Hochpass 2. Grades.

so dass

$$\underline{U}_A = R\underline{I}_3 = \frac{R^2 \underline{U}_E}{R^2 + 3R/j\omega C + (1/j\omega C)^2} = \frac{(j\omega RC)^2 \underline{U}_E}{1 + (j\omega RC)^2 + 3\,j\omega RC} \qquad (7.161a)$$

wird (was sich auch aus Gl. (7.156a) ergibt, wenn dort R durch $1/j\omega C$ und $j\omega C$ durch $1/R$ ersetzt werden); mit der Abkürzung (7.153) ist

$$\frac{\underline{U}_A}{\underline{U}_E} = \frac{-\Omega^2}{1 - \Omega^2 + 3\,j\Omega} \,. \qquad (7.161b)$$

Der Betrag

$$\frac{U_A}{U_E} = \frac{\Omega^2}{\sqrt{(1 - \Omega^2)^2 + 9\Omega^2}}$$

und der Winkel

$$\varphi = \pi - \arctan \frac{3\Omega}{1 - \Omega^2}$$

sind als Kurven für den Hochpass 2. Grades in Bild 7.95 eingetragen (hierbei wurde die mehrdeutige Arcusfunktion so berücksichtigt, dass φ stetig vom Wert π auf den Wert 0 abnimmt). Die Anfangssteigung des Betrages U_A/U_E ist 0, die des Winkels ist -3. Die Grenzfrequenz ergibt sich aus

$$\left(\frac{U_A}{U_E} \right)^2 \bigg|_{\Omega = \Omega_g} = \frac{\Omega_g^4}{\left(1 - \Omega_g^2\right)^2 + 9\Omega_g^2} = \frac{1}{2}$$

$$\left(1 - \Omega_g^2\right)^2 + 9\Omega_g^2 = 2\Omega_g^4$$

$$\Omega_g^4 - 7\Omega_g^2 - 1 = 0 \,. \qquad (7.162)$$

Diese quadratische Gleichung für Ω_g^2 unterscheidet sich von Gl. (7.157) nur durch ein Vorzeichen. Die Lösung ist

$$\Omega_g^2 = \frac{1}{2}\left(\sqrt{53} + 7 \right) \approx 7{,}14$$

$$\Omega_g \approx 2{,}67 \,; \qquad \omega_g \approx \frac{2{,}67}{RC} \,. \qquad (7.163a,b)$$

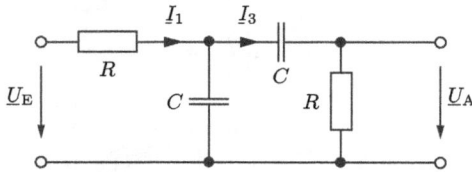

Abb. 7.97: RC-Bandpass.

Beispiel 7.23: RC-Bandpass.

Für den in Bild 7.97 dargestellten Vierpol ist die Übertragungsfunktion $\underline{U}_A/\underline{U}_E$ gesucht. Die Funktionen $\underline{U}_A/\underline{U}_E = f_1(\Omega)$ und $\varphi = f_2(\Omega)$ sind zu skizzieren ($\Omega = \omega RC$).

Lösung

Wir stellen mit Hilfe der Umlaufanalyse das Gleichungssystem für die Ströme $\underline{I}_1$ und $\underline{I}_3$ unmittelbar auf:

$\underline{I}_1$	$\underline{I}_3$	
$R + \dfrac{1}{j\omega C}$	$-\dfrac{1}{j\omega C}$	$\underline{U}_E$
$-\dfrac{1}{j\omega C}$	$R + \dfrac{2}{j\omega C}$	0

Die Elimination von $\underline{I}_1$ ergibt

$$\underline{I}_3\left[\left(R + \frac{1}{j\omega C}\right)\left(R + \frac{2}{j\omega C}\right) - \left(\frac{1}{j\omega C}\right)^2\right] = \frac{\underline{U}_E}{j\omega C}$$

$$\underline{I}_3 = \frac{\underline{U}_E}{j\omega C\left[R^2 + 3R/j\omega C + 1/(j\omega C)^2\right]} = \frac{\underline{U}_E\, j\omega C}{1 + 3j\omega RC + (j\omega RC)^2} \quad \text{(vgl. Gln. (7.156))}$$

$$\underline{U}_A = R\underline{I}_3 = \frac{\underline{U}_E\, j\omega RC}{1 + 3j\omega RC + (j\omega RC)^2}$$

$$\frac{\underline{U}_A}{\underline{U}_E} = \frac{j\Omega}{1 + 3j\Omega - \Omega^2} = \frac{\Omega}{\sqrt{(1-\Omega^2)^2 + 9\Omega^2}}\,\frac{e^{j\pi/2}}{e^{j\arctan\frac{3\Omega}{1-\Omega^2}}}\;.$$

Der Betrag der Übertragungsfunktion ist

$$\frac{U_A}{U_E} = \frac{\Omega}{\sqrt{(1-\Omega^2)^2 + 9\Omega^2}} = \frac{1}{\sqrt{9 + \left(\Omega - \frac{1}{\Omega}\right)^2}}\;.$$

Ohne weitere Rechnung ist erkennbar, dass diese Funktion ein Maximum an der Stelle $\Omega = 1$ hat; dort wird $U_A/U_E = 1/3$. Die Anfangssteigung ist 1. In Bild 7.98a wird die Funktion $U_A/U_E = f_1(\Omega)$ dargestellt.

Der Winkel der Übertragungsfunktion ist

$$\varphi = \frac{\pi}{2} + \arctan\frac{3\Omega}{\Omega^2 - 1}\;.$$

Diese Funktion hat die Anfangssteigung −3 und ist in Bild 7.98b wiedergegeben.

a)

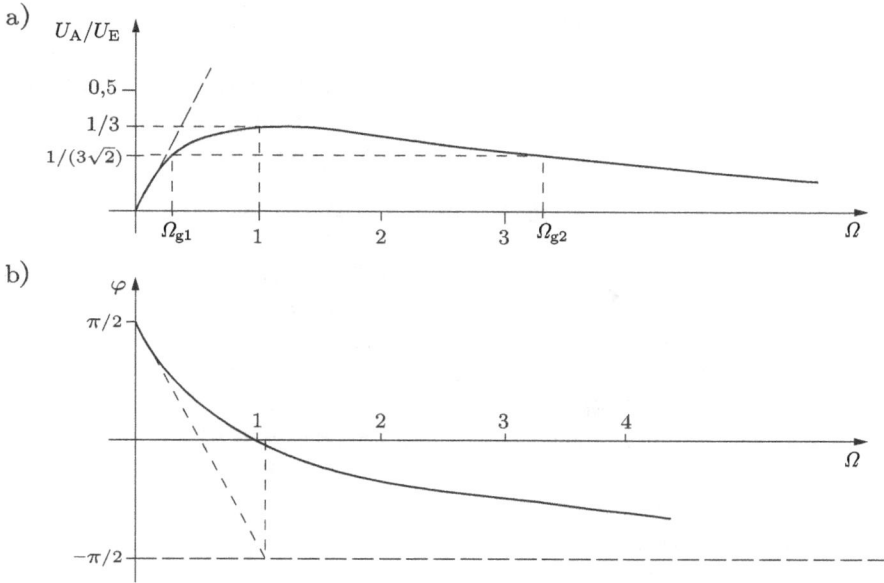

b)

Abb. 7.98: Betrag und Winkel der Übertragungsfunktion eines RC-Bandpasses.

Die Betrachtung des Verlaufes von $U_A/U_E = f_1(\Omega)$ zeigt, dass der Vierpol (Bild 7.97) nicht nur Spannungen niedriger Frequenz unterdrückt (wie ein Hochpass), sondern auch Spannungen hoher Frequenz (wie ein Tiefpass): der Vierpol überträgt nur ein bestimmtes Frequenzband, er ist ein **Bandpass**. Als seine Grenzfrequenzen können wir die Frequenzen definieren, bei denen U_A/U_E den Wert

$$\frac{U_A}{U_E}\bigg|_{\Omega=\Omega_g} = \frac{1}{\sqrt{2}} \left(\frac{U_A}{U_E}\right)_{\max} = \frac{1}{3\sqrt{2}}$$

annimmt. Daraus lässt sich Ω_g berechnen:

$$\left(\frac{U_A}{U_E}\right)^2 = \frac{1}{18} = \frac{\Omega_g^2}{(1-\Omega_g^2)^2 + 9\Omega_g^2}$$

$$\Omega_g^2 \pm 3\Omega_g - 1 = 0$$

$$\left.\begin{array}{r}\Omega_{g1}\\\Omega_{g2}\end{array}\right\} = \frac{\sqrt{13} \mp 3}{2}$$

$$\Omega_{g1} \approx 0{,}3 ; \qquad \Omega_{g2} \approx 3{,}3 .$$

7.2.13 Lineare Schaltungen mit Quellen unterschiedlicher Frequenz

Wenn eine lineare Schaltung Quellen unterschiedlicher Frequenz enthält, so können die Blindwiderstände der Kondensatoren und Spulen nicht ohne Weiteres angegeben werden: Die Anweisungen

$$X_L = \omega L \quad \text{oder} \quad X_C = -\frac{1}{\omega C}$$

liefern für unterschiedliche ω auch unterschiedliche Werte X_L, X_C. Das Verhalten einer solchen Schaltung kann aber mit Hilfe des Überlagerungsprinzips herausgefunden werden: Man berechnet z. B. zuerst die Auswirkung der Quellenspannung mit der Kreisfrequenz ω_1 (hierbei ist jeweils $X_L = \omega_1 L$, $X_C = -1/\omega_1 C$), dann die Auswirkung der Quellenspannung mit der Kreisfrequenz ω_2 ($X_L = \omega_2 L$, $X_C = -1/\omega_2 C$) usw. Danach werden die Wirkungen aller Quellen vom Frequenzbereich in den Zeitbereich zurück transformiert und dann addiert. Ein einfaches Beispiel soll dies zeigen.

Beispiel 7.24: Lineare Verzerrung.
Zwei in Reihe geschaltete Spannungsquellen (u_1 und u_3) wirken auf die Reihenschaltung eines Widerstandes R und einer Induktivität L (Bild 7.99a und b).
Gesucht ist der Strom i(t) für

$$u_1(t) = \hat{u}_1 \cos \omega t, \qquad \hat{u}_1 = 10\,\text{V}$$
$$u_3(t) = -\hat{u}_3 \cos 3\omega t, \qquad \hat{u}_3 = {}^{10}/_3\,\text{V}$$
$$R = 10\,\Omega, \quad L = 100\,\text{mH}, \quad \omega = 2\pi \cdot 50\,\text{s}^{-1}.$$

Lösung
Die Aufgabe wird durch Superposition gelöst. Zunächst wird der Beitrag berechnet, den die Quelle 1 zum Strom i liefert. Die Quelle $u_1(t)$ hat die komplexe Amplitude $\hat{\underline{u}}_1 = 10\,\text{V}$; die komplexe Amplitude von $i^{(1)}$ ist

$$\hat{\underline{i}}^{(1)} = \frac{\hat{\underline{u}}_1}{R + j\omega L} = \frac{10\,\text{V}}{10\,\Omega + j 2\pi \cdot 50\,\text{s}^{-1} \cdot 0,1\,\Omega\text{s}}$$
$$= \frac{10\,\text{V}}{(10 + j10\pi)\,\Omega} = 303\,\text{mA}\,\underline{/\text{-72,3°}};$$

daraus folgt

$$i^{(1)}(t) = 303\,\text{mA}\cos(\omega t - 72,3°).$$

Entsprechend erhält man als Beitrag der Quelle mit der Spannung $u_3(t)$:

$$\hat{\underline{i}}^{(3)} = \frac{\hat{\underline{u}}_3}{R + j3\omega L} = \frac{-10\,\text{V}}{3(10 + j30\pi)\,\Omega} = -35\,\text{mA}\,\underline{/\text{-84°}};$$

hieraus folgt

$$i^{(3)}(t) = -35\,\text{mA}\cos(3\omega t - 84°) = -35\,\text{mA}\cos(3(\omega t - 28°)).$$

a)

b)

c)

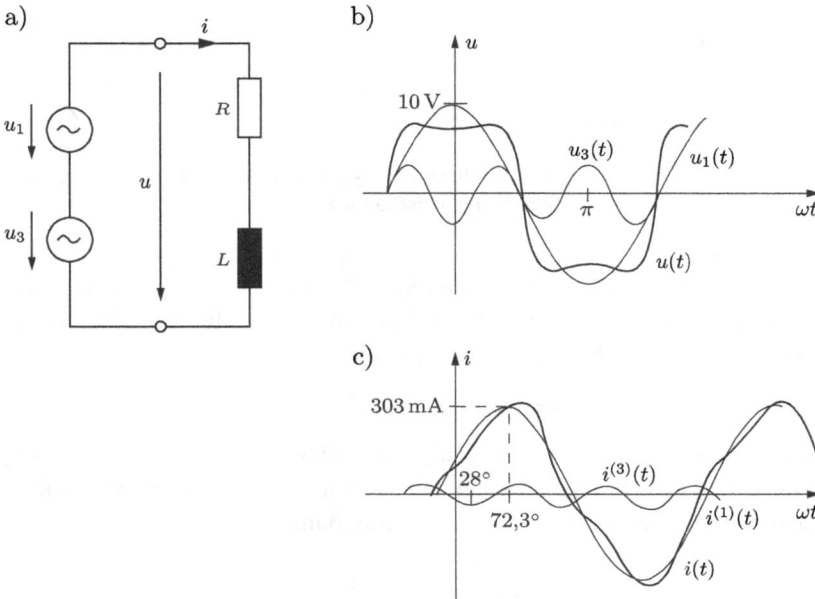

Abb. 7.99: Lineare Schaltung mit zwei Spannungsquellen unterschiedlicher Frequenz.

Wegen $i(t) = i^{(1)}(t) + i^{(3)}(t)$ wird schließlich

$$i(t) = 303\,\text{mA}\cos(\omega t - 72{,}3°) - 35\,\text{mA}\cos(3(\omega t - 28°)) \,.$$

Dieser Strom ist in Bild 7.99c dargestellt.

Anmerkung *Der Stromverlauf $i(t)$ zeigt eine andere Kurvenform als der Spannungs-verlauf $u(t)$, weil die Induktivität L die Oberschwingung (3ω) stärker unterdrückt als die Grundschwingung (ω). Diese Verzerrung des Kurvenverlaufes einer zeitabhängigen Größe nennen wir eine lineare Verzerrung, weil sie in einer linearen Schaltung (R = konst, L = konst) zustande kommt. (Im Gegensatz hierzu bezeichnen wir Verzerrungen, die allein wegen der Nichtlinearität eines Bauelementes entstehen, als nichtlineare Verzerrungen; vgl. Beispiel 7.6.)*

7.3 Resonanz in RLC-Schaltungen

7.3.1 Freie und erzwungene Schwingungen

Schaltungen mit Induktivitäten und Kapazitäten sind schwingungsfähig: zum Bei-spiel kann der Anschluss eines geladenen Kondensators an eine RL-Reihenschaltung (Bild 7.100) zu Schwingungen der Spannungen und des Stromes führen. Solche Schwin-

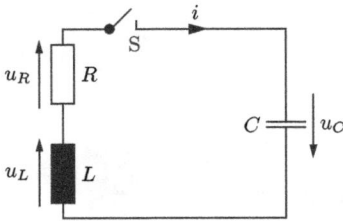

Abb. 7.100: Entladung eines geladenen Kondensators über eine RL-Reihenschaltung.

gungen, deren Verlauf allein von den Werten R, L, C der Schaltung abhängt, nennt man Eigenschwingungen. So ergibt sich für die Schaltung in Bild 7.100 aus dem 2. Kirchhoff'schen Gesetz (nach dem Schließen des Schalters S):

$$u_R + u_L + u_C = 0\,.$$

(Diese Schaltung wird in Kapitel 12 noch ausführlich behandelt werden: Beispiel 12.4) Wenn man annimmt, dass der Schalter zur Zeit $t = 0$ geschlossen wird und der Kondensator zuvor auf die Spannung U_0 aufgeladen war, dann gilt

$$-Ri - L\frac{\mathrm{d}i}{\mathrm{d}t} = u_C = U_0 + \frac{1}{C}\int_0^t i\,\mathrm{d}\tau\,. \tag{7.164}$$

Falls $4L > CR^2$ ist, schreibt man die Lösung dieser Gleichung am besten in der Form

$$i = \frac{-U_0}{\omega_e L}\,\mathrm{e}^{-\delta t}\sin\omega_e t\,, \tag{7.165}$$

wobei die Abkürzungen

$$\delta = \frac{R}{2L}\,;\qquad \omega_e = \sqrt{\frac{1}{LC} - \left(\frac{R}{2L}\right)^2} = \frac{1}{\sqrt{LC}}\sqrt{1 - \frac{CR^2}{4L}} \tag{7.166}$$

verwendet werden; vgl. Abschnitt 12.5.2.2. Der Strom i ist eine exponentiell gedämpfte (negative) Sinusschwingung (Bild 7.101a) mit dem **Dämpfungsmaß δ** und der Kreisfrequenz ω_e. Mit Gl. (7.164) ergibt sich als Kondensatorspannung

$$u_C = U_0 + \frac{1}{C}\int_0^t i(\tau)\,\mathrm{d}\tau = U_0\left[\cos\omega_e t + \frac{\delta}{\omega_e}\sin\omega_e t\right]\mathrm{e}^{-\delta t}\,, \tag{7.167}$$

vgl. Bild 7.101b. Die Verläufe des Entladestromes (Spulenstromes) i und der Kondensatorspannung u_c kann man folgendermaßen deuten: Der Strom i muss den Anfangswert $i_0 = 0$ haben, denn der Spulenstrom kann seinen Wert nicht plötzlich ändern, weil sich die magnetische Energie

$$W_m = \frac{1}{2}Li^2 \tag{6.32}$$

des Spulenfeldes nur stetig ändern kann. Da sich außerdem auch die elektrische Energie

$$W_e = \frac{1}{2}Cu_C^2 \tag{3.46}$$

des Kondensatorfeldes nur stetig ändern kann, muss gelten

$$u_C|_{t=0} = U_0 \,.$$

Im Einschaltmoment ($t = 0$) ist die gesamte Energie des Schwingkreises im elektrischen Feld des Kondensators gespeichert, und nach dem Schließen des Schalters entlädt sich der Kondensator. Wenn der Wert $u_C = 0$ erreicht ist, fließt ein großer Entladestrom: jetzt ist die ursprünglich im Kondensator gespeicherte Energie in die magnetische Energie des Spulenfeldes übergegangen (bis auf die Verluste im Widerstand). Der Spulenstrom hat nun einen Extremwert und behält hiernach seine Richtung bei, klingt aber wieder ab; dadurch wird der Kondensator wieder aufgeladen (in umgekehrter Richtung wie zu Anfang), und für $t = \pi/\omega_e$ ist wieder $i = 0$, die Kondensatorspannung hat nun einen Extremwert, und die Gesamtenergie des Schwingkreises ist wieder als elektrische Energie im Kondensatorfeld gespeichert. Der Kondensator entlädt sich nun wieder, und die Schwingkreisenergie pendelt weiterhin zwischen Spule und Kondensator hin und her, wobei sie allmählich durch die Verluste im Widerstand in Wärme umgewandelt wird. In Bild 7.102 wird der Wechsel zwischen den einzelnen Energieformen und seine Analogie zu den mechanischen Schwingungen eines Pendels dargestellt, bei dem potentielle und kinetische Energie miteinander abwechseln und allmählich durch Reibungsverluste aufgezehrt werden.

Wie man zu der Lösung (12.36) kommen kann, wird in Abschnitt 12.5.2.2 gezeigt. Aber auch ohne Kenntnis dieser Methoden können wir leicht nachprüfen, dass die Lösung (12.36) die Gl. (7.164) befriedigt, indem wir die Ableitung und das Integral von $i(t)$ bilden und in Gl. (7.164) einsetzen, wobei wir als zusätzliche Abkürzungen

$$p_1 = -\delta + j\omega_e \;; \quad p_2 = -\delta - j\omega_e \qquad (7.168\text{a,b})$$

einführen und die Sinusfunktion durch Exponentialfunktionen ersetzen:

$$i = \frac{-U_0}{\omega_e L}\, e^{-\delta t}\, \frac{1}{2j}(e^{j\omega_e t} - e^{-j\omega_e t}) = \frac{-U_0}{j2\omega_e L}(e^{p_1 t} - e^{p_2 t})$$

$$\frac{di}{dt} = \frac{-U_0}{j2\omega_e L}(p_1\, e^{p_1 t} - p_2\, e^{p_2 t})$$

$$\int_0^t i\, d\tau = \frac{-U_0}{j2\omega_e L}\left[\frac{e^{p_1 t}}{p_1} - \frac{e^{p_2 t}}{p_2} - \left(\frac{1}{p_1} - \frac{1}{p_2}\right)\right] \,.$$

Setzt man dies in Gl. (7.164) ein, so ergibt sich

$$\left(R + p_1 L + \frac{1}{p_1 C}\right) e^{p_1 t} - \left(R + p_2 L + \frac{1}{p_2 C}\right) e^{p_2 t} = j2\omega_e L + \frac{1}{p_1 C} - \frac{1}{p_2 C}$$

$$0 \cdot e^{p_1 t} \qquad\qquad\quad -0 \cdot e^{p_2 t} \qquad\qquad\quad = 0 \,,$$

a)

b)

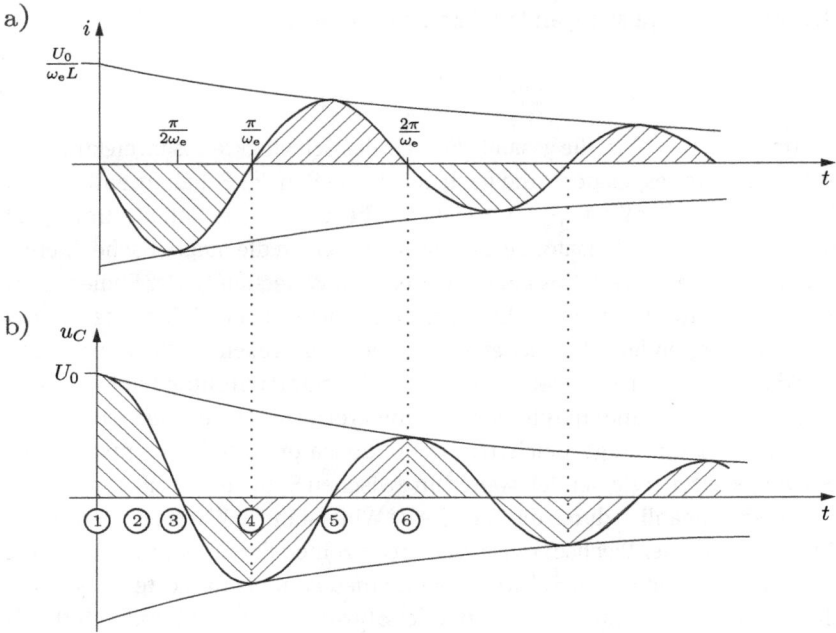

Abb. 7.101: Entladestrom i und Spannung u_C des Kondensators in einem Reihenschwingkreis.

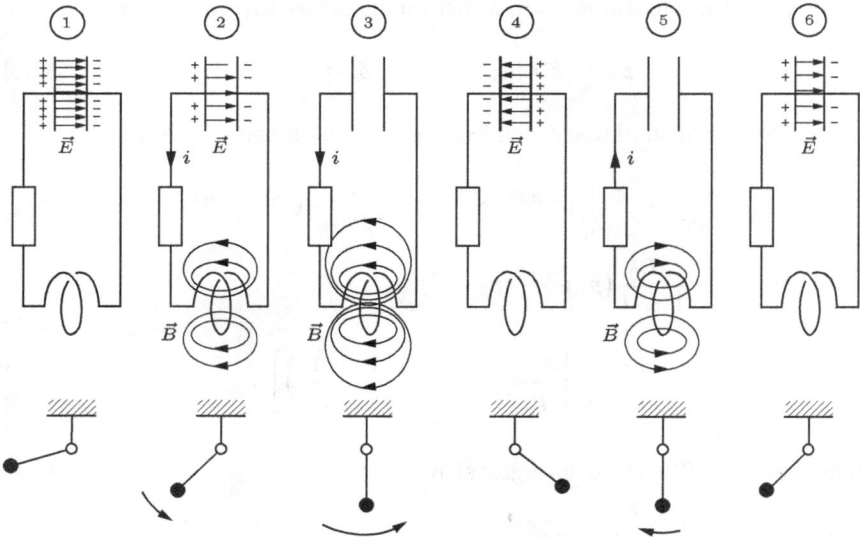

Abb. 7.102: Analogie zwischen elektrischem Schwingkreis und mechanischem Pendel.

die Gl. (7.164) wird also durch die Lösung (12.36) befriedigt. Man nennt übrigens p_1 und p_2 die Eigenwerte der in Bild 7.100 dargestellten RLC-Schaltung, ω_e ihre Eigenkreisfrequenz und

$$f_e = \frac{\omega_e}{2\pi} = \frac{1}{2\pi\sqrt{LC}}\sqrt{1 - \frac{CR^2}{4L}} \qquad (7.169)$$

ihre **Eigenfrequenz.** Eine Schaltung, in der Eigenschwingungen auftreten können, bezeichnet man als **Schwingkreis.** Innerhalb des Kapitels 7 (Wechselstromlehre) sollen die Eigenschwingungen von Schwingkreisen aber nicht genauer untersucht werden; hier wird nur der eingeschwungene Zustand derjenigen Spannungen und Ströme betrachtet, die durch Spannungs- oder Stromquellen erzwungen werden und deren Frequenz mit der Quellenfrequenz übereinstimmt. Solche **erzwungenen Schwingungen** können – wie die bisherigen Abschnitte gezeigt haben – nicht nur in Schwingkreisen, sondern in allen möglichen Schaltungen auftreten. Schwingkreise aber zeigen ein besonderes Verhalten, wenn ihnen Schwingungen aufgezwungen werden, deren Frequenz nahezu mit einer Eigenfrequenz der Schaltung zusammenfällt: es kommt dann zur **Resonanz.** Dieser Begriff aus der Akustik (Resonanz = Widerhall) wird auf alle Gebiete der Physik ausgedehnt, in denen Schwingungen eine Rolle spielen, wie Mechanik, Optik, Elektrik, Atomphysik.

7.3.2 Einfache Parallel- und Reihenschwingkreise

Phasen- und Betragsresonanz
Ein Reihenschwingkreis hat gemäß Gl. (7.123b) die Impedanz

$$\underline{Z} = R + j\left(\omega L - \frac{1}{\omega C}\right).$$

Diese Impedanz wird für eine einzige Kreisfrequenz ω reell, nämlich dann, wenn

$$\omega L - \frac{1}{\omega C} = 0$$

wird, d. h. für die Kreisfrequenz

$$\omega_r = \frac{1}{\sqrt{LC}}. \qquad (7.170)$$

Für $\omega = \omega_r$ gilt also $\underline{Z} = R$, die Impedanz $\underline{Z}$ wird in diesem Fall übrigens nicht nur reell, sondern ihr Betrag

$$Z = \sqrt{R^2 + \left(\omega L - \frac{1}{\omega C}\right)^2}$$

hat bei der Kreisfrequenz ω_r auch sein Minimum

$$\check{Z} = \sqrt{R^2 + \left(\omega_r L - \frac{1}{\omega_r C}\right)^2} = R\,.$$

Wenn $\underline{Z}$ reell ist, dann sind die Spannung $\underline{U}$ und der Strom $\underline{I}$ in Phase, und man spricht von **Phasenresonanz**. Wenn Z minimal (bzw. maximal im Fall der Parallelschaltung) wird, spricht man von **Betragsresonanz**. Beide Resonanzen fallen beim Reihenschwingkreis zusammen; man unterscheidet deshalb für diese einfache Schaltung (ebenso wie für den Parallelschwingkreis) nicht zwischen den beiden Resonanzfällen und bezeichnet darum

$$f_r = \frac{\omega_r}{2\pi} = \frac{1}{2\pi\sqrt{LC}} \tag{7.171}$$

kurz als **Resonanzfrequenz** der Schaltung. Zu beachten ist hierbei, dass die Resonanzfrequenz nicht mit der Eigenfrequenz f_e übereinstimmt: die Gln. (7.169) und (7.171) zeigen, dass beide Frequenzen nur für $R = 0$ gleich sind.

Bemerkenswert ist, dass sich auch beim Parallelschwingkreis die Formel (7.171) für die Resonanzfrequenz ergibt und auch hier Phasen- und Betragsresonanz zusammenfallen: ein Parallelschwingkreis hat die Admittanz

$$\underline{Y}_p = G + j\left(\omega C - \frac{1}{\omega L}\right), \tag{7.117b}$$

die für $\omega = \omega_r$ den reellen Wert $\underline{Y}_p = G$ annimmt (Phasenresonanz) und bei dieser Kreisfrequenz ebenfalls ihr Betragsminimum hat (Betragsresonanz).

Spannungs- und Stromüberhöhung

Die Spannung U_L an der Induktivität und die Spannung U_C an der Kapazität eines Reihenschwingkreises können größer werden als die Gesamtspannung U (Spannungsüberhöhung), was aus den Zeigerdiagrammen des Bildes 7.103a zu erkennen ist. Speziell für die Spulenspannung $\underline{U}_L$ gilt:

$$\underline{U}_L = \frac{j\omega L}{R + j\left(\omega L - \frac{1}{\omega C}\right)}\underline{U}, \quad \frac{U_L}{U} = \frac{\omega L}{\sqrt{R^2 + \left(\omega L - \frac{1}{\omega C}\right)^2}}. \tag{7.172a,b}$$

Dieses Spannungsverhältnis (die auf die Eingangsspannung bezogene Spulenspannung) bezeichnen wir als normierte Spulenspannung. Da sie den Wert 1 überschreiten kann, spricht man auch von der Spannungsüberhöhung an der Spule; sie nimmt im Resonanzfall den Wert

$$\left.\frac{U_L}{U}\right|_{\omega=\omega_r} = \frac{\omega_r L}{R} = \frac{\sqrt{L/C}}{R} \tag{7.173}$$

an, den wir als **Resonanzüberhöhung** bezeichnen. Die Resonanzüberhöhungen an der Spule und am Kondensator stimmen im übrigen überein, weil sich im Resonanzfall $\underline{U}_C$ und $\underline{U}_L$ kompensieren, also den gleichen Betrag haben.

Beim Parallelschwingkreis (Bild 7.103b) können Teilströme auftreten, die größer als der Gesamtstrom $\underline{I}$ sind: für den Strom $\underline{I}_C$ gilt

$$\underline{I}_C = \frac{j\omega C}{G + j\left(\omega C - \frac{1}{\omega L}\right)}\underline{I}, \quad \frac{I_C}{I} = \frac{\omega C}{\sqrt{G^2 + \left(\omega C - \frac{1}{\omega L}\right)^2}},$$

a)

b)

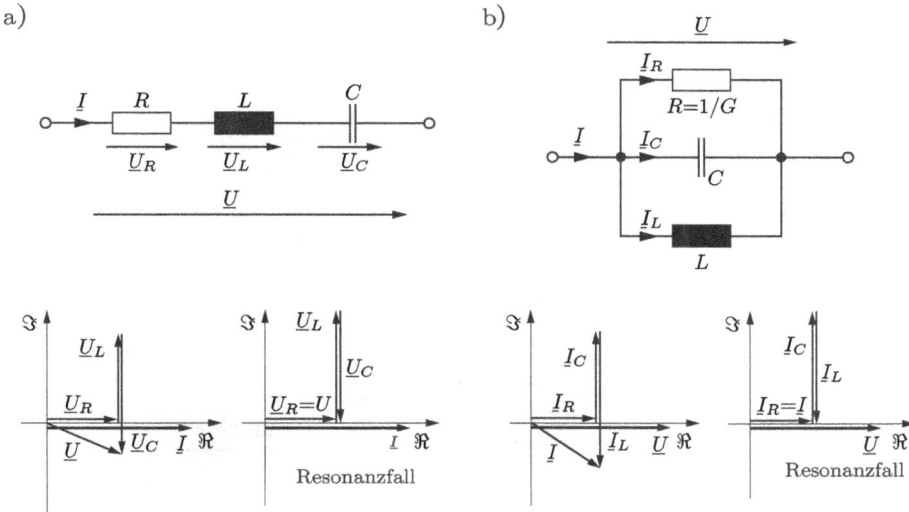

Abb. 7.103: Einfacher Reihen- und Parallelschwingkreis mit Zeigerdiagrammen.

und speziell im Resonanzfall ($\omega = \omega_\mathrm{r}$) wird

$$\underline{I}_C|_{\omega=\omega_\mathrm{r}} = \frac{j\omega_\mathrm{r}C}{G}\underline{I}$$

$$\left.\frac{I_C}{I}\right|_{\omega=\omega_\mathrm{r}} = \frac{\omega_\mathrm{r}C}{G} = \frac{\sqrt{C/L}}{G} \,. \tag{7.174}$$

Dabei ist $\omega_\mathrm{r}C/G$ die Resonanzüberhöhung des Kondensatorstromes, die mit derjenigen des Spulenstromes übereinstimmt.

Resonanzkurven des Reihenschwingkreises

Für die Spannung U_L des Reihenschwingkreises (Bild 7.103a) folgt aus Gl. (7.172b):

$$\left(\frac{U_L}{U}\right)^2 = \frac{(\omega^2 LC)^2}{(\omega RC)^2 + (1 - \omega^2 LC)^2} \,. \tag{7.175}$$

Das Spannungsverhältnis U_L/U hängt also u. a. von den Größen ω und R ab, und wir können deshalb U_L/U als Funktion dieser beiden Größen betrachten:

$$\left(\frac{U_L}{U}\right)^2 = f(\omega; R) \,.$$

Diese Funktion wollen wir in einem ($U_L/U; \omega$)-Koordinatensystem als Kurvenschar mit dem Parameter R darstellen, siehe Bild 7.104. Zunächst untersuchen wir, welche Extremwerte sich in Abhängigkeit von ω ergeben. Für Extremwerte gilt die Bedingung

$$\frac{\mathrm{d}}{\mathrm{d}\omega}\left(\frac{U_L}{U}\right) = \frac{1}{2\,U_L/U} \cdot \frac{\mathrm{d}}{\mathrm{d}\omega}\left[\left(\frac{U_L}{U}\right)^2\right] = 0 \,.$$

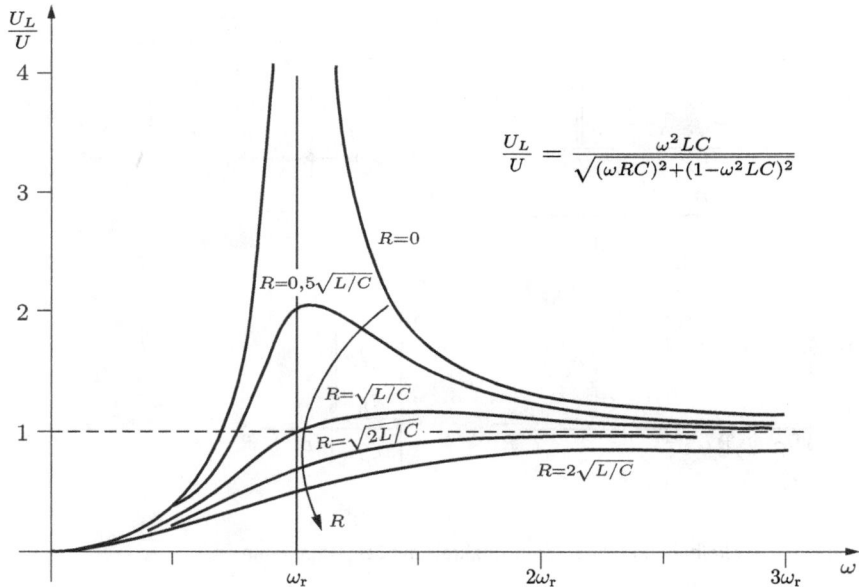

Abb. 7.104: Spannungsüberhöhung an der Induktivität eines Reihenschwingkreises.

Da U_L/U für alle ω endlich bleibt ($R > 0$ vorausgesetzt), genügt zur Ermittlung von Extremwerten die Bedingung

$$\frac{\mathrm{d}}{\mathrm{d}\omega}\left[\left(\frac{U_L}{U}\right)^2\right] = 0 \ .$$

Nach Anwendung der Quotientenregel erhält man für die Kreisfrequenzen ω_1

$$\left[R^2 + \left(\omega_1 L - \frac{1}{\omega_1 C}\right)^2\right] 2\omega_1 L^2 = 2\omega_1^2 L^2 \left(\omega_1 L - \frac{1}{\omega_1 C}\right)\left(L + \frac{1}{\omega_1^2 C}\right) \ .$$

Als erste Lösung ergibt sich hieraus

$$\omega_{11} = 0 \ ,$$

d. h. die Funktionen $U_L/U = f(\omega)$ beginnen mit der Anfangssteigung 0. Für die zweite Lösung (ω_{12}) gilt:

$$R^2 + \left(\omega_{12}L - \frac{1}{\omega_{12}C}\right)^2 = \omega_{12}\left(\omega_{12}L - \frac{1}{\omega_{12}C}\right)\left(L + \frac{1}{\omega_{12}^2 C}\right)$$

$$2\left(\frac{1}{\omega_{12}C}\right)^2 = 2\frac{L}{C} - R^2$$

$$\omega_{12} = \frac{1}{\sqrt{LC}} \cdot \frac{1}{\sqrt{1 - \frac{CR^2}{2L}}} = \frac{\omega_r}{\sqrt{1 - \frac{CR^2}{2L}}} \ . \tag{7.176}$$

Bei dieser Kreisfrequenz hat U_L/U ein Maximum (da U_L/U als Quotient zweier Spannungsbeträge stets positiv ist und für $\omega = 0$ den Wert 0 und für $\omega = \infty$ den Wert 1 hat, muss der einzige dazwischen liegende Extremwert ein Maximum sein). Für $CR^2 = 2L$ fällt das Maximum ins Unendliche; für $CR^2 > 2L$ tritt kein Maximum mehr auf (vgl. Bild 7.104). Im Grenzfall $R = 0$, der bei der Extremwertbestimmung ausgeschlossen werden musste, wird $\omega_1 = \omega_r$, und es ergibt sich keine waagrechte Tangente, sondern ein Pol.

Für die Spannungsüberhöhung am Kondensator gilt

$$\left(\frac{U_C}{U} \right)^2 = \frac{1}{(\omega C)^2 \left[R^2 + \left(\omega L - \frac{1}{\omega C} \right)^2 \right]} \, ,$$

$$\frac{U_C}{U} = \frac{1}{\omega C \sqrt{R^2 + \left(\omega L - \frac{1}{\omega C} \right)^2}} = \frac{1}{\sqrt{(\omega RC)^2 + (\omega^2 LC - 1)^2}} \; ; \qquad (7.177)$$

sie hat für $\omega = 0$ den Wert 1 und für $\omega = \infty$ den Wert 0. Zur Berechnung von Extremwerten genügt es auch in diesem Fall, die Extremwerte der quadrierten Funktion zu bestimmen:

$$\frac{\mathrm{d}}{\mathrm{d}\omega} \left(\frac{U_C}{U} \right) = \frac{1}{2\, U_C/U} \cdot \frac{\mathrm{d}}{\mathrm{d}\omega} \left[\left(\frac{U_C}{U} \right)^2 \right] = 0 \, .$$

Hieraus folgt als Bestimmungsgleichung für die Kreisfrequenzen ω_2, bei denen Extremwerte auftreten:

$$2\omega_2 (RC)^2 + 2(\omega_2^2 LC - 1) \cdot 2\omega_2 LC = 0 \, .$$

Als erste Lösung ergibt sich

$$\omega_{21} = 0 \, ,$$

d. h. die Funktion $U_C/U = f(\omega)$ hat die Anfangssteigung 0. Die zweite Lösung erhält man aus

$$(RC)^2 + 2(\omega_{22}^2 LC - 1)LC = 0$$

$$\omega_{22}^2 LC = 1 - \frac{R^2 C}{2L}$$

$$\omega_{22} = \frac{1}{\sqrt{LC}} \sqrt{1 - \frac{CR^2}{2L}} = \omega_r \sqrt{1 - \frac{CR^2}{2L}} \, .$$

Bei dieser Frequenz hat U_C/U ein Maximum (im Grenzfall $R = 0$ ergibt sich hier, ebenso wie für U_L/U, keine waagrechte Tangente, sondern ein Pol), vgl. Bild 7.105.

Die Spannungsüberhöhung im Resonanzfall stellt ein Maß für die **Selektivität** des Schwingkreises dar, und man bezeichnet den Quotienten in Gl. (7.173) als **Güte Q** des Schwingkreises:

$$Q_r = \frac{\sqrt{L/C}}{R} \qquad \text{(Güte des Reihenschwingkreises).} \qquad (7.178)$$

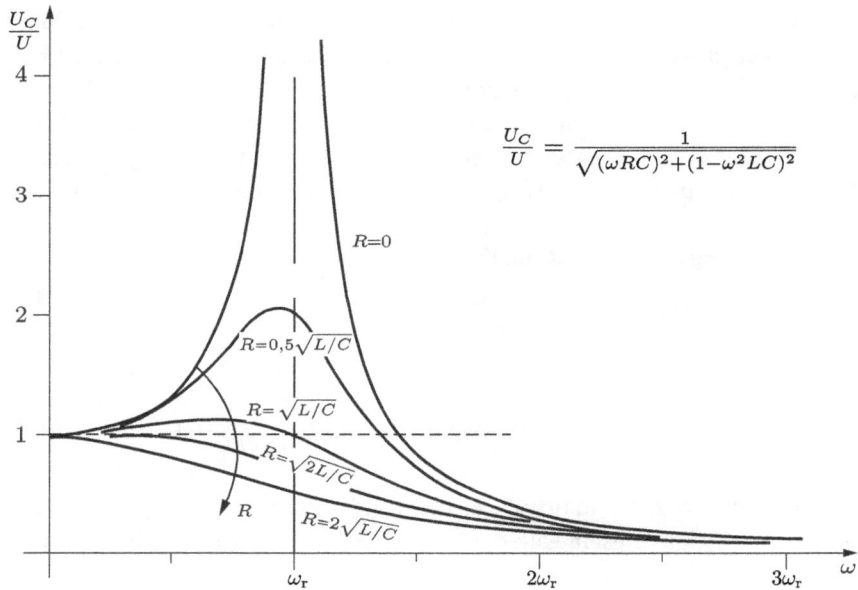

$$\frac{U_C}{U} = \frac{1}{\sqrt{(\omega R C)^2 + (1 - \omega^2 L C)^2}}$$

Abb. 7.105: Spannungsüberhöhung an der Kapazität eines Reihenschwingkreises.

Den reziproken Wert nennt man **Verlustfaktor d**:

$$d_r = \frac{R}{\sqrt{L/C}} \quad \text{(Verlustfaktor des Reihenschwingkreises).} \qquad (7.179)$$

Die Spannung am Widerstand eines Reihenschwingkreises ist

$$\underline{U}_R = \frac{R}{R + j\left(\omega L - \frac{1}{\omega C}\right)}\underline{U} = \frac{\omega R C}{\omega R C + j(\omega^2 L C - 1)}\underline{U},$$

das Verhältnis von U_R zu U ist also

$$\frac{U_R}{U} = \frac{R}{\sqrt{R^2 + \left(\omega L - \frac{1}{\omega C}\right)^2}} = \frac{\omega R C}{\sqrt{(\omega R C)^2 + (\omega^2 L C - 1)^2}}. \qquad (7.180)$$

Diese Funktion hat offenbar ihr Maximum an der Stelle

$$\omega_r = \frac{1}{\sqrt{LC}}.$$

Bild 7.106 zeigt Funktionen $U_R/U = f(\omega; R)$. Sie verhalten sich für $\omega \to 0$ nahezu wie die Gerade $\omega R C$; die Anfangssteigung der normierten Spannung am Widerstand R ist also proportional RC.

Ganz analoge Überlegungen wie für die Teilspannungen des Reihenschwingkreises kann man übrigens für die Teilströme des Parallelschwingkreises anstellen.

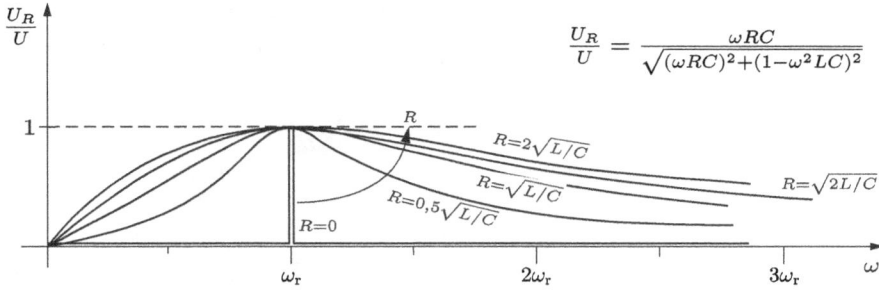

$$\frac{U_R}{U} = \frac{\omega RC}{\sqrt{(\omega RC)^2 + (1 - \omega^2 LC)^2}}$$

Abb. 7.106: Die normierte Spannung U_R/U am ohmschen Widerstand eines Reihenschwingkreises.

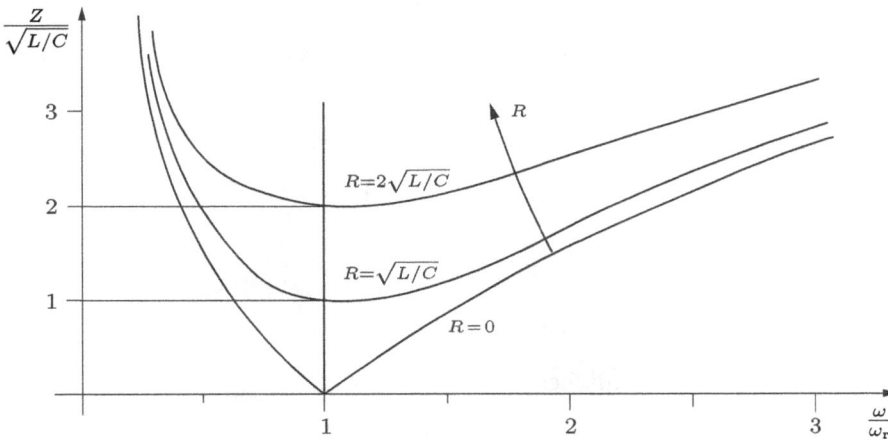

Abb. 7.107: Betrag der Impedanz des Reihenschwingkreises.

Grenzfrequenzen und Bandbreite, Verstimmung

Aus den Kurvenscharen der Bilder 7.104 bis 7.106 geht hervor, dass die Maxima um so ausgeprägter sind, je kleiner R wird. Dies zeigt sich übrigens auch bei der Funktion $Z = f(\omega; R)$. Für den Reihenschwingkreis gilt

$$Z = \sqrt{R^2 + \left(\omega L - \frac{1}{\omega C}\right)^2} \, . \tag{7.126a}$$

Dieser Betrag ist in normierter Form für verschiedene Werte von R in Bild 7.107 dargestellt. Ein Reihenschwingkreis hat sein Impedanzminimum bei der Kreisfrequenz ω_r:

$$Z|_{\omega = \omega_r} = R \, .$$

Bei allen anderen Kreisfrequenzen ist die Impedanz größer, und wir bezeichnen die beiden Kreisfrequenzen, bei denen

$$Z = R\sqrt{2} \tag{7.181}$$

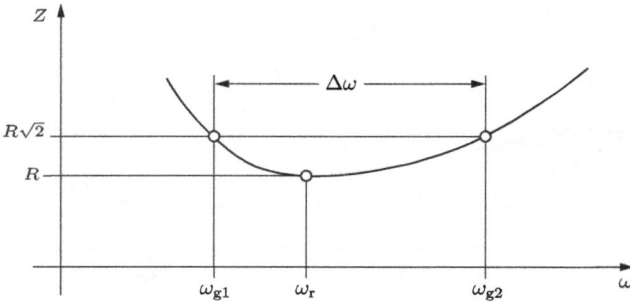

Abb. 7.108: Zur Definition der unteren und oberen Grenzfrequenz und der Bandbreite.

wird, als die Grenzfrequenzen, vgl. Bild 7.108. Aus dieser Definition folgt mit Gl. (7.126a)

$$Z^2\big|_{\omega=\omega_g} = 2R^2 = R^2 + \left(\omega_g L - \frac{1}{\omega_g C}\right)^2$$

$$R^2 = \left(\omega_g L - \frac{1}{\omega_g C}\right)^2$$

$$\pm R = \omega_g L - \frac{1}{\omega_g C}$$

$$\omega_g^2 LC \mp \omega_g RC = 1 \; .$$

Die Auflösung dieser quadratischen Gleichung(en) liefert:

$$\omega_g = \pm\frac{R}{2L} \pm \sqrt{\frac{1}{LC} + \left(\frac{R}{2L}\right)^2} \; .$$

Das untere Vorzeichen vor der Wurzel kommt nicht in Betracht, da es zu zwei negativen Lösungen für ω_g führen würde. Übrig bleiben die beiden Lösungen

$$\omega_{g1} = -\frac{R}{2L} + \sqrt{\omega_r^2 + \left(\frac{R}{2L}\right)^2} \qquad \text{(untere Grenzfrequenz)}, \tag{7.182a}$$

$$\omega_{g2} = +\frac{R}{2L} + \sqrt{\omega_r^2 + \left(\frac{R}{2L}\right)^2} \qquad \text{(obere Grenzfrequenz)}, \tag{7.182b}$$

wobei $1/LC = \omega_r^2$ eingesetzt wurde; im Übrigen gilt $\omega_{g1}\,\omega_{g2} = \omega_r^2$. Als Bandbreite des betrachteten Schwingkreises definiert man die Differenz aus oberer Grenzfrequenz $f_{g2} = \omega_{g2}/2\pi$ und unterer Grenzfrequenz $f_{g1} = \omega_{g1}/2\pi$:

$$\Delta f = f_{g2} - f_{g1} = \frac{1}{2\pi}(\omega_{g2} - \omega_{g1}) \; ;$$

mit den Gln. (7.182a,b) wird daraus

$$\Delta f = \frac{1}{2\pi} \cdot \frac{R}{L} \qquad \textbf{(absolute Bandbreite)} \; . \tag{7.183}$$

Die Bandbreite Δf ist also dem Widerstand R direkt proportional. Je kleiner R wird, desto schmaler wird die Resonanzkurve $Z = f(\omega)$: die Selektivität des Schwingkreises nimmt zu. Man kann die Bandbreite Δf auch auf die Resonanzfrequenz beziehen und erhält so die **relative Bandbreite**

$$\frac{\Delta f}{f_\mathrm{r}} = \frac{\Delta \omega}{\omega_\mathrm{r}} = \frac{R\sqrt{LC}}{L} = \frac{R}{\sqrt{L/C}} = d \,,$$

eine Größe also, die offensichtlich mit dem Verlustfaktor d identisch ist, vgl. Gl. (7.179).

Die Gleichung (7.123b) für die Impedanz eines Reihenschwingkreises kann folgendermaßen umgeformt werden:

$$\frac{Z}{R} = 1 + \mathrm{j}\frac{1}{R}\left(\omega L - \frac{1}{\omega C}\right) = 1 + \mathrm{j}\frac{\sqrt{L/C}}{R}\left(\omega\sqrt{LC} - \frac{1}{\omega\sqrt{LC}}\right)$$

$$\frac{Z}{R} = 1 + \mathrm{j}\frac{\sqrt{L/C}}{R}\left(\frac{\omega}{\omega_\mathrm{r}} - \frac{\omega_\mathrm{r}}{\omega}\right) = 1 + \mathrm{j}Q\left(\frac{\omega}{\omega_\mathrm{r}} - \frac{\omega_\mathrm{r}}{\omega}\right) . \tag{7.184}$$

Hierbei ist die Größe

$$\frac{\omega}{\omega_\mathrm{r}} - \frac{\omega_\mathrm{r}}{\omega} = v \tag{7.185}$$

ein Maß für die Abweichung der Kreisfrequenz ω von der Resonanz-Kreisfrequenz ω_r. Die Größe v gibt also an, wie weit der Resonanzkreis gegenüber den aufgezwungenen Schwingungen verstimmt ist. Man nennt v die **relative Verstimmung**. Den Ausdruck

$$Q\left(\frac{\omega}{\omega_\mathrm{r}} - \frac{\omega_\mathrm{r}}{\omega}\right) = Qv = \Omega \tag{7.186}$$

nennt man übrigens **normierte Verstimmung**. Es ergibt sich nun

$$\frac{Z}{R} = 1 + \mathrm{j}Qv = 1 + \mathrm{j}\Omega . \tag{7.187}$$

In Bild 7.109 sind der Betrag

$$\frac{Z}{R} = \sqrt{1 + \Omega^2} \tag{7.188a}$$

und der Winkel

$$\varphi = \arctan \Omega \tag{7.188b}$$

der normierten Impedanz Z/R über der normierten Verstimmung Ω aufgetragen. Der Betrag Z/R hat bei Resonanz (Verstimmung $\Omega = 0$) den Wert 1 und erreicht bei $\Omega = \pm 1$ den Wert $\sqrt{2}$. Die Werte $\Omega = \pm 1$ bezeichnen also die Bandgrenzen. Der Winkel φ nimmt hier die Werte $\pm\pi/4 \hat{=} \pm 45°$ an; man bezeichnet daher die Grenzfrequenzen als 45°-Frequenzen und schreibt

$$\omega_{-45°} = \omega_\mathrm{g1} \,, \qquad \omega_{+45°} = \omega_\mathrm{g2} \,.$$

a)

b)

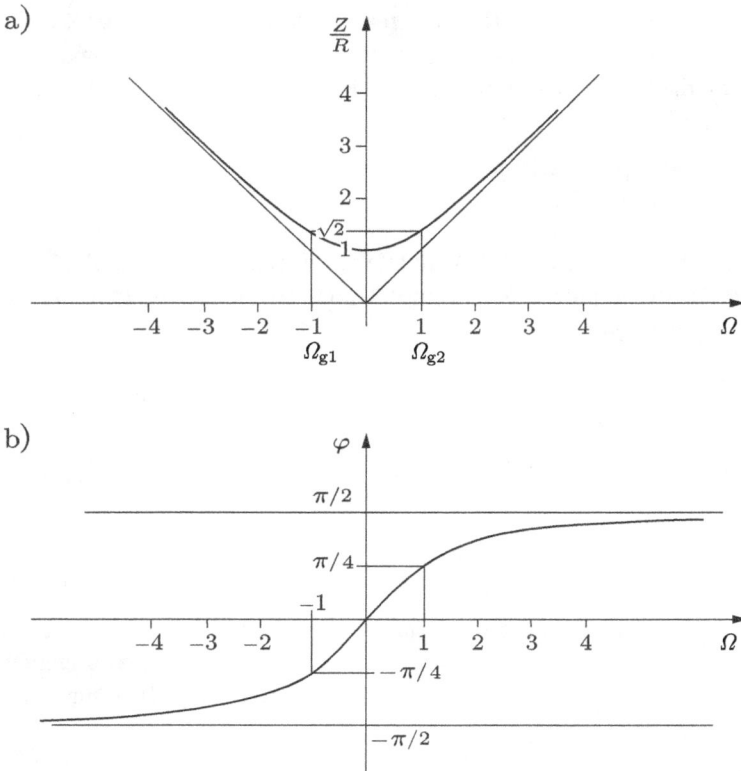

Abb. 7.109: Betrag und Winkel der normierten Impedanz eines Reihenschwingkreises als Funktionen der normierten Verstimmung.

7.3.3 Gruppenschaltungen aus den drei Elementen R, L und C

Die einfachsten Kombinationen aus den drei Elementen R, L und C sind der Reihenschwingkreis (Bild 7.103a) und der Parallelschwingkreis (Bild 7.103b); diese beiden Schaltungen sind in Abschnitt 7.2 eingehend untersucht worden. Es sind aber auch andere Kombinationen möglich, von denen einige in den folgenden Beispielen betrachtet werden sollen (Bild 7.110).

Beispiel 7.25: Phasen- und Betragsresonanz in einem Parallelschwingkreis mit Wicklungsverlusten.
In Abschnitt 7.3.2 wurde der Parallelschwingkreis betrachtet, ohne hierbei die ohmschen Verluste in der Spule zu beachten. Will man den Wicklungswiderstand der Spule berücksichtigen, so kann man dies durch die Ersatzschaltung 7.110a erreichen, die im Folgenden genauer untersucht werden soll (der Verlustleitwert des Kondensators wird nun vernachlässigt).

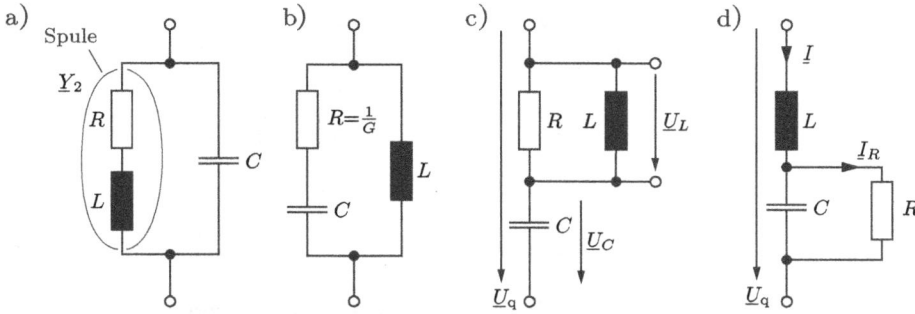

Abb. 7.110: RLC-Gruppenschaltungen.

a) *Die Ortskurven für $\underline{Y} = f(\omega; C)$ sind unter der Annahme $R =$ konst, $L =$ konst zu skizzieren.*

b) *Auch die Funktionen $Y = f_1(\omega; C)$ und $\varphi_Y = f_2(\omega; C)$ sollen skizziert werden.*

c) *Bei welcher Kreisfrequenz ω_r ergibt sich Phasenresonanz?*

d) *Bei welcher Kreisfrequenz ω_1 erreicht Y ein Minimum (Betragsresonanz)?*

e) *Wie groß werden ω_r und ω_1 für die Zahlenwerte*

$$R = 800\,\Omega\;;\quad L = 10\,\text{mH}\;;\quad C = 10\,\text{nF}?$$

Lösung

a) Die Ortskurve für $\underline{Y}_2$ (Admittanz der RL-Reihenschaltung) ist ein Halbkreis (vgl. Bild 7.72a). Die $\underline{Y}_2$-Ortskurve erhält man, indem zu jedem Punkt des $\underline{Y}_2$-Halbkreises der imaginäre Wert $j\omega C$ hinzugefügt wird. Dieser Wert nimmt mit ω zu (Bild 7.111a). Er wird aber auch um so größer, je größer C ist (Bild 7.111b), so dass schließlich Ortskurven entstehen können, die die reelle Achse nicht mehr schneiden (in Bild 7.112a gestrichelt gezeichnet).

b) Kennt man eine Ortskurve, so kann man aus ihr leicht den Verlauf $Y = f_1(\omega)$ und $\varphi_Y = f_2(\omega)$ abschätzen, indem man die Beträge und Winkel aus der Ortskurve z. B. bei einer beliebigen Kreisfrequenz ω_a und ihren ganzzahligen Vielfachen abliest (Bild 7.111a) und über ω aufträgt (Bild 7.113).

c) Die Schaltung hat die Admittanz

$$\underline{Y} = j\omega C + \frac{1}{R + j\omega L} = j\omega C + \frac{R - j\omega L}{R^2 + (\omega L)^2} = \frac{R}{R^2 + (\omega L)^2} + j\omega\frac{C[R^2 + (\omega L)^2] - L}{R^2 + (\omega L)^2}\,.$$

Die Resonanzkreisfrequenz ω_r ergibt sich aus der Bedingung $\Im\{\underline{Y}\} = 0$:

$$\omega_r\frac{C[R^2 + (\omega_r L)^2] - L}{R^2 + (\omega_r L)^2} = 0.$$

Diese Gleichung liefert als erste Lösung

$$\omega_{r1} = 0\,,$$

d. h. bei Gleichstrom hat die Schaltung die (reelle) Impedanz R. Die zweite Lösung, den Resonanzfall, finden wir aus

$$C\left[R^2 + (\omega_{r2}L)^2\right] = L \; ;$$

hieraus folgt

$$\omega_{r2} = \frac{1}{\sqrt{LC}}\sqrt{1 - \frac{R^2 C}{L}} \; . \tag{7.189}$$

Solange $R^2 C/L < 1$ bleibt, existiert demnach eine reelle Phasenresonanzfrequenz (vgl. Kurven 2 und 3 in Bild 7.112a und 7.113b). Im Grenzfall $R^2 C/L = 1$ ist $\underline{Y}$ nur noch für $\omega = 0$ reell: die $\underline{Y}_2$-Ortskurve schneidet die reelle Achse an keiner anderen Stelle mehr (Kurve 4 in Bild 7.112a). Für $R^2 C/L > 1$ kommen Ortskurven zustande wie beispielsweise die Kurven 5 und 6 in Bild 7.112a.

d) Das Betragsquadrat der Admittanz

$$\underline{Y} = j\omega C + \frac{1}{R + j\omega L} = \frac{1 - \omega^2 LC + j\omega RC}{R + j\omega L}$$

ist

$$Y^2 = \frac{(1 - \omega^2 LC)^2 + (\omega RC)^2}{R^2 + (\omega L)^2} \; .$$

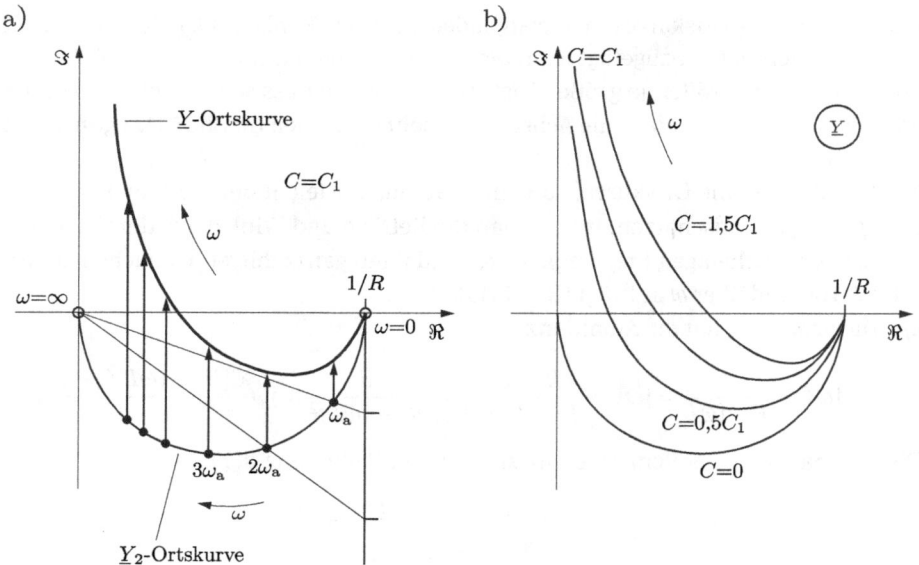

Abb. 7.111: Zur Entstehung der Ortskurven des Parallelschwingkreises mit Spulenverlusten.

a)

b)

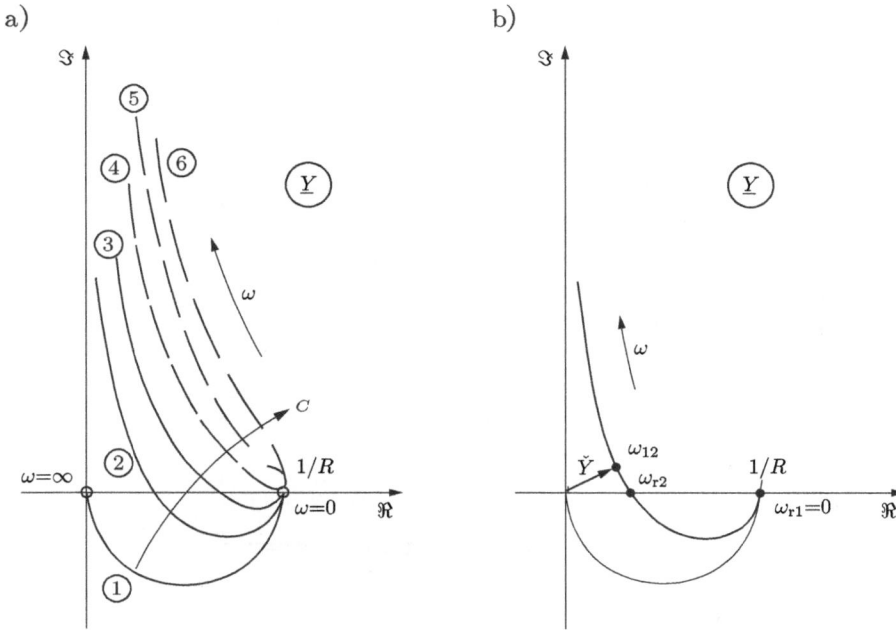

Abb. 7.112: Ortskurven des Parallelschwingkreises mit Spulenverlusten.

Verwendet man die Abkürzung $\omega^2 = x$, so ergibt die Kettenregel der Differenzialrechnung

$$\frac{\mathrm{d}Y}{\mathrm{d}\omega} = \frac{\mathrm{d}Y}{\mathrm{d}x} \cdot \frac{\mathrm{d}x}{\mathrm{d}\omega} = 2\omega \frac{\mathrm{d}Y}{\mathrm{d}x}$$

und wegen

$$\frac{\mathrm{d}}{\mathrm{d}x}Y^2 = 2Y\frac{\mathrm{d}Y}{\mathrm{d}x} \; ; \quad \frac{\mathrm{d}Y}{\mathrm{d}x} = \frac{1}{2Y}\frac{\mathrm{d}}{\mathrm{d}x}(Y^2)$$

wird

$$\frac{\mathrm{d}Y}{\mathrm{d}\omega} = \frac{\omega}{Y}\frac{\mathrm{d}}{\mathrm{d}x}(Y^2) \, .$$

Der Betrag Y der komplexen Admittanz hat Extremwerte für $\mathrm{d}Y/\mathrm{d}\omega = 0$, als erste Lösung ergibt sich $\omega_{11} = 0$, und die zweite folgt aus $\mathrm{d}Y^2/\mathrm{d}x = 0$. Wendet man die Quotientenregel der Differenzialrechnung an, so entsteht

$$\frac{(R^2 + xL^2)[-LC \cdot 2(1 - xLC) + (RC)^2] - L^2[(1 - xLC)^2 + x(RC)^2]}{(R^2 + xL^2)^2} = 0$$

$$x^2L^2(LC)^2 + 2xR^2(LC)^2 = L^2 + R^2 \cdot 2LC - R^2(RC)^2$$

$$x^2 + 2x\left(\frac{R}{L}\right)^2 + \left(\frac{R}{L}\right)^4 = \frac{1}{(LC)^2} + 2\left(\frac{R}{L}\right)^2 \cdot \frac{1}{LC} \, .$$

a)

b)

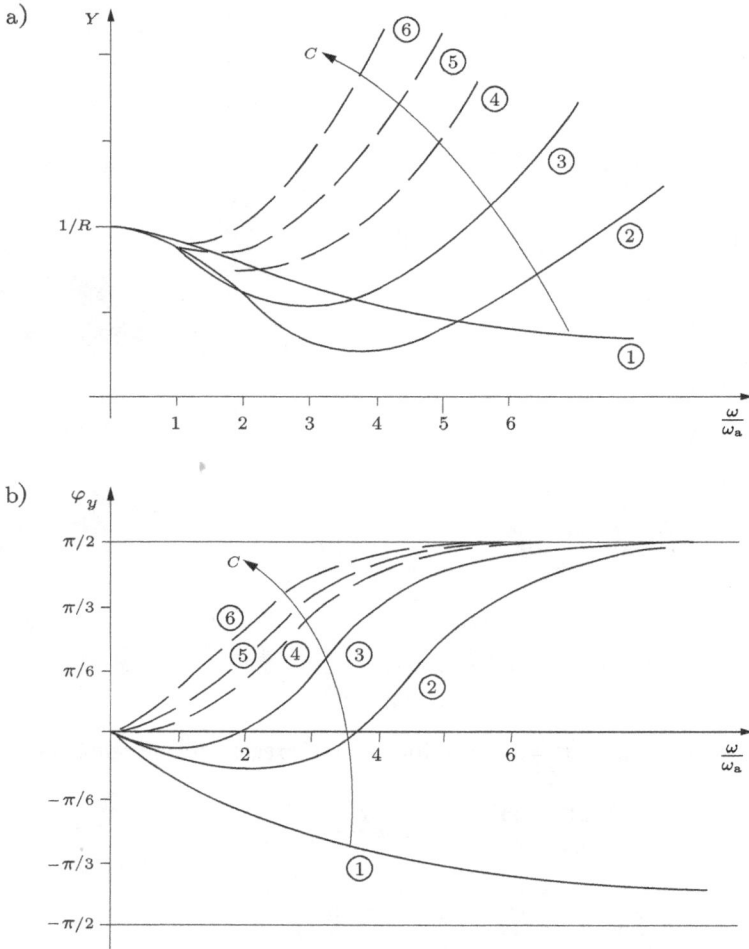

Abb. 7.113: Zur Frequenzabhängigkeit der Admittanz $\underline{Y}$ eines Parallelschwingkreises mit Spulenverlusten; (a) Betrag Y, (b) Phasenwinkel φ_Y. Die Kurven 1–6 zeigen die Abhängigkeit des Verlaufs für verschiedene Werte C des Kondensators.

Die Lösung dieser quadratischen Gleichung ist

$$\omega_{12}^2 = x = -\left(\frac{R}{L}\right)^2 \pm \sqrt{\frac{1}{LC}\left[\frac{1}{LC} + 2\left(\frac{R}{L}\right)^2\right]}.$$ (7.190)

Das untere Vorzeichen vor der Wurzel kommt nicht in Betracht, weil sich dann kein positiv reeller Wert für ω_{12} ergibt. Eine weitere Umformung der Gl. (7.190) liefert

$$\omega_{12} = \frac{1}{\sqrt{LC}}\sqrt{\sqrt{1 + 2\frac{R^2 C}{L}} - \frac{R^2 C}{L}}.$$ (7.191)

Solange $R^2 C/L < 1 + \sqrt{2}$ bleibt, existiert also eine reelle Betragsresonanzfrequenz; im Grenzfall $R^2 C/L = 1 + \sqrt{2}$ geht ω_{12} in den Wert $\omega_{11} = 0$ über.

Falls $R = 0$ ist, gehen ω_{r2} (Phasenresonanz) und ω_{12} (Betragsresonanz) beide in den Wert $\omega_0 = 1/\sqrt{LC}$ (Resonanz des ungedämpften Schwingkreises) über. Vergleicht man die Ergebnisse (7.189) und (7.191) miteinander, so ist unmittelbar zu erkennen, dass

$$\omega_{12} > \omega_{r2}$$

ist, d. h. der Betrag von $\underline{Y}$ erreicht sein Minimum bei einer Frequenz ω_{12} oberhalb der Phasenresonanzfrequenz. Dies ist auch in Bild 7.112b deutlich zu erkennen. Im Übrigen wird durch den Widerstand R nicht nur die Phasenresonanzfrequenz, sondern auch die Betragsresonanzfrequenz unterhalb der Resonanzfrequenz des ungedämpften Schwingkreises liegen: $\omega_0 > \omega_{12} > \omega_{r2}$.

e) Setzt man die angegebenen Zahlenwerte in die Gln. (7.189) und (7.191) ein, so erhält man

$$\underline{\omega_{r2} = 6 \cdot 10^4\,\mathrm{s}^{-1}} \; ; \quad \underline{\omega_{12} = 9{,}33 \cdot 10^4\,\mathrm{s}^{-1}} \; .$$

Ohne ohmschen Widerstand hätte sich ergeben

$$\omega_{r2} = \omega_{12} = \omega_0 = \frac{1}{\sqrt{LC}} = 10 \cdot 10^4\,\mathrm{s}^{-1} \; .$$

Beispiel 7.26: Konstruktion der $\underline{Y}$–Ortskurvenschar eines Schwingkreises.
Die Ortskurven $\underline{Y} = f(\omega)$ der in Bild 7.110b dargestellten Schaltung sollen für die Fälle
a) $L_a = \frac{4}{3}CR^2$
b) $L_b = 2CR^2$
c) $L_c = 4CR^2$
skizziert werden, wobei R und C konstant sind.

Lösung
Die Schaltung hat die Admittanz

$$\underline{Y} = \frac{1}{\mathrm{j}\omega L} + \frac{1}{R + \frac{1}{\mathrm{j}\omega C}} = \frac{1}{R}\frac{(\omega CR)^2}{1 + (\omega CR)^2} + \mathrm{j}\frac{\omega^2[LC - (CR)^2] - 1}{\omega L[1 + (\omega CR)^2]} \; .$$

Aus der Bedingung $\mathfrak{J}\{\underline{Y}\} = 0$ erhält man

$$\omega_r^2 = \frac{1}{LC - (CR)^2} \; . \tag{7.192}$$

a) Für $L = L_a = \frac{4}{3}CR^2$ wird $\omega_{ra}^2 = 3/(CR)^2$; die Admittanz $\underline{Y}$ nimmt nun folgenden Wert an:

$$\underline{Y}\big|_{\omega=\omega_{ra}} = \mathfrak{R}\{\underline{Y}\}\big|_{\omega=\omega_{ra}} = G\frac{3}{1+3} = \frac{3}{4}G \; .$$

b) Für $L = L_b = 2CR^2$ wird $\omega_{rb}^2 = 1/(CR)^2$ und

$$\underline{Y}\big|_{\omega=\omega_{rb}} = \mathfrak{R}\{\underline{Y}\}\big|_{\omega=\omega_{rb}} = G\frac{1}{1+1} = \frac{1}{2}G \; .$$

c) Für $L = L_c = 4CR^2$ wird $\omega_{rc}^2 = 1/3(CR)^2$ und

$$\underline{Y}|_{\omega=\omega_{rc}} = \Re\{\underline{Y}\}|_{\omega=\omega_{rc}} = G\frac{1/3}{1 + 1/3} = \frac{1}{4}G\,.$$

Die Werte $\underline{Y}|_{\omega=\omega_r}$ geben jeweils an, wo die Ortskurve die reelle Achse schneidet, siehe Bild 7.114. Zum Beispiel schneidet die Kurve c bei der Kreisfrequenz ω_{rc} die reelle Achse an der Stelle $1/4\,G$. Hierbei ist offensichtlich

$$\frac{1}{\omega_{rc}L_c} = B_c\,,$$

und bei der gleichen Frequenz findet man den Punkt der Kurve b aus der Gleichung

$$\frac{1}{\omega_{rc}L_b} = \frac{1}{\omega_{rc}L_c/2} = 2B_c$$

und den Punkt der Kurve a aus der Gleichung

$$\frac{1}{\omega_{rc}L_a} = \frac{1}{\omega_{rc}L_c/3} = 3B_c$$

(vgl. Bild 7.114). Ebenso kann man die Schnittpunkte der Kurven b und a mit der reellen Achse jeweils dazu verwenden, um Punkte der anderen beiden Kurven zu konstruieren.

Beispiel 7.27: Spannungs-Übertragungsfunktionen eines RLC-Vierpols.
Die Größen R, L, C der Schaltung 7.110c sind gegeben.
a) *Die Übertragungsfunktion $\underline{U}_L/\underline{U}_q$ ist gesucht.*
b) *Die Funktion U_L/U_q ist für die beiden Fälle*

$$R = 1\,\text{k}\Omega\,, \quad C = 1\,\text{nF}\,, \quad L = 2\,\text{mH}$$

und

$$R = 1\,\text{k}\Omega\,, \quad C = 1\,\text{nF}\,, \quad L = 1\,\text{mH}$$

in Abhängigkeit von ω zu skizzieren.
c) *Die Übertragungsfunktion U_C/U_q ist gesucht.*

Lösung
a) Nach der Spannungsteilerregel gilt

$$\frac{\underline{U}_L}{\underline{U}_q} = \frac{\dfrac{R \cdot j\omega L}{R + j\omega L}}{\dfrac{1}{j\omega C} + \dfrac{R \cdot j\omega L}{R + j\omega L}} = \frac{-\omega^2 LC}{1 - \omega^2 LC + j\omega L/R}$$

$$\frac{U_L}{U_q} = \frac{\omega^2 LC}{\sqrt{(1 - \omega^2 LC)^2 + \omega^2(L/R)^2}}\,. \tag{7.193}$$

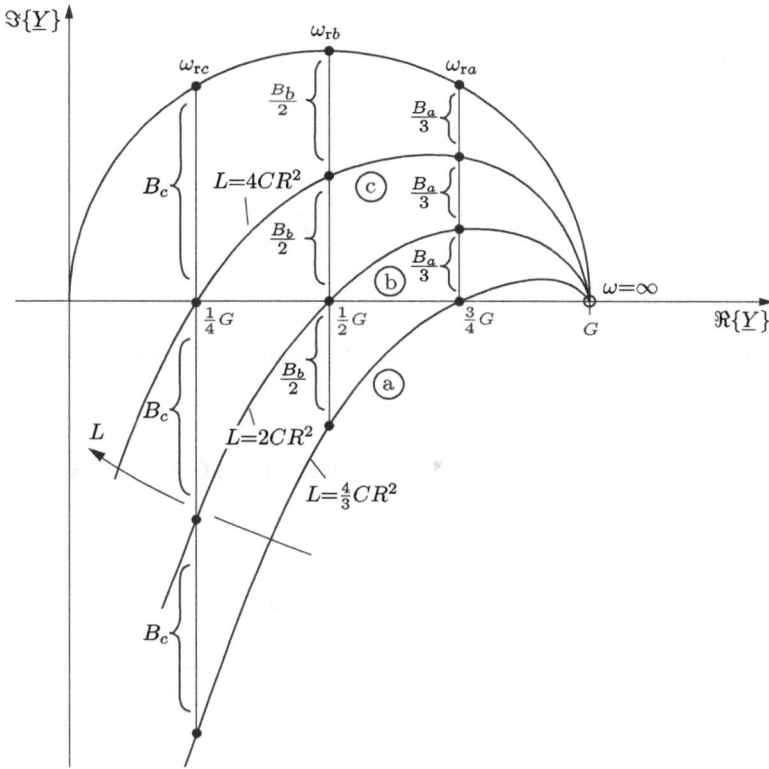

Abb. 7.114: Ortskurvenschar des Schwingkreises aus Bild 7.110b für verschiedene Werte von L.

Anmerkung *Für $L \to \infty$ geht die Funktion $\underline{U}_L/\underline{U}_q$ in die vom Hochpass 1. Grades bekannte Übertragungsfunktion über (vgl. Abschnitt 7.2.12.2):*

$$\lim_{L \to \infty} \frac{\underline{U}_L}{\underline{U}_q} = \frac{-\omega^2 C}{-\omega^2 C + \mathrm{j}\omega/R} = \frac{\mathrm{j}\omega RC}{1 + \mathrm{j}\omega RC} \ .$$

b) Mit den Werten $R = 1\,\mathrm{k\Omega}$, $C = 1\,\mathrm{nF}$, $L = 2\,\mathrm{mH}$ wird

$$LC = 2 \cdot 10^{-12}\,\mathrm{s}^2 \ , \quad \left(L/R\right)^2 = 4 \cdot 10^{-12}\,\mathrm{s}^2 \ ;$$

eingesetzt in Gl. (7.193) ergibt dies

$$\frac{U_L}{U_q} = \frac{2 \cdot 10^{-12}\,\mathrm{s}^2 \omega^2}{\sqrt{(1 - 2 \cdot 10^{-12}\,\mathrm{s}^2 \omega^2)^2 + 4 \cdot 10^{-12}\,\mathrm{s}^2 \omega^2}}$$

und mit der Abkürzung $\omega \cdot 10^{-6}\mathrm{s} = \Omega$

$$\frac{U_L}{U_q} = \frac{2\Omega^2}{\sqrt{(1 - 2\Omega^2)^2 + 4\Omega^2}} \ .$$

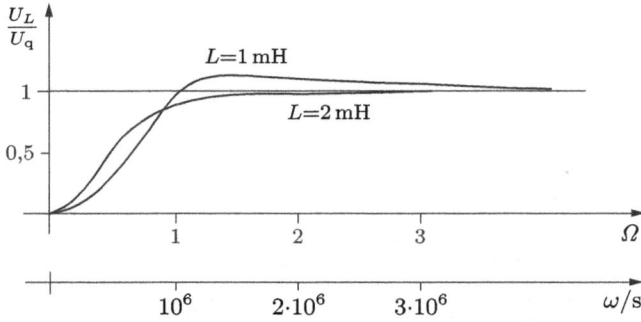

Abb. 7.115: Übertragungsfunktionen U_L/U_q der RLC-Gruppenschaltung in Bild 7.110c, abhängig vom gewählten Wert L der Spule.

Diese Funktion ist in Bild 7.115 dargestellt. Mit den Werten $R = 1\,\text{k}\Omega$, $C = 1\,\text{nF}$, $L = 1\,\text{mH}$ wird

$$LC = 10^{-12}\,\text{s}^2\,;\quad (L/R)^2 = 10^{-12}\,\text{s}^2\,;$$

mit $\Omega = \omega 10^{-6}\,\text{s}$ ergibt sich nun nach Einsetzen in Gl. (7.193)

$$\underline{\frac{U_L}{U_q}} = \frac{10^{-12}\,\text{s}^2\omega^2}{\sqrt{(1 - 10^{-12}\,\text{s}^2\omega^2)^2 + 10^{-12}\,\text{s}^2\omega^2}} = \frac{\Omega^2}{\sqrt{(1-\Omega^2)^2 + \Omega^2}}\,.$$

Auch diese Funktion ist in Bild 7.115 dargestellt.

Anmerkung *Die beiden Funktionen in Bild 7.115 unterscheiden sich vor allem darin, dass sich für $L = 1\,\text{mH}$ ein Maximum ergibt, für $L = 2\,\text{mH}$ aber nicht. Allgemein gilt Folgendes: U_L/U_q hat einen Extremwert, wenn*

$$\frac{\text{d}}{\text{d}\omega}\left(\frac{U_L}{U_q}\right) = 0$$

wird. Daraus folgt

$$\omega_\text{m} = \sqrt{\frac{2}{2LC - (L/R)^2}} = \frac{1}{\sqrt{LC}}\frac{1}{\sqrt{1 - \frac{L}{2R^2C}}}$$

für die Kreisfrequenz, bei der ein Maximum auftritt. Bedingung für die Existenz eines Maximums ist

$$\frac{L}{2R^2C} < 1\,. \tag{7.194}$$

Wenn übrigens U_L/U_q ein Maximum bei einer endlichen Frequenz hat, so muss der zugehörige Funktionswert > 1 sein, da für $\omega \to \infty$ schließlich $U_L/U_q = 1$ wird. Der Wert $U_L/U_q = 1$ muss daher auch einmal bei einer Kreisfrequenz ω_1 unterhalb von ω_m erreicht werden. Die Bestimmungsgleichung für ω_1 ist:

$$\left(\frac{U_L}{U_q}\right)^2\bigg|_{\omega=\omega_1} = 1 = \frac{\omega_1^4 (LC)^2}{(1-\omega_1^2 LC)^2 + \omega_1^2 (L/R)^2} \, .$$

Aufgelöst nach ω_1 ergibt sich:

$$\omega_1 = \frac{1}{\sqrt{LC}} \cdot \frac{1}{\sqrt{2 - \frac{L}{CR^2}}} = \frac{\omega_m}{\sqrt{2}} \, .$$

Auch hieraus folgt die Bedingung (7.194) für die Existenz eines Maximums.

c) Für die Spannung am Kondensator gilt nach der Spannungsteilerregel

$$\frac{U_C}{U_q} = \frac{\dfrac{1}{j\omega C}}{\dfrac{1}{j\omega C} + \dfrac{j\omega LR}{j\omega L + R}} = \frac{1 + j\omega L/R}{1 - \omega^2 LC + j\omega L/R}$$

$$\frac{U_C}{U_q} = \sqrt{\frac{1 + (\omega L/R)^2}{(1 - \omega^2 LC)^2 + (\omega L/R)^2}} \, .$$

Aus der Bedingung

$$\frac{\mathrm{d}}{\mathrm{d}\omega}\left(\frac{U_C}{U_q}\right) = 0$$

können Extremwerte dieser Funktion gefunden werden: sie hat ein Minimum an der Stelle $\omega_{11} = 0$ und ein Maximum für

$$\omega_m = \frac{R}{L}\sqrt{\sqrt{1 + 2\frac{L}{R^2 C}} - 1} \, .$$

Mit $\omega_0 = 1/\sqrt{LC}$ lässt sich schreiben:

$$\omega_m = \omega_0 \sqrt{\frac{R^2 C}{L}\left(\sqrt{1 + 2\frac{L}{R^2 C}} - 1\right)} \, . \tag{7.195}$$

Dieser Wert ω_m bleibt für alle Fälle R, L, C positiv reell, es existiert also immer ein Resonanzmaximum der Funktion U_C/U_q. Die folgende Überlegung bestätigt dies. U_C/U_q nimmt den Wert 1 außer bei $\omega = 0$ auch stets ein zweites Mal an:

$$\left(\frac{U_C}{U_q}\right)^2 = 1 = \frac{1 + (\omega_1 L/R)^2}{(1 - \omega_1^2 LC)^2 (\omega_1 L/R)^2} \, ,$$

$$(1 - \omega_1^2 LC)^2 + (\omega_1 L/R)^2 = 1 + (\omega_1 L/R)^2$$

$$1 - \omega_1^2 LC = \pm 1 \, .$$

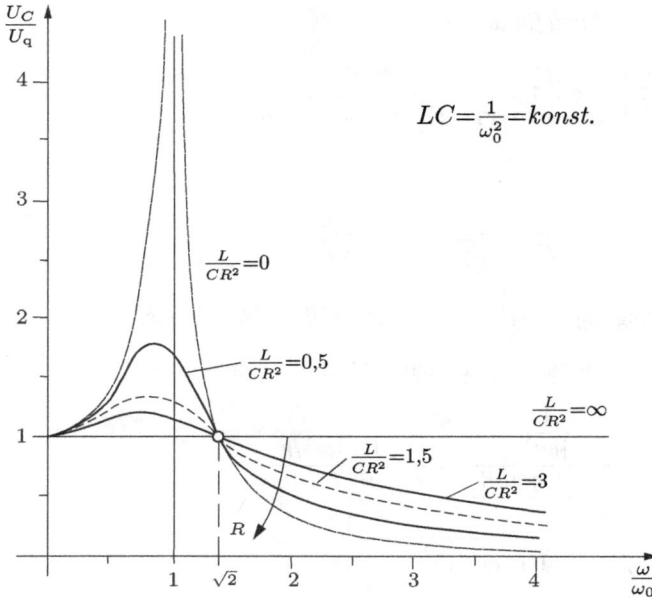

Abb. 7.116: Übertragungsfunktionen U_C/U_q der RLC-Gruppenschaltung in Bild 7.110c abhängig, vom gewählten Wert R des ohmschen Widerstands.

Diese Gleichung hat die Lösungen $\omega_{11} = 0$ und

$$\omega_{12} = \sqrt{\frac{2}{LC}} = \omega_0\sqrt{2}. \tag{7.196}$$

Das bedeutet: Wenn das Produkt LC konstant gehalten und nur R verändert wird, so schneiden sich alle Kurven der Kurvenschar $U_C/U_q = f(\omega; R)$ in dem gemeinsamen Punkt $\omega/\omega_0 = \sqrt{2}$; $U_C/U_q = 1$, was auch in Bild 7.116 zu erkennen ist.

Beispiel 7.28: Boucherot-Schaltung.
Der Strom $\underline{I}_R$ in der Schaltung 7.110d ist gesucht.

Lösung
Nach der Stromteilerregel gilt

$$\underline{I}_R = \frac{\frac{1}{j\omega C}}{R + \frac{1}{j\omega C}}\underline{I} = \frac{\frac{1}{j\omega C}}{R + \frac{1}{j\omega C}} \cdot \frac{\underline{U}_q}{j\omega L + \frac{\frac{R}{j\omega C}}{R + \frac{1}{j\omega C}}}$$

$$\underline{I}_R = \frac{\underline{U}_q\frac{1}{j\omega C}}{j\omega L\left(R + \frac{1}{j\omega C}\right) + \frac{R}{j\omega C}} = \frac{\underline{U}_q}{R(1 - \omega^2 LC) + j\omega L}. \tag{7.197}$$

Anmerkung *Speziell für* $\omega = \omega_0 = 1/\sqrt{LC}$ *wird*

$$\underline{I}_R\big|_{\omega=1/\sqrt{LC}} = \frac{U_q}{j\omega L}\bigg|_{\omega=1/\sqrt{LC}} = \frac{U_q}{j\sqrt{L/C}} \,,$$

d. h. wenn der Kondensator eines idealen (d. h. ungedämpften) und bei Resonanz betriebenen Reihenschwingkreises durch einen Parallelwiderstand belastet wird, so hängt der Strom im Belastungswiderstand nicht von dessen Größe R ab.

Im Resonanzfall ist nämlich die Spannung am Kondensator des idealen Reihenschwingkreises unendlich groß. Diese Spannung bricht um so mehr zusammen, je kleiner der Parallelwiderstand R wird, wobei im Resonanzfall die Spannung am Widerstand dem Wert R genau proportional ist, was zu dem von R unabhängigen Wert des Stromes I_R führt.

7.3.4 Kombinationen von Reihen- und Parallelschwingkreisen

Alle bisher behandelten Schwingkreise enthielten nur eine einzige Spule und einen einzigen Kondensator. Es handelte sich immer entweder um einen Parallelschwingkreis (mit einem Impedanzmaximum) oder um einen Reihenschwingkreis (mit einem Impedanzminimum). Schaltungen, wie sie die Bilder 7.119 und 7.121 zeigen, verbinden die Eigenschaften von Parallel- und Reihenschwingkreisen miteinander.

Beispiel 7.29: Ortskurven eines Schwingquarzes.
Für die Schaltung 7.117 (Ersatzschaltung eines Schwingquarzes mit der Halterungskapazität C_1) sollen Ortskurven der Eingangsadmittanz $\underline{Y}$ skizziert werden.

Lösung
Die $\underline{Y}_2$-Ortskurve des Reihenschwingkreises ist ein Kreis (vgl. Bild 7.72c); zu den einzelnen Werten $\underline{Y}_2$ dieser Ortskurve kommt jeweils ein Wert $j\omega C_1$ hinzu, siehe Bild 7.118a. Dadurch entsteht eine Ortskurve, die sich für niedrige Werte ω zunächst sehr dicht an den $\underline{Y}_2$-Kreis anschmiegt, sich aber schließlich ganz davon entfernt und der positiv-imaginären Halbachse asymptotisch annähert.

Diese Ortskurve unterscheidet sich auch dadurch von der $\underline{Y}_2$-Ortskurve, dass sie die reelle Achse bei zwei Kreisfrequenzen schneidet: beim Wert ω_{rr} (Reihenresonanz: in der Nähe von ω_{rr} hat Y ein Maximum) und beim Wert ω_{rp} (Parallelresonanz: in der Nähe von ω_{rp} hat Y ein Minimum). Hierbei gilt $\omega_0 < \omega_{rr} < \omega_{rp}$. Wählt man C_1

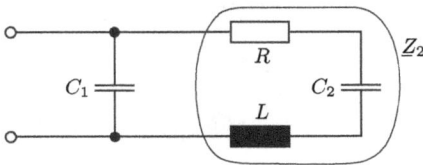

Abb. 7.117: Ersatzschaltung eines Schwingquarzes.

größer als im Fall des Bildes 7.118a, so kommen Ortskurven zustande, die sich mit wachsender Kreisfrequenz ω schneller vom $\underline{Y}_2$-Kreis entfernen. Die beiden Schnittpunkte der Ortskurve mit der reellen Achse rücken immer dichter zusammen und fallen für einen bestimmten Wert von C_1 schließlich aufeinander. Für noch größere Werte von C_1 existiert überhaupt keine Phasenresonanz mehr (Bild 7.118b).

Beispiel 7.30: Phasenresonanzen einer Reihenschaltung aus Reihen- und Parallelschwingkreis.
Gesucht sind Ortskurven $\underline{Z} = f(\omega; {}^L/_C)$ für die in Bild 7.119 dargestellte Schaltung; der ohmsche Widerstand R und das Produkt $L \cdot C$ sollen konstant gehalten werden. Welche (Phasen-) Resonanzfrequenzen treten auf?

Lösung
Der Reihen- und der Parallelschwingkreis haben beide die gleiche Resonanzkreisfrequenz $\omega_0 = 1/\sqrt{LC}$. In den Bildern 7.120a und b sind die Ortskurven des Reihen- und Parallelschwingkreises dargestellt, deren Werte $\underline{Z}_\mathrm{r}$ und $\underline{Z}_\mathrm{p}$ man für beliebige Frequen-

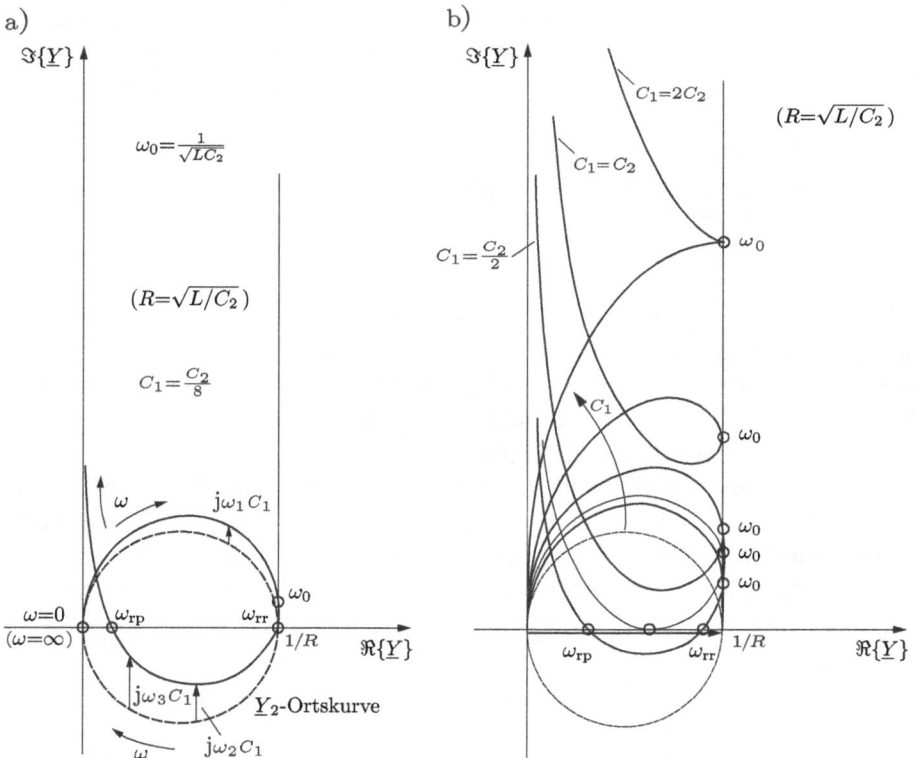

Abb. 7.118: Y-Ortskurven zu Bild 7.117.

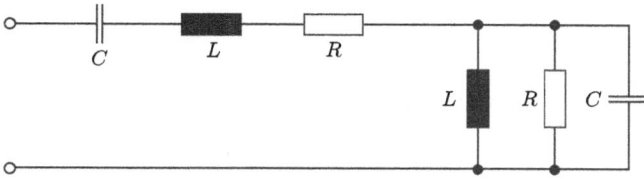

Abb. 7.119: Zusammengesetzter Schwingkreis.

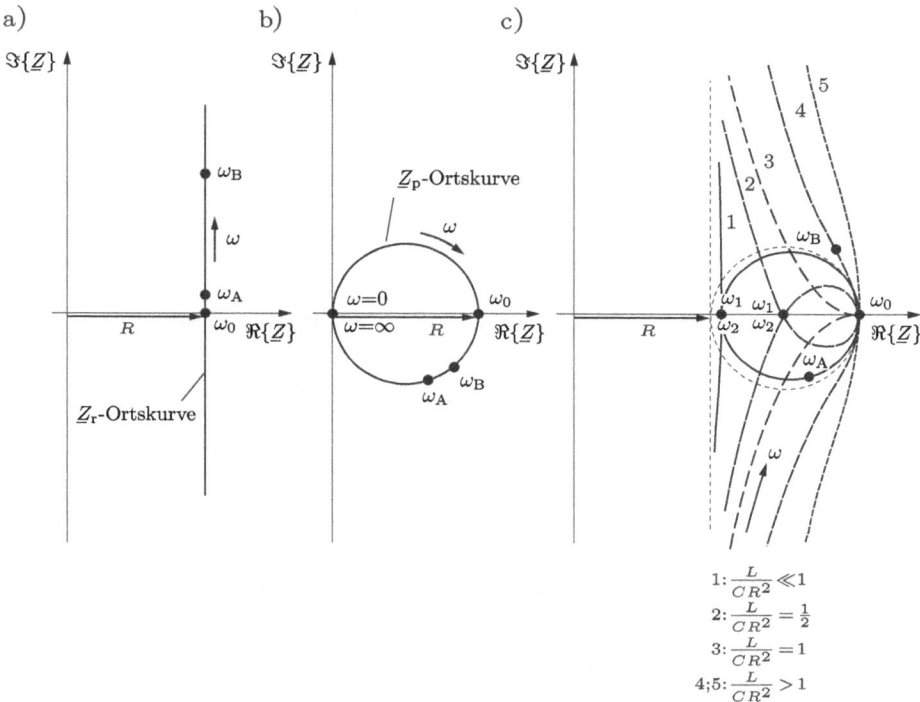

$$1: \frac{L}{C R^2} \ll 1$$
$$2: \frac{L}{C R^2} = \frac{1}{2}$$
$$3: \frac{L}{C R^2} = 1$$
$$4; 5: \frac{L}{C R^2} > 1$$

Abb. 7.120: Ortskurven eines zusammengesetzten Schwingkreises.

zen bestimmen und zu einer resultierenden Ortskurve zusammenfügen kann. Deren Verlauf hängt stark von der Größe L/C ab. Für $\omega = \omega_0$ ist $\underline{Z} = 2R$, und zwar für alle Parameter L/C.

Ist L/C klein und erhöht man z. B. ω von ω_0 aus auf den Wert ω_A, so wird auf der $\underline{Z}_p$-Ortskurve von ω_0 aus ein größeres Ortskurvenstück durchlaufen als auf der $\underline{Z}_r$-Ortskurve. Daher ergibt sich für einen kleinen Wert L/C z. B. die $\underline{Z}$-Ortskurve 1, die sich in der Nähe von ω_0 dem $\underline{Z}_p$-Kreis anschmiegt (Bild 7.120c).

Ist dagegen L/C groß und erhöht man z. B. ω von ω_0 aus auf ω_B, so wird auf der $\underline{Z}_r$-Ortskurve von ω_0 aus ein größeres Ortskurvenstück durchlaufen als auf der $\underline{Z}_p$-Ortskurve. Daher erhält man für einen großen Wert L/C z. B. die $\underline{Z}$-Ortskurve 4.

Die Schaltung 7.119 hat die Impedanz

$$\underline{Z} = R + j\left(\omega L - \frac{1}{\omega C}\right) + \frac{1}{G + j\left(\omega C - \frac{1}{\omega L}\right)}$$

($G = 1/R$). Ihr Imaginärteil ist

$$\mathfrak{J}\{\underline{Z}\} = \frac{\left(\omega L - \frac{1}{\omega C}\right)\left[G^2 + \left(\omega C - \frac{1}{\omega L}\right)^2\right] - \left(\omega C - \frac{1}{\omega L}\right)}{G^2 + \left(\omega C - \frac{1}{\omega L}\right)^2} \ .$$

Phasenresonanz ergibt sich für $\mathfrak{J}\{\underline{Z}\} = 0$, also wenn

$$\left(\omega L - \frac{1}{\omega C}\right)\left[G^2 + \left(\omega C - \frac{1}{\omega L}\right)^2\right] = \omega C - \frac{1}{\omega L}$$

wird. Hieraus folgt mit den Abkürzungen

$$\omega^2 LC = x \quad \text{und} \quad a = \frac{L}{CR^2}$$

als Bestimmungsgleichung für die Stellen x, bei denen $\mathfrak{J}\{\underline{Z}\} = 0$ wird:

$$x^3 - (4-a)x^2 + (4-a)x - 1 = 0.$$

Mit der zusätzlichen Abkürzung $b = 4 - a$ erhält man

$$x^3 - bx^2 + bx - 1 = 0 \ . \tag{7.198}$$

Diese kubische Gleichung ist leicht lösbar, da eine Lösung (nämlich $\omega_0^2 LC = 1$, d. h. $x_0 = 1$) schon bekannt ist. Es ist also zweckmäßig, die kubische Gleichung durch $(x-1)$ zu dividieren:

$$(x^3 - bx^2 + bx - 1) : (x - 1) = x^2 + (1-b)x + 1 \ .$$

Die Lösungen der quadratischen Gleichung

$$x^2 + (1-b)x + 1 = 0$$

sind

$$\left.\begin{matrix} x_1 \\ x_2 \end{matrix}\right\} = \frac{3-a}{2} \pm \sqrt{\frac{a^2}{4} - \frac{3a}{2} + \frac{5}{4}} \ .$$

Für $a > 1$ werden x_1, x_2 entweder negativ reell ($a \geq 5$), imaginär ($a = 3$) oder komplex; für $L/CR^2 = a > 1$ ergeben sich demnach keine reellen Lösungen ω. Für $a = 1$ wird $x_1 = x_2 = 1$, diese Lösungen fallen mit $x_0 = 1$ zusammen. Im Bereich $1 > a \geq 0$ erhält man für x_1, x_2 positive Wertepaare, also auch für ω_1, ω_2. So ergibt sich z. B. für

$$\frac{L}{CR^2} = a = \frac{1}{2}$$

das Wertepaar

$$\left.\begin{array}{r} x_1 \\ x_2 \end{array}\right\} = \frac{5}{4} \pm \sqrt{\frac{9}{16}} = \frac{5}{4} \pm \frac{3}{4} = \left\{\begin{array}{l} 2 \\ 0{,}5 \end{array}\right.$$

$$\omega_1 = \sqrt{\frac{2}{LC}}\,; \quad \omega_2 = \sqrt{\frac{1}{2LC}}\,.$$

Im Grenzfall $a = L/CR^2 = 0$ wird

$$\left.\begin{array}{r} x_1 \\ x_2 \end{array}\right\} = \frac{1}{2}(3 \pm \sqrt{5})\,.$$

Für den Realteil von $\underline{Z}$ gilt übrigens

$$\mathbb{R}\{\underline{Z}\} = \frac{R[(\omega LG)^2 + (\omega^2 LC - 1)^2] + (\omega L)^2 G}{(\omega LG)^2 + (\omega^2 LC - 1)^2}$$

$$= R\frac{2(\omega LG)^2 + (\omega^2 LC - 1)^2}{(\omega LG)^2 + (\omega^2 LC - 1)^2} = R\frac{2ax + (x-1)^2}{ax + (x-1)^2}\,.$$

Im Falle der Phasenresonanz $\omega_0 = 1/\sqrt{LC}$, $x_0 = 1$ bestätigt diese Gleichung, dass

$$\underline{Z}|_{\omega=\omega_0} = \mathbb{R}\{\underline{Z}\}|_{\omega=\omega_0} = 2R$$

wird, und zwar für alle Werte von $a = L/CR^2$. Für $a = 0{,}5$ und $x = x_1 = 2$ wird

$$\underline{Z} = \mathbb{R}\{\underline{Z}\} = \frac{3}{2}R\,;$$

dies ergibt sich auch für $a = 0{,}5$; $x = x_2 = 0{,}5$. Das heißt, die $\underline{Z}$-Ortskurve mit $a = 0{,}5$ erreicht an den Stellen ω_1 und ω_2 den gleichen Wert: Kurve 2 in Bild 7.120c. Nimmt nun a noch größere Werte an und geht schließlich gegen 1, so fallen die beiden Lösungen ω_1 und ω_2 mit ω_0 zusammen: die Schleife hat sich vollständig zusammengeschnürt und ist zur Spitze geworden (Kurve 3). Für $a > 1$ entstehen dann beispielsweise die Kurven 4 und 5.

Beispiel 7.31: Reaktanzzweipol.
a) *Gesucht sind die Resonanzfrequenzen der Parallelschaltung zweier idealer Reihenschwingkreise (Bild 7.121).*
b) *Da die ohmschen Verluste der beiden Schwingkreise gemäß Bild 7.121 vernachlässigt werden, wird die Impedanz $\underline{Z}(\omega)$ rein imaginär:*

$$\underline{Z}(\omega) = \mathrm{j}X(\omega)\,.$$

Die Reaktanzfunktion $X = f(\omega)$ ist zu skizzieren.

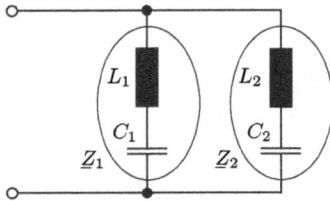

Abb. 7.121: Reaktanzzweipol.

Lösung

a) Die Schaltung hat die Eingangsimpedanz

$$\underline{Z} = \frac{\underline{Z}_1 \underline{Z}_2}{\underline{Z}_1 + \underline{Z}_2} = \frac{\left(j\omega L_1 + \dfrac{1}{j\omega C_1}\right)\left(j\omega L_2 + \dfrac{1}{j\omega C_2}\right)}{j\omega(L_1 + L_2) + \dfrac{1}{j\omega}\left(\dfrac{1}{C_1} + \dfrac{1}{C_2}\right)} . \tag{7.199}$$

Es wird $\underline{Z} = 0$, wenn einer der beiden Faktoren im Zähler verschwindet, also für

$$\omega_{r1} = \frac{1}{\sqrt{L_1 C_1}} \quad \text{und} \quad \omega_{r2} = \frac{1}{\sqrt{L_2 C_2}} ; \tag{7.200a,b}$$

d. h. die Resonanzfrequenzen der beiden Reihenschwingkreise bleiben erhalten: wenn nur einer von ihnen kurzschließt, so ist die gesamte Schaltung kurzgeschlossen (Reihenresonanz). Wenn der Nenner in Gl. (7.199) verschwindet, so wird $\underline{Z} = \infty$; die Schaltung verhält sich nun wie ein Parallelschwingkreis (Parallelresonanz):

$$\omega_p = \frac{1}{\sqrt{(L_1 + L_2)\dfrac{C_1 C_2}{C_1 + C_2}}} . \tag{7.201}$$

Mit den Abkürzungen

$$L = L_1 + L_2$$

für die Induktivität der Reihenschaltung beider Spulen und

$$C = \frac{C_1 C_2}{C_1 + C_2}$$

für die Kapazität der Reihenschaltung beider Kondensatoren wird

$$\omega_p = \frac{1}{\sqrt{LC}} .$$

b) In Bild 7.122a werden die Reaktanzen

$$X_1 = \omega L_1 - \frac{1}{\omega C_1} , \quad X_2 = \omega L_2 - \frac{1}{\omega C_2}$$

a)

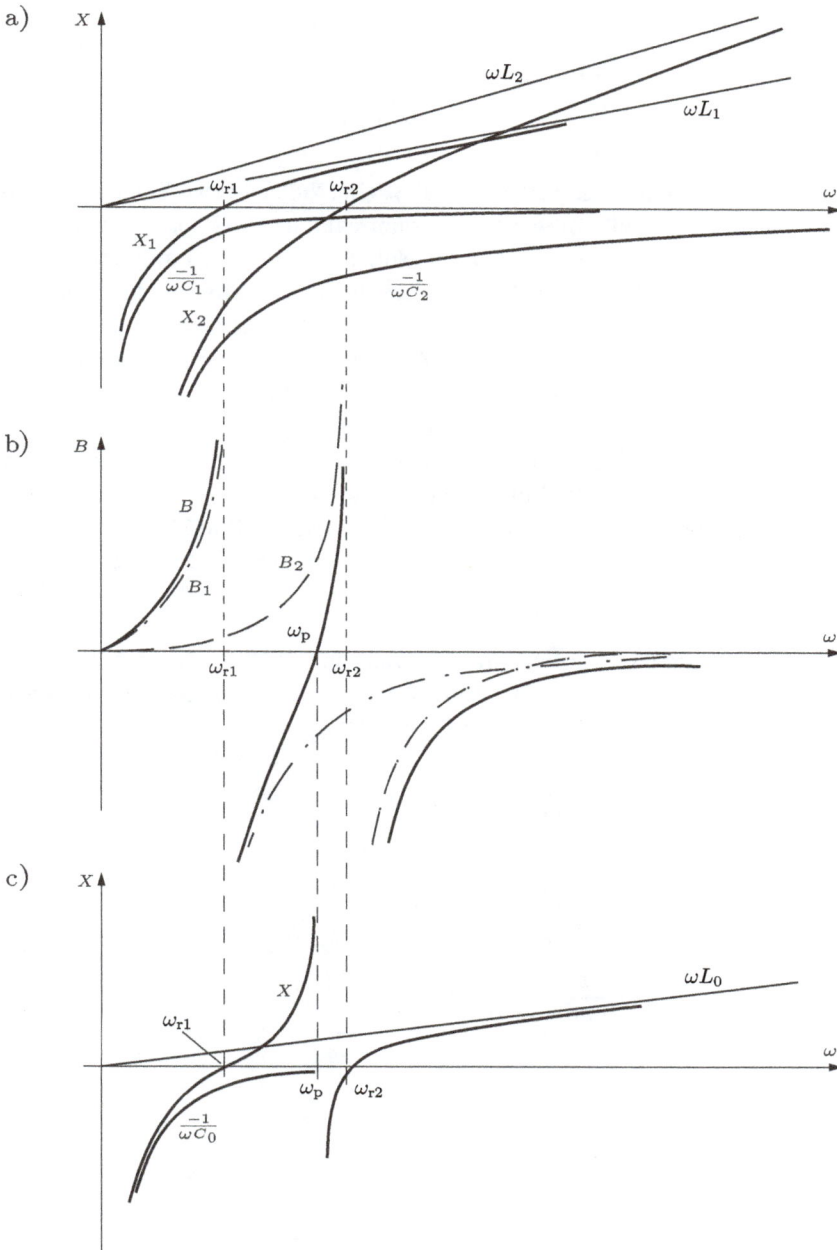

b)

c)

Abb. 7.122: Frequenzabhängigkeit der Blindwiderstände und -leitwerte einer Reaktanzschaltung.

der beiden Reihenschwingkreise dargestellt und in Bild 7.122b die Funktionen

$$B_1 = -\frac{1}{X_1}, \quad B_2 = -\frac{1}{X_2}, \quad B = B_1 + B_2,$$

vgl. Gln. (7.86b) und (7.105b).

Dort wo der Betrag von X_1 einen Pol hat, hat B_1 eine Nullstelle; wo X_1 eine Nullstelle hat, hat B_1 einen Pol. In Bild 7.122c ist die Gesamtreaktanz $X = -1/B$ skizziert; auch hier ergeben sich aus den Polen von $B(\omega)$ die Nullstellen von $X(\omega)$ und umgekehrt. Für $\omega \approx 0$ verhält sich die Schaltung übrigens wie ein Kondensator mit der Kapazität $C_0 = C_1 + C_2$ und für $\omega \to \infty$ wie eine Spule mit der Induktivität $L_0 = L_1 L_2/(L_1 + L_2)$. In Bild 7.123 wird $Z = |X| = f(\omega)$ dargestellt. Von dieser Funktion ausgehend kann man auch den grundsätzlichen Verlauf der Funktion $Z = f(\omega)$ bei Berücksichtigung ohmscher Verluste abschätzen (gestrichelte Kurve in Bild 7.123).

Für den Sonderfall $L_1 = kL$, $C_1 = C$, $L_2 = L$, $C_2 = kC$ würden die Kreisfrequenzen $\omega_{r1} = \omega_{r2} = \omega_p = 1/\sqrt{kLC}$. Die Schaltung wirkt dann wie ein einfacher Reihenschwingkreis mit Resonanz bei ω_p: Die Kurven für $B_1(\omega)$ und $B_2(\omega)$ in Bild 7.122b haben nun an der gleichen Stelle ihren Pol; daher hat auch $B(\omega) = B_1(\omega) + B_2(\omega)$ nur einen Pol und keine Nullstelle ω_p.

Beispiel 7.32: Übertragungsfunktion eines Reaktanzvierpols (hier: Bandpass).
Die Übertragungsfunktion $\underline{U}_A/\underline{U}_E = f(\Omega)$ eines Reaktanzvierpols (Bild 7.124) soll berechnet und skizziert werden (Frequenznormierung: $\Omega^2 = LC\omega^2$).

Lösung
Für die Ströme $\underline{I}_1$ und $\underline{I}_3$ gilt das Gleichungssystem

$\underline{I}_1$	$\underline{I}_3$	
$j\omega L + \dfrac{1}{j\omega C}$	$-\dfrac{1}{j\omega C}$	$\underline{U}_E$
$-\dfrac{1}{j\omega C}$	$j\omega L + \dfrac{2}{j\omega C}$	0

mit der Lösung

$$\underline{I}_3 = \frac{\underline{U}_E}{j\omega C\left[(j\omega L)^2 + 3\dfrac{j\omega L}{j\omega C} + \left(\dfrac{1}{j\omega C}\right)^2\right]}, \tag{7.202}$$

vgl. Beispiel 2.28 in Band 1. Mit

$$\underline{U}_A = j\omega L\underline{I}_3$$

wird dann

$$\frac{\underline{U}_A}{\underline{U}_E} = \frac{-\omega^2 LC}{1 - 3\omega^2 LC + (\omega^2 LC)^2} = \frac{-\Omega^2}{1 - 3\Omega^2 + \Omega^4} = 1 - \frac{(1 - \Omega^2)^2}{1 - 3\Omega^2 + \Omega^4}. \tag{7.203a,b}$$

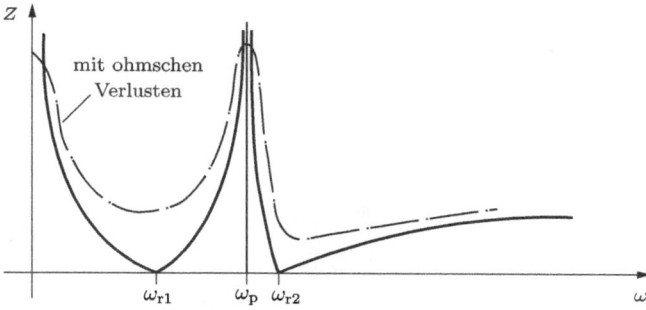

Abb. 7.123: Impedanz Z einer Parallelschaltung zweier Reihenschwingkreise mit und ohne Berücksichtigung ohmscher Verluste.

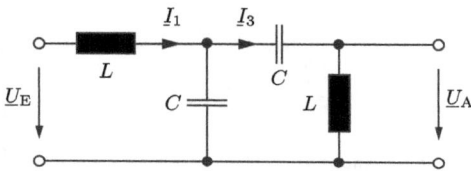

Abb. 7.124: Reaktanzvierpol.

Das Nennerpolynom hat die Wurzeln

$$\left.\begin{array}{r} \Omega_1^2 \\ \Omega_2^2 \end{array}\right\} = \frac{3 \mp \sqrt{5}}{2},$$

es ist also $\Omega_1 \approx 0{,}618$ und $\Omega_2 \approx 1{,}618$. Die Funktion $\underline{U}_A/\underline{U}_E$ hat an diesen Stellen Pole; den Funktionswert 0 nimmt sie nur für $\Omega = 0$ und $\Omega = \infty$ an. Für $\Omega \approx 0$ verhält sie sich in erster Näherung wie die Parabel $-\Omega^2$, hat dort also negative Werte und eine waagrechte Anfangstangente. Die Funktion muss im ganzen Bereich $0 < \Omega < \Omega_1$ negativ bleiben, weil dort Nullstellen oder Pole nicht vorkommen. Damit ist der grundsätzliche Verlauf des Kurvenastes I (Bild 7.125) bekannt, und er kann ohne weitere Rechnung skizziert werden. Oberhalb von Ω_1 springt die Funktion in den Bereich positiver Werte $\underline{U}_A/\underline{U}_E$, in dem sie bis zur Frequenz Ω_2 bleiben muss, weil zwischen Ω_1 und Ω_2 keine Nullstellen oder weiteren Pole vorkommen. Daraus folgt (ohne besondere Extremwertberechnung) zwangsläufig, dass $\underline{U}_A/\underline{U}_E$ im Bereich $\Omega_1 < \Omega < \Omega_2$ (mindestens) ein Minimum haben muss. Damit ist auch der Verlauf des Kurvenastes II bekannt. Da für $\Omega \to \infty$ die Funktion $\underline{U}_A/\underline{U}_E \to 0$ geht und oberhalb von Ω_2 ebenfalls keine Pole und Nullstellen mehr vorkommen, kann auch der Kurvenast III ohne Weiteres skizziert werden. Die Darstellung durch Gl. (7.203b) zeigt, dass der Zähler $(1 - \Omega^2)^2$ eine doppelte Nullstelle bei $\Omega = 1$ hat: U_A/U_E hat also sein Minimum dort. Der Bruch mit dem Zähler $(1 - \Omega^2)^2$ stellt übrigens die Übertragungsfunktion einer Bandsperre dar.

Anmerkung *Das extreme Verhalten der Schaltung (an den zwei Polstellen hätte $\underline{U}_A$ den Wert ∞) ergibt sich hier nur, weil zur Vereinfachung der Rechnung auf die in der Realität immer vorhandenen ohmschen Anteile der Spulen verzichtet wurde.*

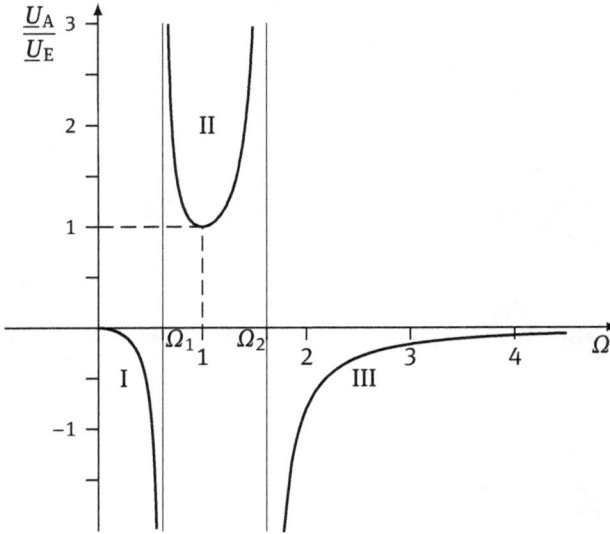

Abb. 7.125: Übertragungsfunktion eines Reaktanzvierpols (Bandpass).

7.4 Die Leistung eingeschwungener Wechselströme und -spannungen

7.4.1 Leistung in Widerstand, Kondensator und Spule

Ein ohmscher Widerstand nimmt die Leistung

$$p_R(t) = u_R(t) \cdot i_R(t) = Ri_R^2(t) = \frac{u_R^2(t)}{R}$$

auf. Speziell für einen eingeschwungenen Sinusstrom wird damit

$$p_R(t) = R\hat{i}_R^2 \sin^2(\omega t + \varphi_i) \,.$$

Der arithmetische Mittelwert dieser pulsierenden Leistung, die mittlere Leistung P_R, ergibt sich dann folgendermaßen (vgl. Abschnitt 7.1.7):

$$P_R = \frac{1}{T} \int_0^T R\hat{i}_R^2 \sin^2(\omega t + \varphi_i)\, \mathrm{d}t = \frac{R\hat{i}_R^2}{T} \int_0^T \frac{1}{2}[1 - \cos 2(\omega t + \varphi_i)]\, \mathrm{d}t \,.$$

Die hierin vorgeschriebene Integration der Schwingung $\cos 2(\omega t + \varphi_i)$ über genau zwei Perioden trägt zum Wert des Integrals nichts bei, vgl. Bild 7.126. Daher wird

$$P_R = R\frac{\hat{i}_R^2}{2} = RI_R^2$$

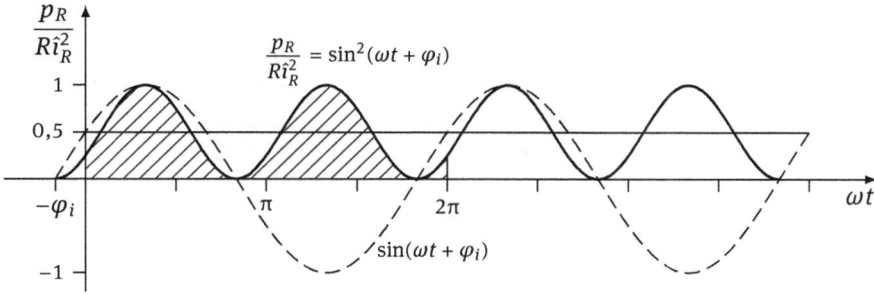

Abb. 7.126: Leistungsaufnahme im ohmschen Widerstand.

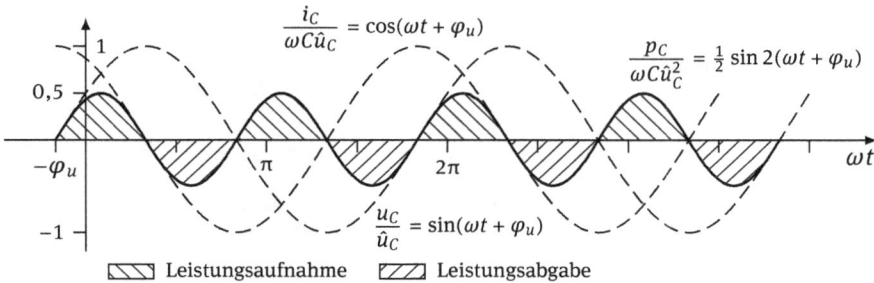

Abb. 7.127: Wechsel von Leistungsaufnahme und -abgabe beim Kondensator.

(I_R = Effektivwert des Stromes, vgl. Abschnitt 7.1.7.4).

Ein Kondensator nimmt die Leistung

$$p_C(t) = u_C(t) \cdot i_C(t) = u_C(t) \cdot C \frac{\mathrm{d}u_C(t)}{\mathrm{d}t}$$

auf. Speziell für eine eingeschwungene Sinusspannung gilt

$$p_C(t) = \hat{u}_C \sin(\omega t + \varphi_u) \cdot \omega C \hat{u}_C \cos(\omega t + \varphi_u) \,.$$

Mit

$$\sin \alpha \cos \alpha = \frac{1}{2} \sin 2\alpha$$

gilt

$$p_C(t) = \frac{1}{2} \omega C \hat{u}_C^2 \sin 2(\omega t + \varphi_u) \,,$$

die Leistung im Kondensator enthält also keinen Gleichanteil: der (arithmetische) Mittelwert der Kondensatorleistung ist null, im Kondensator lösen sich Leistungsaufnahme und Leistungsabgabe ab (Bild 7.127). Das bedeutet: ein Strom und eine Spannung, die um $\pi/2$ gegeneinander verschoben sind, setzen im zeitlichen Mittel keine Leistung um.

$$\frac{u_L}{\omega L \hat{\imath}_L} = \cos(\omega t + \varphi_i)$$

$$\frac{p_L}{\omega L \hat{\imath}_L^2} = \tfrac{1}{2} \sin 2(\omega t + \varphi_i)$$

$$\frac{i_L}{\hat{\imath}_L} = \sin(\omega t + \varphi_i)$$

$\boxtimes$ Leistungsaufnahme $\boxtimes$ Leistungsabgabe

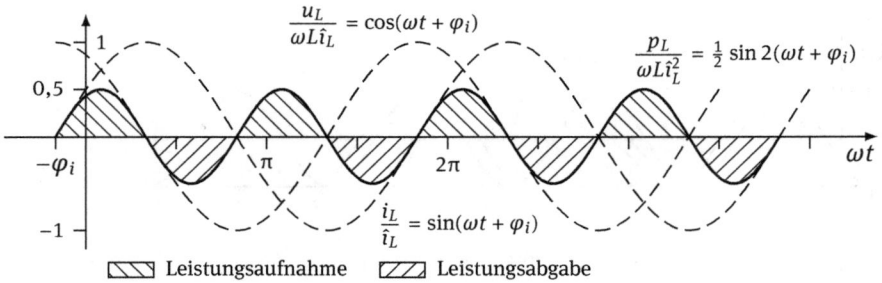

Abb. 7.128: Wechsel von Leistungsaufnahme und -abgabe bei der Spule.

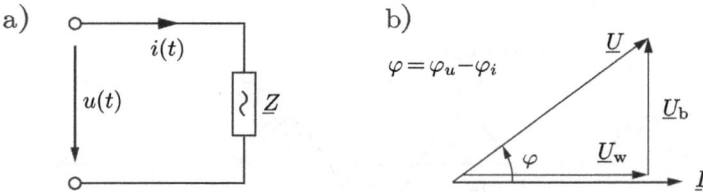

a)

$i(t)$

$u(t)$

$\underline{Z}$

b)

$\varphi = \varphi_u - \varphi_i$

$\underline{U}$

$\underline{U}_b$

φ $\underline{U}_w$

$\underline{I}$

Abb. 7.129: Zusammenhang zwischen Strom und Spannung bei der Impedanz $\underline{Z}$.

Eine Spule nimmt die Leistung

$$p_L(t) = i_L(t)u_L(t) = i_L(t) \cdot L \frac{di_L(t)}{dt}$$

auf. Speziell für einen eingeschwungenen Sinusstrom gilt

$$p_L(t) = \hat{\imath}_L \sin(\omega t + \varphi_i) \cdot \omega L \hat{\imath}_L \cos(\omega t + \varphi_i)$$

$$= \frac{1}{2} \omega L \hat{\imath}_L^2 \sin 2(\omega t + \varphi_i) \,,$$

auch in einer Spule schwingt also die Leistung sinusförmig und enthält keinen Gleichanteil; der Mittelwert der Spulenleistung ist null, in der Spule lösen sich Leistungsaufnahme und -abgabe ab (Bild 7.128).

7.4.2 Wirk-, Blind- und Scheinleistung; Leistungsfaktor

An einer beliebigen Impedanz $\underline{Z}$ (Bild 7.129a) können wir den eingeschwungenen Zustand folgendermaßen beschreiben:

$$i(t) = \hat{\imath} \cos \omega t \,; \qquad u(t) = \hat{u} \cos(\omega t + \varphi) \,.$$

Hierbei ist die Nullphase des Stromes gleich null angenommen worden (d. h. im Zeitpunkt eines Strommaximums wird willkürlich $t = 0$ gesetzt); φ ist der Winkel, um den

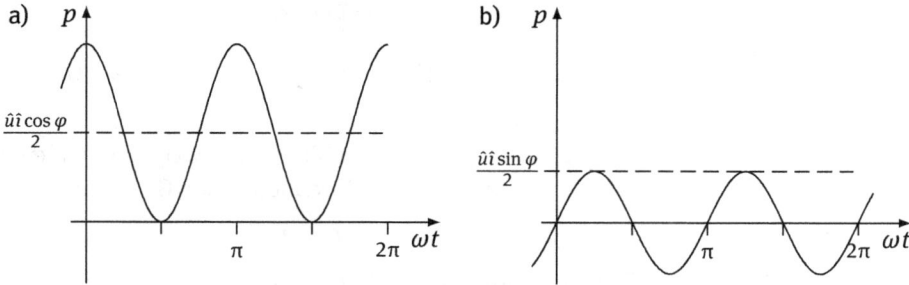

Abb. 7.130: Zur Definition von Wirk- und Blindleistung in einer Impedanz.

die Spannung gegenüber dem Strom voreilt. Die Impedanz $\underline{Z}$ nimmt folgende Leistung auf:

$$p(t) = u(t) \cdot i(t) = \hat{u}\hat{\imath} \cos \omega t \cdot (\cos \omega t \cdot \cos \varphi - \sin \omega t \cdot \sin \varphi)$$

$$= \hat{u}\hat{\imath} \cos \varphi \cdot \cos^2 \omega t - \hat{u}\hat{\imath} \sin \varphi \cdot \cos \omega t \cdot \sin \omega t$$

$$p(t) = \frac{\hat{u}\hat{\imath}}{2} \cos \varphi \cdot (1 + \cos 2\omega t) - \frac{\hat{u}\hat{\imath}}{2} \sin \varphi \cdot \sin 2\omega t \ . \tag{7.204}$$

In diese Darstellung lassen sich die im vorigen Abschnitt 7.4.1 beschriebenen Fälle ohne weiteres als Sonderfälle einordnen. Der erste Summand auf der rechten Seite der Gl. (7.204) ist in Bild 7.130a, der zweite in Bild 7.130b dargestellt.

Die Schwingung in Bild 7.130a ergibt den zeitlichen Mittelwert

$$P = \frac{\hat{u}\hat{\imath}}{2} \cos \varphi = UI \cos \varphi \tag{7.205a}$$

den man auch als **Wirkleistung** bezeichnet. Als Wirkleistung bezeichnet man darüber hinaus auch den arithmetischen Mittelwert einer nichtsinusförmigen periodischen Leistung $p(t)$, vgl. Beispiel 7.33b. Die Schwingung in Bild 7.130b hat den Mittelwert null, und man bezeichnet

$$Q = \frac{\hat{u}\hat{\imath}}{2} \sin \varphi = UI \sin \varphi \tag{7.205b}$$

als **Blindleistung**. Sie ist als Amplitude der in Bild 7.130b dargestellten Leistungsschwingung ein Maß für die Leistung, die periodisch von $\underline{Z}$ aufgenommen und dann wieder abgegeben wird. Im Bereich $-\pi/2 \leq \varphi < 0$ (d. h. Impedanz mit überwiegend kapazitiver Reaktanz) wird Q übrigens negativ. In den Gln. (7.205a,b) bezeichnen U und I die Effektivwerte sinusförmiger Schwingungen:

$$U = \hat{u}/\sqrt{2} \ , \quad I = \hat{\imath}/\sqrt{2} \ ;$$

vgl. Abschnitt 7.2.4 (Einheit der Wirkleistung: 1 W; bei der Blindleistung schreibt man statt der Einheit Watt: 1 var [voltampere reactive]).

Die Summe

$$\underline{S} = P + jQ = UI(\cos \varphi + j \sin \varphi) = UI\, e^{j\varphi} \tag{7.205c}$$

bezeichnet man als **komplexe Scheinleistung**; den Betrag

$$S = \sqrt{P^2 + Q^2} = UI \tag{7.205d}$$

nennt man die (reelle) **Scheinleistung** (Einheit: 1 VA).

Die von uns bisher festgestellte Analogie zwischen Gleich- und Wechselstromlehre erstreckt sich z. B. auf das Ohm'sche Gesetz und die Kirchhoff'schen Gleichungen:

$$R \cdot I = U \quad \text{entspricht} \quad \underline{Z} \cdot \underline{I} = \underline{U} ;$$

$$\sum U = 0 \quad \text{entspricht} \quad \sum \underline{U} = 0 ;$$

$$\sum I = 0 \quad \text{entspricht} \quad \sum \underline{I} = 0 .$$

Sie erstreckt sich aber nicht auf die Formeln zur Leistungsberechnung, wie die Gln. (7.205) zeigen. Insbesondere geht in die Berechnung der Wirkleistung der **Leistungsfaktor** $\cos \varphi$ mit ein, vgl. Gl. (7.205a); man bezeichnet $\cos \varphi$ auch als Wirkfaktor und $\sin \varphi$ als Blindfaktor. Mit dem Ohm'schen Gesetz für den Wechselstromkreis

$$U = ZI$$

kann man für P, Q und S auch schreiben:

$$P = \frac{U^2}{Z} \cos \varphi = I^2 Z \cos \varphi , \tag{7.206a}$$

$$Q = \frac{U^2}{Z} \sin \varphi = I^2 Z \sin \varphi , \tag{7.206b}$$

$$S = \frac{U^2}{Z} = I^2 Z . \tag{7.207}$$

Die Zerlegung in Wirk- und Blindkomponente kann man auch auf Spannungen oder Ströme beziehen. Wenn man sich z. B. die Impedanz $\underline{Z}$ in Bild 7.129 als RL-Reihenschaltung vorstellt, dann setzt sich $\underline{U}$ aus dem mit $\underline{I}$ phasengleichen Anteil $\underline{U}_w$ und dem senkrecht dazu stehenden Anteil $\underline{U}_b$ zusammen (Bild 7.129b), und es gilt wegen

$$U_w = U \cos \varphi ; \quad U_b = U \sin \varphi$$

für P und Q:

$$P = IU_w ; \quad Q = IU_b .$$

In Bild 7.129b ist die Winkeldifferenz zwischen $\underline{U} = U e^{j\varphi_u}$ und $\underline{I} = I e^{j\varphi_i}$:

$$\varphi = \varphi_u - \varphi_i .$$

Daher gilt für die komplexe Scheinleistung auch

$$\underline{S} = UI e^{j\varphi} = U e^{j\varphi_u} \cdot I e^{-j\varphi_i} = \underline{U} \cdot \underline{I}^*$$

$$\underline{S} = P + jQ = \underline{U} \cdot \underline{I}^* . \tag{7.208}$$

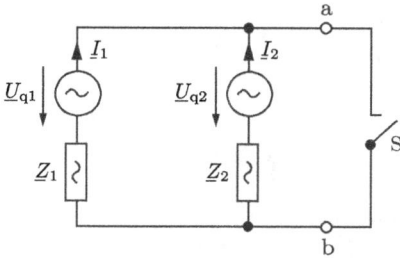

Abb. 7.131: Parallelschaltung zweier Generatoren mit den inneren Impedanzen $\underline{Z}_1$ und $\underline{Z}_2$.

Hieraus folgt

$$P = \mathbb{R}\{\underline{U} \cdot \underline{I}^*\}, \quad Q = \mathfrak{I}\{\underline{U} \cdot \underline{I}^*\} \tag{7.209a,b}$$

und mit den Gln. (7.36f,g)

$$P = \frac{1}{2}(\underline{U} \cdot \underline{I}^* + \underline{U}^* \cdot \underline{I}), \quad Q = \frac{1}{2\,\mathrm{j}}(\underline{U}\underline{I}^* - \underline{U}^*\underline{I}). \tag{7.210a,b}$$

Beispiel 7.33a: Wirk- und Blindleistungen zweier parallelgeschalteter Generatoren.
Für die Spannungen und Impedanzen der Schaltung in Bild 7.131 gelten folgende Zahlenwerte:

$$\underline{U}_{q1} = \mathrm{j}\underline{U}_{q2} = 70\,\mathrm{V}\,;$$
$$\underline{Z}_1 = R_1 + \mathrm{j}X_1 = (8 - \mathrm{j}6)\,\Omega\,;$$
$$\underline{Z}_2 = R_2 + \mathrm{j}X_2 = (6 - \mathrm{j}8)\,\Omega\,.$$

Gesucht sind die Wirk- und Blindleistungen in $\underline{Z}_1$ und $\underline{Z}_2$ für
a) *offenen Schalter S*
b) *geschlossenen Schalter S.*

Lösung
a) Bei offenem Schalter (Leerlauf an den Klemmen a, b) fließt im Generator 1 ($\underline{U}_{q1}, \underline{Z}_1$) der Strom

$$\underline{I}_1 = \underline{I}_{1\mathrm{L}} = \frac{\underline{U}_{q1} - \underline{U}_{q2}}{\underline{Z}_1 + \underline{Z}_2} = \frac{70\,\mathrm{V} + \mathrm{j}70\,\mathrm{V}}{14\,\Omega - \mathrm{j}14\,\Omega} = 5\,\mathrm{A}\frac{1+\mathrm{j}}{1-\mathrm{j}}$$

mit dem Betrag

$$I_{1\mathrm{L}} = 5\,\mathrm{A}\,.$$

Dieser Strom fließt sowohl durch $\underline{Z}_1$ als auch $\underline{Z}_2$. Er bewirkt in dem in $\underline{Z}_1$ enthaltenen ohmschen Widerstand $R_1 = 8\,\Omega$ die Wirkleistung

$$P_{1\mathrm{L}} = R_1 I_{1\mathrm{L}}^2 = 8\,\Omega(5\,\mathrm{A})^2 = \underline{\underline{200\,\mathrm{W}}}$$

und im Widerstand $R_2 = 6\,\Omega$ die Wirkleistung

$$P_{2\mathrm{L}} = R_2 I_{1\mathrm{L}}^2 = 6\,\Omega(5\,\mathrm{A})^2 = \underline{\underline{150\,\mathrm{W}}}\,.$$

Außerdem entsteht in $\underline{Z}_1$ die Blindleistung

$$Q_{1L} = X_1 I_{1L}^2 = -6\,\Omega(5\,\text{A})^2 = \underline{-150\,\text{var}}$$

und in $\underline{Z}_2$

$$Q_{2L} = X_2 I_{1L}^2 = -8\,\Omega(5\,\text{A})^2 = \underline{-200\,\text{var}}\;;$$

beide Blindleistungen sind kapazitiv (negatives Vorzeichen), was sich auch unmittelbar darin zeigt, dass die Imaginärteile der Impedanzen $\underline{Z}_1$ und $\underline{Z}_2$ negativ sind.

b) Ist der Schalter geschlossen, so wird

$$\underline{I}_1 = \underline{I}_{1k} = \frac{U_{q1}}{\underline{Z}_1} = \frac{70\,\text{V}}{2(4-3\,\text{j})\,\Omega}\;;\quad I_{1k} = \frac{70\,\text{V}}{2\cdot 5\,\Omega} = 7\,\text{A}$$

und

$$\underline{I}_2 = \underline{I}_{2k} = \frac{U_{q2}}{\underline{Z}_2} = \frac{-\text{j}70\,\text{V}}{2(3-4\,\text{j})\,\Omega}\;;\quad I_{2k} = \frac{70\,\text{V}}{2\cdot 5\,\Omega} = 7\,\text{A}\,.$$

Die Wirkleistung in $\underline{Z}_1$ ist

$$P_{1k} = R_1 I_{1k}^2 = 8\,\Omega(7\,\text{A})^2 = \underline{392\,\text{W}}$$

und in $\underline{Z}_2$

$$P_{2k} = R_2 I_{2k}^2 = 6\,\Omega(7\,\text{A})^2 = \underline{294\,\text{W}}\,.$$

Die Blindleistung in $\underline{Z}_1$ ist

$$Q_{1k} = X_1 I_{1k}^2 = -6\,\Omega(7\,\text{A})^2 = \underline{-294\,\text{var}}$$

und in $\underline{Z}_2$

$$Q_{2k} = X_2 I_{2k}^2 = -8\,\Omega(7\,\text{A})^2 = \underline{-392\,\text{var}}\,.$$

Beispiel 7.33b: Scheinleistung und Wirkleistung bei nichtsinusförmigem periodischen Stromverlauf; Verzerrungsblindleistung.

An einem Zweipol liegt die Spannung $u(t) = \hat{u}\sin\omega t$, er nimmt den in Bild 7.132 dargestellten Strom auf. Gesucht sind

a) *der Effektivwert I des Stromes $i(t)$,*
b) *der Effektivwert U der Spannung $u(t)$,*
c) *die vom Zweipol aufgenommene Scheinleistung $S = U \cdot I$,*
d) *die von ihm aufgenommene Wirkleistung P.*

Lösung

a) Der Strom $i(t)$ hat den Effektivwert

$$I = \sqrt{\frac{1}{2\pi}\int_0^{2\pi} i^2\,\text{d}\varphi} = \sqrt{\frac{1}{2\pi}\hat{\imath}^2\cdot\frac{4\pi}{3}} = \hat{\imath}\sqrt{\frac{2}{3}} \approx \underline{25\,\text{A}}\,.$$

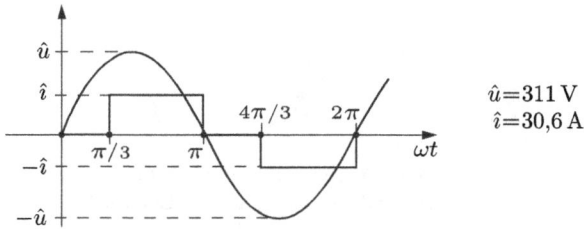

$\hat{u}=311\,\mathrm{V}$
$\hat{\imath}=30,6\,\mathrm{A}$

Abb. 7.132: Sinusspannung und Rechteckstrom.

b) Die Spannung $u(t)$ hat den Effektivwert

$$U = \frac{\hat{u}}{\sqrt{2}} = \frac{311\,\mathrm{V}}{\sqrt{2}} \approx \underline{\underline{220\,\mathrm{V}}}\,.$$

c) Wendet man die Definition, die wir zunächst nur für sinusförmige Strom- und Spannungsverläufe eingeführt hatten, auch in diesem Fall an, so erhält man

$$S = U \cdot I \approx 220\,\mathrm{V} \cdot 25\,\mathrm{A} = \underline{\underline{5500\,\mathrm{VA}}}\,.$$

d) Den arithmetischen Mittelwert der Leistung $p(t) = u(t) \cdot i(t)$ bezeichnen wir als die Wirkleistung P:

$$P = \frac{1}{\pi} \int_{\pi/3}^{\pi} \hat{\imath}\hat{u} \sin \varphi \,\mathrm{d}\varphi = \frac{\hat{\imath}\hat{u}}{\pi} \Big[-\cos \varphi\Big]_{\pi/3}^{\pi}$$

$$P = \frac{\hat{\imath}\hat{u}}{\pi}\left(1 + \cos \frac{\pi}{3}\right) = \frac{1,5}{\pi}\hat{\imath}\hat{u} = \frac{1,5}{\pi}30,6\,\mathrm{A} \cdot 311\,\mathrm{V}$$

$$P \approx \underline{\underline{4544\,\mathrm{W}}}\,.$$

Auch in diesem Fall ist also $P < UI$: die Wirkleistung P ist ebenso wie bei gegeneinander phasenverschobenen sinusförmigen Spannungen und Strömen kleiner als die Scheinleistung S.

Auch hier lässt sich die Größe

$$Q = \sqrt{S^2 - P^2} = 3100\,\mathrm{var}$$

als eine Blindleistung auffassen; sie entsteht vor allem dadurch, dass der Strom eine andere Kurvenform als die Spannung hat (d. h. der Strom ist gegenüber der Spannung verzerrt: Verzerrungsblindleistung).

7.4.3 Blindleistungskompensation

Die in der Gleichstromlehre übliche Definition

$$\eta = \frac{P_{\mathrm{Nutz}}}{P_{\mathrm{Gesamt}}} \tag{2.71}$$

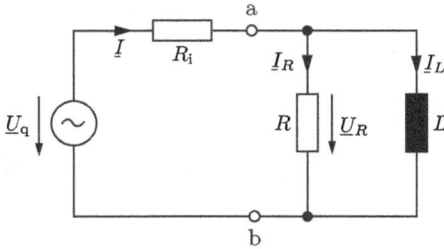

Abb. 7.133: Spannungsquelle mit Innenwiderstand und ohmsch-induktiver Last zur Berechnung des Wirkungsgrades.

für den Leistungswirkungsgrad kann man auch in der Wechselstromlehre weiterverwenden. Sie bleibt dann sinnvoll, wenn P_{Nutz} und P_{Gesamt} Wirkleistungen sind und Blindleistungen nicht in die Betrachtung mit einbezogen werden. Wenn auch die Definition (2.71) Blindleistungen nicht unmittelbar erfasst, so kann sich z. B. die Blindleistungsaufnahme eines Verbrauchers indirekt doch auf den Wirkungsgrad auswirken. Als Beispiel hierzu betrachten wir die Schaltung in Bild 7.133. Ohne die Spule hätte die Schaltung mit dem Nutzwiderstand R den Wirkungsgrad

$$\eta_1 = \frac{R}{R + R_i} \,,$$

vgl. Gl. (2.75). Die Spule parallel zum Widerstand R vergrößert den Strom $\underline{I}$ im inneren Widerstand R_i, so dass hier die Verlustleistung zunimmt; zugleich wird die Spannung U_R an R kleiner, wodurch die Nutzleistung abnimmt: der Wirkungsgrad verschlechtert sich also durch die Spule, obwohl diese selbst nur Blindleistung aufnimmt.

Im Einzelnen gilt Folgendes: Die Verlustleistung in R_i ist

$$P_i = R_i I^2 = R_i(I_R^2 + I_L^2) \,, \tag{7.211}$$

die Nutzleistung in R ist

$$P_N = R I_R^2 \,. \tag{7.212}$$

Für die Stromaufteilung auf die parallelgeschalteten Schaltungselemente R und L gilt

$$\frac{I_L}{I_R} = \frac{1/\omega L}{1/R} = \frac{R}{\omega L} \,,$$

daher wird

$$I_L^2 = \left(\frac{R}{\omega L} \right)^2 I_R^2 \,.$$

Dies setzen wir in Gl. (7.211) ein und erhalten

$$P_i = R_i I_R^2 \left[1 + \left(\frac{R}{\omega L} \right)^2 \right] \,. \tag{7.213}$$

Mit dieser Gleichung und Gl. (2.71) ergibt sich dann als Wirkungsgrad der Schaltung mit Spule

$$\eta_2 = \frac{P_N}{P_N + P_i} = \frac{R I_R^2}{R I_R^2 + R_i I_R^2 \left[1 + \left(\frac{R}{\omega L} \right)^2 \right]}$$

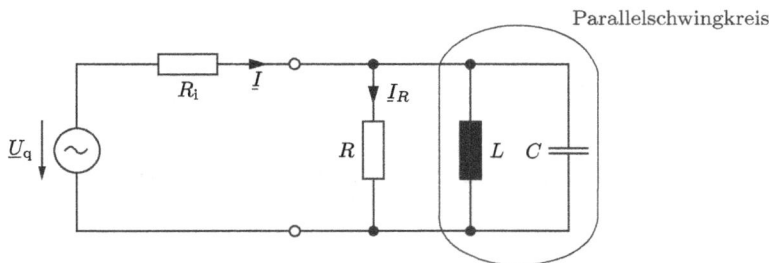

Abb. 7.134: Kompensation der induktiven Blindleistung durch einen Kondensator.

$$\eta_2 = \frac{R}{R + R_i + R_i \left(\frac{R}{\omega L}\right)^2} \cdot \tag{7.214}$$

Wenn z. B.

$$R = R_i = \omega L$$

ist, gilt

$$\eta_1 = \frac{1}{2} \quad \text{und} \quad \eta_2 = \frac{1}{3} \cdot$$

Zur Verbesserung des Wirkungsgrades kann man eine positive Blindleistung ($Q > 0$) in einem Verbraucher mit induktiver Komponente durch die negative Blindleistung ($Q < 0$) eines Kondensators kompensieren (Bild 7.134).

Totale Blindleistungskompensation erreicht man in diesem Fall, indem man C so wählt, dass der entstehende Parallelschwingkreis in Resonanz gerät:

$$C = \frac{1}{\omega^2 L} \cdot$$

In diesem Fall hat die LC-Parallelschaltung die Impedanz $\underline{Z} = \infty$, sie nimmt also keinen Strom auf, und es wird $\underline{I} = \underline{I}_R$; die gesamte Schaltung hat nun den Wirkungsgrad η_1. Vergleiche Beispiel 7.13.

7.4.4 Leistungsanpassung

Wenn die Impedanz $\underline{Z}_a$ eines Verbrauchers so gewählt wird, dass sie einer vorgegebenen Wechselspannungsquelle (mit der inneren Impedanz $\underline{Z}_i$, siehe Bild 7.135) die maximal mögliche Wirkleistung P_a entnimmt, so spricht man von Leistungsanpassung. Für die Wirkleistung in $\underline{Z}_a$ gilt

$$P_a = R_a I^2 = R_a \frac{U_q^2}{|\underline{Z}_a + \underline{Z}_i|^2} = \frac{R_a U_q^2}{|R_a + R_i + j(X_a + X_i)|^2}$$

$$P_a = \frac{R_a U_q^2}{(R_a + R_i)^2 + (X_a + X_i)^2} \cdot \tag{7.215}$$

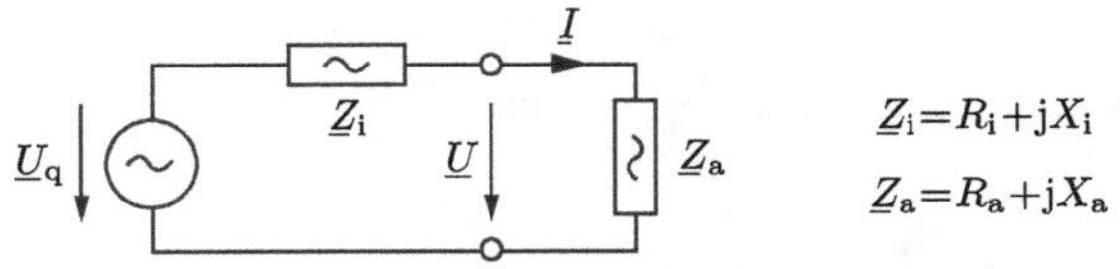

$$\underline{Z}_i = R_i + jX_i$$
$$\underline{Z}_a = R_a + jX_a$$

Abb. 7.135: Verbraucher mit der Impedanz $\underline{Z}_a$ als Belastung einer Quelle mit der inneren Impedanz $\underline{Z}_i$.

Aus der Bedingung

$$\frac{\partial P_a}{\partial X_a} = 0$$

ergibt sich für die angepasste äußere Reaktanz:

$$X_{aA} = -X_i \, . \tag{7.216a}$$

Dass in diesem Fall $P_a = f(X_a)$ ein Maximum hat, ist auch leicht aus Gl. (7.215) unmittelbar zu erkennen. Die Bedingung bedeutet: die Reaktanzen von $\underline{Z}_i$ und $\underline{Z}_a$ kompensieren sich (Resonanzfall). Aus der Bedingung

$$\frac{\partial P_a}{\partial R_a} = 0$$

(für ein Maximum der Leistung in Abhängigkeit von R_a) ergibt sich der angepasste äußere Widerstand R_{aA}:

$$\left. \frac{(R_a + R_i)^2 + (X_a + X_i)^2 - R_a \cdot 2(R_a + R_i)}{[(R_a + R_i)^2 + (X_a + X_i)^2]^2} \right|_{R_a = R_{aA}} = 0$$

$$(R_{aA} + R_i)^2 + (X_a + X_i)^2 = R_{aA}(R_{aA} + R_i)$$

$$R_{aA} = \sqrt{R_i^2 + (X_a + X_i)^2} \, . \tag{7.217}$$

Speziell wenn die Reaktanz-Anpassungsbedingung $X_a = -X_i$ erfüllt ist, wird hieraus

$$R_{aA} = R_i \, . \tag{7.217b}$$

Die beiden Anpassungsbedingungen lassen sich wie folgt zusammenfassen:

$$R_{aA} + jX_{aA} = R_i - jX_i = \underline{Z}_i^*$$

$$\underline{Z}_{aA} = \underline{Z}_i^* \, . \tag{7.218}$$

Völlige Anpassung der äußeren Impedanz an die innere erreicht man also, wenn $\underline{Z}_a$ den konjugiert komplexen Wert von $\underline{Z}_i$ annimmt. Aus der Bedingung (7.217) kann man den optimalen äußeren Widerstand R_a auch für die Fälle berechnen, in denen $X_a \neq -X_i$ ist. Zum Beispiel wird für $X_a = 0$

$$R_{aA} = \sqrt{R_i^2 + X_i^2} = Z_i \, .$$

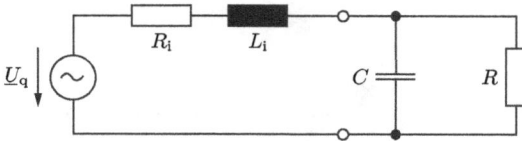

Abb. 7.136: RC-Parallelschaltung als Belastung einer Quelle mit der inneren Impedanz $R_i + j\omega L_i$.

Beispiel 7.34: Anpassung einer RC-Parallelschaltung an die innere Impedanz einer Quelle.

Die Spannung $\underline{U}_q$ und die innere Impedanz $\underline{Z}_i = R_i + j\omega L_i$ einer Wechselspannungsquelle sind gegeben (Bild 7.136). Die Kapazität C und der Widerstand R sollen so bestimmt werden, dass die Leistung in R möglichst groß wird.

Lösung

Aus der Anpassungsbedingung $\underline{Z}_a = \underline{Z}_i^*$ folgt auch

$$\underline{Y}_a = \underline{Y}_i^* \ .$$

Wenn zwei komplexe Größen übereinstimmen, so müssen auch ihre konjugiert komplexen Werte gleich sein:

$$\underline{Y}_a^* = \underline{Y}_i \ .$$

Mit

$$\underline{Y}_a^* = \frac{1}{R} - j\omega C \ ; \qquad \underline{Y}_i = \frac{1}{R_i + j\omega L_i}$$

wird also

$$\frac{1}{R} - j\omega C = \frac{1}{R_i + j\omega L_i} = \frac{R_i}{R_i^2 + (\omega L_i)^2} - \frac{j\omega L_i}{R_i^2 + (\omega L_i)^2}$$

und damit

$$R = \frac{R_i^2 + (\omega L_i)^2}{R_i} \ ; \qquad C = \frac{L_i}{R_i^2 + (\omega L_i)^2} \ .$$

7.5 Der Transformator im eingeschwungenen Zustand

7.5.1 Die Transformatorgleichungen

In Abschnitt 6.3.2 (Band 1) wird die induktive Wechselwirkung beschrieben, die benachbarte Leiterschleifen aufeinander ausüben. Eine besonders starke magnetische Kopplung ergibt sich zwischen Spulen, die auf einen gemeinsamen Eisenkern gewickelt sind (Bild 7.137a); sie bilden einen **Transformator** (Übertrager), dessen Primärseite (Klemmen 1, 1′) galvanisch von der Sekundärseite (Klemmen 2, 2′) getrennt ist. Ein Transformator kann eine an die Primärklemmen angelegte Wechselspannung (primäre Wechselspannung) in eine sekundäre Wechselspannung größerer oder kleinerer

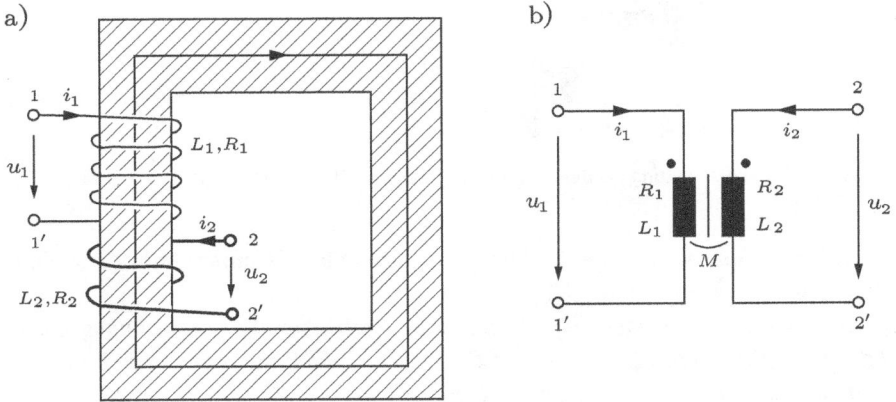

Abb. 7.137: Transformator. (a) Schematischer Aufbau mit zwei Wicklungen, (b) elektrisches Ersatz-schaltbild bei positiver magnetischer Kopplung.

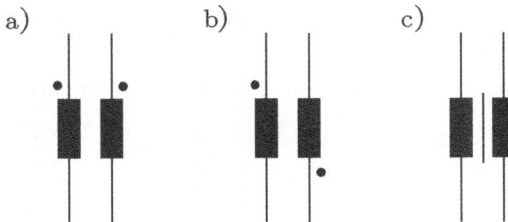

Abb. 7.138: Transformator-Schaltsymbole. (a) mit gleichsinnigen Wicklungen, (b) mit gegensinnigen Wicklungen, (c) mit Eisenkern ohne Kennzeichnung des Wicklungssinns.

Amplitude übersetzen (transformieren); ebenfalls kann er den Strom übersetzen und als Impedanzwandler wirken. In Bild 7.137a ist als Beispiel ein Eisenkern dargestellt, dessen Primärwicklung vier und dessen Sekundärwicklung zwei Windungen hat. Das Schaltbild eines solchen Transformators zeigt Bild 7.137b.

Ob Spulen gleich- oder gegensinnig gekoppelt sind, wird im Schaltbild durch zwei Punkte gekennzeichnet, so wie es die Bilder 7.138a und b zeigen. (Wenn bei beiden Spulen der Strom, der in die Klemme mit dem Punkt eintritt, positiv ist, so haben deren Beiträge zum Hauptfluss die gleiche Richtung.)

Betrachtet man statt der beiden einfachen Leiterschleifen in Bild 6.16 (Band I) zwei Spulen mit N_1 bzw. N_2 Windungen, so ergibt sich aus den Gln. (6.22) nun das Gleichungspaar

$$-u_1 + i_1 R_1 = -N_1 \frac{d\Phi_1}{dt}$$

$$-u_2 + i_2 R_2 = -N_2 \frac{d\Phi_2}{dt}$$

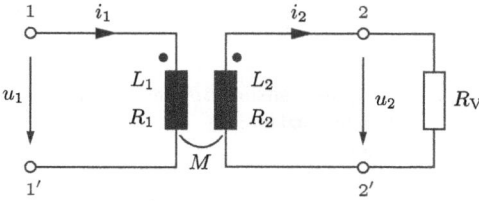

Abb. 7.139: Transformator mit unsymmetrischen Stromzählpfeilen (für die Momentanwerte) und negativer magnetischer Kopplung.

für die beiden Maschen der Schaltung 7.137b, wobei $N_1\Phi_1$ der mit der Wicklung 1 und $N_2\Phi_2$ der mit der Wicklung 2 verkettete Fluss ist. Diese Flüsse sind zu den Strömen i_1 und i_2 proportional. Unter Berücksichtigung der Flussrichtungen ergibt sich:

$$N_1\Phi_1 = L_1 i_1 \pm M i_2 ; \quad N_2\Phi_2 = L_2 i_2 \pm M i_1 .$$

Bedeutung der Vorzeichen:

+ : die Flüsse Φ_1 und Φ_2 fließen in die selbe Richtung – die magnetische Kopplung ist positiv.

− : die Flüsse Φ_1 und Φ_2 fließen in die entgegengesetzte Richtung – die magn. Kopplung ist negativ.

Dies entspricht der Darstellung in den Gln. (6.23) bis (6.28), und es ergeben sich daraus allgemein die Gln. (6.29) für die symmetrische Bepfeilung:

$$-u_1 + i_1 R_1 = -L_1 \frac{di_1}{dt} \mp M \frac{di_2}{dt}$$

$$-u_2 + i_2 R_2 = -L_2 \frac{di_2}{dt} \mp M \frac{di_1}{dt} .$$

Wenn an den Primärklemmen $1, 1'$ eine Spannungsquelle (u_1), an den Sekundärklemmen dagegen ein Verbraucher (R_V) liegt, so ist es zweckmäßig, den Zählpfeil für i_2 umgekehrt wie in Bild 7.137b festzulegen: Bild 7.139 (Kettenbepfeilung). Für dieses Beispiel nehmen die beiden Transformatorgleichungen nun folgende Form an:

$$u_1 = R_1 i_1 + L_1 \frac{di_1}{dt} - M \frac{di_2}{dt} \tag{7.219a}$$

$$-u_2 = R_2 i_2 + L_2 \frac{di_2}{dt} - M \frac{di_1}{dt} . \tag{7.219b}$$

Hieraus folgt im Fall eingeschwungener Ströme und Spannungen für die komplexen Effektivwerte (vgl. Abschnitt 7.2.2.3):

$$\underline{U}_1 = R_1\underline{I}_1 + j\omega L_1\underline{I}_1 - j\omega M\underline{I}_2 \tag{7.220a}$$

$$-\underline{U}_2 = R_2\underline{I}_2 + j\omega L_2\underline{I}_2 - j\omega M\underline{I}_1 ; \tag{7.220b}$$

vgl. Bild 7.140. [Durch das Ändern der Stromrichtung von i_2 wird aus der positiven magnetischen Kopplung in Bild 7.137 eine negative magnetische Kopplung, daher erhalten die induzierten Anteile von L und M jetzt unterschiedliche Vorzeichen.]

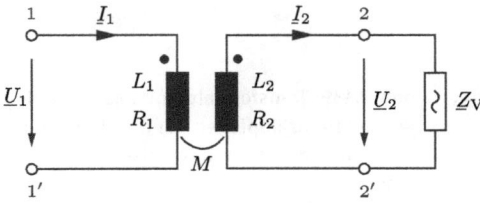

Abb. 7.140: Transformator mit unsymmetrischen Stromzählpfeilen (für die komplexen Effektivwerte) und negativer magnetischer Kopplung.

7.5.2 Der verlustlose Transformator

Wendet man die Transformatorgleichungen (7.220) auf einen verlustlosen Transformator an (verlustlos: die Verluste in den Wicklungswiderständen und mögliche andere Wirkleistungsverluste werden vernachlässigt), so ergibt sich nun wegen

$$R_1 = R_2 = 0 \tag{7.221}$$

das Gleichungspaar

$$\underline{U}_1 = j\omega L_1\underline{I}_1 - j\omega M\underline{I}_2 \tag{7.222a}$$

$$\underline{U}_2 = j\omega M\underline{I}_1 - j\omega L_2\underline{I}_2 \ . \tag{7.222b}$$

Setzt man in der unteren Gleichung

$$\underline{U}_2 = \underline{Z}_V\underline{I}_2 \tag{7.223}$$

(vgl. Bild 7.140), so entsteht

$$\underline{Z}_V\underline{I}_2 = j\omega M\underline{I}_1 - j\omega L_2\underline{I}_2$$

$$\underline{I}_2 = \frac{j\omega M}{\underline{Z}_V + j\omega L_2}\underline{I}_1 \ . \tag{7.224}$$

Das Verhältnis des Sekundärstromes zum Primärstrom ist also beim verlustlosen Transformator

$$\frac{\underline{I}_2}{\underline{I}_1} = \frac{j\omega M}{\underline{Z}_V + j\omega L_2} \ . \tag{7.225}$$

Dividiert man Gl. (7.222a) durch Gl. (7.222b), so erhält man

$$\frac{\underline{U}_1}{\underline{U}_2} = \frac{j\omega L_1\underline{I}_1 - j\omega M\underline{I}_2}{j\omega M\underline{I}_1 - j\omega L_2\underline{I}_2}$$

und mit Gl. (7.225)

$$\frac{\underline{U}_1}{\underline{U}_2} = \frac{j\omega L_1 - \dfrac{(j\omega M)^2}{\underline{Z}_V + j\omega L_2}}{j\omega M - \dfrac{(j\omega)^2 L_2 M}{\underline{Z}_V + j\omega L_2}} = \frac{j\omega L_1(\underline{Z}_V + j\omega L_2) - (j\omega M)^2}{j\omega M(\underline{Z}_V + j\omega L_2) - (j\omega)^2 L_2 M} \ .$$

Das Verhältnis der Sekundär- zur Primärspannung ist beim verlustlosen Transformator demnach

$$\frac{U_2}{U_1} = \frac{j\omega M \underline{Z}_V}{j\omega L_1 \underline{Z}_V + (\omega M)^2 - \omega^2 L_1 L_2} = \frac{j\omega M \underline{Z}_V}{j\omega L_1 \underline{Z}_V - \omega^2 (L_1 L_2 - M^2)} . \tag{7.226}$$

Mit der Abkürzung (vgl. Gl. (7.238)) $\sigma = 1 - M^2/L_1 L_2$ wird hieraus

$$\frac{U_2}{U_1} = \frac{j\omega M \underline{Z}_V}{j\omega L_1 \underline{Z}_V - \omega^2 \sigma L_1 L_2} .$$

7.5.3 Der verlust- und streuungsfreie Transformator; Impedanzwandlung

Wenn der gesamte Fluss Φ_1 der Wicklung 1 mit der ganzen Wicklung 2 (vgl. Bild 7.137b) verkettet ist, so gilt für diese streuungsfrei und magnetisch positiv gekoppelten Wicklungen:

$$\Phi_1 = \Phi_2 = \Phi = \Phi_{11} + \Phi_{12} = \Phi_{21} + \Phi_{22} , \tag{7.227}$$

vgl. Gln. (6.25) und (6.26) in Band 1. Hierbei bezeichnet Φ_{11} den Flussanteil, der in der Wicklung 1 vom Strom i_1 erzeugt wird; und Φ_{12} ist der Flussanteil, der in der Wicklung 1 vom Strom i_2 erzeugt wird (1. Index: Entstehungsort; 2. Index: Ursache). Φ_{21} ist der vom Strom i_1 in der Wicklung 2 hervorgerufene Flussanteil; Φ_{22} ist der Flussanteil, der von i_2 in der Wicklung 2 hervorgerufen wird. Die einzelnen Flussanteile kann man gemäß der Induktivitäts-Definition

$$N\Phi = Li$$

durch die verursachenden Ströme und die Selbstinduktivitäten L_1 und L_2 sowie die Gegeninduktivität M ausdrücken. Damit ergibt sich aus Gl. (7.227):

$$\frac{L_1}{N_1} i_1 + \frac{M}{N_1} i_2 = \frac{M}{N_2} i_1 + \frac{L_2}{N_2} i_2 .$$

Die Koeffizienten von i_1 und i_2 müssen auf beiden Gleichungsseiten übereinstimmen, weil die Gleichung für beliebige Werte von i_1 und i_2 gilt; daher wird

$$\frac{L_1}{N_1} = \frac{M}{N_2} , \quad M = \frac{N_2}{N_1} L_1$$

und

$$\frac{L_2}{N_2} = \frac{M}{N_1} , \quad M = \frac{N_1}{N_2} L_2 .$$

Daraus folgt, dass im **streuungsfreien Transformator**

$$\frac{L_1}{L_2} = \frac{N_1^2}{N_2^2} = \ddot{u}^2 \quad (\ddot{u} = \textbf{Windungszahlverhältnis}) \tag{7.228a}$$

wird (was aber auch in einem Transformator mit Streuung gilt, falls die primär- und die sekundärseitige Durchflutung auf den gleichen magnetischen Leitwert Λ wirken) und außerdem

$$M^2 = L_1 L_2 \tag{7.228b}$$

ist. Setzt man diese beiden Ergebnisse in die Gl. (7.225) ein, so folgt daraus

$$\frac{\underline{I}_2}{\underline{I}_1} = \frac{j\omega \sqrt{L_1 L_2}}{\underline{Z}_V + j\omega L_2} = \sqrt{\frac{L_1}{L_2}} \cdot \frac{j\omega L_2}{\underline{Z}_V + j\omega L_2} .$$

Das Verhältnis des Sekundärstromes zum Primärstrom ist also beim verlust- und streuungsfreien Transformator

$$\frac{\underline{I}_2}{\underline{I}_1} = \frac{N_1}{N_2} \cdot \frac{j\omega L_2}{\underline{Z}_V + j\omega L_2} . \tag{7.229}$$

Setzt man die Beziehungen (7.228a, b) in Gl. (7.226) ein, so wird mit $\underline{Z}_V \neq 0$

$$\frac{\underline{U}_2}{\underline{U}_1} = \frac{j\omega M \underline{Z}_V}{j\omega L_1 \underline{Z}_V} = \frac{M}{L_1} = \frac{\sqrt{L_1 L_2}}{L_1} = \sqrt{\frac{L_2}{L_1}} . \tag{7.230}$$

Das Verhältnis der Sekundär- zur Primärspannung ist beim verlust- und streuungsfreien Transformator demnach

$$\frac{\underline{U}_2}{\underline{U}_1} = \frac{N_2}{N_1} = \frac{1}{\ddot{u}} . \tag{7.231}$$

Eliminiert man in Gl. (7.222a) $\underline{I}_2$ mit Hilfe von Gl. (7.224), so erhält man

$$\frac{\underline{U}_1}{\underline{I}_1} = j\omega L_1 - \frac{(j\omega M)^2}{\underline{Z}_V + j\omega L_2} = \frac{(j\omega)^2 L_1 L_2 + j\omega L_1 \underline{Z}_V - (j\omega)^2 M^2}{\underline{Z}_V + j\omega L_2} .$$

Im verlust- und streuungsfreien Transformator wird daher wegen $M^2 = L_1 L_2$

$$\frac{\underline{U}_1}{\underline{I}_1} = \frac{j\omega L_1 \underline{Z}_V}{j\omega L_2 + \underline{Z}_V} = \frac{j\omega L_1 \cdot \underline{Z}_V \frac{L_1}{L_2}}{j\omega L_1 + \underline{Z}_V \frac{L_1}{L_2}} ,$$

und mit $L_1/L_2 = \ddot{u}^2$ kann man die Eingangsadmittanz $\underline{Y}_1 = \underline{I}_1/\underline{U}_1$ des verlust- und streuungsfreien Transformators folgendermaßen darstellen:

$$\underline{Y}_1 = \frac{\underline{I}_1}{\underline{U}_1} = \frac{j\omega L_1 + \ddot{u}^2 \underline{Z}_V}{j\omega L_1 \cdot \ddot{u}^2 \underline{Z}_V}$$

$$\underline{Y}_1 = \frac{1}{j\omega L_1} + \frac{1}{\ddot{u}^2 \underline{Z}_V} . \tag{7.232}$$

An den Primärklemmen 1, 1' findet man also eine Admittanz vor, die aus der Summe zweier Teiladmittanzen besteht. Das heißt: $\underline{Y}_1$ kann als Parallelschaltung dieser beiden Teiladmittanzen aufgefasst werden: Bild 7.141.

Da die Eingangsadmittanz nicht einfach den Summanden $1/\underline{Z}_V$, sondern $1/(\ddot{u}^2 \underline{Z}_V)$ enthält, sagt man: der Wert $\underline{Z}_V$ wird mit $\ddot{u}^2$ transformiert. Man spricht daher auch von Impedanzwandlung oder Impedanztransformation; siehe auch Beispiel 7.35 (Anpassungsübertrager).

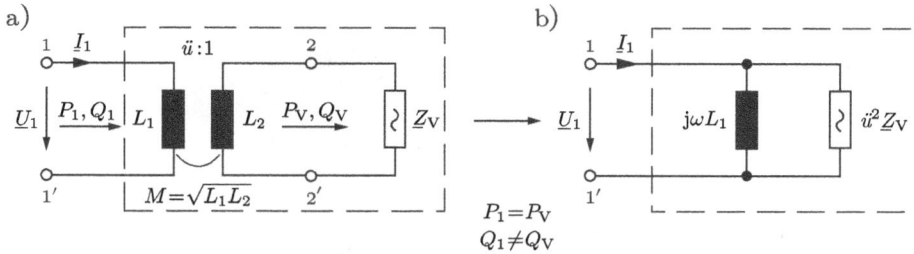

Abb. 7.141: Impedanzwandlung im verlust- und streuungsfreien Transformator.

7.5.4 Der ideale Transformator

Man kann mit den Vernachlässigungen noch weiter gehen als beim verlust- und streuungsfreien Transformator und voraussetzen, dass die Induktivität L_1 in Schaltung 7.141b unendlich groß wird, also einfach in der Parallelschaltung weggelassen werden darf. Einen verlust- und streuungsfreien Transformator, bei dem L_1 und damit auch L_2 und M als unendlich groß angesehen werden, nennt man ideal. Für die Spannungsübersetzung des idealen Übertragers gilt weiterhin Gl. (7.231):

$$\frac{\underline{U}_2}{\underline{U}_1} = \frac{N_2}{N_1} = \frac{1}{\ddot{u}} \, . \tag{7.231}$$

Für seine Stromübersetzung ergibt sich wegen Gl. (7.229) und mit endlichem $\underline{Z}_V$

$$\frac{\underline{I}_2}{\underline{I}_1} = \lim_{L_2 \to \infty} \frac{N_1}{N_2} \cdot \frac{j\omega L_2}{\underline{Z}_V + j\omega L_2}$$

$$\frac{\underline{I}_2}{\underline{I}_1} = \frac{N_1}{N_2} = \ddot{u} \, . \tag{7.233}$$

Die Eingangsadmittanz reduziert sich, wie oben erwähnt, auf den Wert

$$\underline{Y}_e = \frac{1}{\ddot{u}^2 \underline{Z}_V} \, ;$$

die Eingangsimpedanz wird

$$\underline{Z}_e = \ddot{u}^2 \underline{Z}_V \, , \tag{7.234}$$

das heißt der ideale Übertrager transformiert die Ausgangsimpedanz mit $\ddot{u}^2$ auf die Primärseite, und die Zweipolersatzschaltung von Bild 7.141b reduziert sich auf die in Bild 7.142b dargestellte Schaltung.

Diese Schaltung zeigt, dass die gesamte Eingangsleistung vollständig an die Ausgangsimpedanz $\underline{Z}_V$ weitergegeben wird. Der ideale Übertrager ist also ein Vierpol (Schaltung mit vier Anschlussklemmen), der selbst weder Blind- noch Wirkleistung aufnimmt und lediglich Ströme, Spannungen und Impedanzen transformiert. Sein Schaltsymbol ist in Bild 7.142a dargestellt.

a)

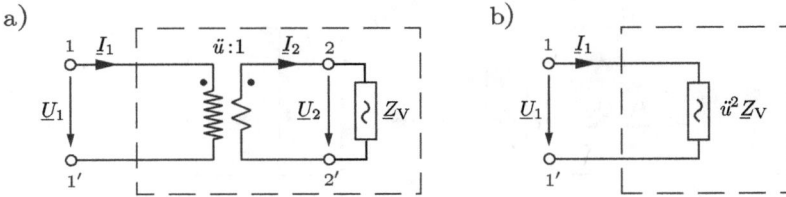

b)

Abb. 7.142: Impedanzwandlung im idealen Übertrager.

a)

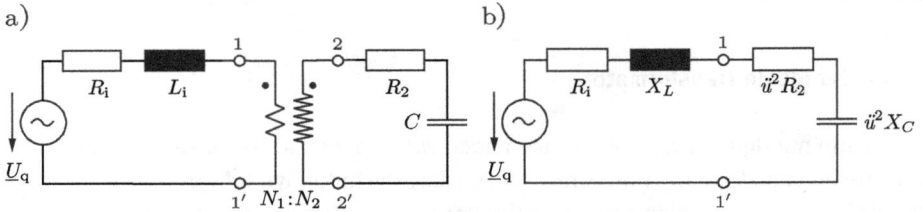

b)

Abb. 7.143: Zur Berechnung eines Anpassungsübertragers.

Beispiel 7.35: Anpassungsübertrager.

Eine Spannungsquelle hat die innere Impedanz $\underline{Z}_i = R_i + j\omega L_i$. Ein Verbraucher mit dem ohmschen Widerstand $R_2 = 400 R_i$ soll eine möglichst große Leistung aufnehmen. Dies kann durch die Schaltung erreicht werden, die in Bild 7.143a dargestellt ist.

Welchen Wert muss das Übersetzungsverhältnis $\ddot{u} = N_1/N_2$ des idealen Übertragers haben? Wie groß muss C werden?

Lösung

Die Quelle gibt an ihrem Klemmenpaar $1, 1'$ die maximale Leistung ab, wenn $\underline{Z}_i = \ddot{u}^2 \underline{Z}_a^*$ ist (vgl. Abschnitt 7.4.4):

$$\ddot{u}^2 R_2 = R_i$$

$$\ddot{u} = \sqrt{\frac{R_i}{R_2}} = \frac{1}{20}$$

und

$$\ddot{u}^2 X_C + X_L = 0, \qquad \frac{\ddot{u}^2}{\omega C} = \omega L, \qquad C = \frac{\ddot{u}^2}{\omega^2 L_i}.$$

Anmerkung *Hiernach wäre die Lösung $N_1 = 1$, $N_2 = 20$ ebenso brauchbar wie z. B. die Lösung $N_1 = 10$, $N_2 = 200$. Bei der Berechnung ist jedoch ein idealer Übertrager ($L_1 \to \infty$) vorausgesetzt worden. Die Forderung $L_1 \to \infty$ wird natürlich umso besser erfüllt, je größer die Windungszahlen N_1, N_2 sind: d. h. $N_1 = 10$, $N_2 = 200$ wäre die bessere Lösung. Näheres hierzu findet man in Abschnitt 7.5.9.*

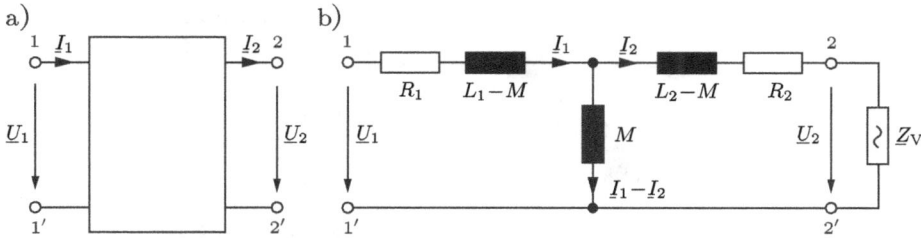

Abb. 7.144: (a) Vierpol mit unsymmetrischer Bepfeilung, (b) Vierpolersatzschaltung des Transformators.

7.5.5 Vierpolersatzschaltungen des eisenfreien Transformators

Alle Vierpole (vgl. Bild 7.144a), deren Klemmenverhalten durch die Transformatorgleichungen (7.220) beschrieben wird, verhalten sich nach außen hin (d. h. an ihren Klemmen 1,1′, 2,2′) wie der Transformator und können daher als Transformator-Ersatzschaltungen verwendet werden.

Zu einer solchen Ersatzschaltung kommt man leicht durch geeignete Umformung der Gln. (7.220a,b), entsprechend dem Übergang von den Gln. (6.29) zu den Gln. (6.30). Mit den hier gewählten Zählpfeilrichtungen und nach dem Übergang zu komplexen Effektivwerten entsteht

$$\underline{U}_1 = R_1\underline{I}_1 + j\omega(L_1 - M)\underline{I}_1 + j\omega M(\underline{I}_1 - \underline{I}_2) \tag{7.235a}$$

$$-\underline{U}_2 = R_2\underline{I}_2 + j\omega(L_2 - M)\underline{I}_2 - j\omega M(\underline{I}_1 - \underline{I}_2) \tag{7.235b}$$

Dieses Gleichungssystem beschreibt die elektrischen Zusammenhänge der Schaltung 7.144b. Die drei Spulen mit den Induktivitäten $L_1 - M$, $L_2 - M$ und M sind hierbei nicht magnetisch (induktiv) gekoppelt. Ein Vorteil der Ersatzschaltung ist also, dass eine Schaltung aus drei ungekoppelten Spulen (gegeninduktivitätsfreie Schaltung) eine Schaltung zweier induktiv gekoppelter Spulen ersetzt. Originale Schaltung (Bild 7.140) und Ersatzschaltung (Bild 7.144b) stimmen nach außen hin (d. h. in Bezug auf die Zusammenhänge zwischen $\underline{U}_1, \underline{I}_1, \underline{U}_2, \underline{I}_2$) überein, nicht dagegen im Innern (so fließt z. B. in der Ersatzschaltung ein Strom von der Größe $\underline{I}_1 - \underline{I}_2$; ein solcher Strom tritt in der ursprünglichen Schaltung nirgendwo auf). Im übrigen ist die Ersatzschaltung in vielen Fällen nicht frequenzunabhängig realisierbar. Zum Beispiel tritt für $L_1 = 100\,\text{mH}$, $L_2 = 1\,\text{mH}$, $M = 5\,\text{mH}$ in der Ersatzschaltung eine negative Induktivität auf: $L_2 - M = -4\,\text{mH}$.

Beliebig viele Ersatzschaltungsmöglichkeiten ergeben sich, wenn man das Gleichungssystem (7.220) in etwas komplizierterer Weise umformt. Vom Summanden $j\omega L_1\underline{I}_1$ in Gl. (7.220a) subtrahiert man nun den Wert $j\omega\nu M\underline{I}_1$ (statt einfach $j\omega M\underline{I}_1$), den man dafür zum Summanden $-j\omega M\underline{I}_2$ wieder hinzufügt; so entsteht die nachfolgende Gl. (7.236a). Die Gl. (7.236b) geht durch ähnliche Umformungen aus Gl. (7.220b)

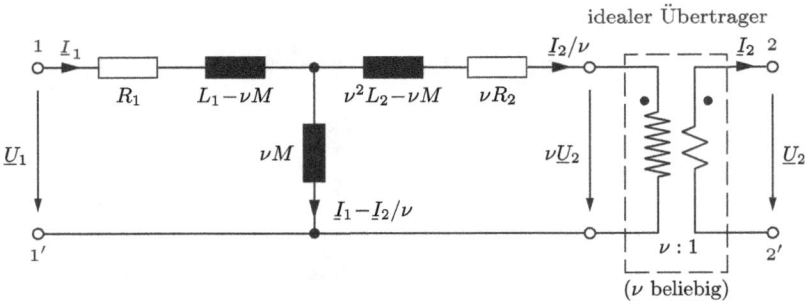

Abb. 7.145: Transformatorersatzschaltung mit idealem Übertrager.

hervor, nur dass hierbei zuvor die ganze Gl. (7.220b) mit v multipliziert wird:

$$\underline{U}_1 = R_1\underline{I}_1 + \mathrm{j}\omega(L_1 - vM)\underline{I}_1 + \mathrm{j}\omega vM(\underline{I}_1 - \underline{I}_2/v) \tag{7.236a}$$

$$-v\underline{U}_2 = v^2 R_2\frac{\underline{I}_2}{v} + \mathrm{j}\omega(v^2 L_2 - vM)\frac{\underline{I}_2}{v} - \mathrm{j}\omega vM(\underline{I}_1 - \underline{I}_2/v)\,. \tag{7.236b}$$

Die Größe v kann beliebige Werte annehmen. Speziell für $v = 1$ ergeben sich die Gln. (7.235a,b). Naheliegend ist es auch, $v = \sqrt{L_1/L_2}$ zu setzen. Die Gln. (7.236) stimmen einerseits mit den Transformatorgleichungen (7.220) überein, stellen andererseits aber auch die beiden Spannungsgleichungen für eine T-Schaltung mit drei magnetisch nicht gekoppelten Spulen und einem idealen Ausgangsübertrager dar, siehe Bild 7.145 (vergl. hierzu auch Beispiel 7.39).

In dieser Ersatzschaltung erscheint ein realer Transformator wie folgt zerlegt: im linken Schaltungsteil werden die Abweichungen des Transformators vom Idealverhalten zusammengefasst: die Wicklungswiderstände R_1 und $v^2 R_2$, die Streuinduktivitäten $(L_1 - vM)$ und $(v^2 L_2 - vM)$ und die endliche Querinduktivität (Hauptinduktivität) vM; der rechte Schaltungsteil übersetzt dann Ströme und Spannungen ideal.

Falls ein Transformator sich fast ideal verhält, gelten auch die Gleichungen (7.231) und (7.233) für Spannungs- und Stromübersetzung nahezu. Dann liegt es nahe, im Ersatzschaltbild eines solchen Transformators $v \approx \ddot{u}$ oder kurzerhand $v = \sqrt{L_1/L_2}$ zu setzen. Nur wenn $M/L_2 \leq v \leq L_1/M$ ist, tritt keine negative Streuinduktivität in der Ersatzschaltung auf. Mit $v = \sqrt{L_1/L_2}$ ergibt sich die Ersatzschaltung, die in Bild 7.146 gezeigt wird. Der in ihr enthaltene ideale Übertrager hat nun das Übersetzungsverhältnis, das auch dann entstünde, wenn Primärwicklung (L_1) und Sekundärwicklung (L_2) tatsächlich einen idealen Übertrager bildeten.

Die drei Induktivitäten in Bild 7.146 können übrigens mit Hilfe der Definition des **Kopplungsfaktors**

$$k = \frac{M}{\sqrt{L_1 L_2}} \tag{7.237}$$

übersichtlicher dargestellt werden. Da M nur im Idealfall totaler Kopplung (d. h. fehlender Streuung) den Wert $M = \sqrt{L_1 L_2}$ erreicht, sonst aber immer kleiner bleibt, ist

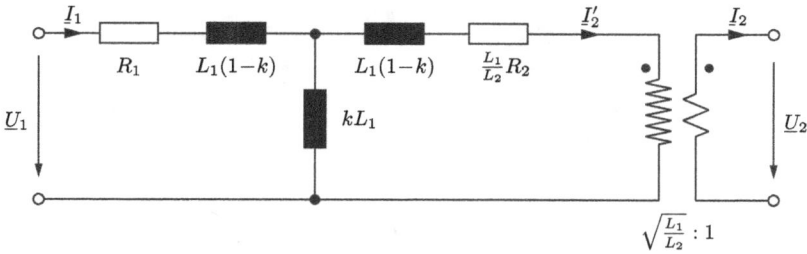

Abb. 7.146: Transformatorersatzschaltung mit symmetrischer T-Schaltung.

beim realen Transformator

$$0 < k < 1 \, ;$$

k ist um so kleiner, je weniger die Primär- und die Sekundärspule miteinander magnetisch gekoppelt sind. Außerdem definiert man noch den Ausdruck

$$\sigma = 1 - \frac{M^2}{L_1 L_2} = 1 - k^2 \qquad (7.238)$$

als Streufaktor, und kann auch schreiben

$$k = \sqrt{1 - \sigma} \, .$$

Mit diesen Definitionen ergibt sich nun für die beiden Längsinduktivitäten (Streuinduktivitäten) in Bild 7.146

$$L_1 - M\sqrt{\frac{L_1}{L_2}} = L_1(1 - k) \, ,$$

wobei auch deutlich wird, dass diese Werte immer positiv sind. Die Hauptinduktivität ist

$$M\sqrt{\frac{L_1}{L_2}} = kL_1 \, .$$

Da v frei wählbar ist, kann diese Größe z. B. auch so bestimmt werden, dass die linke Längsinduktivität (primäre Streuinduktivität) $L_1 - vM$ aus der Ersatzschaltung 7.145 verschwindet:

$$L_1 - vM = 0$$

$$v = \frac{L_1}{M} \, . \qquad (7.239)$$

Wählt man einen größeren Wert v, so wird die primäre Streuinduktivität negativ. Für $v = L_1/M$ wird die sekundäre Streuinduktivität

$$v^2 L_2 - vM = \frac{L_1^2}{M^2} L_2 - L_1 = L_1 \left(\frac{L_1 L_2}{M^2} - 1 \right) = \frac{\sigma}{1 - \sigma} L_1 \, ,$$

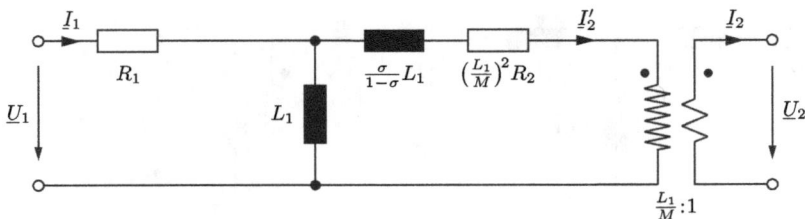

Abb. 7.147: Transformatorersatzschaltung ohne primäre Streuinduktivität.

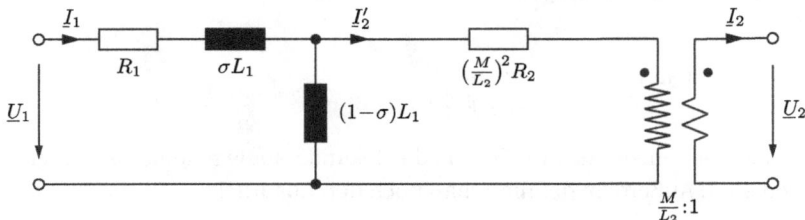

Abb. 7.148: Transformatorersatzschaltung ohne sekundäre Streuinduktivität.

und die Hauptinduktivität

$$\nu M = \frac{L_1}{M} M = L_1 \, ,$$

siehe Bild 7.147.

Die Größe ν kann auch so gewählt werden, dass die sekundäre Streuinduktivität aus Bild 7.145 verschwindet:

$$\nu^2 L_2 - \nu M = 0$$

$$\nu = \frac{M}{L_2} \, . \tag{7.240}$$

Wählt man einen kleineren Wert ν, so wird die sekundäre Streuinduktivität negativ. Für die primäre Streuinduktivität gilt mit $\nu = M/L_2$

$$L_1 - \nu M = L_1 - \frac{M}{L_2} M = L_1 \left(1 - \frac{M^2}{L_1 L_2} \right) = \sigma L_1$$

und für die Hauptinduktivität

$$\nu M = \frac{M^2}{L_2} = L_1 (1 - \sigma) \, ,$$

siehe Bild 7.148. Die drei dargestellten Ersatzschaltungen (Bilder 7.146 bis 7.148) gehen im Grenzfall idealer Kopplung ($k = 1$) in das Ersatzschaltbild 7.149 über.

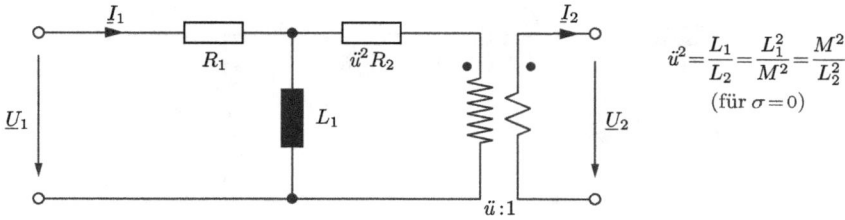

Abb. 7.149: Ersatzschaltung eines streuungsfreien Transformators mit Verlusten.

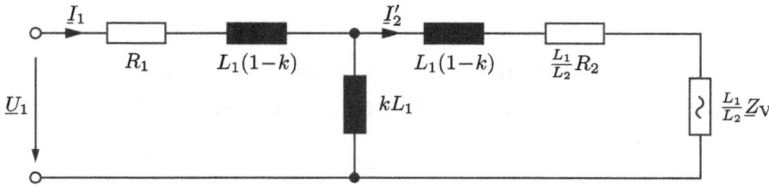

Abb. 7.150: Zweipolersatzschaltung eines Transformators.

7.5.6 Zweipolersatzschaltungen des eisenfreien Transformators

Oft interessiert man sich nur für die Eingangsgrößen (z. B. Eingangswiderstand, Eingangsstrom) eines beliebig belasteten Transformators. In solchen Fällen genügt ein Ersatzbild, in dem die tatsächlichen Werte $\underline{I}_2$, $\underline{U}_2$ gar nicht vorkommen: man ersetzt den mit der Verbraucherimpedanz $\underline{Z}_V$ belasteten idealen Übertrager dann in der Vierpolersatzschaltung einfach durch die transformierte Impedanz $v^2 \underline{Z}_V$. Für die symmetrische Ersatzschaltung (Bild 7.146) führt das zu der Zweipolersatzschaltung in Bild 7.150.

7.5.7 Hysterese- und Wirbelstromverluste im Eisentransformator

Bei der Beschreibung des Transformators und der Herleitung der Ersatzschaltungen sind wir von den Gln. (7.220a,b) ausgegangen. Diese Gleichungen gelten aber nur, wenn die Induktivitäten L_1, L_2, M konstant sind (Linearitätsbedingung), vernachlässigen also die Nichtlinearität der Funktion $\Phi = f(i)$ im Eisen und erst recht die Hysterese, die Ummagnetisierungsverluste verursacht (vgl. Abschnitt 6.2.2).

Außerdem induziert das magnetische Wechselfeld im Eisenkern Wechselspannungen, und so entstehen Wirbelströme, die sich über die Querschnittsfläche der Trafobleche räumlich verteilen und dadurch Wirbelstromverluste bewirken (vgl. auch Abschnitt 10.3).

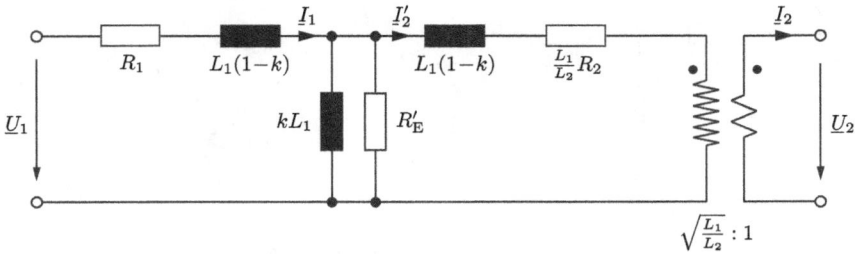

Abb. 7.151: Berücksichtigung der Eisenverluste in einer Transformator-Vierpolersatzschaltung.

Die Ummagnetisierungsverluste (Hystereseverluste) P_H sind frequenzabhängig: sie werden um so größer, je öfter die Hystereseschleife in der Zeiteinheit durchlaufen wird, wachsen also frequenzproportional:

$$P_H \sim f \, , \qquad P_H \sim \omega \, .$$

Ebenfalls frequenzproportional sind die Amplituden der Wirbelströme; deren Leistung P_W wächst (gemäß Beispiel 10.1) mit dem Quadrat der Frequenz:

$$P_W \sim f^2 \, , \qquad P_W \sim \omega^2 \, .$$

Die Summe der bei den Induktionsvorgängen im Eisenkern entstehenden Verluste bezeichnen wir als die **Eisenverluste**

$$P_E = P_H + P_W \, . \tag{7.241}$$

In den Transformatorgleichungen (7.220) sind sie unberücksichtigt geblieben und daher auch in den aus ihnen hergeleiteten Ersatzschaltbildern. Die Eisenverluste können berücksichtigt werden, indem man in einem der Ersatzschaltbilder (Bild 7.146) parallel zur Hauptinduktivität einen ohmschen Widerstand R_E einfügt (Bild 7.151), dessen Größe von der Kreisfrequenz ω und wegen der Nichtlinearität der Magnetisierungskennlinie von den Amplituden $\hat{\imath}_1$ und $\hat{\imath}_2$ der beiden Wicklungsströme abhängt. Die zugehörige Zweipolersatzschaltung (auf die Primärseite bezogene Ersatzschaltung) ist in Bild 7.152 dargestellt. Hierbei weist der Strich an den Größen X'_h, R'_E, $X'_{\sigma 2}$, R'_2, $\underline{Z}'_V$ darauf hin, dass sie auf die Primärseite bezogen sind:

$$X'_{\sigma 2} \approx X_{\sigma 1} = \omega(1-k)L_1 \, ; \qquad X'_h = kL_1 \, ; \qquad R'_2 = \frac{L_1}{L_2}R_2 \, ; \qquad \underline{Z}'_V = \frac{L_1}{L_2}\underline{Z}_V \, .$$

Für typische Leistungstransformatoren ergeben sich bei Nennbelastung aus der Ersatzschaltung (Bild 7.152) Zeigerdiagramme wie das in Bild 7.153 dargestellte (hierbei wurde vorausgesetzt, dass $\underline{Z}_V$ schwach induktiv ist).

Die Hypotenuse des schraffierten Dreiecks (Kapp'sches Dreieck) ist hierbei annähernd die Spannung, die bei sekundärem Kurzschluss ($\underline{Z}_V = 0$) aufgebracht werden muss, damit auf der Primärseite der Nennstrom fließt.

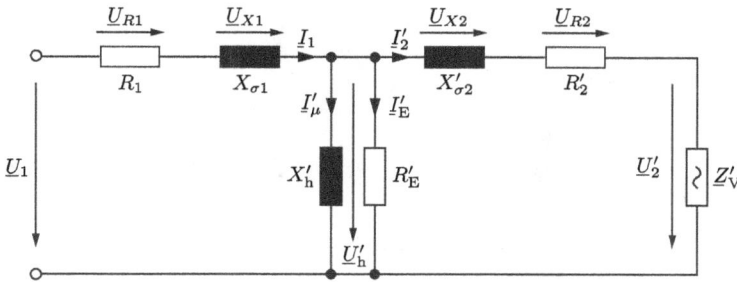

Abb. 7.152: Berücksichtigung der Eisenverluste in einer Zweipolersatzdarstellung des Transformators durch Parallelschalten eines ohmschen Widerstands R'_E zur Hauptreaktanz X'_h.

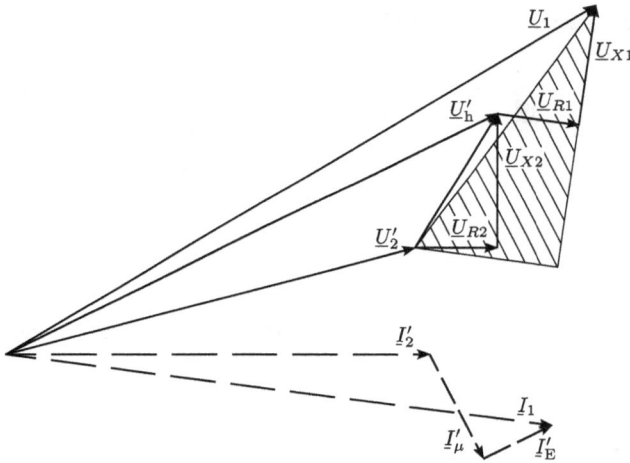

Abb. 7.153: Zeigerdiagramm eines Leistungstransformators bei Nennlast mit Kapp'schem Dreieck.

Beispiel 7.36: Ermittlung eines Ersatzschaltbildes für einen Einphasen-Leistungstransformator aus Leerlauf- und Kurzschlussmessung.

Auf dem Leistungsschild eines 50-Hz-Einphasentransformators sind folgende Werte angegeben:

$$U_{1\mathrm{N}} = 2\,\mathrm{kV} \qquad \text{(primäre Nennspannung)},$$
$$U_{2\mathrm{N}} = 220\,\mathrm{V} \qquad \text{(sekundäre Nennspannung)},$$
$$S_\mathrm{N} = 20\,\mathrm{kVA} \qquad \text{(Nennscheinleistung)}.$$

Der primäre Nennstrom ist also

$$I_{1\mathrm{N}} = \frac{S_\mathrm{N}}{U_{1\mathrm{N}}} = \frac{20\,\mathrm{kVA}}{2\,\mathrm{kV}} = 10\,\mathrm{A}\,.$$

Beim Leerlaufversuch werden mit einem Leistungsmessgerät die Wirkleistung P_{11} und mit einem Strommessgerät der Strom I_{11} gemessen, die an den Primärklemmen aufgenommen

a)

$$I_{1l}=1\,\text{A}$$

$$L_\sigma=(1-k)L_1;\ M'=kL_1$$

$P_{1l}=200\,\text{W}$

R_1 L_σ L_σ R_2'

M' R_E'

$U_{1N}=2\,\text{kV}$

$\underline{I}_\mu'$ $\underline{I}_E'$

$U_{2N}=220\,\text{V}$

$\ddot{u}:1$

b)

$$I_{1N}=10\,\text{A}$$

$P_{1k}=300\,\text{W}$

R_1 L_σ L_σ R_2'

M' R_E'

$U_{1k}=120\,\text{V}$

$\underline{I}_\mu'$ $\underline{I}_E'$

$\ddot{u}:1$

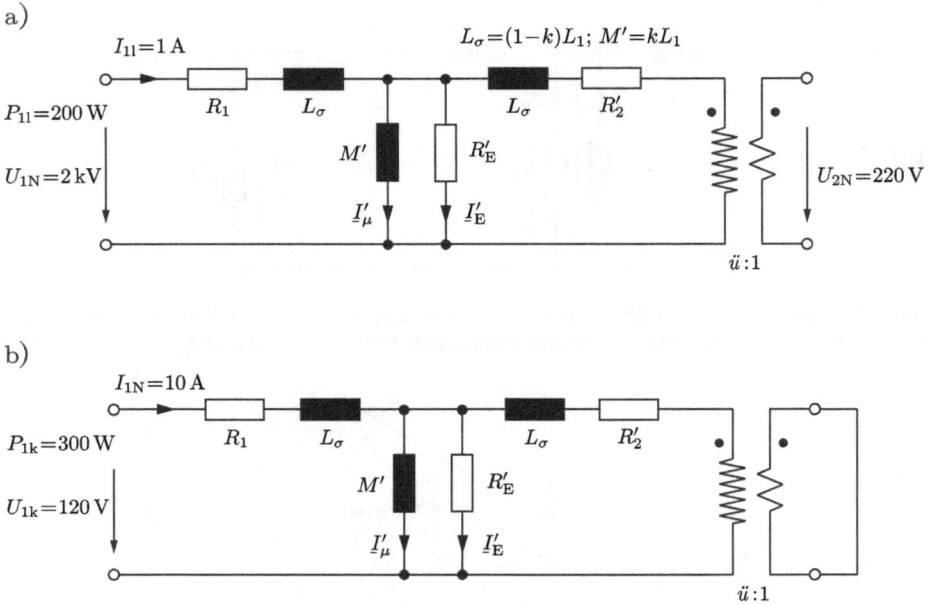

Abb. 7.154: Schaltungen zum Leerlauf- (a) und zum Kurzschlussversuch (b) beim Transformator.

werden, wenn die primäre Nennspannung anliegt und die Sekundärklemmen leer laufen (Bild 7.154a). Hierbei werden folgende Werte gemessen:

$$I_{1l} = 1\,\text{A} ; \qquad P_{1l} = 200\,\text{W} .$$

Beim Kurzschlussversuch (Bild 7.154b) werden die Sekundärklemmen kurzgeschlossen, und die Primärspannung U_1 wird so eingestellt, dass der Primärstrom gerade seinen Nennwert erreicht: $I_{1k} = I_{1N} = 10\,\text{A}$. Auch hierbei wird die Wirkleistung gemessen, die der Transformator an seinen Primärklemmen aufnimmt: $P_{1k} = 300\,\text{W}$. Die Primärspannung hat bei diesem Kurzschlussversuch den Wert $U_{1k} = 120\,\text{V} = 0,06 \cdot U_{1N}$.

Die Primär- und die Sekundärwicklung des Transformators haben das gleiche Volumen. Die Induktivitäten und Widerstände der Ersatzschaltung sollen näherungsweise berechnet werden. Wie groß ist der Wirkungsgrad bei Nennbelastung?

Lösung

Bei einem Leistungstransformator können wir wegen der geringen Streuung und der geringen Kupferverluste in den Wicklungswiderständen R_1 und R_2 davon ausgehen, dass die folgenden Beziehungen gelten:

$$\sqrt{\frac{L_1}{L_2}} \approx \frac{N_1}{N_2} = \ddot{u} \approx \frac{U_{1N}}{U_{2N}} = 9,1$$

$$R_1 \ll R_E', \qquad R_2' \ll R_E', \qquad L_\sigma \ll M' .$$

Im Übrigen ist wegen der gleich großen Spulenvolumina auf Primär- und Sekundärseite

$$R_1 \approx R_2' \,.$$

Beim vorliegenden Transformator ist die sekundäre Windungszahl N_2 kleiner als die primäre:

$$N_2 \approx \frac{U_{2N}}{U_{1N}} N_1 = \frac{220}{2000} N_1 = 0{,}11 N_1 \,.$$

Der Spulendraht der Primärspule muss also $9{,}1$-mal so lang sein wie in der Sekundärspule ($l_1 = 9{,}1 l_2$). Die Sekundärspule kann nur dann das gleiche Volumen wie die Primärspule füllen, wenn ihr Drahtquerschnitt $9{,}1$-mal größer ist als der der Primärspule ($A_2 = 9{,}1 A_1$). Damit gilt

$$R_2 \approx \varrho_{Cu} \frac{l_2}{A_2} \approx \varrho_{Cu} \frac{l_1}{9{,}1^2 A_1} \approx \frac{R_1}{9{,}1^2} \approx \frac{R_1}{\ddot{u}^2} \,,$$

und es wird

$$R_2' \approx R_2 \ddot{u}^2 \approx R_1 \,,$$

d. h. der auf die Primärseite bezogene sekundäre Wicklungswiderstand stimmt mit dem primären Wicklungswiderstand nahezu überein. Bei Leerlauf gilt (vgl. Bild 7.154a) wegen $R_E' \gg R_1$

$$P_{1l} \approx \frac{U_{1l}^2}{R_E'} ;$$

daraus kann R_E' bestimmt werden:

$$R_E' \approx \frac{U_{1l}^2}{P_{1l}} = \frac{(2 \cdot 10^3 \text{ V})^2}{200 \text{ V} \cdot \text{A}} = \underline{\underline{20 \text{ k}\Omega}} \,.$$

Der Strom in diesem Widerstand ist

$$I_E' \approx \frac{U_{1N}}{R_E'} = \frac{2 \text{ kV}}{20 \text{ k}\Omega} = 100 \text{ mA} \,.$$

Wegen $\underline{I}_{1l} = \underline{I}_E' + \underline{I}_\mu' \approx I_E' + j I_\mu'$ wird

$$I_\mu' \approx \sqrt{I_{1l}'^2 - I_E'^2} = 995 \text{ mA}$$

und

$$\omega M' \approx \frac{U_{1N}}{I_\mu'} = \frac{2 \text{ kV}}{995 \text{ mA}} = 2{,}01 \text{ k}\Omega ; \qquad M' \approx \frac{2{,}01 \text{ k}\Omega}{100\pi \cdot \text{s}^{-1}} = \underline{\underline{6{,}4 \text{ H}}} \,.$$

Bei Kurzschluss gilt (vgl. Bild 7.154b) wegen $R_E' \gg R_2'$

$$P_{1k} \approx I_{1N}^2 (R_1 + R_2') \approx I_{1N}^2 \cdot 2 R_1 ;$$

daraus kann R_1 bestimmt werden:

$$R_1 \approx \frac{P_{1k}}{2 I_{1N}^2} = \frac{300 \text{ VA}}{2 \cdot 100 \text{ A}^2} = \underline{\underline{1{,}5 \ \Omega}} \approx R_2' \,.$$

a)

b)

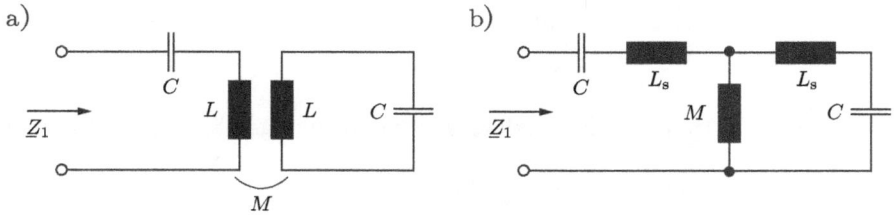

Abb. 7.155: Bandfilter. (a) Schaltung mit magnetisch gekoppelten Wicklungen, (b) T-Ersatzschaltung mit Streuinduktivitäten

Die Eingangsimpedanz hat bei sekundärem Kurzschluss den Betrag

$$Z_{1k} = \frac{U_{1k}}{I_{1N}} \approx 2\sqrt{(\omega L_\sigma)^2 + R_1^2}.$$

Daraus ergibt sich als Streureaktanz

$$\omega L_\sigma \approx \sqrt{\frac{1}{4}\left(\frac{U_{1k}}{I_{1N}}\right)^2 - R_1^2} = \sqrt{6^2 - 1{,}5^2}\ \Omega \approx 5{,}8\ \Omega$$

und als Streuinduktivität

$$L_\sigma \approx \frac{5{,}8\ \Omega}{100\pi \cdot \mathrm{s}^{-1}} \approx \underline{18{,}5\ \mathrm{mH}}.$$

Bei Nennbelastung fließt der primäre Nennstrom $I_{1N} = 10\ \mathrm{A}$ durch den Widerstand R_1 und fast ganz auch durch den Widerstand R_2' und verursacht hierbei die Kupferverluste $P_{Ku} \approx P_{1k} = 300\ \mathrm{W}$. Außerdem liegt bei Nennbelastung am Widerstand R_E' fast die gesamte primäre Nennspannung, weil die Spannungsabfälle, die der Nennstrom an R_1 und ωL_σ bewirkt, gegenüber der Größe U_{1N} vernachlässigt werden können; hierdurch entstehen die Eisenverluste $P_E \approx P_{1l} = 200\ \mathrm{W}$. Der Wirkungsgrad bei Nennbelastung ist

$$\eta = \frac{P_N}{P_N + P_E + P_{Ku}} \approx \frac{20\ \mathrm{kW}}{20\ \mathrm{kW} + 0{,}2\ \mathrm{kW} + 0{,}3\ \mathrm{kW}} \approx \underline{0{,}976}.$$

7.5.8 Induktive Kopplung zweier Schwingkreise

In Bild 7.155a sind zwei völlig gleiche Schwingkreise dargestellt, deren Spulen miteinander gekoppelt sind. Bild 7.155b zeigt die Ersatzschaltung mit den Streuinduktivitäten

$$L_s = L - M = L(1 - k)$$

und der Hauptinduktivität

$$M = kL.$$

Die Eingangsimpedanz der Ersatzschaltung ist

$$
\begin{aligned}
\underline{Z}_1 &= \frac{1}{j\omega C} + j\omega L_s + \frac{j\omega M\left(j\omega L_s + \frac{1}{j\omega C}\right)}{j\omega M + j\omega L_s + \frac{1}{j\omega C}} \\
&= \frac{1}{j\omega C} \frac{(1 - \omega^2 CL_s)(1 - \omega^2 CL) - \omega^2 CM(1 - \omega^2 CL_s)}{1 - \omega^2 LC} \\
&= \frac{1}{j\omega C(1 - \omega^2 LC)}\left[1 - \omega^2 C(L + L_s + M) + \omega^4 C^2 L_s(M + L)\right] \\
\underline{Z}_1 &= \frac{1}{j\omega C(1 - \omega^2 LC)}\left[1 - 2\omega^2 LC + \omega^4 C^2(L^2 - M^2)\right].
\end{aligned}
$$

Wegen $L^2 - M^2 = L^2(1 - k^2) = \sigma L^2$ wird

$$
\underline{Z}_1 = \frac{1}{j\omega C(1 - \omega^2 LC)}\left[1 - 2\omega^2 LC + \sigma(\omega^2 LC)^2\right].
$$

Mit der Frequenznormierung

$$
\Omega^2 = \omega^2 LC
$$

ist dann

$$
\underline{Z}_1 = \frac{\sqrt{L/C}}{j\Omega} \cdot \frac{1 - 2\Omega^2 + \sigma\Omega^4}{1 - \Omega^2}.
$$

Sind die Spulen entkoppelt ($\sigma = 1$), so ist in diesem Grenzfall

$$
\underline{Z}_1\big|_{\sigma=1} = \frac{\sqrt{L/C}}{j\Omega}(1 - \Omega^2),
$$

ein Ausdruck, der sich auch unmittelbar aus der Berechnung der Impedanz des LC-Reihenschwingkreises ergibt (Nullstelle bei $\Omega = 1$, d. h. $\omega = 1/\sqrt{LC}$). Falls $\sigma < 1$ ist, so hat $\underline{Z}_1$ zwei Nullstellen. Man erhält sie aus der Bedingung

$$
\sigma\Omega^4 - 2\Omega^2 + 1 = 0
$$

$$
\Omega^2 = \frac{1}{\sigma} \pm \frac{1}{\sigma}\sqrt{1 - \sigma} = \frac{1}{\sigma} \pm \frac{k}{\sigma},
$$

sie liegen also bei

$$
\Omega_1 = \sqrt{\frac{1 + k}{\sigma}} \quad \text{und} \quad \Omega_2 = \sqrt{\frac{1 - k}{\sigma}}.
$$

Die Eingangsreaktanz X_1 der beiden gekoppelten Schwingkreise kann demnach folgendermaßen beschrieben werden:

$$
X_1 = \mathfrak{J}\{\underline{Z}_1\} = \frac{\sigma\sqrt{L/C}}{\Omega} \frac{(\Omega^2 - \Omega_1^2)(\Omega^2 - \Omega_2^2)}{\Omega^2 - 1}
$$

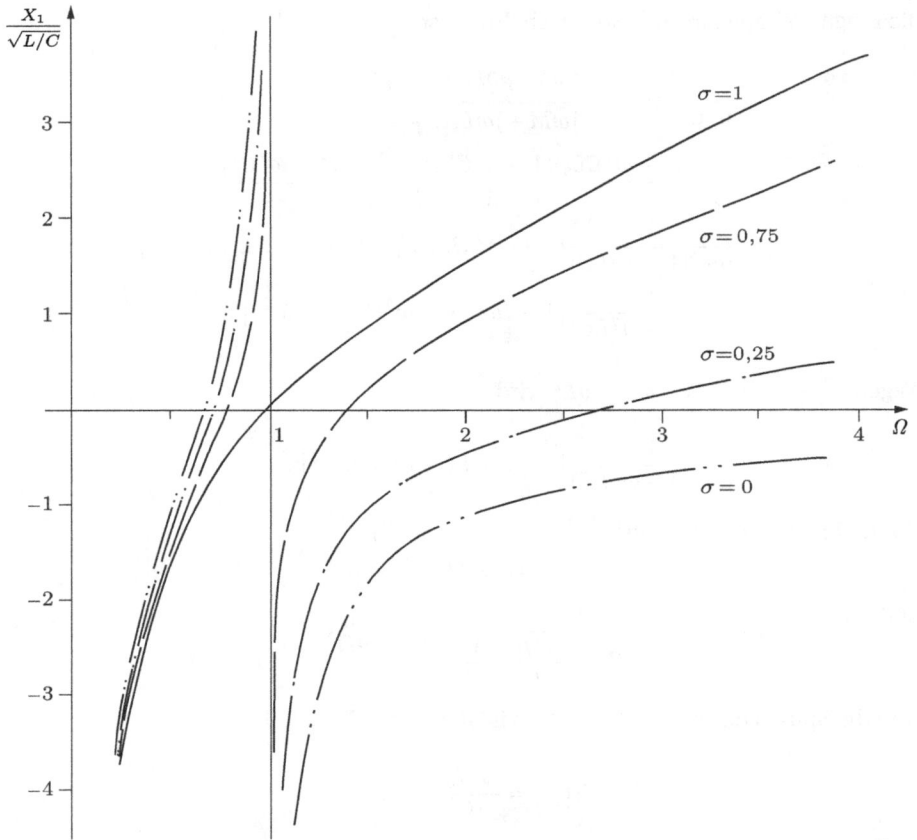

Abb. 7.156: Reaktanz eines zweikreisigen Bandfilters bei unterschiedlicher Kopplung der beiden Schwingkreise, in Abhängigkeit vom Streufaktor σ.

Bild 7.156 zeigt X_1 für die Fälle

$$\sigma = 0; \quad \sigma = 0{,}25; \quad \sigma = 0{,}75; \quad \sigma = 1.$$

7.5.9 Dimensionierung von Transformatoren

Für die Sekundärwicklung des Transformators in Bild 7.137a gilt das Induktionsgesetz in der Form

$$u_2 = N_2 \frac{\mathrm{d}\phi}{\mathrm{d}t} ,$$

wenn man die ohmschen Verluste in der Wicklung vernachlässigt (das Vorzeichen ergibt sich aus der Wahl der Zählpfeile in Bild 7.137a). Nimmt man an, dass der Fluss im eingeschwungenen Zustand sinusförmig ist,

$$\phi = \hat{\phi} \sin \omega t \, ,$$

so wird

$$u_2 = N_2 \frac{\mathrm{d}}{\mathrm{d}t} \left(\hat{\phi} \sin \omega t \right) = N_2 \omega \hat{\phi} \cos \omega t = \hat{u}_2 \cos \omega t \, .$$

Für die Amplitude $\hat{u}_2$ der Sekundärspannung gilt also

$$\hat{u}_2 = N_2 \omega \hat{\phi} = 2\pi f N_2 \hat{\phi}$$

und für den Effektivwert U_2

$$U_2 = \frac{\hat{u}_2}{\sqrt{2}} = \frac{2\pi}{\sqrt{2}} f N_2 \hat{\phi}$$

$$U_2 \approx 4{,}44 f N_2 \hat{\phi} \, .$$

Bei homogener Flussverteilung im Eisenkern ist

$$U_2 \approx 4{,}44 f \cdot N_2 \cdot A\hat{B} \, , \tag{7.242}$$

wobei A die Querschnittsfläche des Eisenkerns bezeichnet. Die Gl. (7.242) lässt sich z. B. nach $\hat{B}$ auflösen:

$$\hat{B} \approx \frac{U_2}{4{,}44 f N_2 A} \, . \tag{7.243}$$

Sind nun die sekundäre Effektivspannung U_2, die Frequenz f, die Sekundärwindungszahl N_2 und der Querschnitt A vorgegeben, so folgt daraus für die Amplitude der magnetischen Flussdichte unter Umständen ein Wert, der über der Sättigungsflussdichte des verwendeten Eisens liegen müsste. Da sich ein solcher Wert aber gar nicht einstellen kann, sondern z. B. höchstens der Wert $B = 1\,\mathrm{T}$ erreichbar ist, so folgt daraus, dass die zunächst vorgegebene Effektivspannung U_2 überhaupt nicht gefordert werden kann. Der geforderte Wert U_2 ist nur dann erreichbar, wenn der aus Gl. (7.243) resultierende Wert unter der Sättigungsflussdichte bleibt, was man bei vorgegebener Frequenz f (z. B. $f = 50\,\mathrm{Hz}$) durch Erhöhung der Windungszahl N_2 oder des Querschnitts A – also durch angemessene Dimensionierung des Transformators – bewirken kann. Außerdem spielen für die Dimensionierung der Wicklungen und des Kerns noch der Nennstrom (Drahtquerschnitt!) und die Begrenzung der Transformatorverluste (große Hauptinduktivität, aber kleine Streuinduktivitäten und kleine Wicklungswiderstände) eine wichtige Rolle.

7.6 Vierpole

Hinweis *Auf das Unterstreichen komplexer Größen wird in diesem Abschnitt verzichtet.*

7.6.1 Einführung

Es ist eine der Grundaufgaben der Elektrotechnik, elektrische Energie von einem Erzeuger zu einem Verbraucher zu übertragen. In der Energietechnik handelt es sich dabei um die Übertragung relativ großer Energien, in der Nachrichtentechnik werden mit relativ kleinen Energien Informationen von einem Sender zu einem Empfänger geleitet. Beispiele für derartige Übertragungen sind die Hochspannungsleitung zur Energieübertragung über große Entfernungen, das Fernmeldekabel zur Übertragung von Sprach- und Datensignalen.

Bei diesen Beispielen interessiert man sich vielfach nicht für die Verteilung der elektrischen und magnetischen Felder entlang der Leitung, sondern für die Beziehungen zwischen Strömen und Spannungen am Anfang und am Ende der Leitung. Aus dieser Sicht liegt es nahe, die Betrachtung völlig auf das äußere Verhalten (Klemmenverhalten) des Übertragungsgliedes zu beschränken und den Zusammenhang zwischen Ein- und Ausgangsgrößen auf möglichst einfache Weise zu beschreiben.

Ein Vierpol (im allgemeinen Sinn) ist eine Schaltung mit vier Klemmen. Der innere Aufbau der Schaltung interessiert nicht, sondern nur das Klemmenverhalten. Von den vier eingetragenen Klemmenströmen (Bild 7.157) sind drei voneinander unabhängig, der vierte folgt mit dem ersten Kirchhoff'schen Satz. Es gibt insgesamt sechs Klemmenspannungen, von denen jeweils drei wegen des zweiten Kirchhoff'schen Satzes von den übrigen drei Spannungen abhängen. Für die weiteren Betrachtungen beschränken wir uns auf den Fall, dass etwa das linke Klemmenpaar als Eingang des Vierpols und das rechte als Ausgang angesehen wird (Vierpol im engeren Sinn), dann ist $I_1 = I_3$ und $I_2 = I_4$. Wir denken uns also links einen Generator angeschlossen, rechts einen Verbraucher. Es liegt nahe, mit der Bepfeilung nach Bild 7.158 zu arbeiten (Ketten-

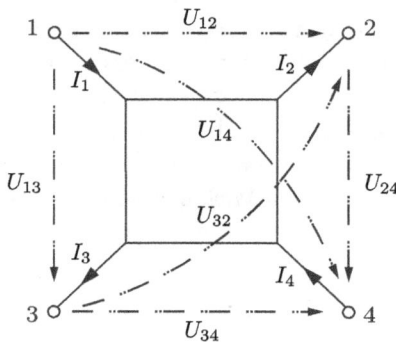

Abb. 7.157: Vierpol (im allgemeinen Sinn).

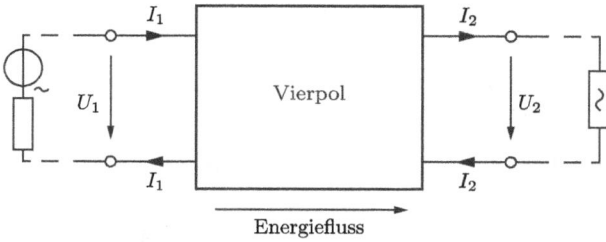

Abb. 7.158: Vierpol (Zweitor) mit Kettenbepfeilung.

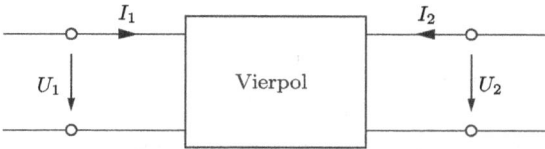

Abb. 7.159: Vierpol (Zweitor) mit symmetrischer Bepfeilung.

bepfeilung). Aus mathematisch-formalen Gründen benutzt man jedoch fast nur die symmetrische Bepfeilung, wie sie Bild 7.159 zeigt; diese ist in der DIN 40148 genormt.

Statt Klemmenpaar sagt man auch Tor. Einen **Vierpol** (im engeren Sinne) nennt man dann ein Zweitor.

Für die in den folgenden Abschnitten behandelte Vierpoltheorie wird vorausgesetzt:

1. Die Parameter der Bauelemente im Innern des Vierpols sollen unabhängig von Strömen und Spannungen und von der Zeit sein. Solche Vierpole nennt man **linear** und **zeitinvariant**.
2. Im Innern des Vierpols sollen keine unabhängigen Quellen existieren. Das bedeutet, dass ohne äußere Einspeisung die Klemmenströme und -spannungen gleichzeitig null sind. Zugelassen sind dagegen sogenannte **gesteuerte Quellen**. Eine derartige Quelle ist von einer Klemmengröße abhängig und wird mit dieser null.

Jetzt sollen die Vierpolgleichungen und -parameter für ein einfaches Beispiel angegeben werden: Bild 7.160. Es gilt:

$$U_1 = Z_1 I_1 + U_2 \quad \text{oder} \quad \underline{I_1 = Y_1(U_1 - U_2)}.$$

$$U_2 = kU_1 + Z_2(I_1 + I_2) = kU_1 + \frac{1}{Y_2}[Y_1(U_1 - U_2) + I_2] \quad \text{oder}$$

$$\underline{I_2 = -(Y_1 + kY_2)U_1 + (Y_1 + Y_2)U_2}.$$

Die beiden unterstrichenen Gleichungen lassen sich übersichtlicher mit Matrizen darstellen:

$$\begin{bmatrix} I_1 \\ I_2 \end{bmatrix} = \begin{bmatrix} Y_1 & -Y_1 \\ -(Y_1 + kY_2) & (Y_1 + Y_2) \end{bmatrix} \cdot \begin{bmatrix} U_1 \\ U_2 \end{bmatrix} \tag{7.244}$$

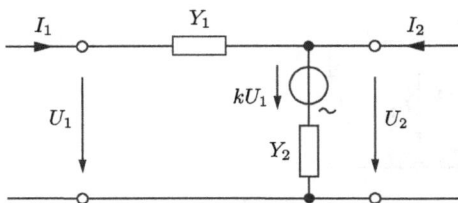

Abb. 7.160: Einführendes Beispiel (Vierpol mit spannungsgesteuerter Spannungsquelle).

Dieses Ergebnis hätte man für $k = 0$ mit der Knotenanalyse sofort hinschreiben können.

7.6.2 Die Vierpol-Gleichungen in der Leitwertform

Mit Gl.(7.244) haben wir ein erstes Beispiel für die **Vierpolgleichungen in der Leitwertform** kennengelernt. Im allgemeinen Fall schreibt man

$$\begin{bmatrix} I_1 \\ I_2 \end{bmatrix} = \begin{bmatrix} Y_{11} & Y_{12} \\ Y_{21} & Y_{22} \end{bmatrix} \cdot \begin{bmatrix} U_1 \\ U_2 \end{bmatrix} \qquad (7.245)$$

oder abgekürzt

$$[I] = [Y] \cdot [U] \quad \text{bzw.} \quad I = Y \cdot U .$$

Man nennt

$[I]$ die Spaltenmatrix der Ströme,

$[Y]$ die **Leitwertmatrix**,

$[U]$ die Spaltenmatrix der Spannungen.

Für den Fall eines rein ohmschen Vierpols ($Y_1 = G_1$, $Y_2 = G_2$) werden die Vierpolgleichungen (7.244) in Bild 7.161 veranschaulicht. Die entstehenden Kurvenscharen bestehen aus Geraden, wenn man die G-Werte und k als konstant voraussetzt (d. h. der Vierpol verhält sich in diesem Fall linear).

Die physikalische Bedeutung der Parameter Y_{ik} lässt sich aus Gleichung (7.245) ablesen:

$$Y_{11} = \left.\frac{I_1}{U_1}\right|_{U_2=0} = \textbf{Eingangs-Kurzschlussadmittanz,}$$

$$Y_{22} = \left.\frac{I_2}{U_2}\right|_{U_1=0} = \textbf{Ausgangs-Kurzschlussadmittanz,}$$

$$Y_{21} = \left.\frac{I_2}{U_1}\right|_{U_2=0} = \textbf{Kurzschluss-Kernadmittanz vorwärts,}$$

$$Y_{12} = \left.\frac{I_1}{U_2}\right|_{U_1=0} = \textbf{Kurzschluss-Kernadmittanz rückwärts;}$$

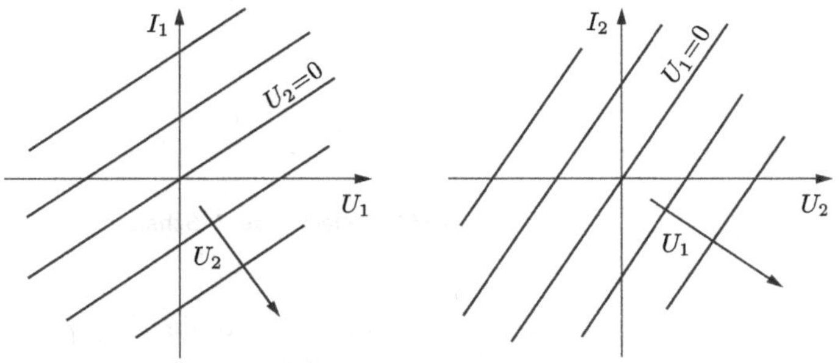

Abb. 7.161: Kennlinien des Vierpols nach Bild 7.160 für $Y_1 = G_1$, $Y_2 = G_2$.

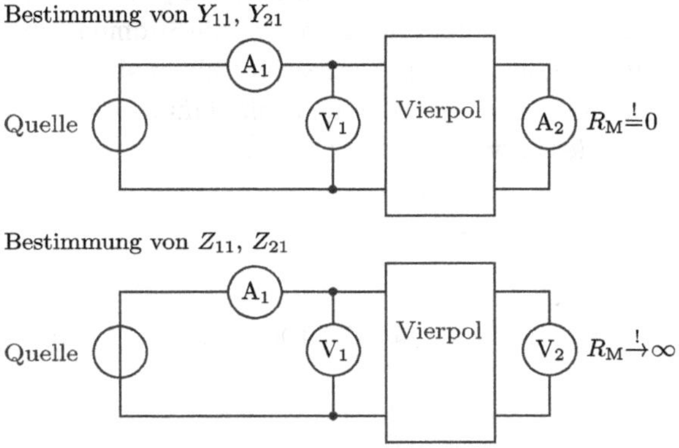

Bestimmung von Y_{11}, Y_{21}

Bestimmung von Z_{11}, Z_{21}

Abb. 7.162: Messschaltungen zur Bestimmung der Parameter Y_{11}, Y_{21} und Z_{11}, Z_{21}.

Y_{21} und Y_{12} sind ein Maß für die Kopplung zwischen Eingang und Ausgang. In dem Sonderfall $Y_{12} = Y_{21}$ spricht man von einem **übertragungs-(kopplungs-)symmetrischen Vierpol.**

Aus der Bedeutung der Y-Parameter ergibt sich, wie diese messtechnisch (mindestens im Prinzip) ermittelt werden können (Bild 7.162).

Mit diesen Überlegungen (bzw. Gedankenexperimenten) können auch die Y-Parameter für einen gegebenen Vierpol berechnet werden, wie an dem folgenden Beispiel gezeigt wird (Bild 7.163):

$$Y_{11} = \frac{I_1}{U_1}\bigg|_{U_2=0} = Y_1 + Y_2 , \quad Y_{22} = \frac{I_2}{U_2}\bigg|_{U_1=0} = Y_2 + Y_3 ,$$

$$Y_{21} = \frac{I_2}{U_1}\bigg|_{U_2=0} = -Y_2 , \quad Y_{12} = \frac{I_1}{U_2}\bigg|_{U_1=0} = -Y_2 .$$

Ergebnis:

$$[Y] = \begin{bmatrix} Y_1 + Y_2 & -Y_2 \\ -Y_2 & Y_2 + Y_3 \end{bmatrix} . \tag{7.246}$$

Hinweis *Die Knotenanalyse führt schneller zum Ziel.*

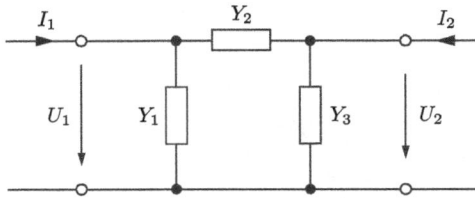

Abb. 7.163: Dreieck- oder ∏-Schaltung.

Am Ende dieses Abschnitts soll die Frage geklärt werden, ob durch die Vierpolgleichungen in der Leitwertform (7.245) jeder beliebige passive lineare Vierpol (der also nur aus den konstanten Elementen R, L, C, M aufgebaut ist) beschrieben werden kann. Um diese Frage zu beantworten, gibt man sich z. B. die Spannungen U_1 und U_2 (als ideale Spannungsquellen) vor und berechnet mit der Umlaufanalyse die Ströme I_1 und I_2. Dabei wählt man den vollständigen Baum so, dass diese Ströme als unabhängige Ströme in Verbindungszweigen liegen. Nach den Gesetzen der Umlaufanalyse und der linearen Algebra erhält man Lösungen der Form

$$I_1 = K_{11}U_1 + K_{12}U_2$$
$$I_2 = K_{21}U_1 + K_{22}U_2 \qquad K_{ik} = konst.$$

Das ist aber, wenn man K_{ik} durch Y_{ik} ersetzt, genau das Gleichungssystem (7.245).

7.6.3 Die Vierpol-Gleichungen in der Widerstandsform

Zu einem anderen Gleichungssystem gelangt man, wenn anstelle der Spannungen am Eingang und Ausgang jetzt die Ströme I_1 und I_2 (als ideale Stromquellen) vorgegeben und mit der Knotenanalyse die Spannungen U_1 und U_2 ermittelt werden. Das entsprechende Gleichungspaar sieht so aus:

$$U_1 = Z_{11}I_1 + Z_{12}I_2$$
$$U_2 = Z_{21}I_1 + Z_{22}I_2 \ .$$

oder

$$\begin{bmatrix} U_1 \\ U_2 \end{bmatrix} = \begin{bmatrix} Z_{11} & Z_{12} \\ Z_{21} & Z_{22} \end{bmatrix} \cdot \begin{bmatrix} I_1 \\ I_2 \end{bmatrix} \tag{7.247}$$

bzw. in Kurzform

$$[U] = [Z] \cdot [I] \ .$$

Das sind die Vierpolgleichungen in der **Widerstandsform**. [Z] ist die **Widerstandsmatrix**.

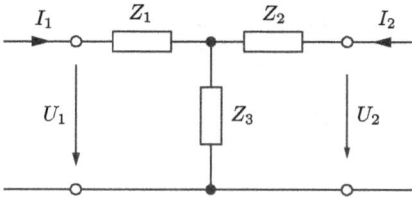

Abb. 7.164: Stern- oder T-Schaltung

Aus dem Gleichungssystem (7.247) lässt sich folgern, welche physikalische Bedeutung die Parameter Z_{ik} haben:

$$Z_{11} = \left.\frac{U_1}{I_1}\right|_{I_2=0} = \textbf{Eingangs-Leerlaufimpedanz,}$$

$$Z_{22} = \left.\frac{U_2}{I_2}\right|_{I_1=0} = \textbf{Ausgangs-Leerlaufimpedanz,}$$

$$Z_{21} = \left.\frac{U_2}{I_1}\right|_{I_2=0} = \textbf{Leerlauf-Kernimpedanz vorwärts,}$$

$$Z_{12} = \left.\frac{U_1}{I_2}\right|_{I_1=0} = \textbf{Leerlauf-Kernimpedanz rückwärts.}$$

Z_{12} und Z_{21} bilden ein Maß für die Kopplung der beiden Tore. Stimmen diese beiden Z-Werte überein, so spricht man von einem übertragungssymmetrischen Vierpol.

Die Beziehungen für die Parameter Z erlauben, diese messtechnisch (Bild 7.162) oder bei gegebener Schaltung durch Rechnung zu bestimmen. Wir zeigen das an dem folgenden Beispiel (Bild 7.164):

$$Z_{11} = \left.\frac{U_1}{I_1}\right|_{I_2=0} = Z_1 + Z_3 \,, \quad Z_{22} = \left.\frac{U_2}{I_2}\right|_{I_1=0} = Z_2 + Z_3 \,,$$

$$Z_{21} = \left.\frac{U_2}{I_1}\right|_{I_2=0} = Z_3 \,, \qquad Z_{12} = \left.\frac{U_1}{I_2}\right|_{I_1=0} = Z_3 \,,$$

Ergebnis:

$$[Z] = \begin{bmatrix} Z_1 + Z_3 & Z_3 \\ Z_3 & Z_2 + Z_3 \end{bmatrix} \tag{7.248}$$

Hinweis *Die Umlaufanalyse führt schneller zum Ziel.*

Die Umrechnung der Vierpol-Parameter

Sind für einen Vierpol die Z-Parameter bekannt, so lassen sich z. B. die Y-Parameter durch Umrechnung der Widerstandsgleichungen in die Leitwertgleichungen finden. Das soll allgemein gezeigt werden.

Mit Determinanten ergibt sich aus den Widerstandsgleichungen (7.247)

$$I_1 = \frac{\begin{vmatrix} U_1 & Z_{12} \\ U_2 & Z_{22} \end{vmatrix}}{\begin{vmatrix} Z_{11} & Z_{12} \\ Z_{12} & Z_{22} \end{vmatrix}} = \frac{Z_{22}}{\det[Z]} U_1 + \frac{-Z_{12}}{\det[Z]} U_2$$

$$\det[Z] = Z_{11}Z_{22} - Z_{12}Z_{21}$$

und entsprechend

$$I_2 = \frac{-Z_{21}}{\det[Z]} U_1 + \frac{Z_{11}}{\det[Z]} U_2$$

oder in Matrizenschreibweise:

$$\begin{bmatrix} I_1 \\ I_2 \end{bmatrix} = \frac{1}{\det[Z]} \begin{bmatrix} Z_{22} & -Z_{12} \\ -Z_{21} & Z_{11} \end{bmatrix} \cdot \begin{bmatrix} U_1 \\ U_2 \end{bmatrix} .$$

Den Übergang von der Widerstands- zur Leitwertform kann man besonders einfach mit der Matrizenrechnung beschreiben: Man multipliziert Gl. (7.247) von links mit der Kehrmatrix $[Z]^{-1}$:

$$[Z]^{-1}[U] = \underline{[Z]^{-1}\,[Z]}[I] = [I]$$

$$[E] = \begin{bmatrix} 1 & 0 \\ 0 & 1 \end{bmatrix}$$

oder

$$[I] = [Z]^{-1}[U] .$$

Es ist demnach

$$[Y] = [Z]^{-1} = \frac{1}{\det[Z]} \begin{bmatrix} Z_{22} & -Z_{12} \\ -Z_{21} & Z_{11} \end{bmatrix} \tag{7.249}$$

Die Kehrmatrix $[Z]^{-1}$ erhält man also durch Auflösen eines linearen Gleichungssystems.

Hinweis *die Kehrmatrix einer Matrix lässt sich nur bilden, wenn ihre Determinante von null verschieden ist. So kann z. B. zu*

$$[Z] = \begin{bmatrix} R & R \\ R & R \end{bmatrix} \quad und \quad [Y] = \begin{bmatrix} G & -G \\ -G & G \end{bmatrix}$$

keine Leitwertmatrix bzw. keine Widerstandsmatrix angegeben werden.

7.6.4 Weitere Formen der Vierpol-Gleichungen

Neben den bisher besprochenen Leitwertgleichungen des Vierpols (7.245) und den Widerstandsgleichungen (7.247) sind vier weitere Formen möglich. Die obigen Gleichungen lassen sich nämlich auch nach U_1, I_1; U_2, I_2; U_1, I_2 oder U_2, I_1 auflösen.

Ob die eine oder die andere Form zweckmäßiger ist, hängt (ähnlich wie bei Zweipolen) von der Aufgabenstellung bzw. von der Art der Zusammenschaltung ab. (So hatte sich bei Zweipolen gezeigt: Bei der Parallelschaltung ist das Arbeiten mit Leitwerten zweckmäßiger, bei Reihenschaltungen bevorzugt man das Rechnen mit Widerständen.) Einzelheiten dazu folgen weiter unten (Abschnitt 7.6.5).

Durch Auflösen der Vierpol-Gleichungen nach U_1, I_1 entsteht die sog. **Kettenform** der Vierpol-Gleichungen:

$$U_1 = K_{11}U_2 + K_{12}I_2 \,,$$

$$I_1 = K_{21}U_2 + K_{22}I_2 \,.$$

Im Hinblick auf die Kettenschaltung von Vierpolen (s. u.) arbeitet man besser mit dem Strom $-I_2$ und benennt die Konstanten um:

$$\begin{bmatrix} U_1 \\ I_1 \end{bmatrix} = \begin{bmatrix} A_{11} & A_{12} \\ A_{21} & A_{22} \end{bmatrix} \cdot \begin{bmatrix} U_2 \\ -I_2 \end{bmatrix} . \qquad (7.250)$$

Zwischen den Elementen A_{ik} und denen der beiden anderen bisher besprochenen Formen der Vierpolgleichungen bestehen z. T. einfache Zusammenhänge: Aus der Widerstandsform (2. Zeile) folgt

$$I_1 = \frac{1}{Z_{21}}U_2 - \frac{Z_{22}}{Z_{21}}I_2 \,,$$

es ist also

$$\frac{1}{Z_{21}} = A_{21}; \qquad \frac{Z_{22}}{Z_{21}} = A_{22} \,.$$

Entsprechend schließt man aus der Leitwertform (2. Zeile)

$$U_1 = -\frac{Y_{22}}{Y_{21}}U_2 + \frac{1}{Y_{21}}I_2 \,,$$

dass

$$\frac{1}{Y_{21}} = -A_{12}; \qquad \frac{Y_{22}}{Y_{21}} = -A_{11}$$

ist. Die beiden Elemente A_{11} und A_{22} haben folgende physikalische Bedeutung:

$$A_{11} = \left. \frac{U_1}{U_2} \right|_{I_2=0} = \textbf{Leerlauf-Spannungsübersetzung,}$$

$$A_{22} = \left. \frac{-I_1}{I_2} \right|_{U_2=0} = \textbf{Kurzschluss-Stromübersetzung.}$$

Durch Auflösen der Vierpolgleichungen nach U_2, I_2 entsteht die »inverse Kettenmatrix«. Wichtiger sind zwei andere Formen:

$$\begin{bmatrix} U_1 \\ I_2 \end{bmatrix} = \begin{bmatrix} H_{11} & H_{12} \\ H_{21} & H_{22} \end{bmatrix} \cdot \begin{bmatrix} I_1 \\ U_2 \end{bmatrix}, \tag{7.251}$$

$[H]$ = Reihen-Parallel-Matrix

$$\begin{bmatrix} I_1 \\ U_2 \end{bmatrix} = \begin{bmatrix} P_{11} & P_{12} \\ P_{21} & P_{22} \end{bmatrix} \cdot \begin{bmatrix} U_1 \\ I_2 \end{bmatrix}. \tag{7.252}$$

$[P]$ = Parallel-Reihen-Matrix

Alle sechs Gleichungssysteme und damit auch die entsprechenden Matrizen beschreiben gleichwertig die Eigenschaften eines Vierpols.

Anmerkung *Manchmal lassen sich die Vierpolparameter der einen Form messtechnisch leichter (z. B. mit größerer Genauigkeit) als die einer anderen Form bestimmen. Es kann auch vorkommen, dass eine bestimmte Matrix überhaupt nicht angegeben werden kann (s. die Beispiele am Ende des Abschnitts 7.6.3).*

7.6.5 Zusammenschalten von Vierpolen

Für die **Parallelschaltung zweier Vierpole** A und B (Bild 7.165) lässt sich die Matrix eines Ersatzvierpols am einfachsten bestimmen, indem man von den Y-Matrizen ausgeht. Für die beiden Vierpole A und B lauten die Gleichungen in der Leitwertform:

U_{A1}	U_{A2}		U_{B1}	U_{B2}	
Y_{A11}	Y_{A12}	I_{A1}	Y_{B11}	Y_{B12}	I_{B1}
Y_{A21}	Y_{A22}	I_{A2}	Y_{B21}	Y_{B22}	I_{B2}

Nach dem Schaltbild bestehen folgende Zusammenhänge zwischen den Strömen und Spannungen:

$$I_1 = I_{A1} + I_{B1} \qquad U_1 = U_{A1} = U_{B1}$$
$$I_2 = I_{A2} + I_{B2} \qquad U_2 = U_{A2} = U_{B2}.$$

Mit diesen Beziehungen folgt durch Addition der beiden ersten bzw. zweiten Zeilen der Gleichungen in der Leitwertform:

U_1	U_2	
$Y_{A11} + Y_{B11}$	$Y_{A12} + Y_{B12}$	I_1
$Y_{A21} + Y_{B21}$	$Y_{A22} + Y_{B22}$	I_2

womit die Leitwertmatrix des Ersatzvierpols wird:

$$[Y] = [Y_A] + [Y_B]; \tag{7.253}$$

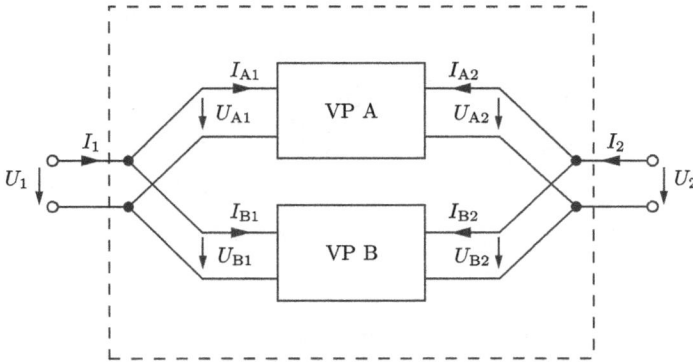

Abb. 7.165: Parallelschaltung zweier Vierpole (VP = Vierpol).

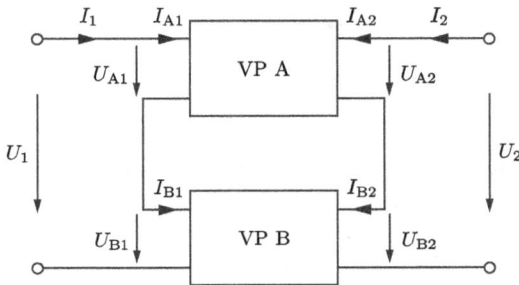

Abb. 7.166: Reihenschaltung zweier Vierpole.

oder in Worten: Die Leitwertmatrix des Ersatzvierpols ist gleich der Summe der Leitwertmatrizen der Einzelvierpole.

Im Fall der **Reihenschaltung zweier Vierpole** (Bild 7.166) arbeitet man am besten mit den Z-Matrizen:

$$\begin{bmatrix} U_{A1} \\ U_{A2} \end{bmatrix} = [Z_A]\begin{bmatrix} I_{A1} \\ I_{A2} \end{bmatrix}, \quad \begin{bmatrix} U_{B1} \\ U_{B2} \end{bmatrix} = [Z_B]\begin{bmatrix} I_{B1} \\ I_{B2} \end{bmatrix}.$$

Mit

$$\begin{bmatrix} U_1 \\ U_2 \end{bmatrix} = \begin{bmatrix} U_{A1} \\ U_{A2} \end{bmatrix} + \begin{bmatrix} U_{B1} \\ U_{B2} \end{bmatrix}, \quad \begin{bmatrix} I_1 \\ I_2 \end{bmatrix} = \begin{bmatrix} I_{A1} \\ I_{A2} \end{bmatrix} = \begin{bmatrix} I_{B1} \\ I_{B2} \end{bmatrix}$$

folgt

$$\begin{bmatrix} U_1 \\ U_2 \end{bmatrix} = [Z_A]\begin{bmatrix} I_1 \\ I_2 \end{bmatrix} + [Z_B]\begin{bmatrix} I_1 \\ I_2 \end{bmatrix} = \{[Z_A] + [Z_B]\}\begin{bmatrix} I_1 \\ I_2 \end{bmatrix}$$

oder

$$[Z] = [Z_A] + [Z_B]. \tag{7.254}$$

Die Widerstandsmatrix des Ersatzvierpols ist also gleich der Summe der Widerstandsmatrizen der Einzelvierpole.

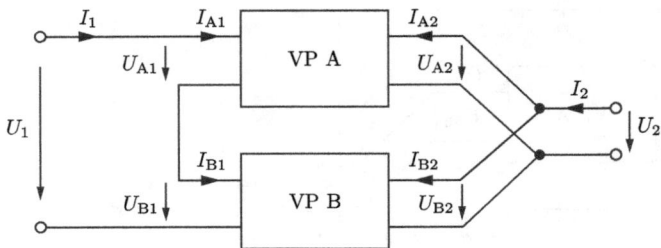

Abb. 7.167: Reihen-Parallelschaltung zweier Vierpole.

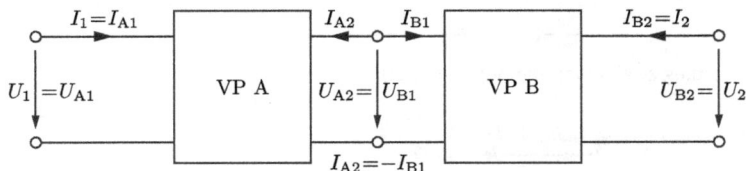

Abb. 7.168: Kettenschaltung zweier Vierpole.

Als weiterer Fall soll die in Bild 7.167 skizzierte **Reihen-Parallelschaltung** behandelt werden. Es gilt:

$$U_1 = U_{A1} + U_{B1} , \qquad U_2 = U_{A2} = U_{B2} ,$$
$$I_1 = I_{A1} = I_{B1} , \qquad I_2 = I_{A2} + I_{B2} .$$

Diese Gleichungen lassen sich einfach berücksichtigen, wenn U_1 und I_2 als Funktionen von U_2 und I_1 dargestellt werden, also mit der H-Matrix:

$$\begin{bmatrix} U_{A1} \\ I_{A2} \end{bmatrix} = [H_A] \begin{bmatrix} I_{A1} \\ U_{A2} \end{bmatrix} , \qquad \begin{bmatrix} U_{B1} \\ I_{B2} \end{bmatrix} = [H_B] \begin{bmatrix} I_{B1} \\ U_{B2} \end{bmatrix} .$$

Durch Addition dieser Gleichungen entsteht (bei Berücksichtigung von $I_{1A,B} = I_1$, $U_{2A,B} = U_2$ zunächst

$$\begin{bmatrix} U_{A1} + U_{B1} \\ I_{A2} + I_{B2} \end{bmatrix} = \{[H_A] + [H_B]\} \begin{bmatrix} I_1 \\ U_2 \end{bmatrix}$$

und schließlich

$$\begin{bmatrix} U_1 \\ I_2 \end{bmatrix} = \{[H_A] + [H_B]\} \begin{bmatrix} I_1 \\ U_2 \end{bmatrix} . \tag{7.255}$$

Besonders wichtig ist die **Kettenschaltung zweier Vierpole** gemäß Bild 7.168. Hier arbeitet man am besten mit den Vierpolgleichungen in der Kettenform:

$$\begin{bmatrix} U_{A1} \\ I_{A1} \end{bmatrix} = [A_A] \begin{bmatrix} U_{A2} \\ -I_{A2} \end{bmatrix} , \qquad \begin{bmatrix} U_{B1} \\ I_{B1} \end{bmatrix} = [A_B] \begin{bmatrix} U_{B2} \\ -I_{B2} \end{bmatrix} .$$

Mit den in Bild 7.168 angegebenen Identitäten ($U_{A2} = U_{B1}$, $-I_{A2} = I_{B1}$) wird

$$\begin{bmatrix} U_1 \\ I_1 \end{bmatrix} = [A_A] \begin{bmatrix} U_{B1} \\ I_{B1} \end{bmatrix} = [A_A][A_B] \begin{bmatrix} U_2 \\ -I_2 \end{bmatrix}. \tag{7.256}$$

Der Kettenschaltung zweier Vierpole entspricht also die Multiplikation der Kettenmatrizen der Teilvierpole (Reihenfolge!).

Hinweis *Die für das Zusammenschalten von Vierpolen hergeleiteten Regeln setzen voraus, dass auf der Eingangs- und der Ausgangsseite des Vierpols jeweils der in die obere Klemme eintretende Strom gleich dem aus der unteren Klemme herausfließenden Strom ist. Diese Bedingung nennt man* **Torbedingung**. *Bei der Reihen- und der Parallelschaltung ist die Bedingung u. U. nicht erfüllt; dann können die angegebenen Formeln nicht benutzt werden.*

Beispiel 7.37: Die Kettenmatrix elementarer Vierpole.
Viele Vierpole lassen sich als Kettenschaltung der in Bild 7.169 skizzierten elementaren Vierpole auffassen. Gesucht sind zunächst deren Kettenmatrizen.

Lösung
Fall (a)

$$U_1 = U_2 = Z(I_1 + I_2) \rightarrow \begin{cases} U_1 = U_2 \\ I_1 = YU_2 - I_2 \end{cases}$$

oder

$$\begin{bmatrix} U_1 \\ I_1 \end{bmatrix} = \begin{bmatrix} 1 & 0 \\ Y & 1 \end{bmatrix} \cdot \begin{bmatrix} U_2 \\ -I_2 \end{bmatrix} \rightarrow [A_a] = \begin{bmatrix} 1 & 0 \\ Y & 1 \end{bmatrix}. \tag{7.257a}$$

Fall (b)

$$I_1 = -I_2 = Y(U_1 - U_2) \rightarrow \begin{cases} U_1 = U_2 + Z(-I_2) \\ I_1 = -I_2 \end{cases}$$

oder

$$\begin{bmatrix} U_1 \\ I_1 \end{bmatrix} = \begin{bmatrix} 1 & Z \\ 0 & 1 \end{bmatrix} \cdot \begin{bmatrix} U_2 \\ -I_2 \end{bmatrix} \rightarrow [A_b] = \begin{bmatrix} 1 & Z \\ 0 & 1 \end{bmatrix}. \tag{7.257b}$$

Fall (c)

$$U_1 = vU_2 , \quad I_1 = -\frac{1}{v}I_2$$

a)   b)   c)

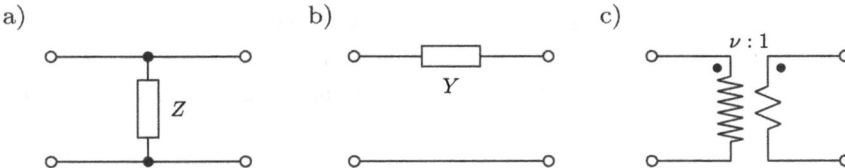

Abb. 7.169: Elementare Vierpole.

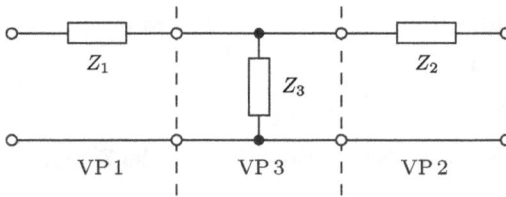

Abb. 7.170: Die T-Schaltung als Kettenschaltung elementarer Vierpole.

oder

$$\begin{bmatrix} U_1 \\ I_1 \end{bmatrix} = \begin{bmatrix} v & 0 \\ 0 & \frac{1}{v} \end{bmatrix} \cdot \begin{bmatrix} U_2 \\ -I_2 \end{bmatrix} \rightarrow [A_c] = \begin{bmatrix} v & 0 \\ 0 & \frac{1}{v} \end{bmatrix}. \tag{7.257c}$$

Beispiel 7.38: Die Kettenmatrix der T-Schaltung.
Die T-Schaltung nach Bild 7.170 soll als Kombination elementarer Vierpole aufgefasst werden. Mit den Ergebnissen des vorigen Beispiels ist die Kettenmatrix zu bestimmen.

Lösung
Nach Gl. (7.256) sind die Kettenmatrizen der Teilvierpole zu multiplizieren:

$$[A] = [A_1] \cdot [A_3] \cdot [A_2] = \begin{bmatrix} 1 & Z_1 \\ 0 & 1 \end{bmatrix} \cdot \begin{bmatrix} 1 & 0 \\ Y_3 & 1 \end{bmatrix} \cdot \begin{bmatrix} 1 & Z_2 \\ 0 & 1 \end{bmatrix},$$

$$[A_1] \cdot [A_3] = \begin{bmatrix} 1 + Z_1 Y_3 & Z_1 \\ Y_3 & 1 \end{bmatrix},$$

$$[A_1] \cdot [A_3] \cdot [A_2] = \begin{bmatrix} 1 + Z_1 Y_3 & Z_2(1 + Z_1 Y_3) + Z_1 \\ Y_3 & Y_3 Z_2 + 1 \end{bmatrix}, \tag{7.258}$$

oder

$$[A] = \frac{1}{Z_3} \begin{bmatrix} Z_1 + Z_3 & Z_1 Z_2 + Z_2 Z_3 + Z_1 Z_3 \\ 1 & Z_2 + Z_3 \end{bmatrix}. \tag{7.259}$$

Hinweis *Die Formel lässt sich sehr bequem auch unmittelbar herleiten, z. B. mit der Umlaufanalyse.*

Beispiel 7.39: Kettenmatrizen des verlustlosen Transformators.
Die Ersatzschaltung nach Bild 7.144b soll durch eine Kettenschaltung aus einem T-Glied und einem idealen Übertrager ersetzt werden. Gesucht sind die Elemente des T-Gliedes. Die Verluste sind zu vernachlässigen.

Lösung

Die Kettenmatrix der gegebenen Ersatzschaltung sei $[A]$, die des gesuchten T-Gliedes $[A_1]$ und die des idealen Übertragers $[A_2]$. Wegen Gl. (7.256) gilt:

$$[A] = [A_1] \cdot [A_2].$$

Wir lösen nach $[A_1]$ auf, indem wir beide Seiten von rechts mit der Kehrmatrix $[A_2]^{-1}$ multiplizieren:

$$[A] \cdot [A_2]^{-1} = [A_1] \cdot \underbrace{[A_2] \cdot [A_2]^{-1}}_{[E]} = [A_1].$$

Hierin ist $[A]$ wegen Gl. (7.258):

$$[A] = \frac{1}{j\omega M} \begin{bmatrix} j\omega L_1 & \omega^2(M^2 - L_1 L_2) \\ 1 & j\omega L_2 \end{bmatrix}.$$

Die Matrix $[A_2]$ ist bekannt: Gl. (7.257c); ihre Kehrmatrix wird nach der Vorschrift (7.249) gebildet:

$$[A_2]^{-1} = \begin{bmatrix} \frac{1}{v} & 0 \\ 0 & v \end{bmatrix}.$$

Durch Matrizenmultiplikation folgt

$$[A_1] = [A] \cdot [A_2]^{-1} = \frac{1}{j\omega v M} \begin{bmatrix} j\omega L_1 & \omega^2 v^2(M^2 - L_1 L_2) \\ 1 & j\omega v^2 L_2 \end{bmatrix}.$$

Diese Matrix unterscheidet sich von der Matrix $[A]$ dadurch, dass statt M jetzt vM und statt L_2 jetzt $v^2 L_2$ auftritt (L_2 bleibt unverändert). Entsprechend enthält das zu $[A_1]$ gehörende Ersatzschaltbild anstelle der Größen M und L_2 die Größen vM und $v^2 L_2$: Damit wird das im Bild 7.145 dargestellte Ergebnis bestätigt.

Abschließend sind in der Tabelle 7.4 noch einmal die Beziehungen zwischen den einzelnen Vierpolmatrizen zusammengefasst.

Tab. 7.4: Beziehungen zwischen den einzelnen Vierpolmatrizen.

	[Z]	[Y]	[A]	[K]	[H]
[Z]	$\begin{bmatrix} Z_{11} & Z_{12} \\ Z_{21} & Z_{22} \end{bmatrix}$	$\begin{bmatrix} \dfrac{Y_{22}}{\det[Y]} & \dfrac{-Y_{12}}{\det[Y]} \\[2mm] \dfrac{-Y_{21}}{\det[Y]} & \dfrac{Y_{11}}{\det[Y]} \end{bmatrix}$	$\begin{bmatrix} \dfrac{A_{11}}{A_{21}} & \dfrac{\det[A]}{A_{21}} \\[2mm] \dfrac{1}{A_{21}} & \dfrac{A_{22}}{A_{21}} \end{bmatrix}$	$\begin{bmatrix} \dfrac{K_{11}}{K_{21}} & \dfrac{-\det[K]}{K_{21}} \\[2mm] \dfrac{1}{K_{21}} & \dfrac{-K_{22}}{K_{21}} \end{bmatrix}$	$\begin{bmatrix} \dfrac{\det[H]}{H_{22}} & \dfrac{H_{12}}{H_{22}} \\[2mm] \dfrac{-H_{21}}{H_{22}} & \dfrac{1}{H_{22}} \end{bmatrix}$
[Y]	$\begin{bmatrix} \dfrac{Z_{22}}{\det[Z]} & \dfrac{-Z_{12}}{\det[Z]} \\[2mm] \dfrac{-Z_{21}}{\det[Z]} & \dfrac{Z_{11}}{\det[Z]} \end{bmatrix}$	$\begin{bmatrix} Y_{11} & Y_{12} \\ Y_{21} & Y_{22} \end{bmatrix}$	$\begin{bmatrix} \dfrac{A_{22}}{A_{12}} & \dfrac{-\det[A]}{A_{12}} \\[2mm] \dfrac{-1}{A_{12}} & \dfrac{A_{11}}{A_{12}} \end{bmatrix}$	$\begin{bmatrix} \dfrac{K_{22}}{K_{12}} & \dfrac{-\det[K]}{K_{12}} \\[2mm] \dfrac{1}{K_{12}} & \dfrac{-K_{11}}{K_{12}} \end{bmatrix}$	$\begin{bmatrix} \dfrac{1}{H_{11}} & \dfrac{-H_{12}}{H_{11}} \\[2mm] \dfrac{H_{21}}{H_{11}} & \dfrac{\det[H]}{H_{11}} \end{bmatrix}$
[A]	$\begin{bmatrix} \dfrac{Z_{11}}{Z_{21}} & \dfrac{\det[Z]}{Z_{21}} \\[2mm] \dfrac{1}{Z_{21}} & \dfrac{Z_{22}}{Z_{21}} \end{bmatrix}$	$\begin{bmatrix} \dfrac{-Y_{22}}{Y_{21}} & \dfrac{-1}{Y_{21}} \\[2mm] \dfrac{-\det[Y]}{Y_{21}} & \dfrac{-Y_{11}}{Y_{21}} \end{bmatrix}$	$\begin{bmatrix} A_{11} & A_{12} \\ A_{21} & A_{22} \end{bmatrix}$	$\begin{bmatrix} K_{11} & -K_{12} \\ K_{21} & -K_{22} \end{bmatrix}$	$\begin{bmatrix} \dfrac{-\det[H]}{H_{21}} & \dfrac{-H_{11}}{H_{21}} \\[2mm] \dfrac{-H_{22}}{H_{21}} & \dfrac{-1}{H_{21}} \end{bmatrix}$
[K]	$\begin{bmatrix} \dfrac{Z_{11}}{Z_{21}} & \dfrac{-\det[Z]}{Z_{21}} \\[2mm] \dfrac{1}{Z_{21}} & \dfrac{-Z_{22}}{Z_{21}} \end{bmatrix}$	$\begin{bmatrix} \dfrac{-Y_{22}}{Y_{21}} & \dfrac{1}{Y_{21}} \\[2mm] \dfrac{-\det[Y]}{Y_{21}} & \dfrac{Y_{11}}{Y_{21}} \end{bmatrix}$	$\begin{bmatrix} A_{11} & -A_{12} \\ A_{21} & -A_{22} \end{bmatrix}$	$\begin{bmatrix} K_{11} & K_{12} \\ K_{21} & K_{22} \end{bmatrix}$	$\begin{bmatrix} \dfrac{-\det[H]}{H_{21}} & \dfrac{H_{11}}{H_{21}} \\[2mm] \dfrac{-H_{22}}{H_{21}} & \dfrac{1}{H_{21}} \end{bmatrix}$
[H]	$\begin{bmatrix} \dfrac{\det[Z]}{Z_{22}} & \dfrac{Z_{12}}{Z_{22}} \\[2mm] \dfrac{-Z_{21}}{Z_{22}} & \dfrac{1}{Z_{22}} \end{bmatrix}$	$\begin{bmatrix} \dfrac{1}{Y_{11}} & \dfrac{-Y_{12}}{Y_{11}} \\[2mm] \dfrac{Y_{21}}{Y_{11}} & \dfrac{\det[Y]}{Y_{11}} \end{bmatrix}$	$\begin{bmatrix} \dfrac{A_{12}}{A_{22}} & \dfrac{\det[A]}{A_{22}} \\[2mm] \dfrac{-1}{A_{22}} & \dfrac{A_{21}}{A_{22}} \end{bmatrix}$	$\begin{bmatrix} \dfrac{K_{12}}{K_{22}} & \dfrac{\det[K]}{K_{22}} \\[2mm] \dfrac{1}{K_{22}} & \dfrac{-K_{21}}{K_{22}} \end{bmatrix}$	$\begin{bmatrix} H_{11} & H_{12} \\ H_{21} & H_{22} \end{bmatrix}$

8 Mehrphasensysteme

8.1 Konstante Leistung im symmetrischen Zweiphasensystem

Elektrische Systeme mit Generatorspannungen gleicher Frequenz, aber unterschiedlicher Phasenlage, nennt man Mehrphasensysteme. Bild 8.1a zeigt als Beispiel für das einfachste Mehrphasensystem (das Zweiphasensystem) einen Sonderfall: die Lastwiderstände sind gleich (symmetrische Last: $R_1 = R_2 = R$), die Generatorspannungs-Amplituden ebenfalls ($\hat{u}_1 = \hat{u}_2 = \hat{u}$), und die beiden Generatorspannungen sind um $\pi/2$ gegeneinander phasenverschoben. Da die Punkte M und N in Schaltung 8.1a kurzgeschlossen sind, liegt am oberen Widerstand die Generatorspannung u_1, am unteren die Generatorspannung u_2. Infolgedessen werden im oberen Widerstand die Leistung

$$p_1(t) = \frac{u_1^2(t)}{R} = \frac{\hat{u}^2}{R} \cos^2 \omega t$$

und im unteren Widerstand die Leistung

$$p_2(t) = \frac{u_2^2(t)}{R} = \frac{\hat{u}^2}{R} \sin^2 \omega t$$

umgesetzt.

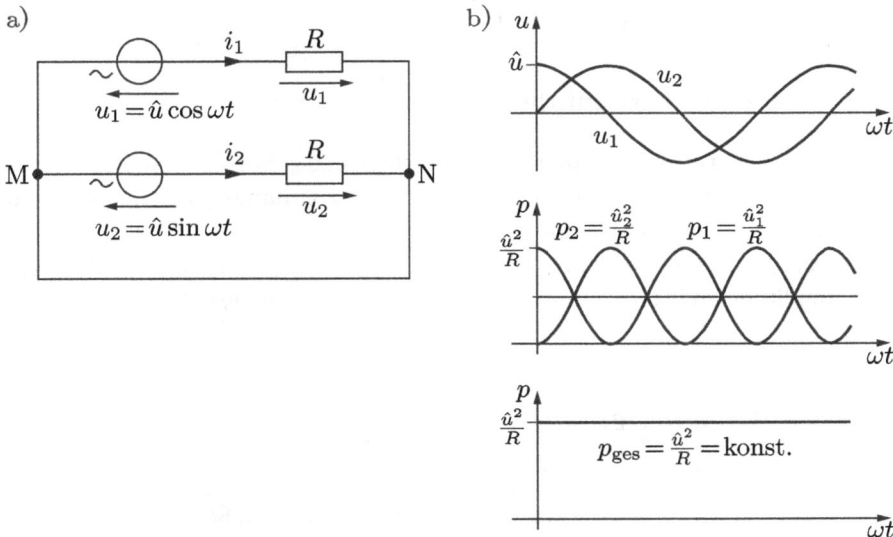

Abb. 8.1: Symmetrisches Zweiphasensystem. a) Schaltung, b) Spannungen $u_1(t)$ und $u_2(t)$ und die von beiden Widerständen aufgenommenen Leistungen $p_1(t)$ und $p_2(t)$.

https://doi.org/10.1515/9783110631647-002

Die von beiden Generatoren abgegebene Gesamtleistung ist

$$p_{\text{ges}} = p_1(t) + p_2(t) = \frac{\hat{u}^2}{R}\left(\cos^2 \omega t + \sin^2 \omega t\right) = \frac{\hat{u}^2}{R} ,$$

sie ist also zeitlich konstant, vgl. Bild 8.1b. Die Schaltung nach Bild 8.1a nennt man ein symmetrisches Zweiphasensystem.

Systeme, in denen die Generatorgesamtleistung (und damit auch die Verbrauchergesamtleistung) nicht schwankt, bieten wichtige Vorteile gegenüber dem Einphasenwechselstrom-System, in dem alle Leistungen zeitabhängig sind (vgl. Abschnitte 7.1.7, 7.4.1und 7.4.2). Wenn etwa die beiden Widerstände in der Schaltung 8.1a die Wicklungen eines Motors darstellen, so ist nun gewährleistet, dass der Motor eine konstante Leistung aufnimmt, was beispielsweise für den Gleichlauf eines Plattenspielers wichtig ist.

In der Energietechnik ist das symmetrische Dreiphasensystem besonders wichtig, weil die Dampf- und Wasserturbinen, Verbrennungsmotoren und dergleichen, die die Drehstromgeneratoren antreiben, zeitlich konstant belastet werden sollen, vgl. Abschnitt 8.2.4.

8.2 Das Drehstromsystem

Wegen seiner großen Bedeutung in der Energietechnik wird im Folgenden hauptsächlich das Dreiphasensystem (Drehstromsystem) betrachtet. Außerdem wird die Darstellung auf symmetrische Generatoren beschränkt. Es werden aber auch Fälle unsymmetrischer Belastung untersucht.

8.2.1 Spannungen am symmetrischen Drehstromgenerator

Die drei Wicklungen eines Drehstromgenerators stellt man gewöhnlich nicht durch das in Schaltung 8.1a verwendete Schaltsymbol für eine Spannungsquelle dar, sondern durch das Symbol einer Induktivität: Bild 8.2a, b.

Die drei Spannungen, die ein symmetrischer Drehstromgenerator erzeugt, haben gleiche Amplitude und Frequenz und sind gegeneinander um $2\pi/3$ (120°) phasenverschoben:

$$u_{\text{u}}(t) = \hat{u} \cos \omega t ,$$
$$u_{\text{v}}(t) = \hat{u} \cos(\omega t - 2\pi/3) ,$$
$$u_{\text{w}}(t) = \hat{u} \cos(\omega t - 4\pi/3) = \hat{u} \cos(\omega t + 2\pi/3) .$$

Im Liniendiagramm 8.2c sind die Spannungen, die sogenannten **Strangspannungen**, dargestellt und im Zeigerdiagramm 8.2d die zugehörigen komplexen Effektivwerte

$$\underline{U}_{\text{u}} = \frac{\hat{u}}{\sqrt{2}} , \qquad \underline{U}_{\text{v}} = \frac{\hat{u}}{\sqrt{2}} e^{-j\,2\pi/3} , \qquad \underline{U}_{\text{w}} = \frac{\hat{u}}{\sqrt{2}} e^{-j\,4\pi/3} = \frac{\hat{u}}{\sqrt{2}} e^{j\,2\pi/3} . \qquad (8.1)$$

a)

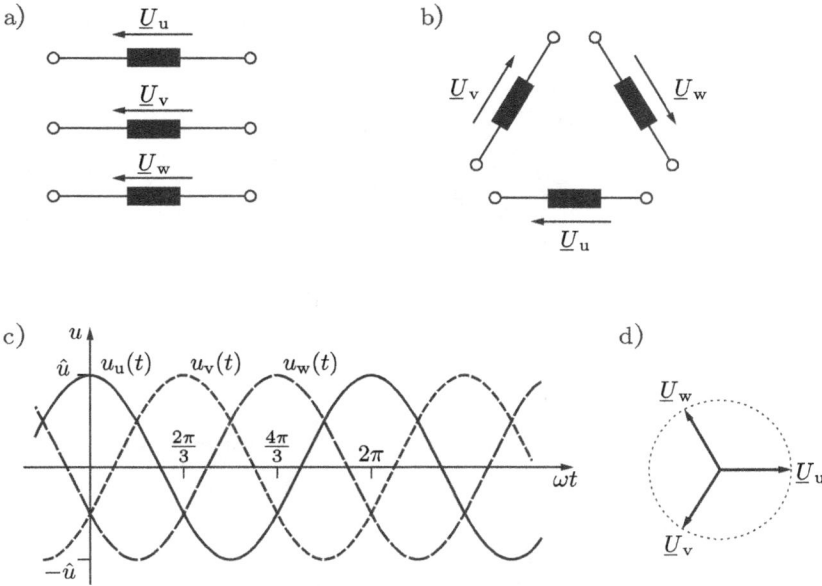

b)

c)

d)

Abb. 8.2: Die Spannungen eines symmetrischen Drehstromgenerators. a), b) drei Wicklungen eines Drehstromgenerators, c) Liniendiagramm, d) Zeigerdiagramm.

Der Ausdruck $e^{j\,2\pi/3}$ kann auch durch einen Operator ersetzt werden:

$$\underline{a} = e^{j\,2\pi/3} \; .$$

Für diesen komplexen Operator gilt

$$\underline{a} \;\; = e^{+j\,2\pi/3} \; = -\frac{1}{2} + j\frac{\sqrt{3}}{2} \tag{8.2a}$$

$$\underline{a}^2 = e^{+j\,4\pi/3} = e^{-j\,2\pi/3} = \underline{a}^{-1} = -\frac{1}{2} - j\frac{\sqrt{3}}{2} = \underline{a}^* \tag{8.2b}$$

$$\underline{a}^3 = e^{+j\,2\pi} = 1 \; , \tag{8.2c}$$

vgl. Bild 8.3a, und

$$1 + \underline{a} + \underline{a}^2 = 0 \; , \tag{8.3}$$

vgl. Bild 8.3b. Außerdem ist

$$1 - \underline{a}^2 = \frac{3}{2} + j\frac{\sqrt{3}}{2} = -j\sqrt{3}\,\underline{a} \tag{8.4a}$$

$$\underline{a}^2 - \underline{a} = -j\sqrt{3} \tag{8.4b}$$

$$\underline{a} - 1 = -\frac{3}{2} + j\frac{\sqrt{3}}{2} = -j\sqrt{3}\,\underline{a}^2 \; , \tag{8.4c}$$

was aus Bild 8.4 abgelesen werden kann. In die Gln. (8.1b, c) setzen wir die Abkürzungen (8.2) ein:

$$\underline{U}_v = \frac{\hat{u}}{\sqrt{2}}\,\underline{a}^2 = \underline{U}_u\,\underline{a}^2 \tag{8.5a}$$

$$\underline{U}_w = \frac{\hat{u}}{\sqrt{2}}\,\underline{a} = \underline{U}_u\,\underline{a}\ . \tag{8.5b}$$

Damit wird

$$\underline{U}_u + \underline{U}_v + \underline{U}_w = \underline{U}_u(1 + \underline{a}^2 + \underline{a})\ ,$$

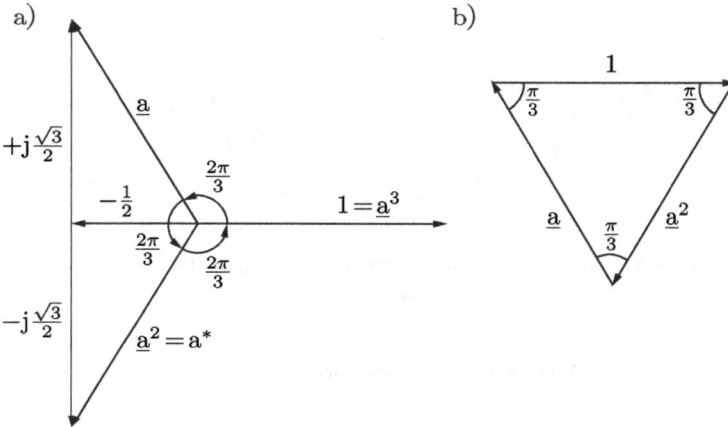

Abb. 8.3: Die Operatoren $\underline{a}$, $\underline{a}^2$ und $\underline{a}^3$. a) Darstellung in der komplexen Ebene, b) Summe nach Gl. (8.3).

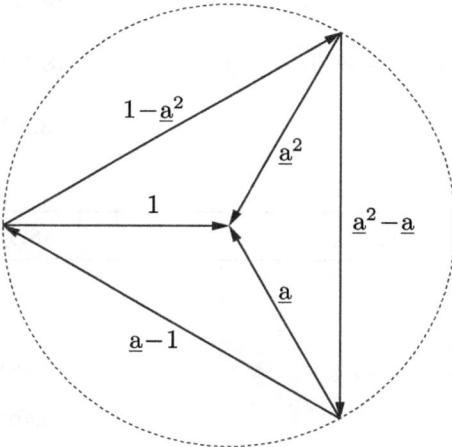

Abb. 8.4: Zur Veranschaulichung der Gleichungen (8.4).

und wegen Gl. (8.3)

$$\underline{U}_u + \underline{U}_v + \underline{U}_w = 0 \ , \tag{8.6}$$

was aus den Diagrammen in Bild 8.3 auch unmittelbar erkennbar ist.

Werden die drei Generatorwicklungen mit den Spannungen $\underline{U}_u$, $\underline{U}_v$ und $\underline{U}_w$ in Reihe geschaltet, so kann man diese Reihenschaltung kurzschließen, ohne dass ein Strom fließt (Bild 8.5b): **Generatordreieckschaltung**. Häufiger wird aus den Generatorsträngen die **Generatorsternschaltung** gebildet (Bild 8.5a).

In Bild 8.5 werden die Bezeichnungen L1, L2, L3 für die Anschlussklemmen der sogenannten Außenleiter und M für den **Generatorsternpunkt** und den mit ihm direkt verbundenen **Mittelleiter** eingeführt, dies ist normgerecht. (In älterer Literatur findet man dafür häufig noch die Bezeichnungen R, S, T). Hier und im Folgenden werden in Generatorsternschaltungen die Strangspannungen mit $\underline{U}_{1M}$, $\underline{U}_{2M}$, $\underline{U}_{3M}$ bezeichnet:

$$\underline{U}_{1M} = \underline{U}_u \tag{8.7a}$$

$$\underline{U}_{2M} = \underline{a}^2 \underline{U}_u = \underline{a}^2 \underline{U}_{1M} \tag{8.7b}$$

$$\underline{U}_{3M} = \underline{a} \, \underline{U}_u = \underline{a} \, \underline{U}_{1M} \ . \tag{8.7c}$$

Oftmals verzichtet man auf die Doppelindizes und schreibt einfach $\underline{U}_1$, $\underline{U}_2$, $\underline{U}_3$; hierbei wird dann stillschweigend vorausgesetzt, dass die Zählpfeile von der jeweiligen Außenleiterklemme zum Generatorsternpunkt M gerichtet sind.

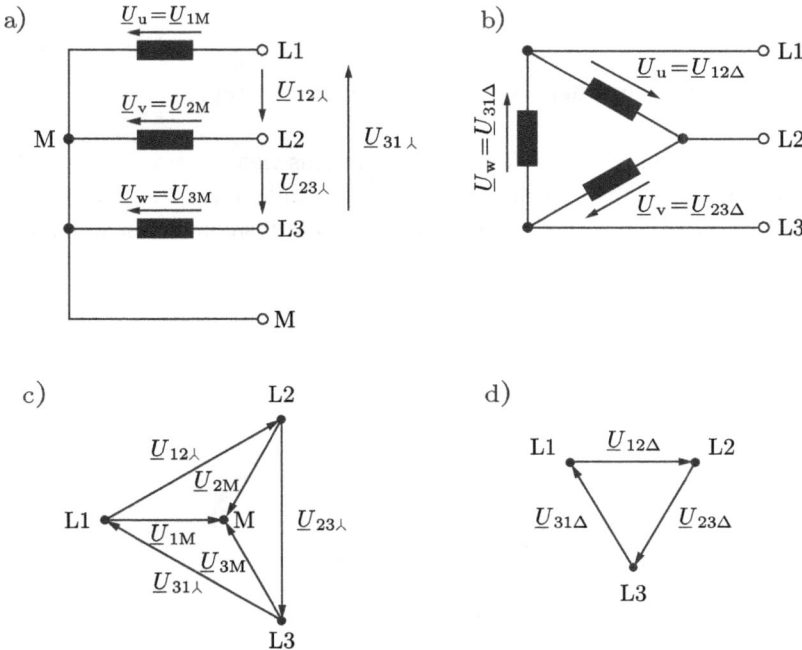

Abb. 8.5: Symmetrische Generatorschaltungen und ihre Zeigerdiagramme.

Die Spannungen $\underline{U}_{12}$, $\underline{U}_{23}$, $\underline{U}_{31}$ zwischen den Außenleitern nennt man **Außenleiterspannungen**. Sie sind in Generatordreieckschaltungen mit den entsprechenden Strangspannungen identisch:

$$\underline{U}_{12\Delta} = \underline{U}_{\mathrm{u}} \tag{8.8a}$$

$$\underline{U}_{23\Delta} = \underline{U}_{\mathrm{v}} = \underline{U}_{\mathrm{u}}\,\underline{a}^2 \tag{8.8b}$$

$$\underline{U}_{31\Delta} = \underline{U}_{\mathrm{w}} = \underline{U}_{\mathrm{u}}\,\underline{a}\;. \tag{8.8c}$$

In Generatorsternschaltungen dagegen gilt mit den Gln. (8.4) und (8.7):

$$\underline{U}_{12} = \underline{U}_{1\mathrm{M}} - \underline{U}_{2\mathrm{M}} = \underline{U}_{1\mathrm{M}} \cdot (1 - \underline{a}^2) = -\mathrm{j}\,\sqrt{3}\,\underline{a}\,\underline{U}_{1\mathrm{M}} = -\mathrm{j}\,\sqrt{3}\underline{U}_{3\mathrm{M}} \tag{8.9a}$$

$$\underline{U}_{23} = \underline{U}_{2\mathrm{M}} - \underline{U}_{3\mathrm{M}} = \underline{U}_{1\mathrm{M}} \cdot (\underline{a}^2 - \underline{a}) = -\mathrm{j}\,\sqrt{3}\underline{U}_{1\mathrm{M}} = \underline{a}^2\,\underline{U}_{12} \tag{8.9b}$$

$$\underline{U}_{31} = \underline{U}_{3\mathrm{M}} - \underline{U}_{1\mathrm{M}} = \underline{U}_{1\mathrm{M}} \cdot (\underline{a} - 1) = -\mathrm{j}\,\sqrt{3}\,\underline{a}^2\,\underline{U}_{1\mathrm{M}} = -\mathrm{j}\,\sqrt{3}\underline{U}_{2\mathrm{M}} = \underline{a}\,\underline{U}_{12}\;. \tag{8.9c}$$

Die Außenleiterspannungen sind bei Generatorsternschaltung also um den Faktor $\sqrt{3}$ größer als bei Dreieckschaltung:

$$U_{12} = U_{23} = U_{31} = \sqrt{3}\,U_{12\Delta} = \sqrt{3}\,U_{23\Delta} = \sqrt{3}\,U_{31\Delta}\;. \tag{8.10}$$

Zeigerdiagramme sämtlicher Generatorspannungen sind in den Bildern 8.5c, d zu sehen. Die dort eingetragenen Punkte L1, L2, L3, M bezeichnen die **komplexen Potenziale** der Außenleiter und des Mittelleiters.

8.2.2 Die Spannung zwischen Generator- und Verbraucher-Sternpunkt

Bisher wurden die Spannungen an unbelasteten symmetrischen Generatoren betrachtet. Hier soll nun ein einfacher Belastungsfall (Bild 8.6) untersucht werden: Die Generatorstränge sind zu einem Stern mit dem Sternpunkt M zusammengeschaltet. An

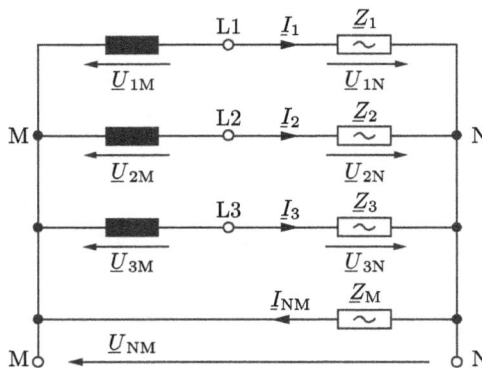

Abb. 8.6: Generator und Verbraucher in Sternschaltung.

die Generatorklemmen L1, L2, L3 sind die Impedanzen $\underline{Z}_1$, $\underline{Z}_2$, $\underline{Z}_3$ angeschlossen, die ebenfalls einen Stern bilden, und zwar mit dem **Verbrauchersternpunkt** N. Außerdem besteht zwischen den beiden Sternpunkten M und N eine Verbindung über die Impedanz $\underline{Z}_M$ **(Mittelpunktleiter)**. Außer den Generatorspannungen $\underline{U}_{1M}$, $\underline{U}_{2M}$, $\underline{U}_{3M}$ (und den Außenleiterspannungen $\underline{U}_{12}$, $\underline{U}_{23}$, $\underline{U}_{31}$) treten nun die drei Verbraucherspannungen $\underline{U}_{1N}$, $\underline{U}_{2N}$, $\underline{U}_{3N}$ und die **Verlagerungsspannung** $\underline{U}_{NM}$ auf. Diese Spannung zwischen den beiden Sternpunkten soll zunächst berechnet werden, was mit Hilfe der Methode der Ersatzstromquelle besonders einfach ist. Zwischen den Klemmen N und M (Bild 8.6) fließt bei Kurzschluss der Strom

$$\underline{I}_k = \frac{\underline{U}_{1M}}{\underline{Z}_1} + \frac{\underline{U}_{2M}}{\underline{Z}_2} + \frac{\underline{U}_{3M}}{\underline{Z}_3} = \underline{U}_{1M}\underline{Y}_1 + \underline{U}_{2M}\underline{Y}_2 + \underline{U}_{3M}\underline{Y}_3 \ .$$

Im Leerlauf liegt also zwischen den Klemmen N und M die Verlagerungsspannung

$$\underline{U}_{NM} = \underline{I}_k \cdot \underline{Z}_P \ , \tag{8.11a}$$

wobei $\underline{Z}_P$ die Parallelschaltung der vier Impedanzen bezeichnet:

$$\frac{1}{\underline{Z}_P} = \frac{1}{\underline{Z}_1} + \frac{1}{\underline{Z}_2} + \frac{1}{\underline{Z}_3} + \frac{1}{\underline{Z}_M} = \underline{Y}_1 + \underline{Y}_2 + \underline{Y}_3 + \underline{Y}_M \ . \tag{8.11b}$$

Es ist demnach

$$\underline{U}_{NM} = \frac{\underline{U}_{1M}\underline{Y}_1 + \underline{U}_{2M}\underline{Y}_2 + \underline{U}_{3M}\underline{Y}_3}{\underline{Y}_1 + \underline{Y}_2 + \underline{Y}_3 + \underline{Y}_M} \ . \tag{8.12}$$

Nach dem 2. Kirchhoff'schen Gesetz gelten die Umlaufgleichungen

$$0 = -\underline{U}_{1M} + \underline{I}_1\underline{Z}_1 + \underline{U}_{NM} \ ,$$
$$0 = -\underline{U}_{2M} + \underline{I}_2\underline{Z}_2 + \underline{U}_{NM} \ ,$$
$$0 = -\underline{U}_{3M} + \underline{I}_3\underline{Z}_3 + \underline{U}_{NM} \ .$$

Für die **Außenleiterströme** ergeben sich damit

$$\underline{I}_1 = \frac{\underline{U}_{1M} - \underline{U}_{NM}}{\underline{Z}_1} \ , \qquad \underline{I}_2 = \frac{\underline{U}_{2M} - \underline{U}_{NM}}{\underline{Z}_2} \ , \qquad \underline{I}_3 = \frac{\underline{U}_{3M} - \underline{U}_{NM}}{\underline{Z}_3} \ . \tag{8.13}$$

Sind die beiden Sternpunkte kurzgeschlossen ($\underline{Z}_M = 0$), so wird einfach

$$\underline{I}_1 = \frac{\underline{U}_{1M}}{\underline{Z}_1} \ , \qquad \underline{I}_2 = \frac{\underline{U}_{2M}}{\underline{Z}_2} \ , \qquad \underline{I}_3 = \frac{\underline{U}_{3M}}{\underline{Z}_3} \ . \tag{8.14}$$

Hinweis *Bei der Herleitung der Gln. (8.13) und (8.14) wird nicht vorausgesetzt, dass die drei Generator-Strangspannungen $\underline{U}_{1M}$, $\underline{U}_{2M}$ und $\underline{U}_{3M}$ ein symmetrisches System bilden. Die Gleichungen (8.13) und (8.14) sind also allgemein gültig.*

8.2.3 Symmetrische und asymmetrische Belastung symmetrischer Drehstromgeneratoren

8.2.3.1 Verbraucher in Sternschaltung

Falls nicht nur die Strangspannungen des Generators symmetrisch (d. h. betragsgleich und um $2\pi/3$ gegeneinander phasenverschoben) sind, sondern auch für die Belastungsimpedanzen $\underline{Z}_1 = \underline{Z}_2 = \underline{Z}_3$ gilt, so wird

$$\underline{U}_{NM} = \frac{\underline{U}_{1M} + \underline{U}_{2M} + \underline{U}_{3M}}{3 + \underline{Z}_1/\underline{Z}_M} = \frac{\underline{U}_{1M}(1 + \underline{a}^2 + \underline{a})}{3 + \underline{Z}_1/\underline{Z}_M} = 0 . \tag{8.15}$$

Aus den Gln. (8.13) folgt dann (ebenso wie im Fall kurzgeschlossener Sternpunkte):

$$\underline{I}_1 = \frac{\underline{U}_{1M}}{\underline{Z}_1} , \qquad \underline{I}_2 = \frac{\underline{U}_{2M}}{\underline{Z}_2} , \qquad \underline{I}_3 = \frac{\underline{U}_{3M}}{\underline{Z}_3} .$$

Ist $\underline{U}_{NM} \neq 0$, so sind der Verbraucher- oder der Generatorstern oder beide unsymmetrisch. Aber auch in asymmetrischen Fällen kann der Ausdruck $\underline{U}_{1M}\underline{Y}_1 + \underline{U}_{2M}\underline{Y}_2 + \underline{U}_{3M}\underline{Y}_3$ und damit $\underline{U}_{NM}$ zu null gemacht werden, vgl. hierzu die Beispiele 8.2a und 8.2b.

Beispiel 8.1: Abhängigkeit der Verlagerungsspannung von der Asymmetrie eines ohmschen Verbrauchersterns.
Gegeben ist die Schaltung in Bild 8.6. Die Generatorspannungen sind symmetrisch:

$$\underline{U}_{1M} = \underline{a} \ \underline{U}_{2M} = \underline{a}^2 \ \underline{U}_{3M} .$$

Die Impedanzen $\underline{Z}_1, \underline{Z}_2, \underline{Z}_3$ sind ohmsche Widerstände:

$$\underline{Z}_1 = R_1 ; \qquad \underline{Z}_2 = \underline{Z}_3 = R .$$

Die Sternpunkte M und N sind nicht durch einen Mittelpunktleiter verbunden: $\underline{Z}_M = \infty$.
a) *Die Verlagerungsspannung $\underline{U}_{NM} = f(R_1)$ soll berechnet und skizziert werden.*
b) *Gesucht sind die Zeigerdiagramme sämtlicher Spannungen für die Fälle $R_1 = 0,25R$ und $R_1 = \infty$.*

Lösung
a) Mit Gl. (8.12) erhält man

$$\underline{U}_{NM} = \underline{U}_{1M} \frac{G_1 + (\underline{a}^2 + \underline{a})G}{G_1 + 2G} = \underline{U}_{1M} \frac{G_1 - G}{G_1 + 2G} = \underline{U}_{1M} \frac{1 - R_1/R}{1 + 2R_1/R}$$

$$\frac{\underline{U}_{NM}}{\underline{U}_{1M}} = \frac{1 - \dfrac{R_1}{R}}{1 + 2\dfrac{R_1}{R}} . \tag{8.16}$$

Diese Funktion wird in Bild 8.7 dargestellt.
b) In Bild 8.8 sind die Spannungszeigerdiagramme für die Fälle $R_1 = 0,25R$ und $R_1 = \infty$ dargestellt.

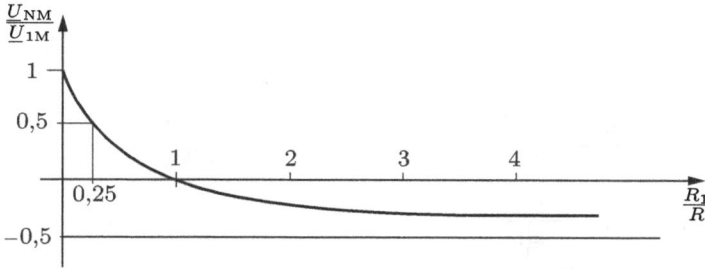

Abb. 8.7: Abhängigkeit der Verlagerungsspannung von der Asymmetrie des Verbrauchersterns.

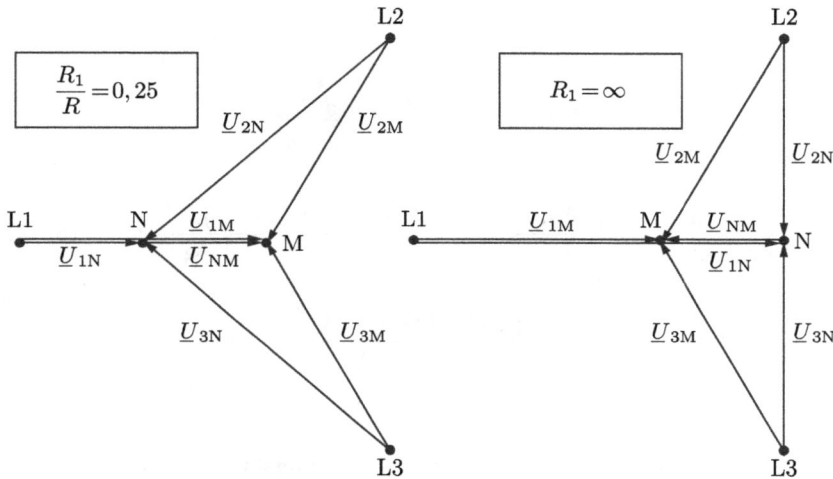

Abb. 8.8: Spannungs-Zeigerdiagramme für ein Drehstromsystem mit symmetrischem Generatorstern und unsymmetrischem ohmschen Verbraucherstern.

Beispiel 8.2a: Symmetrische Verbraucherspannungen an einem asymmetrischen Verbraucherstern.

Die Strangspannungen $\underline{U}_{1M}$, $\underline{U}_{2M}$, $\underline{U}_{3M}$ bilden ein symmetrisches System (Bild 8.9). Man bestimme $\underline{Z}_1$ so, dass auch die Spannungen $\underline{U}_{1N}$, $\underline{U}_{2N}$, $\underline{U}_{3N}$ ein symmetrisches System bilden.

Lösung

Die Verbraucherspannungen können nur dann einen symmetrischen Stern bilden, wenn

$$\underline{U}_{NM} = 0$$

wird, d. h. es muss mit Gl. (8.12) gelten:

$$0 = \underline{U}_{1M}\underline{Y}_1 + \underline{U}_{2M}\underline{Y}_2 + \underline{U}_{3M}\underline{Y}_3 \ .$$

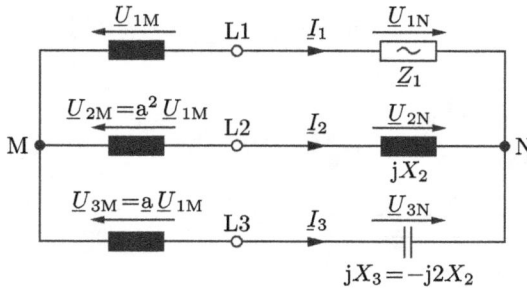

Abb. 8.9: Symmetrischer Generatorstern mit unsymmetrischer Last.

Umgestellt ergibt sich wegen

$$\underline{U}_{2M} = \underline{a}^2\,\underline{U}_{1M} \quad \text{und} \quad \underline{U}_{3M} = \underline{a}\,\underline{U}_{1M}$$

die Bedingung

$$-\frac{1}{\underline{Z}_1} = \frac{\underline{a}^2}{\underline{Z}_2} + \frac{\underline{a}}{\underline{Z}_3} = \frac{-0,5 - j0,5\sqrt{3}}{jX_2} + \frac{-0,5 + j0,5\sqrt{3}}{-2\,jX_2} = \frac{-1 - j3\sqrt{3}}{4\,jX_2} \tag{8.17a}$$

$$\underline{Z}_1 = \frac{4\,jX_2}{1 + j3\sqrt{3}} = \frac{4\,jX_2(1 - j3\sqrt{3})}{1 + 27} = \frac{X_2}{7}(3\sqrt{3} + j)$$

$$\underline{Z}_1 = R_1 + jX_1 \approx X_2(0,743 + j0,143)\,.$$

Die Impedanz $\underline{Z}_1$ muss sich also aus einem ohmschen Widerstand mit dem Wert

$$R_1 \approx 0,743X_2$$

und einer Spule mit der Reaktanz

$$X_1 \approx 0,143X_2$$

zusammensetzen, damit die Forderung nach Symmetrie der Verbraucherspannungen erfüllt wird.

Die Spannungen und Ströme werden in einem Zeigerdiagramm (Bild 8.10) veranschaulicht: hier wird deutlich, dass zwar die drei Verbraucherspannungen einen symmetrischen Stern bilden (der mit dem Stern der Generatorspannungen zusammenfällt), nicht aber die drei Ströme. Gl. (8.17a) kann übrigens wie folgt umgeformt werden:

$$\underline{Y}_3 = -\,\underline{a}^2\,\underline{Y}_1 - \underline{a}\,\underline{Y}_2\,. \tag{8.17b}$$

Dies ist die Bedingung für Spannungssymmetrie an einem asymmetrischen Verbraucherstern.

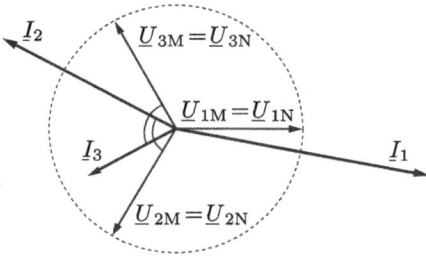

Abb. 8.10: Zeigerdiagramm für einen Verbraucherstern mit symmetrischen Verbraucherspannungen, aber unsymmetrischen Verbraucherströmen.

Beispiel 8.2b: Symmetrische Leiterströme in einem asymmetrischen Verbraucherstern.
Welche Bedingung muss $\underline{Z}_3 = 1/\underline{Y}_3$ (siehe Bild 8.6) erfüllen, wenn $\underline{Z}_1 = 1/\underline{Y}_1$ und $\underline{Z}_2 = 1/\underline{Y}_2$ gegeben sind, die Sternpunkte M und N nicht miteinander verbunden werden ($\underline{Y}_M = 0$) und die Leiterströme $\underline{I}_1, \underline{I}_2, \underline{I}_3$ ein symmetrisches System bilden sollen?

Lösung

Mit $\underline{U}_{1N} = \underline{U}_{1M} - \underline{U}_{NM}$ und wegen Gl. (8.12) wird

$$\underline{U}_{1N} = \underline{U}_{1M} - \frac{\underline{U}_{1M}\underline{Y}_1 + \underline{U}_{2M}\underline{Y}_2 + \underline{U}_{3M}\underline{Y}_3}{\underline{Y}_1 + \underline{Y}_2 + \underline{Y}_3} .$$

Wegen $\underline{I}_1 = \underline{U}_{1N}\,\underline{Y}_1$ folgt daher

$$\underline{I}_1 = \underline{Y}_1 \frac{\underline{U}_{1M}(\underline{Y}_2 + \underline{Y}_3) - \underline{U}_{2M}\underline{Y}_2 - \underline{U}_{3M}\underline{Y}_3}{\underline{Y}_1 + \underline{Y}_2 + \underline{Y}_3} . \qquad (8.18a)$$

Zyklische Vertauschung ($1 \to 2, 2 \to 3, 3 \to 1$) liefert

$$\underline{I}_2 = \underline{Y}_2 \frac{\underline{U}_{2M}(\underline{Y}_3 + \underline{Y}_1) - \underline{U}_{3M}\underline{Y}_3 - \underline{U}_{1M}\underline{Y}_1}{\underline{Y}_1 + \underline{Y}_2 + \underline{Y}_3} . \qquad (8.18b)$$

Die Forderung nach einem symmetrischen Leiterstromsystem $\underline{a}\,\underline{I}_2 = \underline{I}_1$ (dies entspricht $\underline{I}_2 = \underline{a}^2\,\underline{I}_1$), führt mit (8.18a) und (8.18b) zu

$$\underline{a}\,\underline{Y}_2 \frac{\underline{U}_{2M}(\underline{Y}_3 + \underline{Y}_1) - \underline{U}_{3M}\underline{Y}_3 - \underline{U}_{1M}\underline{Y}_1}{\underline{Y}_1 + \underline{Y}_2 + \underline{Y}_3} = \underline{Y}_1 \frac{\underline{U}_{1M}(\underline{Y}_2 + \underline{Y}_3) - \underline{U}_{2M}\underline{Y}_2 - \underline{U}_{3M}\underline{Y}_3}{\underline{Y}_1 + \underline{Y}_2 + \underline{Y}_3} .$$

Mit $\underline{U}_{2M} = \underline{a}^2\,\underline{U}_{1M}$ und $\underline{U}_{3M} = \underline{a}\,\underline{U}_{1M}$ wird daraus

$$\underline{a}\,\underline{Y}_2 \left[\underline{a}^2\,\underline{Y}_3 + \underline{a}^2\,\underline{Y}_1 - \underline{Y}_1 - \underline{a}\,\underline{Y}_3 \right] = \underline{Y}_1 \left[\underline{Y}_2 + \underline{Y}_3 - \underline{a}^2\,\underline{Y}_2 - \underline{a}\,\underline{Y}_3 \right]$$

$$\underline{Y}_3 = \frac{\underline{Y}_1\underline{Y}_2}{-\underline{Y}_2\,\underline{a} - \underline{Y}_1\,\underline{a}^2}$$

sowie für die gesuchte Impedanz

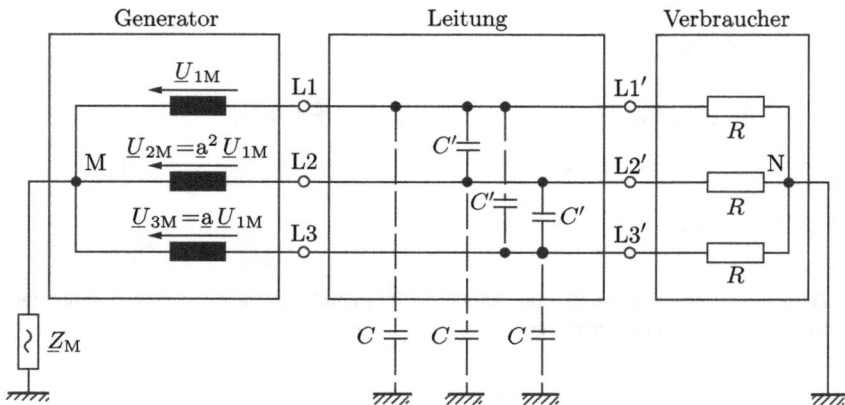

Abb. 8.11: Drehstromsystem mit symmetrischem Generator und Verbraucher.

$$\underline{Z}_3 = -\,\underline{a}\,\underline{Z}_1 - \underline{a}^2\,\underline{Z}_2\,. \qquad (8.18c)$$

Dies ist die Bedingung für Leiterstromsymmetrie in einem asymmetrischen Verbraucherstern. Ein solcher Fall ergibt sich z. B. mit $\underline{Z}_1 = \mathrm{j}1\,\mathrm{k\Omega}$ (Spule), $\underline{Z}_2 = -\mathrm{j}1\,\mathrm{k\Omega}$ (Kondensator), $\underline{Z}_3 = \sqrt{3}\,\mathrm{k\Omega}$ (ohmscher Widerstand).

Beispiel 8.3: Petersenspule (Begrenzung des Stromes bei Erdschluss eines Außenleiters).

Ein symmetrischer Generator speist einen symmetrischen ohmschen Verbraucher über eine dreiphasige Leitung (Bild 8.11). Der Verbrauchersternpunkt N ist unmittelbar geerdet, der Generatorsternpunkt M über die Impedanz $\underline{Z}_\mathrm{M}$. Die Außenleiter L1, L2, L3 haben die Kapazität C gegen Erde; zwischen den Leitern treten die Kapazitäten C' auf.

Das in Bild 8.11 dargestellte Drehstromsystem kann man zu der Schaltung in Bild 8.12 zusammenfassen, wenn die Widerstände und Induktivitäten der Außenleiter vernachlässigt werden. Wird z. B. der Außenleiter L1 kurzgeschlossen (d. h. auf Erdpotential gebracht), so bedeutet das in der Schaltung 8.11 bzw. 8.12 offenbar den Kurzschluss der zugehörigen Impedanz $\underline{Z}_1$. Der nun im Leiter L1 fließende Kurzschlussstrom soll möglichst klein gehalten werden. Wie muss $\underline{Z}_\mathrm{M}$ gewählt werden, damit das erreicht wird?

Lösung

Wenn $\underline{Z}_1$ kurzgeschlossen wird ($\underline{Z}_1 = 0$), ist

$$\underline{U}_{\mathrm{NM}}\big|_{\underline{Z}_1=0} = \underline{U}_{1\mathrm{M}}\,,$$

und hiermit folgt für $\underline{I}_2$ und $\underline{I}_3$ aus der Gl. (8.13)

$$\underline{I}_{2\mathrm{k}} = (\underline{U}_{2\mathrm{M}} - \underline{U}_{1\mathrm{M}})\left(\underline{Y}_2 + \mathrm{j}\omega C'\right)\,, \qquad \underline{I}_{3\mathrm{k}} = (\underline{U}_{3\mathrm{M}} - \underline{U}_{1\mathrm{M}})\left(\underline{Y}_3 + \mathrm{j}\omega C'\right)\,;$$

außerdem ist

$$\underline{I}_{\mathrm{NMk}} = \underline{U}_{1\mathrm{M}}\underline{Y}_\mathrm{M}\,.$$

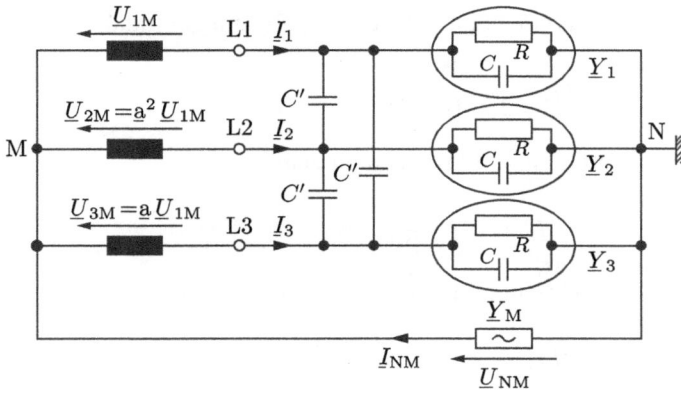

Abb. 8.12: Zusammenfassung der Schaltung 8.11.

Die Knotenpunktgleichung ergibt

$$\underline{I}_1 = \underline{I}_{NM} - \underline{I}_2 - \underline{I}_3$$
$$\underline{I}_{1k} = \underline{U}_{1M}\left(\underline{Y}_M + \underline{Y}_2 + \underline{Y}_3 + 2\,j\omega C'\right) - \underline{U}_{2M}\left(\underline{Y}_2 + j\omega C'\right) - \underline{U}_{3M}\left(\underline{Y}_3 + j\omega C'\right)\,.$$

Mit

$$\underline{Y}_2 + j\omega C' = \underline{Y}_3 + j\omega C' = \frac{1}{R} + j\omega\left(C + C'\right) = \underline{Y}$$

wird

$$\underline{I}_{1k} = \underline{U}_{1M}\left(\underline{Y}_M + 2\underline{Y}\right) - \underline{U}_{1M}\left(\underline{a}^2 + \underline{a}\right)\underline{Y}$$
$$\underline{I}_{1k} = \underline{U}_{1M}\left(\underline{Y}_M + 3\underline{Y}\right)\,. \tag{8.18d}$$

Der Erdschlussstrom im Außenleiter wird minimal, wenn der Betrag von

$$\underline{Y}_M + 3\underline{Y} = \underline{Y}_M + \frac{3}{R} + j3\omega\left(C + C'\right)$$

minimal wird, also im Resonanzfall

$$\underline{Y}_M + j3\omega\left(C + C'\right) = 0$$
$$\underline{Z}_M = j\,\frac{1}{3\omega\left(C + C'\right)}\,.$$

Die Impedanz $\underline{Z}_M$ muss demnach eine Reaktanz mit dem positiven Wert

$$X_M = \frac{1}{3\omega\left(C + C'\right)}$$

sein:

$$\omega L_M = \frac{1}{3\omega\left(C + C'\right)}\,,$$

d. h. die Impedanz $\underline{Z}_M$ besteht aus einer Spule (Petersenspule) mit der Induktivität

$$L_M = \frac{1}{3\omega^2 \left(C + C'\right)} \, .$$

Berücksichtigt man diesen Wert in Gl. (8.18d), so erhält man

$$\underline{I}_{1k} = \underline{U}_{1M} \cdot \frac{3}{R} \, ,$$

während ohne den Erdschluss bei symmetrischer Belastung der Strom

$$\underline{I}_1 = \underline{U}_{1M} \left[\frac{1}{R} + j\omega \left(C + 3C'\right) \right]$$

fließt.

Anmerkung *Gewöhnlich wird derjenige Strom minimiert, der über die Kurzschlussverbindung zwischen Außenleiter und Erde fließt. Dann muss $L_M = 1/(3\omega^2 C)$ gewählt werden.*

8.2.3.2 Verbraucher in Dreieckschaltung

Sind die Verbraucher-Impedanzen zu einem Dreieck zusammengeschlossen (Bild 8.13), so liegen die Außenleiterspannungen $\underline{U}_{12}, \underline{U}_{23}, \underline{U}_{31}$ unmittelbar an diesen Impedanzen ($\underline{Z}_{12}, \underline{Z}_{23}, \underline{Z}_{31}$) und deshalb gilt für die Verbraucherströme hier:

$$\underline{I}_{12} = \frac{U_{12}}{\underline{Z}_{12}} \, , \qquad \underline{I}_{23} = \frac{U_{23}}{\underline{Z}_{23}} \, , \qquad \underline{I}_{31} = \frac{U_{31}}{\underline{Z}_{31}} \, . \tag{8.19}$$

Für die Außenleiterströme (Strangströme) folgt dann

$$\underline{I}_1 = \underline{I}_{12} - \underline{I}_{31} = \frac{U_{12}}{\underline{Z}_{12}} - \frac{U_{31}}{\underline{Z}_{31}} \, , \tag{8.20a}$$

$$\underline{I}_2 = \underline{I}_{23} - \underline{I}_{12} = \frac{U_{23}}{\underline{Z}_{23}} - \frac{U_{12}}{\underline{Z}_{12}} \, , \tag{8.20b}$$

$$\underline{I}_3 = \underline{I}_{31} - \underline{I}_{23} = \frac{U_{31}}{\underline{Z}_{31}} - \frac{U_{23}}{\underline{Z}_{23}} \, . \tag{8.20c}$$

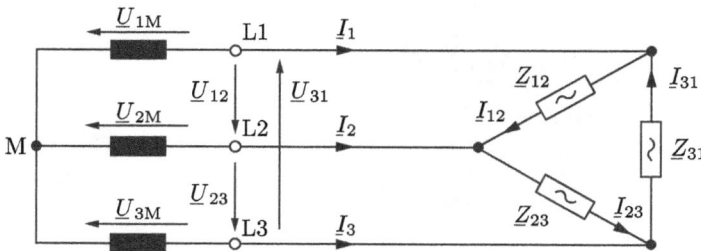

Abb. 8.13: Drehstromsystem mit Verbraucher in Dreieckschaltung.

Ist der Generator symmetrisch,

$$\underline{U}_{12} = \underline{U}_{1M}\left(1 - \underline{a}^2\right), \qquad \underline{U}_{23} = \underline{U}_{1M}\left(\underline{a}^2 - \underline{a}\right), \qquad \underline{U}_{31} = \underline{U}_{1M}\left(\underline{a} - 1\right),$$

und der Verbraucher ebenfalls,

$$\underline{Z}_{12} = \underline{Z}_{23} = \underline{Z}_{31} = \underline{Z},$$

so erhält man

$$\underline{I}_1 = \frac{\underline{U}_{12} - \underline{U}_{31}}{\underline{Z}} = \frac{\underline{U}_{1M}}{\underline{Z}}\left(1 - \underline{a}^2 - \underline{a} + 1\right)$$

$$\underline{I}_2 = \frac{\underline{U}_{23} - \underline{U}_{12}}{\underline{Z}} = \frac{\underline{U}_{1M}}{\underline{Z}}\left(\underline{a}^2 - \underline{a} - 1 + \underline{a}^2\right) = \underline{a}^2\frac{\underline{U}_{1M}}{\underline{Z}}\left(1 - \underline{a}^2 - \underline{a} + 1\right)$$

$$\underline{I}_3 = \frac{\underline{U}_{31} - \underline{U}_{23}}{\underline{Z}} = \frac{\underline{U}_{1M}}{\underline{Z}}\left(\underline{a} - 1 - \underline{a}^2 + \underline{a}\right) = \underline{a}\frac{\underline{U}_{1M}}{\underline{Z}}\left(1 - \underline{a}^2 - \underline{a} + 1\right)$$

und wegen $1 - \underline{a}^2 - \underline{a} + 1 = 3$ und den Gln. (8.7b) und (8.7c):

$$\underline{I}_1 = 3\frac{\underline{U}_{1M}}{\underline{Z}}, \qquad \underline{I}_2 = 3\frac{\underline{U}_{2M}}{\underline{Z}}, \qquad \underline{I}_3 = 3\frac{\underline{U}_{3M}}{\underline{Z}}. \tag{8.21}$$

Es fließt also der dreifache Strom im Vergleich zur Sternschaltung.

Beispiel 8.4: Symmetrischer Drehstromgenerator mit asymmetrischem Verbraucherdreieck.
Ein Drehstromgenerator mit den Strangspannungen

$$\underline{U}_{1M}, \quad \underline{U}_{2M} = \underline{a}^2\,\underline{U}_{1M}, \quad \underline{U}_{3M} = \underline{a}\,\underline{U}_{1M}$$

versorgt drei Verbraucher mit den Impedanzen (siehe Bild 8.14)

$$\underline{Z}_{12} = \mathrm{j}X_{12}, \quad \underline{Z}_{23}, \quad \underline{Z}_{31} = R_{31}.$$

a) *Die Impedanz $\underline{Z}_{23}$ soll so bestimmt werden, dass $\underline{I}_2 = 0$ wird.*
b) *Sämtliche Ströme und Spannungen sollen für den Fall $\underline{U}_{1M} = 220\,\mathrm{V}$, $R_{31} = X_{12} = 200\,\Omega$ und unter der in a) ermittelten Bedingung für $\underline{Z}_{23}$ gezeichnet werden.*

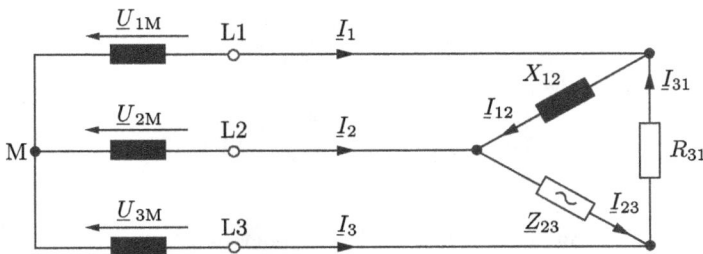

Abb. 8.14: Symmetrischer Drehstromgenerator mit asymmetrischem Verbraucherdreieck.

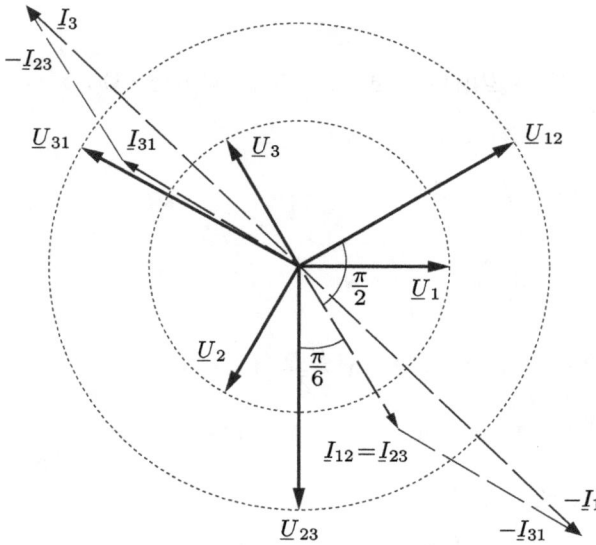

Abb. 8.15: Zeigerdiagramm zu Schaltung 8.14.

Lösung

a) Mit Gl. (8.20b) wird wegen der Forderung $\underline{I}_2 = 0$

$$\underline{I}_2 = \frac{\underline{U}_{23}}{\underline{Z}_{23}} - \frac{\underline{U}_{12}}{jX_{12}} = 0$$

$$\underline{Z}_{23} = jX_{12}\frac{\underline{U}_{23}}{\underline{U}_{12}} .$$

Für die Außenleiterspannungen $\underline{U}_{23}$ und $\underline{U}_{12}$ gelten hierbei die Gln. (8.9a) und (8.9b):

$$\underline{Z}_{23} = jX_{12}\frac{\underline{a}^2\,\underline{U}_{12}}{\underline{U}_{12}} = j\,\underline{a}^2\,X_{12} = j\left(-\tfrac{1}{2} - \tfrac{1}{2}\,j\sqrt{3}\right)X_{12} = X_{12}\left(\tfrac{1}{2}\sqrt{3} - \tfrac{1}{2}\,j\right) .$$

Die Impedanz $\underline{Z}_{23} = R_{23} + jX_{23}$ kann also durch die Reihenschaltung eines ohmschen Widerstandes mit dem Wert

$$R_{23} = \frac{\sqrt{3}}{2}X_{12}$$

und eines Kondensators mit der Reaktanz

$$X_{23} = -\frac{1}{2}X_{12}$$

realisiert werden.

b) Bild 8.15 zeigt alle Spannungen und Ströme für die speziellen Zahlenwerte im Zeigerdiagramm.

Anmerkung *Speziell unter der Bedingung*

$$\underline{Y}_{31} = -\,\underline{a}\,\underline{Y}_{12} - \underline{a}^2\,\underline{Y}_{23} \tag{8.22}$$

*ergeben sich bei einem asymmetrischen Verbraucherdreieck symmetrische Leiterströme;
z. B. für $\underline{Z}_{12} = -\mathrm{j}1\,\mathrm{k\Omega}$ (Kondensator), $\underline{Z}_{23} = +\mathrm{j}1\,\mathrm{k\Omega}$ (Spule), $\underline{Z}_{31} = 1/\sqrt{3}\,\mathrm{k\Omega}$ (ohmscher
Widerstand): hier belastet eine Schaltung mit einem einzigen ohmschen Widerstand ein
symmetrisches Drehstrom(generator)system symmetrisch; vgl. auch die Gl. (8.17b).*

8.2.4 Zusammenfassender Vergleich symmetrischer Drehstromsysteme

Es gibt vier mögliche Kombinationen symmetrischer Generatorschaltungen mit symmetrischen Verbrauchern:
- Generatorstern + Verbraucherstern,
- Generatorstern + Verbraucherdreieck,
- Generatordreieck + Verbraucherstern,
- Generatordreieck + Verbraucherdreieck.

Diese vier Kombinationen werden in Bild 8.16 miteinander verglichen, wobei in allen vier Fällen die gleichen Strangspannungen $\underline{U}_\mathrm{u}$, $\underline{U}_\mathrm{v}$, $\underline{U}_\mathrm{w}$ und Impedanzen $\underline{Z}$ vorausgesetzt werden. In diesen Vergleich werden die Spannungen an den Verbraucherimpedanzen $\underline{Z}$ und die in ihnen und den Außenleitern fließenden Ströme einbezogen, außerdem die von den drei Impedanzen insgesamt aufgenommene Wirkleistung P_ges. Im Fall nach Bild 8.16b wird bei vorgegebenem Strangspannungsbetrag U_u und vorgegebener Impedanz Z die größte Leistung abgegeben.

Ein Maß für den Wirkungsgrad der Energieübertragung über die Leitung ist das Verhältnis des Wertes P_ges zu den Leitungsverlusten, die dem Wert I_1^2 proportional sind. In den Fällen nach Bild 8.16a und Bild 8.16c (Verbrauchersternschaltungen) gilt

$$\frac{P_\mathrm{ges}}{I_1^2} = 3Z\cos\varphi\,.$$

In den Fällen Bild 8.16b und Bild 8.16d (Verbraucherdreieckschaltungen) gilt

$$\frac{P_\mathrm{ges}}{I_1^2} = Z\cos\varphi\,.$$

Bei Verbrauchersternschaltung ist der Wirkungsgrad also besser als bei Verbraucherdreieckschaltung.

Die **Zeitkonstanz der Gesamtleistung in einem symmetrischen Drehstromsystem** lässt sich folgendermaßen beschreiben. In einem symmetrischen Drehstromsystem (Generator und Verbraucher sind symmetrisch) gilt für die Spannungen und Ströme in den drei Generatorsträngen u, v, w:

$$u_\mathrm{u}(t) = \hat{u}\cos\omega t\,;\qquad u_\mathrm{v}(t) = \hat{u}\cos\left(\omega t - {2\pi}/{3}\right)\,;\qquad u_\mathrm{w}(t) = \hat{u}\cos\left(\omega t - {4\pi}/{3}\right)$$

$$i_\mathrm{u}(t) = \hat{\imath}\cos(\omega t - \varphi)\,;\quad i_\mathrm{v}(t) = \hat{\imath}\cos\left(\omega t - {2\pi}/{3} - \varphi\right)\,;\quad i_\mathrm{w}(t) = \hat{\imath}\cos\left(\omega t - {4\pi}/{3} - \varphi\right)$$

a)

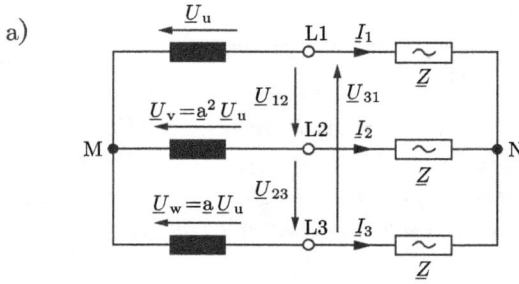

Außenleiterspannungen:
$U_{12}=U_{23}=U_{31}=\sqrt{3}U_u$.

Außenleiterströme:
$I_1=I_2=I_3=\frac{U_u}{Z}$.

Gesamtleistung:
$P_{ges}=3I_1^2Z\cos\varphi=3U_u^2Y\cos\varphi$.

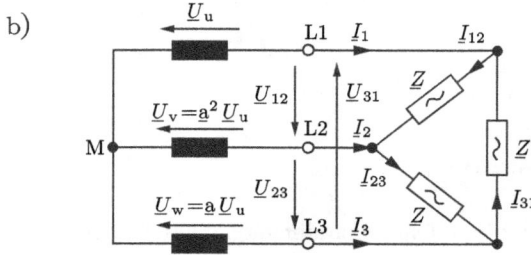

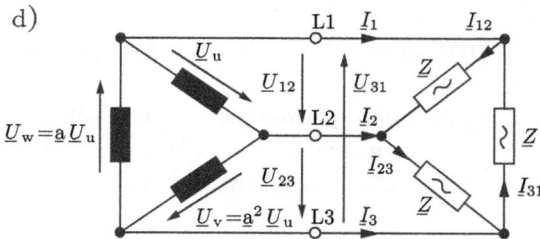

b)

Außenleiterspannungen:
$U_{12}=U_{23}=U_{31}=\sqrt{3}U_u$.

Dreieckströme:
$I_{12}=I_{23}=I_{31}=\frac{U_{12}}{Z}=\frac{\sqrt{3}U_u}{Z}$.

Außenleiterströme
$I_1=I_2=I_3=\sqrt{3}I_{12}=\frac{3U_u}{Z}$.

Gesamtleistung:
$P_{ges}=3I_{12}^2Z\cos\varphi=9U_u^2Y\cos\varphi$.

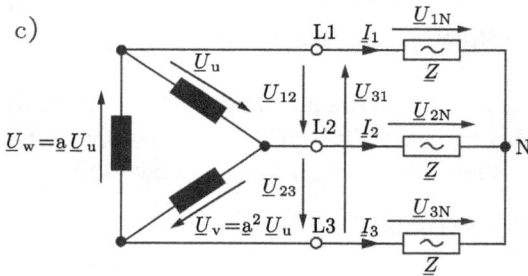

c)

Außenleiterspannungen:
$U_{12}=U_{23}=U_{31}=U_u$.

Sternspannungen:
$U_{1N}=U_{2N}=U_{3N}=\frac{U_u}{\sqrt{3}}$.

Außenleiterströme:
$I_1=I_2=I_3=\frac{U_u}{\sqrt{3}Z}$.

Gesamtleistung:
$P_{ges}=3I_1^2Z\cos\varphi=U_u^2Y\cos\varphi$.

d)

Außenleiterspannungen:
$U_{12}=U_{23}=U_{31}=U_u$.

Dreieckströme:
$I_{12}=I_{23}=I_{31}=\frac{U_u}{Z}$.

Außenleiterströme:
$I_1=I_2=I_3=\sqrt{3}I_{12}=\frac{\sqrt{3}U_u}{Z}$.

Gesamtleistung:
$P_{ges}=3I_{12}^2Z\cos\varphi=3U_u^2Y\cos\varphi$.

Abb. 8.16: Übersicht der symmetrischen Drehstromsysteme.

(hierbei ist φ der Winkel, um den die Ströme gegen die zugehörigen Spannungen nacheilen). Die Gesamtleistung des Generators ist

$$
\begin{aligned}
p(t) &= u_u(t) \cdot i_u(t) + u_v(t) \cdot i_v(t) + u_w(t) \cdot i_w(t) \\
&= \hat{u}\hat{\imath}\,\big[\cos(\omega t)\cos(\omega t - \varphi) + \cos\big(\omega t - {}^{2\pi}/_3\big)\cos\big(\omega t - {}^{2\pi}/_3 - \varphi\big) \\
&\quad + \cos\big(\omega t - {}^{4\pi}/_3\big)\cos\big(\omega t - {}^{4\pi}/_3 - \varphi\big)\big]\,.
\end{aligned}
$$

Mit dem Additionstheorem

$$
\cos\alpha\cos\beta = \frac{1}{2}\left[\cos(\alpha + \beta) + \cos(\alpha - \beta)\right] \tag{8.23}
$$

wird hieraus

$$
\begin{aligned}
p(t) &= \frac{1}{2}\hat{u}\hat{\imath}\,\Big[\cos(2\omega t - \varphi) + \cos\big(2\big(\omega t - {}^{2\pi}/_3\big) - \varphi\big) \\
&\quad + \cos\big(2\big(\omega t - {}^{4\pi}/_3\big) - \varphi\big) + 3\cos\varphi\Big] = \frac{3}{2}\hat{u}\hat{\imath}\cos\varphi\,. \tag{8.24}
\end{aligned}
$$

Die drei hier auftretenden von t abhängigen Kosinusfunktionen sind gegeneinander um $^{2\pi}/_3$ verschoben und löschen sich aus (ebenso wie die drei Spannungen in Bild 8.2c): der Ausdruck $p(t)$ für die zeitabhängige Gesamtleistung des Generators wird also in einem symmetrischen Drehstromsystem zeitunabhängig, was als besonderer Vorteil schon in Abschnitt 8.1 erwähnt wurde.

8.2.5 Wirkleistungsmessung im Drehstromsystem mit der Aronschaltung

Besonders geeignet zur Leistungsmessung sind elektrodynamische Messwerke. Durch die feste Spule eines solchen Messwerkes fließt der Messstrom und erzeugt ein stromproportionales Magnetfeld, in dem sich die Drehspule befindet. Der Strom in der Drehspule ist der Messspannung proportional, daher zeigt das Instrument das Produkt von Strom und Spannung an, misst also die Leistung unmittelbar. Schnellen Änderungen einer zeitabhängigen Leistung kann das Instrument nicht folgen (ebenso wenig wie ein Drehspulinstrument den Stromänderungen): es zeigt den arithmetischen Mittelwert der Leistung an, im Falle eingeschwungener Wechselströme und -spannungen also die Wirkleistung. (Blindleistung kann mit einem elektrodynamischen Messwerk nur dann gemessen werden, wenn man den Strom, der durch die Drehspule fließt und der der Messspannung proportional ist, mit einer zusätzlichen Induktivität um $\pi/2$ verschiebt. Das Schaltsymbol für einen Leistungsmesser zeigt Bild 8.17.

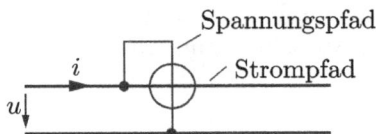

Abb. 8.17: Schaltsymbol eines Leistungsmessers.

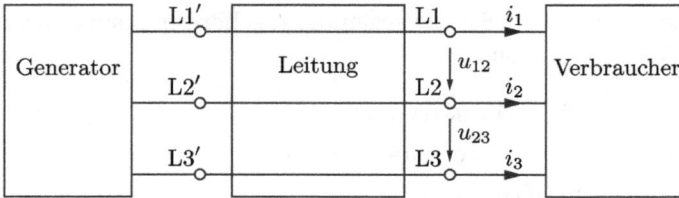

Abb. 8.18: Blockschaltbild eines beliebigen Drehstromsystems ohne Mittelleiter.

Anmerkung *Auch wenn heute zumeist digitale Messgeräte im Einsatz sind, die im Prinzip aus mehrkanaligen Effektivwert-Messgeräten (s. Abschnitt 7.1.8) bestehen, bleibt das Konzept der Aronschaltung zur Leistungsmessung nach wie vor gültig.*

Im Folgenden wird gezeigt, dass in einem Drehstromsystem mit drei Außenleitern (aber ohne Mittelleiter) bei beliebiger Last zwei Leistungsmesser zur Messung der gesamten Leistung genügen, die vom Generator zum Verbraucher fließt (**Zwei-Leistungsmesser-Methode, Aronschaltung**). In Bild 8.18 sind die drei Außenleiter dargestellt, außerdem der Generator und der Verbraucher, deren inneren Aufbau wir im Allgemeinen nicht kennen (aber für die Leistungsmessung auch nicht zu kennen brauchen) und die wir deshalb in der Schaltung 8.18 als Dreipole mit unbekanntem Inhalt darstellen.

Die Spannungen und Ströme an den Verbraucherklemmen L1, L2, L3 kann man sich erzeugt denken durch eine Ersatzschaltung, die aus zwei idealen Quellen mit den Quellenspannungen u_{12} und u_{32} und den Quellenströmen i_1 und i_3 besteht, siehe Bild 8.19a. Mit folgenden Gleichungen ergibt sich diese Beziehung:

$$0 = \underline{I}_1 + \underline{I}_2 + \underline{I}_3 \quad \text{(ohne Mittelleiter)}$$
$$\underline{S} = \underline{S}_1 + \underline{S}_2 + \underline{S}_3 = \underline{U}_1 \cdot \underline{I}_1^* + \underline{U}_2 \cdot \underline{I}_2^* + \underline{U}_3 \cdot \underline{I}_3^* \,.$$

Für $\underline{I}_2^* = -\underline{I}_1^* - \underline{I}_3^*$ gilt dann

$$\underline{S} = \underline{U}_1 \cdot \underline{I}_1^* + \underline{U}_2 \cdot (-\underline{I}_1^* - \underline{I}_3^*) + \underline{U}_3 \cdot \underline{I}_3^* \,,$$
$$\underline{S} = (\underline{U}_1 - \underline{U}_2) \cdot \underline{I}_1^* + (\underline{U}_3 - \underline{U}_2) \cdot \underline{I}_3^* \,,$$
$$\underline{S} = \underline{U}_{12} \cdot \underline{I}_1^* + \underline{U}_{32} \cdot \underline{I}_3^* \,. \tag{8.25}$$

Gl. (8.25) liefert die vom Verbraucher aufgenommene komplexe Scheinleistung (dargestellt durch die komplexen Effektivwerte der beiden Spannungen und die konjugiert komplexen Werte beider Ströme).

Die beiden Quellen geben über die drei Anschlüsse L1, L2, L3 ihre Gesamtleistung

$$p(t) = u_{12}(t) \cdot i_1(t) + u_{32}(t) \cdot i_3(t) \tag{8.26}$$

voll an einen dreiphasigen Verbraucher ab, der symmetrisch oder asymmetrisch sein kann und der als Stern-, Dreieck- oder beliebige andere Schaltung aufgebaut sein darf. Die Wirkleistung ist daher

$$P = \Re\{\underline{S}\} = U_{12}I_1 \cos\varphi_{12} + U_{32}I_3 \cos\varphi_{32} \,. \tag{8.27}$$

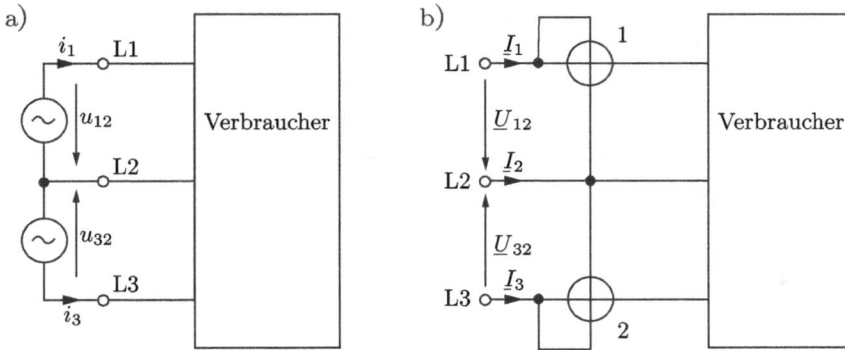

Abb. 8.19: Spannungen und Ströme an den Klemmen eines Verbraucher-Dreipols. a) Quellen gemäß Gl. 8.26 mit Momentanwerten, b) Zwei-Leistungsmesser-Schaltung mit komplexen Effektivwerten.

Hierbei bezeichnet φ_{12} den Winkel zwischen $\underline{I}_1$ und $\underline{U}_{12}$, φ_{32} den Winkel zwischen $\underline{I}_3$ und $\underline{U}_{32}$. Im Übrigen kann man anstatt mit dem von L3 nach L2 positiv gezählten Zählpfeil $\underline{U}_{32}$ auch hier mit dem normalerweise verwendeten Zählpfeil $\underline{U}_{23}$ ($\underline{U}_{23} = -\underline{U}_{32}$) rechnen:

$$\underline{S} = \underline{U}_{12} \cdot \underline{I}_1^* - \underline{U}_{23} \cdot \underline{I}_3^* \qquad (8.28)$$

$$P = \Re(\underline{S}) = U_{12}I_1 \cos\varphi_{12} - U_{23}I_3 \cos\varphi_{23} . \qquad (8.29)$$

Zur Messung der Gesamtleistung genügen also der Leistungsmesser 1, der die Wirkleistung $P_1 = U_{12}I_1 \cos\varphi_{12}$ misst, und der Leistungsmesser 2, der die Wirkleistung $P_2 = U_{32}I_3 \cos\varphi_{32} = -U_{23}I_3 \cos\varphi_{23}$ misst; siehe Bild 8.19b. Übrigens ist der Ausdruck $P_2 = -U_{23}I_3 \cos\varphi_{23}$ bei ohmscher Last immer positiv, weil hier $\cos\varphi_{23}$ negativ wird.

Beispiel 8.5: Wirkleistungsberechnung bei einem Drehstromverbraucher.
Bei einem Drehstromverbraucher nach Bild 8.19b werden zwei Leiterspannungen und zwei Leiterströme gemessen:

$$\underline{U}_{12} = 500\,\text{V}\,, \qquad \underline{U}_{32} = -500\,\text{V} \cdot \underline{a}^2$$

$$\underline{I}_1 = 43{,}6\,\text{A}\,\underline{/-36{,}6°}\,, \qquad \underline{I}_2 = 62{,}5\,\text{A}\,\underline{/-136{,}1°}$$

Welche Wirkleistung P nimmt der Verbraucher auf?

Lösung
Für den Strom $\underline{I}_3$ gilt:

$$\underline{I}_3 = -\underline{I}_1 - \underline{I}_2 = (-35 + j26 + 45 + j43)\,\text{A}$$

$$= (10 + j69)\,\text{A} = 70\,\text{A}\,\underline{/81{,}8°}\,.$$

Der Winkel von $\underline{U}_{32}$ hat den Wert $240° - 180° = 60°$. Aus Gl. (8.27) folgt nun

$$P = 500\,\text{V} \cdot 43{,}6\,\text{A}\cos(0° + 36{,}6°) + 500\,\text{V} \cdot 70\,\text{A}\cos(60° - 81{,}8°)$$

$$\approx 17{,}5\,\text{kW} + 32{,}5\,\text{kW} = 50\,\text{kW}\,.$$

a)

b)

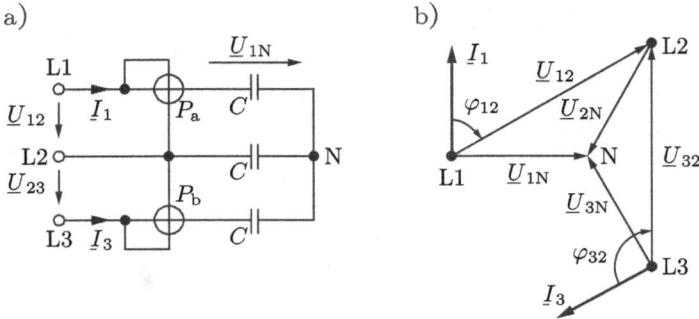

Abb. 8.20: Wirkleistungsmessung an einem rein kapazitiven Drehstromverbraucher. a) Ersatzschaltung b) Zeigerdiagramm

Beispiel 8.6: Wirkleistungsanzeige bei reiner Blindlast.

Ein rein kapazitiver Drehstromverbraucher kann selbstverständlich insgesamt keine Wirkleistung aufnehmen. Trotzdem kann jeder der beiden Wirkleistungsmesser in einer Aronschaltung eine Wirkleistung anzeigen; die Summe dieser beiden Wirkleistungen muss allerdings gleich null sein. Ein solcher Fall liegt in der Schaltung vor, die in Bild 8.20a dargestellt ist.

Hier ist ein symmetrisches Drehstromsystem rein kapazitiv und symmetrisch belastet. Welche Wirkleistungen P_a und P_b zeigen die Wirkleistungsmesser an? Welche Blindleistung Q_{ges} nimmt der Kondensatorstern auf?

Lösung
Da die Belastung symmetrisch ist, gilt

$$I_1 = I_3 = U_{1N} \cdot \omega C = \frac{U_{12}}{\sqrt{3}} \cdot \omega C .$$

Für den Winkel zwischen $\underline{U}_{12}$ und $\underline{I}_1$ gilt (vgl. Zeigerdiagramm, Bild 8.20b):

$$\varphi_{12} = 30° - 90° = -60°$$

und für den Winkel zwischen $\underline{U}_{32}$ und $\underline{I}_3$:

$$\varphi_{32} = 90° - 210° = -120°$$

(das Minuszeichen bedeutet jeweils, dass der Strom voreilt, wegen dem konjugiert komplexen Strom in Gl. (8.25)). Damit werden

$$P_a = U_{12}I_1 \cos\varphi_{12} = U_{12} \cdot \frac{U_{12}}{\sqrt{3}} \omega C \cdot 0{,}5 = \frac{\sqrt{3}}{6} \omega C U_{12}^2$$

$$P_b = U_{32}I_3 \cos\varphi_{32} = U_{12} \cdot \frac{U_{12}}{\sqrt{3}} \omega C \cdot (-0{,}5) = -\frac{\sqrt{3}}{6} \omega C U_{12}^2$$

Es ist also tatsächlich $P_a + P_b = 0$. Für die Blindleistung gilt:

$$Q_{ges} = Q_a + Q_b = \frac{U_{12}^2}{\sqrt{3}}\,\omega C\left[\sin(-60°) + \sin(-120°)\right]$$

$$= \frac{U_{12}^2}{\sqrt{3}}\,\omega C\left[-\frac{1}{2}\sqrt{3} - \frac{1}{2}\sqrt{3}\right] = -U_{12}^2 \cdot \omega C$$

Die gesamte Blindleistung ergibt sich noch einfacher aus

$$Q_{ges} = -3U_{1N}^2 \cdot \omega C = -3\left(\frac{U_{12}}{\sqrt{3}}\right)^2 \omega C = -U_{12}^2 \cdot \omega C\,.$$

8.3 Systeme mit mehr als drei Phasen

In der Stromrichtertechnik werden auch Systeme mit sechs oder zwölf Phasen verwendet, die durch Phasenvervielfachung aus dem Dreiphasensystem entstehen. Auf solche Systeme mit mehr als drei Phasen lassen sich die Überlegungen aus dem vorigen Abschnitt 8.2 (Das Dreiphasensystem) sinngemäß übertragen. Zum Beispiel lässt sich die Gl. (8.12) für die Verlagerungsspannung $\underline{U}_{NM}$ ohne weiteres verallgemeinern. Werden nämlich zu den vier Zweigen der Schaltung in Bild 8.6 noch mehr Zweige parallelgeschaltet, die ebenfalls Spannungsquellen enthalten, so kommen zum Kurzschlussstrom $\underline{I}_K$ einfach die entsprechenden Summanden hinzu, ebenso beim Leitwert $\underline{Y}_P = 1/\underline{Z}_P$.

Dies wird im folgenden Beispiel gezeigt (in dieser Aufgabe wird auch deutlich – ebenso wie in Beispiel 8.2a – dass sogar dann $\underline{U}_{NM} = 0$ werden kann, wenn der Verbraucherstern, der einen symmetrischen Generatorstern belastet, asymmetrisch ist; die Phasenzahl 4 wird hierbei zum Zweck einer besonders einfachen Berechnung gewählt).

Beispiel 8.7: Vierphasensystem.
Vier Generatorstränge (mit den Quellenspannungen $\underline{U}_{1M}, \underline{U}_{2M}, \underline{U}_{3M}, \underline{U}_{4M}$) sind ebenso wie die vier Verbraucher (mit den Admittanzen $\underline{Y}_1, \underline{Y}_2, \underline{Y}_3, \underline{Y}_4$) sternförmig zusammengeschaltet (Bild 8.21).
a) *Die Quellenspannungen und die Verbraucheradmittanzen sind gegeben. Die Spannung $\underline{U}_{NM}$ ist gesucht.*
b) *Die Quellenspannungen bilden ein symmetrisches System:*

$$\underline{U}_{2M} = -j\underline{U}_{1M}\,, \quad \underline{U}_{3M} = -\underline{U}_{1M}\,, \quad \underline{U}_{4M} = j\underline{U}_{1M}\,.$$

Außerdem sind die Admittanzen

$$\underline{Y}_1 = G_1\,, \quad \underline{Y}_3 = j3G_1\,, \quad \underline{Y}_4 = 4G_1 - j4G_1$$

gegeben. Die Admittanz $\underline{Y}_2$ soll so bestimmt werden, dass $\underline{U}_{NM} = 0$ wird.

Lösung

a) Wenn man die Herleitung der Gleichung (8.12) für $\underline{U}_{\text{NM}}$ beim Dreiphasensystem auf ein Vierphasensystem überträgt, so ergibt sich mit $\underline{Y}_{\text{M}} = 0$ folgendes:

$$\underline{U}_{\text{NM}} = \frac{\underline{U}_{1\text{M}} \cdot \underline{Y}_1 + \underline{U}_{2\text{M}} \cdot \underline{Y}_2 + \underline{U}_{3\text{M}} \cdot \underline{Y}_3 + \underline{U}_{4\text{M}} \cdot \underline{Y}_4}{\underline{Y}_1 + \underline{Y}_2 + \underline{Y}_3 + \underline{Y}_4} \,.$$

b) Wendet man diese auch für beliebig asymmetrische Generator- und Verbrauchersterne gültige Gleichung für den Fall eines symmetrischen Generatorsternes an, so entsteht

$$\underline{U}_{\text{NM}} = \underline{U}_{1\text{M}} \frac{\underline{Y}_1 - j\underline{Y}_2 - \underline{Y}_3 + j\underline{Y}_4}{\underline{Y}_1 + \underline{Y}_2 + \underline{Y}_3 + \underline{Y}_4} \,.$$

Wenn $\underline{U}_{\text{NM}} = 0$ sein soll, so muss der Zähler dieses Bruches verschwinden:

$$\underline{Y}_1 - j\underline{Y}_2 - \underline{Y}_3 + j\underline{Y}_4 = 0 \,.$$

Dies lösen wir nach der gesuchten Admittanz $\underline{Y}_2$ auf:

$$j\underline{Y}_2 = \underline{Y}_1 - \underline{Y}_3 + j\underline{Y}_4$$
$$jG_2 - B_2 = G_1 + jB_1 - G_3 - jB_3 + jG_4 - B_4 \,.$$

Der Realteilvergleich liefert

$$B_2 = -G_1 + G_3 + B_4$$

und der Imaginärteilvergleich

$$G_2 = B_1 - B_3 + G_4 \,.$$

Mit den speziellen Werten $G_3 = 0$, $B_4 = -4G_1$ wird

$$B_2 = -5G_1 \,,$$

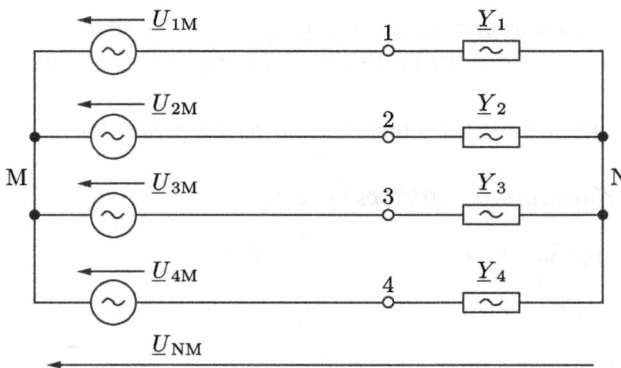

Abb. 8.21: Vierphasiger Generator- und Verbraucherstern.

und mit $B_1 = 0$, $B_3 = 3G_1$, $G_4 = 4G_1$ wird

$$G_2 = G_1 \, .$$

$\underline{Y}_2$ lässt sich also als Parallelschaltung eines Widerstandes und einer Spule aufbauen.

Anmerkung *Der asymmetrische Verbraucherstern, bei dem $\underline{U}_{NM} = 0$ wird (bei dem also der Stern der Verbraucherspannungen mit dem symmetrischen Generatorspannungs-Stern übereinstimmt), ist in Bild 8.22 dargestellt, die Zeigerdiagramme ebenfalls.*

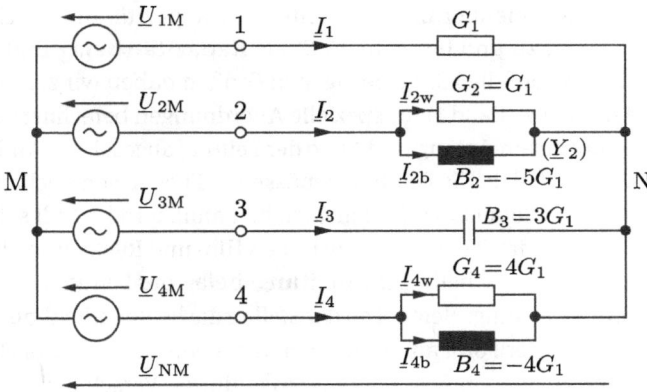

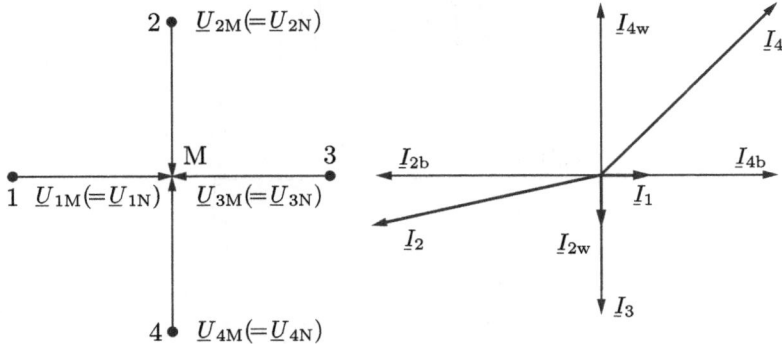

Abb. 8.22: Symmetrischer Vierphasengenerator mit symmetrischen Verbraucherspannungen und unsymmetrischen Leiterströmen.

9 Leitungen

9.1 Die Differenzialgleichungen der Leitung und ihre Lösung

Bei den bisher betrachteten Vierpolen brauchte nicht beachtet zu werden, dass die an den Eingang des Vierpols gelegte Spannung erst mit einer gewissen zeitlichen Verzögerung am Ausgang wirksam wird. Anders ist es bei Leitungen: hier spielt die Tatsache, dass sich Ströme und Spannungen und die mit ihnen verknüpften magnetischen und elektrischen Felder mit endlicher Geschwindigkeit ausbreiten, eine entscheidende Rolle. Hier werden Strom und Spannung Funktionen der **Zeit** t und des **Ortes** auf der Leitung, den wir mit z bezeichnen wollen (Bild 9.1).

Wir greifen aus der skizzierten Leitung ein Leitungselement der Länge Δz heraus, das sich an der Stelle z befindet (Bild 9.2). Dieses Leitungselement hat einen bestimmten elektrischen Widerstand ΔR, den wir in der Form $R'\Delta z$ schreiben. Man nennt R' den **Widerstandsbelag** der Leitung (Widerstand pro Länge für Hin- und Rückleitung zusammen). Dem Leitungselement ordnen wir weiter eine Kapazität $\Delta C = C'\Delta z$ und eine Induktivität $\Delta L = L'\Delta z$ zu und bezeichnen C' als **Kapazitätsbelag** und L' als **Induktivitätsbelag**. Solche auf die Länge bezogenen Größen haben wir z. B. in den Abschnitten 3.6.3 und 6.3.4 (jew. Band 1) für spezielle Anordnungen berechnet und dabei von den Feldverzerrungen am Anfang und Ende der Leitung abgesehen. Wir haben ein ebenes Feld vorausgesetzt, d. h. die Feldlinien müssen in Ebenen senkrecht zu den Leiterachsen liegen. Dieselbe Voraussetzung soll auch hier annähernd erfüllt sein. Zur Charakterisierung der Verluste im Dielektrikum zwischen Hin- und Rückleitung führen wir den Leitwert $\Delta G = G'\Delta z$ ein. G' heißt der **Ableitungsbelag** der Leitung.

Wir wenden nun auf das Leitungselement an der Stelle z die beiden Kirchhoff'schen Sätze in etwas verallgemeinerter Form an. Im 1. Kirchhoff'schen Satz berücksichtigen wir neben dem Leitungsstrom den in Abschnitt 6.5 eingeführten Verschiebungsstrom unter der Voraussetzung, dass sich die betrachtete Fläche A zeitlich nicht ändert

$$\int_A \frac{\partial \vec{D}}{\partial t} \cdot \mathrm{d}\vec{A} = \frac{\partial}{\partial t} \int_A \vec{D} \cdot \mathrm{d}\vec{A} = \frac{\partial \Psi_e}{\partial t}$$

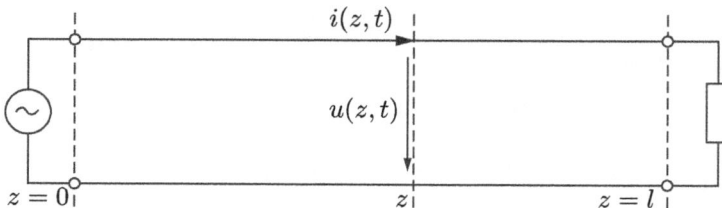

Abb. 9.1: Leitung, aus zwei Drähten bestehend: Doppelleitung.

https://doi.org/10.1515/9783110631647-003

a)

Großknoten

$i\left(z-\frac{\Delta z}{2},t\right)$ $i\left(z+\frac{\Delta z}{2},t\right)$

$C'\Delta z\dfrac{\partial u(z,t)}{\partial t}$ $G'\Delta z\,u(z,t)$

$u(z,t)$

z

Δz

b)

$i(z,t)$

Umlauf

$u\left(z-\frac{\Delta z}{2},t\right)$ $\Delta\Phi=L'\Delta z i(z,t)$ $u\left(z+\frac{\Delta z}{2},t\right)$

z

Δz

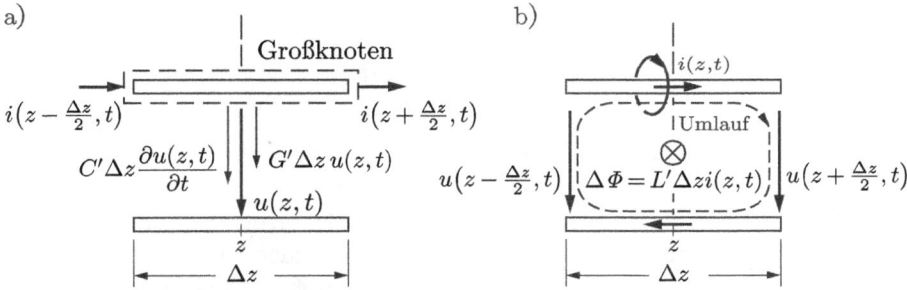

Abb. 9.2: Leitungselement der Länge Δz. a) zur Anwendung des 1. Kirchhoff'schen Satzes; b) zur Anwendung des verallgemeinerten 2. Kirchhoff'schen Satzes (Induktionsgesetz).

mit

$$\Psi_e \to \Delta\Psi_e = \Delta C\,u = C'\Delta z\,u\,.$$

Damit folgt, wenn wir etwa das obere Leiterelement als Großknoten (Bild 9.2) auffassen:

$$-i\left(z-\frac{\Delta z}{2},t\right)+i\left(z+\frac{\Delta z}{2},t\right)+u(z,t)G'z+C'\Delta z\frac{\partial u(z,t)}{\partial t}=0\,.$$

Hierbei haben wir den zufließenden Leitungsstrom an der Stelle $z-\Delta z/2$ negativ gezählt, den abfließenden Leitungsstrom an der Stelle $z+\Delta z/2$ und die beiden anderen abfließenden Ströme positiv. In den beiden Termen, die von der Spannung abhängen, haben wir den mittleren Wert von u an der Stelle z eingesetzt. Die ersten beiden Summanden der Gleichung lassen sich zusammenfassen, wenn beide in eine Taylor-Reihe entwickelt und dabei jeweils nur die ersten beiden Glieder berücksichtigt werden:

$$-\left[i(z,t)+\frac{\partial i(z,t)}{\partial z}\left(-\frac{\Delta z}{2}\right)\right]+i(z,t)+\frac{\partial i(z,t)}{\partial z}\cdot\frac{\Delta z}{2}=\frac{\partial i(z,t)}{\partial z}\Delta z\,.$$

Wenn wir Δz herauskürzen, folgt hieraus die Differenzialgleichung (abgekürzt: Dgl.)

$$\frac{\partial i(z,t)}{\partial z}+G'u(z,t)+C'\frac{\partial u(z,t)}{\partial t}=0\,. \tag{9.1}$$

Wird der verallgemeinerte 2. Kirchhoff'sche Satz

$$\sum_k u_k=-\frac{\mathrm{d}\Phi}{\mathrm{d}t}$$

(Induktionsgesetz, Gl. (6.2)) auf den in Bild 9.2 gestrichelt eingetragenen Umlauf angewendet, wobei

$$\Phi \to \Delta\Phi = \Delta L\cdot i = L'\Delta z\cdot i$$

gesetzt wird, so folgt

$$-u\left(z-\frac{\Delta z}{2},t\right)+u\left(z+\frac{\Delta z}{2},t\right)+i(z,t)R'\Delta z=-L'\Delta z\frac{\partial i(z,t)}{\partial t}$$

und schließlich unter Verwendung des Taylor'schen Satzes die zu Gl. (9.1) analoge Beziehung

$$\frac{\partial u(z,t)}{\partial z} + R'i(z,t) + L'\frac{\partial i(z,t)}{\partial t} = 0 \,. \tag{9.2}$$

Dieselben partiellen Differenzialgleichungen (9.1) und (9.2) erhält man auch, wenn man von dem in Bild 9.3 skizzierten Ersatzschaltbild eines Leitungselementes ausgeht.

Einfacher werden die Herleitungen, wenn die Parallelschaltung aus Kapazität und Leitwert zwischen die beiden rechten Klemmen oder die beiden linken Klemmen gelegt wird. Bei ähnlichen Herleitungen in Abschnitt 10.4 werden wir so verfahren und mit den Werten für z und $z + \Delta z$ arbeiten.

Da in der Elektrotechnik solche Ströme und Spannungen eine besondere Bedeutung haben, deren Zeitabhängigkeit sinusförmig ist (harmonische Zeitabhängigkeit), wollen wir die Dgln. (9.1) und (9.2) nur für diesen speziellen Fall lösen. Wir gehen zur komplexen Darstellung über (vgl. Kapitel 7) und führen gemäß

$$i(z,t) = \sqrt{2}\Re\{\underline{I}(z)\,\mathrm{e}^{\mathrm{j}\omega t}\}\,, \quad u(z,t) = \sqrt{2}\Re\{\underline{U}(z)\,\mathrm{e}^{\mathrm{j}\omega t}\}$$

die komplexen Effektivwerte $\underline{I}(z)$ und $\underline{U}(z)$ ein, die jetzt Ortsfunktionen sind. Nach Einsetzen in die Gln. (9.1) und (9.2) erhalten wir die beiden gewöhnlichen Differenzialgleichungen

$$\frac{\mathrm{d}\underline{I}(z)}{\mathrm{d}z} + (G' + \mathrm{j}\omega C')\underline{U}(z) = 0\,, \tag{9.3}$$

$$\frac{\mathrm{d}\underline{U}(z)}{\mathrm{d}z} + (R' + \mathrm{j}\omega L')\underline{I}(z) = 0\,. \tag{9.4}$$

Zur Vereinfachung der Schreibarbeit lassen wir in Zukunft das Argument z bei I und U weg und verzichten auf das Unterstreichen komplexer Größen.

Differenziert man Gl. (9.3) nach z und setzt dann $\mathrm{d}U/\mathrm{d}z$ aus Gl. (9.4) in die erste Gleichung ein, so erhält man

$$\frac{\mathrm{d}^2 I}{\mathrm{d}z^2} - \left(R' + \mathrm{j}\omega L'\right)\left(G' + \mathrm{j}\omega C'\right) I = 0 \tag{9.5}$$

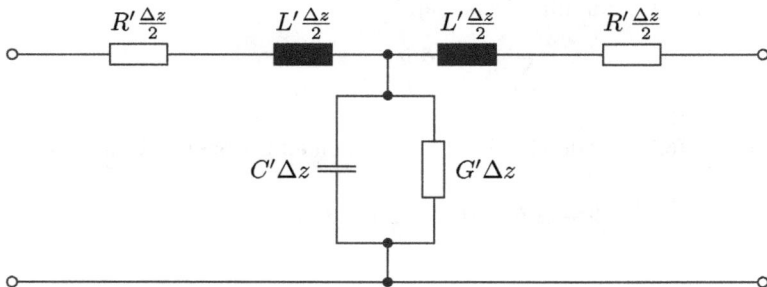

Abb. 9.3: Ersatzschaltbild eines Leitungselements.

und auf entsprechende Weise

$$\frac{d^2U}{dz^2} - \left(R' + j\omega L'\right) \cdot \left(G' + j\omega C'\right) U = 0 . \tag{9.6}$$

Hierfür schreibt man mit der Abkürzung

$$\gamma^2 = \left(R' + j\omega L'\right)\left(G' + j\omega C'\right) \tag{9.7}$$

einfacher

$$\frac{d^2I}{dz^2} - \gamma^2 I = 0 , \tag{9.8}$$

$$\frac{d^2U}{dz^2} - \gamma^2 U = 0 . \tag{9.9}$$

Um die Spannung U zu bestimmen, machen wir den Lösungsansatz $U = C\,e^{az}$ und erhalten $a = \pm\gamma$, also

$$U(z) = C_1\,e^{\gamma z} + C_2\,e^{-\gamma z} . \tag{9.10}$$

Über die komplexen Konstanten C_1 und C_2 kann noch frei verfügt werden. Sie lassen sich z. B. dadurch festlegen, dass man die Spannungen an Anfang ($z = 0$) und Ende der Leitung ($z = l$) vorschreibt.

Eine Lösung gemäß Gl. (9.10) ergibt sich in analoger Weise auch für I:

$$I = K_1\,e^{\gamma z} + K_2\,e^{-\gamma z} .$$

Von den vier Konstanten C_1, C_2, K_1, K_2 sind aber nur zwei frei wählbar, da zwischen U und I die Beziehungen (9.3) und (9.4) bestehen. Um das zu verdeutlichen, setzen wir Gl. (9.10) in Gl. (9.4) ein und erhalten

$$I(z) = -\frac{\gamma}{R' + j\omega L'}\left(C_1\,e^{\gamma z} - C_2\,e^{-\gamma z}\right) . \tag{9.11}$$

Für den Faktor vor der Klammer, der aufgrund seiner Dimension der Kehrwert eines Widerstandes ist, schreibt man abkürzend

$$\frac{1}{Z_w} = \frac{\gamma}{R' + j\omega L'} . \tag{9.12}$$

Bevor wir auf die mit den Gln. (9.7) und (9.12) eingeführten komplexen Kenngrößen der Leitung γ und Z_w eingehen, sollen im folgenden Abschnitt zuerst die Lösungen der Differenzialgleichung veranschaulicht werden.

9.2 Veranschaulichung der Lösung

Der Einfachheit halber nehmen wir in Gl. (9.10) die Konstanten C_1 und C_2 als reell an. Außerdem schreiben wir für die nach Gl. (9.7) im Allgemeinen komplexe Konstante

$$\gamma = \alpha + j\beta \quad \alpha, \beta \in \mathbb{R} . \tag{9.13}$$

Jetzt können wir von der komplexen Form (9.10) zur reellen Darstellung, also zur Zeitfunktion zurückkehren:

$$u(z,t) = \sqrt{2}\,\Re\left\{C_1\,e^{(\alpha+j\beta)z+j\omega t} + C_2\,e^{-(\alpha+j\beta)z+j\omega t}\right\}$$
$$= \sqrt{2}\,C_1\,e^{\alpha z}\cos(\omega t + \beta z) + \sqrt{2}\,C_2\,e^{-\alpha z}\cos(\omega t - \beta z)\,.$$

Wir betrachten zunächst den Faktor $\cos(\omega t - \beta z)$ und stellen ihn für die beiden Zeitpunkte $t = 0$ und $t = \Delta t > 0$ als Funktion des Ortes z dar (Bild 9.4). Irgendein Punkt auf der Kurve $t = 0$ (Ausgangslage A_0) bewegt sich unter Beibehaltung seiner Ordinate innerhalb der Zeit Δt um das Wegelement Δz nach rechts (Lage A_1). Das Gleichbleiben der Ordinate bedeutet, dass auch das Argument der Kosinusfunktion und somit der Phasenwinkel oder die Phase des Punktes sich nicht ändert:

$$\text{Lage } A_0 : \quad \omega t - \beta z = konst\,,$$
$$\text{Lage } A_1 : \quad \omega(t + \Delta t) - \beta(z + \Delta z) = konst\,.$$

Die Differenz beider Zeilen liefert

$$\omega\Delta t - \beta\Delta z = 0 \qquad \text{oder} \qquad \frac{\Delta z}{\Delta t} = \frac{\omega}{\beta}\,.$$

Somit bewegen sich alle Punkte auf der Kosinuskurve unter Beibehaltung ihrer Phase mit konstanter Geschwindigkeit

$$v = \frac{\omega}{\beta} \tag{9.14}$$

von links nach rechts. Man kann auch sagen: der ganze wellenförmige Kurvenzug breitet sich mit dieser Geschwindigkeit aus. Man nennt v die **Ausbreitungs-** oder **Phasengeschwindigkeit** der Welle. Da die Größe β ein Maß für die Ausbreitungsgeschwindigkeit der Phase ist, heißt sie **Phasenkonstante**. Den räumlichen Abstand z. B.

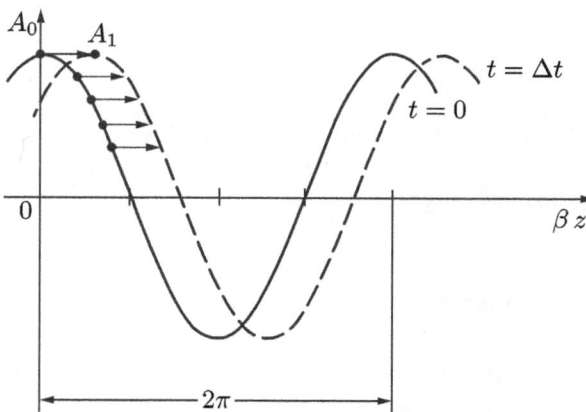

Abb. 9.4: Der Term $\cos(\omega t - \beta z)$ für zwei verschiedene Zeitpunkte.

zwischen den Maxima der Kosinusfunktion (Bild 9.4) nennt man die **Wellenlänge λ.** Einem Zuwachs des Argumentes der Kosinusfunktion um 2π entspricht ein Zuwachs der Länge z um λ, also wird

$$2\pi = \beta \cdot \lambda$$

oder

$$\lambda = \frac{2\pi}{\beta} . \tag{9.15}$$

Aus den Gln. (9.14) und (9.15) folgt durch Auflösen nach β und Gleichsetzen:

$$\frac{\omega}{v} = \frac{2\pi}{\lambda}$$

und mit $\omega = 2\pi f$

$$v = f \cdot \lambda . \tag{9.16}$$

Berücksichtigen wir nun neben der bisher untersuchten Kosinusfunktion auch den zugehörigen Faktor $e^{-\alpha z}$, so erhalten wir für $t = 0$ und $t = \Delta t > 0$ die Kurven nach Bild 9.5. Die maximal auftretenden Spannungswerte nehmen jetzt immer mehr ab, je weiter sich die Welle nach rechts ausbreitet. Es liegt also eine gedämpfte Welle vor. Die Stärke der Dämpfung wird durch die Größe α bestimmt, die man daher als **Dämpfungskonstante** bezeichnet.

Das Ergebnis der soeben angestellten Überlegungen ist also Folgendes: Der Ausdruck

$$C_2 \, e^{-\alpha z} \cos(\omega t - \beta z)$$

stellt eine gedämpfte Welle dar, die sich in Richtung zunehmender Werte von z ausbreitet; man nennt sie die **hinlaufende Welle** oder **Hauptwelle,** die wir durch den Index h kennzeichnen wollen. Die Konstante C_2, die ja einen komplexen Spannungseffektivwert darstellt, nennen wir jetzt U_h. Entsprechend beschreibt

$$C_1 \, e^{+\alpha z} \cos(\omega t + \beta z)$$

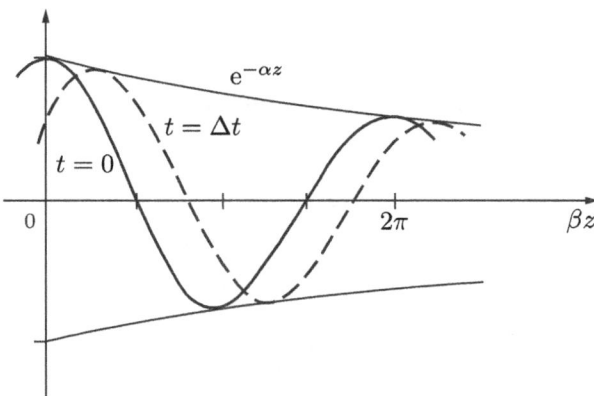

Abb. 9.5: Gedämpfte Welle

eine gedämpfte Welle, die in Richtung abnehmender z-Werte fortschreitet; sie wird als **rücklaufende Welle** oder **Echowelle** bezeichnet. Zur Kennzeichnung benutzen wir den Index r und setzen $C_1 = U_r$. Mit den umbenannten Konstanten schreiben wir an Stelle der Gln. (9.10) und (9.11) unter Berücksichtigung von Gl. (9.12):

$$U(z) = U_r \, e^{\gamma z} + U_h \, e^{-\gamma z}, \qquad (9.17)$$

$$I(z) = -\frac{U_r}{Z_w} e^{\gamma z} + \frac{U_h}{Z_w} e^{-\gamma z} . \qquad (9.18)$$

9.3 Die Leitungsgleichungen

Für viele Aufgabenstellungen ist es zweckmäßig, den Zusammenhang zwischen den Spannungen und Strömen am Anfang und Ende der Leitung zu kennen. Diese bezeichnen wir gemäß Bild 9.6 mit U_1, I_1, U_2, I_2. Von diesen vier Größen lassen sich nur zwei willkürlich vorschreiben, denn in den Gln. (9.17) und (9.18) stehen nur die beiden frei wählbaren Konstanten U_h und U_r zur Verfügung.

Wir können z. B. die elektrischen Größen am Leitungsende vorgeben und mit den Gln. (9.17) und (9.18) Strom und Spannung am Anfang der Leitung ausrechnen. Ebenso ist die Aufgabe lösbar, die elektrischen Größen am Leitungsanfang vorzugeben und diejenigen am Leitungsende auszurechnen. Unabhängig davon, welche dieser beiden Aufgaben wir lösen wollen, brauchen wir die Größen U_1, I_1, U_2, I_2, die wir durch die Gln. (9.17) und (9.18) ausdrücken, indem wir sie für $z = 0$ und $z = l$ aufschreiben:

$$U(0) \equiv U_1 = U_r + U_h \, ,$$

$$U(l) \equiv U_2 = U_r \, e^{\gamma l} + U_h \, e^{-\gamma l} \, ,$$

$$I(0) \equiv I_1 = -\frac{U_r}{Z_w} + \frac{U_h}{Z_w} \, ,$$

$$I(l) \equiv I_2 = -\frac{U_r}{Z_w} e^{\gamma l} + \frac{U_h}{Z_w} e^{-\gamma l} \, .$$

Von diesen vier Gleichungen kann man nun jeweils zwei Gleichungen dazu verwenden, um die Größen U_h und U_r zu eliminieren. Sieht man etwa U_2 und I_2 als gegeben an, so

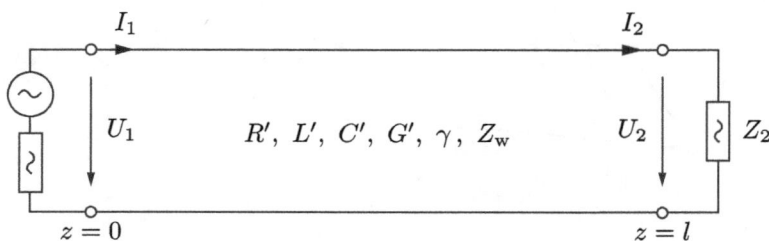

Abb. 9.6: Zu den Leitungsgleichungen

erhält man durch Addition bzw. Subtraktion der zweiten und der mit Z_w erweiterten vierten Gleichung

$$U_2 + I_2 Z_\mathrm{w} = 2U_\mathrm{h}\,\mathrm{e}^{-\gamma l}$$

$$U_2 - I_2 Z_\mathrm{w} = 2U_\mathrm{r}\,\mathrm{e}^{\gamma l}$$

oder

$$U_\mathrm{h} = \frac{1}{2}\,\mathrm{e}^{\gamma l}(U_2 + I_2 Z_\mathrm{w}), \quad U_\mathrm{r} = \frac{1}{2}\,\mathrm{e}^{-\gamma l}(U_2 - I_2 Z_\mathrm{w})\,. \tag{9.19}$$

Nach Einsetzen dieser Ausdrücke in die Gleichungen für U_1 und I_1 hat man

$$U_1 = U_2\left[\frac{1}{2}\left(\mathrm{e}^{\gamma l} + \mathrm{e}^{-\gamma l}\right)\right] + I_2 Z_\mathrm{w}\left[\frac{1}{2}\left(\mathrm{e}^{\gamma l} - \mathrm{e}^{-\gamma l}\right)\right]$$

$$I_1 Z_\mathrm{w} = U_2\left[\frac{1}{2}\left(\mathrm{e}^{\gamma l} - \mathrm{e}^{-\gamma l}\right)\right] + I_2 Z_\mathrm{w}\left[\frac{1}{2}\left(\mathrm{e}^{\gamma l} + \mathrm{e}^{-\gamma l}\right)\right]\,.$$

Mit den Hyperbelfunktionen $\cosh\alpha$ (Hyperbelkosinus) und $\sinh\alpha$ (Hyperbelsinus), die so definiert sind:

$$\cosh\alpha = \frac{1}{2}\left(\mathrm{e}^{\alpha} + \mathrm{e}^{-\alpha}\right), \quad \sinh\alpha = \frac{1}{2}\left(\mathrm{e}^{\alpha} - \mathrm{e}^{-\alpha}\right)\,,$$

ergibt sich folgende Darstellung der sog. **Leitungsgleichungen:**

$$U_1 = U_2 \cosh\gamma l + I_2 Z_\mathrm{w} \sinh\gamma l\,, \tag{9.20}$$

$$I_1 = \frac{U_2}{Z_\mathrm{w}} \sinh\gamma l + I_2 \cosh\gamma l\,. \tag{9.21}$$

9.4 Die charakteristischen Größen der Leitung

Die in Abschnitt 9.1 eingeführten Größen γ und Z_w, die die Leitung charakterisieren, sollen im Folgenden etwas genauer betrachtet werden. Wir nennen die durch Gl. (9.7) definierte Größe γ die **Ausbreitungskonstante** der Leitung und nach Abschnitt 9.2 den Realteil von γ die Dämpfungskonstante, den Imaginärteil die Phasenkonstante:

$$\gamma = \alpha + \mathrm{j}\beta = \sqrt{(R' + \mathrm{j}\omega L')(G' + \mathrm{j}\omega C')}\,.$$

Um getrennte Ausdrücke für α und β herzuleiten, quadrieren wir diese Gleichung und erhalten, wenn wir die reellen und die imaginären Anteile auf beiden Gleichungsseiten gleichsetzen:

$$\alpha^2 - \beta^2 = R'G' - \omega^2 L'C' \tag{9.22}$$

$$2\alpha\beta = \omega(R'C' + L'G')\,. \tag{9.23}$$

Um das Auflösen nach α und β zu vereinfachen, nehmen wir noch den Ausdruck für $|\gamma|^2$ hinzu:

$$|\gamma|^2 = \alpha^2 + \beta^2 = \sqrt{(R'^2 + \omega^2 L'^2)(G'^2 + \omega^2 C'^2)} \, . \tag{9.24}$$

Indem wir jetzt die Gln. (9.22) und (9.24) einmal addieren, dann voneinander subtrahieren, ergibt sich schließlich

$$\alpha = \frac{1}{\sqrt{2}} \sqrt{R'G' - \omega^2 L'C' + \sqrt{(R'^2 + \omega^2 L'^2)(G'^2 + \omega^2 C'^2)}} \tag{9.25a}$$

$$\beta = \frac{1}{\sqrt{2}} \sqrt{-R'G' + \omega^2 L'C' + \sqrt{(R'^2 + \omega^2 L'^2)(G'^2 + \omega^2 C'^2)}} \, . \tag{9.25b}$$

In vielen Fällen sind die Verluste der Leitung nur gering und es gilt $\omega L' \gg R'$, $\omega C' \gg G'$. Dann lassen sich die Gln. (9.25) vereinfachen. Aus (9.25b) folgt sofort

$$\beta \approx \omega \sqrt{L'C'} \, . \tag{9.26a}$$

Um einen Näherungsausdruck für α zu erhalten, setzt man am einfachsten die soeben gefundene Formel in Gl. (9.23) ein und löst nach α auf:

$$\alpha \approx \frac{R'C' + L'G'}{2\sqrt{L'C'}}$$

oder

$$\alpha \approx \frac{1}{2}\left(R'\sqrt{\frac{C'}{L'}} + G'\sqrt{\frac{L'}{C'}} \right) \, . \tag{9.26b}$$

Bei den meisten Leitungen ist der erste Summand in Gl.(9.26b) größer als der zweite; dann kann die Dämpfung der Leitung durch künstliche Erhöhung des Induktivitätsbelages herabgesetzt werden (Pupinisierung, Pupinleitung).

Der durch Gl. (9.12) eingeführte komplexe Widerstand lässt sich mit Gl. (9.7) schreiben als

$$Z_{\mathrm{w}} = \sqrt{\frac{R' + \mathrm{j}\omega L'}{G' + \mathrm{j}\omega C'}} \, . \tag{9.27a}$$

Man nennt ihn den **Wellenwiderstand** der Leitung, der im Allgemeinen komplex ist. Man setzt meist

$$Z_{\mathrm{w}} = |Z_{\mathrm{w}}| \, \mathrm{e}^{\mathrm{j}\,\arg(Z_{\mathrm{w}})} \, .$$

Die Bestimmung von Betrag und Winkel der Größe Z_{w} wird in dem folgenden Beispiel durchgeführt.

Beispiel 9.1: Betrag und Phase der Größe Z_w.

Lösung
Nach Quadrieren folgt aus Gl. (9.27a):

$$Z_\mathrm{w}^2 = \frac{R' + \mathrm{j}\omega L'}{G' + \mathrm{j}\omega C'} = \sqrt{\frac{R'^2 + (\omega L')^2}{G'^2 + (\omega C')^2}} \cdot \frac{\mathrm{e}^{\mathrm{j}\arctan(\omega L'/R')}}{\mathrm{e}^{\mathrm{j}\arctan(\omega C'/G')}}$$

Somit wird

$$|Z_\mathrm{w}| = \sqrt[4]{\frac{R'^2 + (\omega L')^2}{G'^2 + (\omega C')^2}}$$

und

$$\arg(Z_\mathrm{w}) = \frac{1}{2}\arctan\frac{\omega L'}{R'} - \frac{1}{2}\arctan\frac{\omega C'}{G'} = \frac{1}{2}\arctan\frac{\omega(L'G' - C'R')}{R'G' + \omega^2 L'C'}.$$

Auch für Z_w sollen Näherungsformeln angegeben werden. Bei geringen Verlusten ($\omega L' \gg R'$, $\omega C' \gg G'$) ergibt sich, wenn der Binomische Satz in der Form $(1 + x)^n \approx 1 + nx$ für $x \ll 1$ mehrfach angewendet wird:

$$Z_\mathrm{w} = \sqrt{\frac{L'}{C'}}\sqrt{\frac{1 - \mathrm{j}R'/\omega L'}{1 - \mathrm{j}G'/\omega C'}} \approx \sqrt{\frac{L'}{C'}}\,\frac{1 - \frac{1}{2}\,R'/\omega L'}{1 - \frac{1}{2}\,G'/\omega C'}$$

$$\approx \sqrt{\frac{L'}{C'}}\left(1 - \frac{\mathrm{j}}{2}\frac{R'}{\omega L'}\right)\left(1 + \frac{\mathrm{j}}{2}\frac{G'}{\omega C'}\right) \approx \sqrt{\frac{L'}{C'}}\left[1 - \frac{\mathrm{j}}{2\omega}\left(\frac{R'}{L'} - \frac{G'}{C'}\right)\right].$$

Vernachlässigt man die Verluste ganz, so entsteht der noch einfachere Ausdruck

$$Z_\mathrm{w} \approx \sqrt{\frac{L'}{C'}}. \tag{9.27b}$$

Z_w ist jetzt also reell. Damit gehört zu den komplexen Amplituden U_r und $U_\mathrm{r}/Z_\mathrm{w}$ bzw. U_h und $U_\mathrm{h}/Z_\mathrm{w}$ in den Gln. (9.17) und (9.18) der gleiche Winkel: Bei der reflektierten wie bei der hinlaufenden Welle sind Spannung und Strom an jedem Ort auf der Leitung in Phase. Bild 9.7 zeigt das zu der Hauptwelle gehörende elektromagnetische Feld; es breitet sich von links nach rechts aus.

9.5 Der Eingangswiderstand

Für die Spannungsquelle am Eingang der Leitung wirkt die Leitung mit dem Abschlusswiderstand Z_2 wie ein komplexer Widerstand der Größe $Z_1 = U_1/I_1$. Man nennt diesen Widerstand den **Eingangswiderstand** der Leitung. Mit den Leitungsgln. (9.20), (9.21) folgt

$$Z_1 = \frac{U_1}{I_1} = \frac{U_2 \cosh\gamma l + I_2 Z_\mathrm{w}\,\sinh\gamma l}{U_2/Z_\mathrm{w}\,\sinh\gamma l + I_2 \cosh\gamma l}$$

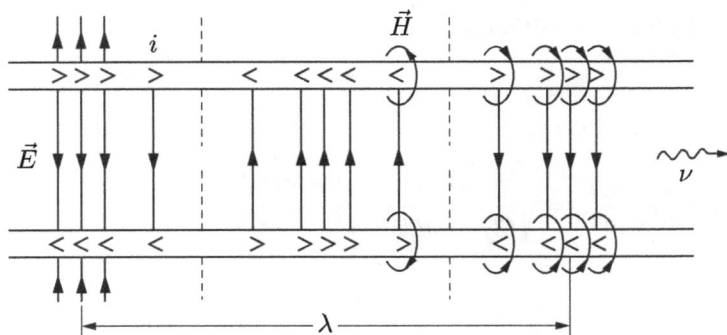

Abb. 9.7: Feldbild der sich von links nach rechts ausbreitenden Welle (Hauptwelle; keine Verluste).

und mit $Z_2 = U_2/I_2$

$$Z_1 = Z_\mathrm{w} \frac{Z_2 \cosh \gamma l + Z_\mathrm{w} \sinh \gamma l}{Z_2 \sinh \gamma l + Z_\mathrm{w} \cosh \gamma l} \, . \tag{9.28}$$

Für spezielle Werte des Abschlusswiderstandes liefert diese komplizierte Formel sehr einfache Ergebnisse. Wir betrachten zuerst den Fall, dass die Leitung mit dem Wellenwiderstand abgeschlossen wird: $Z_2 = Z_\mathrm{w}$. Dann erhält man

$$Z_1 = Z_\mathrm{w} \, .$$

Diesen Fall bezeichnet man als **Wellenanpassung:** nach (9.19) tritt keine reflektierte Welle auf. Für die **leerlaufende Leitung** ($Z_2 = \infty$) ergibt sich aus Gl. (9.28)

$$Z_{1l} = Z_\mathrm{w} \coth \gamma l \tag{9.29}$$

und für die **kurzgeschlossene Leitung** ($Z_2 = 0$)

$$Z_{1k} = Z_\mathrm{w} \tanh \gamma l \, . \tag{9.30}$$

Bei der verlustfreien Leitung ($\alpha = 0$, $\gamma l = \mathrm{j}\beta l$, Z_w reell) hat man

$$\sinh \gamma l \rightarrow \sinh \mathrm{j}\beta l = \mathrm{j} \sin \beta l \, ,$$
$$\cosh \gamma l \rightarrow \cosh \mathrm{j}\beta l = \cos \beta l$$

und damit an Stelle der Beziehungen (9.29) und (9.30):

$$Z_{1l} = -\mathrm{j} Z_\mathrm{w} \cot \beta l \, ,$$
$$Z_{1k} = \mathrm{j} Z_\mathrm{w} \tan \beta l \, .$$

Die Eingangswiderstände Z_{1l} und Z_{1k} sind in Bild 9.8 als Funktion von βl dargestellt. Man sieht, dass sich die beiden Größen mit zunehmendem βl abwechselnd kapazitiv und induktiv verhalten.

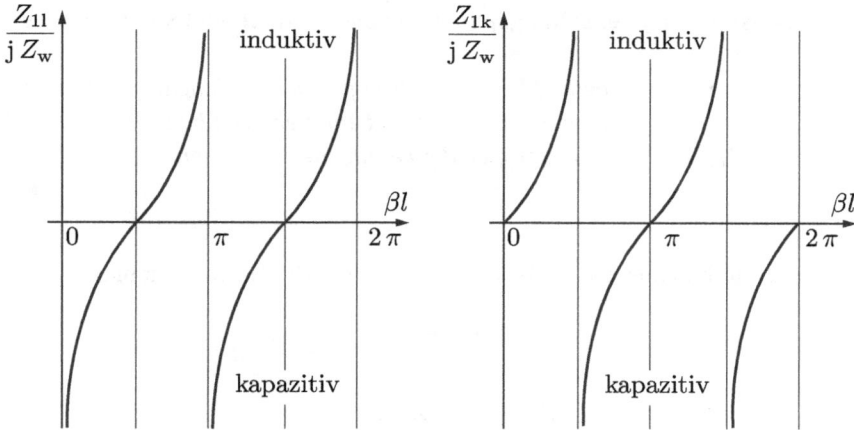

Abb. 9.8: Die Eingangswiderstände Z_{1l} und Z_{1k} als Funktionen der Leitungslänge.

Beispiel 9.2: Der Eingangswiderstand einer Leitung für zwei Sonderfälle.

Gesucht ist der Eingangswiderstand einer verlustfreien Leitung für die beiden Sonderfälle, dass βl ein geradzahliges bzw. ein ungeradzahliges Vielfaches von $\pi/2$ ist.

Lösung

Der Eingangswiderstand der verlustfreien Leitung folgt mit $\gamma l = j\beta l$ aus Gl. (9.28):

$$Z_1 = Z_w \frac{Z_2 \cos \beta l + j Z_w \sin \beta l}{j Z_2 \sin \beta l + Z_w \cos \beta l} \, .$$

Im ersten Fall:

$$\beta l = 2k \cdot \frac{\pi}{2} \qquad (k = 1, 2, 3, \dots)$$

wird

$$Z_1 = Z_w \frac{Z_2(-1)^k + 0}{0 + Z_w(-1)^k} = Z_2 \, ,$$

die Leitung wirkt also wie ein Übertrager mit dem Übersetzungsverhältnis 1:1.

Im zweiten Fall:

$$\beta l = (2k + 1)\frac{\pi}{2} \qquad (k = 0, 1, 2, \dots)$$

ergibt sich

$$Z_1 = Z_w \frac{0 + j Z_w(-1)^k}{j Z_2(-1)^k + 0} = \frac{Z_w^2}{Z_2} \, .$$

Man sagt: die Leitung transformiert den Abschlusswiderstand gemäß $Z_1 = Z_w^2/Z_2$. Diese Transformationseigenschaft der Leitung kann man ausnutzen, um die Bedingung der Leistungsanpassung zu verwirklichen.

Beispiel 9.3: Bestimmung der Leitungsparameter aus Leerlauf- und Kurzschlussversuch.

Eine Leitung wird einmal im Leerlauf betrieben: es ergibt sich der Eingangswiderstand Z_{1l}. Dann schließt man die Leitung am Ende kurz und ermittelt den Eingangswiderstand Z_{1k}. Aus Z_{1l} und Z_{1k} sollen die Kenngrößen der Leitung bestimmt werden, nämlich Z_w und γl.

Lösung

Bildet man das Produkt aus den Beziehungen (9.29) und (9.30), so erhält man

$$Z_{1l} Z_{1k} = Z_w^2 \,,$$

also

$$Z_w = \sqrt{Z_{1l} \cdot Z_{1k}} \,.$$

Der Quotient aus den Ausgangsgleichungen liefert

$$\frac{Z_{1l}}{Z_{1k}} = \coth^2 \gamma l \rightarrow \gamma l = \operatorname{arcoth} \sqrt{\frac{Z_{1k}}{Z_{1l}}}$$

oder

$$\sqrt{\frac{Z_{1l}}{Z_{1k}}} = \frac{e^{\gamma l} + e^{-\gamma l}}{e^{\gamma l} - e^{-\gamma l}} \equiv \Gamma \,.$$

Für die Wurzel haben wir abkürzend Γ geschrieben. Durch Auflösen nach der Exponentialfunktion ergibt sich dann zunächst

$$e^{\gamma l} (\Gamma - 1) = e^{-\gamma l} (\Gamma + 1)$$

und schließlich

$$e^{2\gamma l} = \frac{\Gamma + 1}{\Gamma - 1} \,.$$

Die Endformel lautet

$$\gamma l = \frac{1}{2} \ln \frac{\sqrt{Z_{1l}/Z_{1k}} + 1}{\sqrt{Z_{1l}/Z_{1k}} - 1} \,.$$

9.6 Der Reflexionsfaktor

Zuerst drücken wir die komplexen Größen U_r und U_h in Gl. (9.17) durch die Werte von Strom und Spannung am Leitungsende gemäß Gl. (9.19) aus:

$$U(z) = \frac{1}{2}(U_2 - I_2 Z_w)\, e^{-\gamma(l-z)} + \frac{1}{2}(U_2 + I_2 Z_w)\, e^{\gamma(l-z)} \,. \tag{9.31}$$

Der erste Summand stellt die Spannung der rücklaufenden Welle dar, der zweite Summand die Spannung der hinlaufenden Welle. Speziell für das Leitungsende ($z = l$) gilt

$$U(l) = \frac{1}{2}(U_2 - I_2 Z_w) + \frac{1}{2}(U_2 + I_2 Z_w) = U_2 \,. \tag{9.32}$$

Entsprechend der Vorstellung, dass die hinlaufende Welle am Abschlusswiderstand Z_2 reflektiert wird, definiert man als **Reflexionsfaktor r** (des Abschlusswiderstandes) das Verhältnis der Spannungen von rücklaufender und hinlaufender Welle am Leitungsende:

$$r = \frac{U_2 - I_2 Z_w}{U_2 + I_2 Z_w} \tag{9.33}$$

oder mit $Z_2 = U_2/I_2$

$$r = \frac{Z_2 - Z_w}{Z_2 + Z_w} \ . \tag{9.34}$$

Für die drei Sonderfälle: Wellenanpassung, Leerlauf und Kurzschluss hat man:

$$Z_2 = Z_w \to r = 0 \ ,$$
$$Z_2 = \infty \to r = 1 \ ,$$
$$Z_2 = 0 \quad \to r = -1 \ .$$

Im ersten Fall tritt also keine Reflexion auf, es breitet sich nur die Hauptwelle aus. In den beiden anderen Fällen sind beide Teilspannungen (der hin- und der rücklaufenden Welle) am Leitungsende dem Betrage nach gleich: bei Leerlauf addieren sich die Teilspannungen, bei Kurzschluss ergänzen sie sich zu null. Die Spannungsverteilung auf der Leitung lässt sich unter Benutzung der Definitionsgleichung (9.33) für den Reflexionsfaktor auch auf andere Arten darstellen. Zum Beispiel können wir an Stelle von Gl. (9.33) schreiben

$$U(z) = \frac{1}{2}(U_2 + I_2 Z_w)\left[r\,e^{-\gamma(l-z)} + e^{\gamma(l-z)}\right] \ . \tag{9.35}$$

Der zugehörige Strom ergibt sich durch Differenziation nach z gemäß Gl. (9.4) und bei Berücksichtigung von Gl. (9.12) zu:

$$I(z) = \frac{1}{2}\frac{U_2 + I_2 Z_w}{Z_w}\left[-r\,e^{-\gamma(l-z)} + e^{\gamma(l-z)}\right] \ . \tag{9.36}$$

Bei Leerlauf und Kurzschluss vereinfachen sich diese Beziehungen erheblich; im ersten Fall wird mit $I_2 = 0$, $r = 1$:

$$U(z) = U_2 \cosh(\gamma(l-z)) \ ,$$
$$I(z) = \frac{U_2}{Z_w} \sinh(\gamma(l-z)) \ . \tag{9.37}$$

Im zweiten Fall folgt mit $U_2 = 0$, $r = -1$:

$$U(z) = I_2 Z_w \sinh(\gamma(l-z)) \ ,$$
$$I(z) = I_2 \cosh(\gamma(l-z)) \ . \tag{9.38}$$

Beispiel 9.4: Stehende Welle.
Man zeige für die verlustlose Leitung, dass sich bei Leerlauf und Kurzschluss stehende Wellen auf der Leitung ausbilden.

Lösung

Die verlustfreie Leitung ist durch $\alpha = 0$, $\gamma = \mathrm{j}\beta$, $\mathfrak{J}\{Z_\mathrm{w}\} = 0$ gekennzeichnet. Arbeitet man diese Bedingungen in die Gln. (9.37) und (9.38) ein, multipliziert dann mit dem Faktor $\sqrt{2}\,\mathrm{e}^{\mathrm{j}\omega t}$ und bildet den Realteil, so erhält man für die leerlaufende Leitung, wenn man U_2 der Einfachheit halber als reell annimmt:

$$u(z, t) = \sqrt{2}U_2 \cos(\beta(l - z)) \cos \omega t \,,$$

$$i(z, t) = -\sqrt{2}\frac{U_2}{Z_\mathrm{w}} \sin(\beta(l - z)) \sin \omega t \,.$$

Für die kurzgeschlossene Leitung wird mit reellem I_2:

$$u(z, t) = -\sqrt{2}I_2 Z_\mathrm{w} \sin(\beta(l - z)) \sin \omega t \,,$$

$$i(z, t) = \sqrt{2}I_2 \cos(\beta(l - z)) \cos \omega t \,.$$

Die Ortsabhängigkeit der soeben berechneten Spannungen und Ströme ist von der Form $\cos(\beta(l-z))$ bzw. $\sin(\beta(l-z))$; d. h. die Lage der Extremwerte und die der Nulldurchgänge ändert sich zeitlich nicht. Der Wellenzug erfährt also keine örtliche Verschiebung. Eine solche Welle nennt man eine stehende Welle.

Für die leerlaufende Leitung liefern die obigen Gleichungen für $\omega t = 0$ und für $\omega t = \pi/2$ die in Bild 9.9 skizzierten örtlichen Verteilungen der Spannung bzw. des elektrischen Feldes und des Stromes. Zusätzlich enthält das Bild die dem elektrischen Feld zugeordneten Ladungen und das mit dem Stromfluss verknüpfte Magnetfeld.

9.7 Die ebene Welle

Bisher haben wir zur Beschreibung der Vorgänge auf Leitungen die integralen Größen Spannung und Strom benutzt. Wir wollen jetzt für eine bestimmte Anordnung den Zusammenhang mit den Feldgrößen E und H herleiten. Wir betrachten zu dem Zweck eine Doppelleitung, die aus zwei Bändern oder Streifen besteht, Bild 9.10, eine sog. Streifenleitung. Wir setzen die Leitung als verlustfrei voraus und nehmen an, dass $d \ll b$ ist. Dann können wir das elektrische und das magnetische Feld als eben ansehen und Randeffekte vernachlässigen.

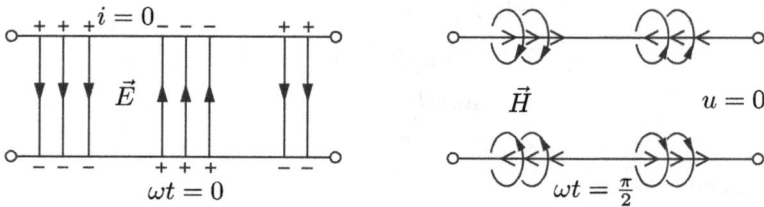

Abb. 9.9: Feldbild der leerlaufenden Leitung (keine Verluste).

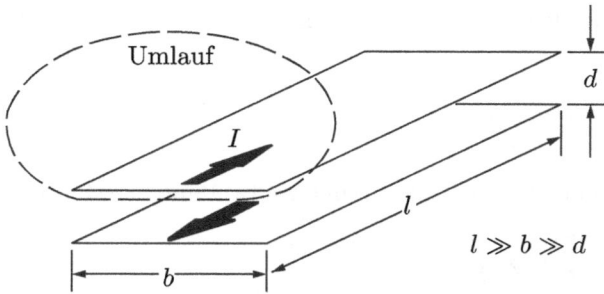

Abb. 9.10: Streifenleitung.

Die Kapazität dieser Leitung kann mit der Formel für den Plattenkondensator ermittelt werden:

$$C = \frac{\varepsilon A}{d} = \frac{\varepsilon b l}{d} \rightarrow C' = \frac{\varepsilon b}{d} \ .$$

Um die Induktivität ausrechnen zu können, bestimmen wir zunächst näherungsweise die magnetische Feldstärke zwischen den beiden Streifen. Wir wenden das Durchflutungsgesetz auf den eingezeichneten Umlauf an und erhalten, wenn wir – ähnlich wie bei der langen Zylinderspule (Beispiel 5.3) – nur die magnetische Spannung Hb zwischen den Streifen berücksichtigen:

$$Hb = I \rightarrow H = \frac{I}{b} \ .$$

Die Induktivität wird nun über den Fluss ermittelt:

$$L = \frac{\Phi}{I} = \frac{\mu H d l}{I} = \frac{\mu I d l}{I b} \rightarrow L' = \frac{\mu d}{b} \ .$$

Damit können wir die Kenngrößen der verlustfreien Streifenleitung mit den Gln. (9.26a) und (9.27a) bestimmen. Die Ausbreitungskonstante wird

$$\beta = \omega \sqrt{L' C'} = \omega \sqrt{\mu \varepsilon} \ ;$$

die Welle breitet sich demnach mit $v = \omega/\beta = 1/\sqrt{\mu \varepsilon} = c$, d. h. mit Lichtgeschwindigkeit aus (die Lichtgeschwindigkeit im Vakuum ist $c_0 = 1/\sqrt{\mu_0 \varepsilon_0} = 299\,792\,458\,\mathrm{m\,s^{-1}}$). Der Wellenwiderstand Z_w, also das Verhältnis zwischen der Spannung U und dem Strom I bei der hinlaufenden und bei der rücklaufenden Welle, ergibt sich zu

$$Z_\mathrm{w} = \sqrt{\frac{L'}{C'}} = \sqrt{\frac{\mu}{\varepsilon}} \frac{d}{b} \ .$$

Wir wollen jetzt untersuchen, ob eine ähnliche Beziehung zwischen den Feldgrößen besteht, die U und I zugeordnet sind. Wir bilden den Quotienten aus E und H und berücksichtigen dabei, dass unter den hier getroffenen Annahmen $E = U/d$ und $H = I/b$ ist und ferner $U/I = Z_\mathrm{w}$ gilt:

$$\frac{E}{H} = \frac{U/d}{I/b} = \frac{b}{d} Z_\mathrm{w} = \frac{b}{d} \sqrt{\frac{\mu}{\varepsilon}} \frac{d}{b} = \sqrt{\frac{\mu}{\varepsilon}} \,.$$

Es ergibt sich tatsächlich eine Konstante, die man als den **Feldwellenwiderstand Z_F** bezeichnet:

$$Z_\mathrm{F} = \sqrt{\frac{\mu}{\varepsilon}} \,.$$

Befindet sich zwischen den Leiterstreifen Luft (bzw. Vakuum), so wird

$$Z_\mathrm{F} = \sqrt{\frac{\mu_0}{\varepsilon_0}} \approx 376{,}73\ \Omega \qquad \text{(Vakuum)}\,.$$

Wir fassen das Ergebnis zusammen: Das ebene elektromagnetische Feld der hin- wie der rücklaufenden Welle breitet sich mit Lichtgeschwindigkeit aus und der Quotient aus E und H ist jeweils gleich dem Feldwellenwiderstand Z_F. Elektromagnetische Felder der hier vorliegenden Art bezeichnet man als **ebene Wellen**; die Feldvektoren liegen ausschließlich in Ebenen senkrecht zur Ausbreitungsrichtung.

Anmerkung *Allgemein bezeichnet man eine Welle als eben, wenn die Flächen gleicher Phase in Ebenen liegen; der hier betrachtete Fall ist also ein Sonderfall einer ebenen Welle.*

10 Zeitlich veränderliche elektromagnetische Felder

10.1 Das System der Maxwell'schen Gleichungen in Integralform

Zeitlich veränderliche Magnetfelder wurden schon in Kapitel 6 (Band 1) betrachtet, auch die Wechselwirkung zwischen zeitlich veränderlichen elektrischen und magnetischen Feldern kam bereits zur Sprache, und zwar in dem Kapitel 9 über Leitungen. Wir stellen die maßgebenden Beziehungen, die in ihrer Gesamtheit das **vollständige System der Maxwell'schen Gleichungen** bilden, hier noch einmal zusammen. In Band 1 wurden die Maxwell'schen Gleichungen in Integralform in ihrer Theorie bereits vollständig hergeleitet. In diesem Abschnitt sollen die einzelnen Gleichungen anhand von Beispielen konkret angewendet und gelöst werden.

Zuerst notieren wir noch einmal die beiden Hauptgleichungen, die Aussagen über die Wirbel der beiden Felder machen: das **Ampere-Maxwell'sche Durchflutungsgesetz** (6.51) und das **Faraday-Maxwell'sche Induktionsgesetz** (6.7):

$$\oint_L \vec{H} \cdot d\vec{s} = \int_A \left(\vec{J} + \frac{\partial \vec{D}}{\partial t} \right) \cdot d\vec{A} \,, \tag{10.1}$$

$$\oint_L \vec{E} \cdot d\vec{s} = - \int_A \frac{\partial \vec{B}}{\partial t} \cdot d\vec{A} \,. \tag{10.2}$$

Hinzu kommen die Aussagen über die Quellen des magnetischen Feldes (Gauß'sches magnetisches Gesetz (5.21)) und des elektrischen Feldes (Gauß'sches elektrisches Gesetz (3.20))

$$\oint_A \vec{B} \cdot d\vec{A} = 0 \,, \tag{10.3}$$

$$\oint_A \vec{D} \cdot d\vec{A} = Q \,, \tag{10.4}$$

und die sogenannten Materialgleichungen (3.16), (4.5), (5.12)

$$\vec{D} = \varepsilon \vec{E} \,, \tag{10.5a}$$

$$\vec{J} = \gamma \vec{E} \,, \tag{10.5b}$$

$$\vec{B} = \mu \vec{H} \,. \tag{10.5c}$$

Die Verknüpfung zwischen elektrischen und magnetischen Feldern verdeutlicht das Schema in Bild 10.1.

https://doi.org/10.1515/9783110631647-004

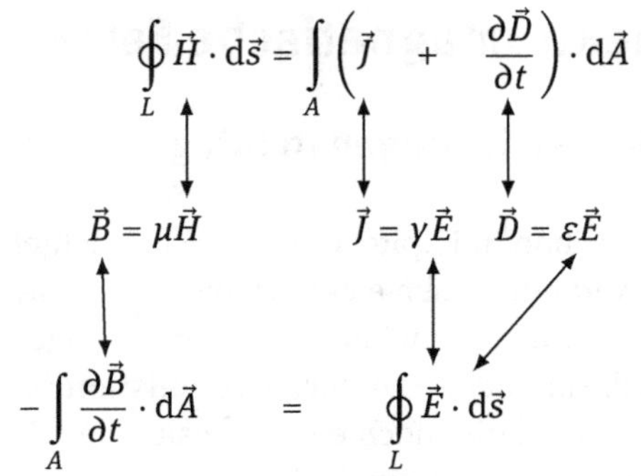

$$\oint_L \vec{H} \cdot d\vec{s} = \int_A \left(\vec{J} + \frac{\partial \vec{D}}{\partial t} \right) \cdot d\vec{A}$$

$$\vec{B} = \mu\vec{H} \qquad \vec{J} = \gamma\vec{E} \quad \vec{D} = \varepsilon\vec{E}$$

$$-\int_A \frac{\partial \vec{B}}{\partial t} \cdot d\vec{A} \quad = \quad \oint_L \vec{E} \cdot d\vec{s}$$

Abb. 10.1: Verknüpfung zwischen elektrischen und magnetischen Feldern in den Maxwell-Gleichungen.

10.2 Die Maxwell'schen Gleichungen bei harmonischer Zeitabhängigkeit

Hängen die in den Maxwell'schen Gleichungen auftretenden Feldgrößen von der Zeit gemäß einem Sinus- (bzw. Kosinus-) Gesetz ab, so geht man zweckmäßigerweise zur komplexen Darstellung über (vgl. Kapitel 7, 8 und 9). Für die vom Ort (Aufpunkt P) und der Zeit t abhängigen Feldgrößen schreibt man

$$\vec{E}(P,t) = \Re\{\underline{\vec{E}}(P)\, e^{j\omega t}\}\,, \qquad \vec{H}(P,t) = \Re\{\underline{\vec{H}}(P)\, e^{j\omega t}\} \qquad \text{usw.,}$$

wobei die komplexen Größen $\underline{\vec{E}}(P)$, $\underline{\vec{H}}(P)$ usw. Funktionen allein des Ortes sind; man nennt diese Größen auch **Phasoren**. Die Hauptgleichungen (10.1) und (10.2) gehen über in

$$\oint_L \underline{\vec{H}} \cdot d\vec{s} = \int_A \left(\underline{\vec{J}} + j\omega\underline{\vec{D}} \right) \cdot d\vec{A} = \int_A (\gamma + j\omega\varepsilon)\underline{\vec{E}} \cdot d\vec{A} \qquad (10.1')$$

und (für zeitlich unveränderliche Randkurve L)

$$\oint_L \underline{\vec{E}} \cdot d\vec{s} = -j\omega \int_A \underline{\vec{B}} \cdot d\vec{A} = -j\omega \int_A \mu\underline{\vec{H}} \cdot d\vec{A}\,. \qquad (10.2')$$

Die komplexen Größen $\underline{\vec{E}}$, $\underline{\vec{D}}$, $\underline{\vec{J}}$, $\underline{\vec{H}}$, $\underline{\vec{B}}$ können entweder durchweg als komplexe Amplituden oder als komplexe Effektivwerte aufgefasst werden. In der Feldtheorie ist es üblich, mit komplexen Amplituden zu arbeiten, was wir hier auch tun wollen. Diese Vereinbarung hat zur Folge, dass bei der Bestimmung des Mittelwerts der Leistung der Faktor $1/2$ zu berücksichtigen ist (vgl. Beispiel 10.1). Wie in Kapitel 9 verzichten wir ab jetzt wieder auf das Unterstreichen der komplexen Größen.

10.3 Wirbelströme

Die in Abschnitt 10.1 und dem dort angegebenen Schema dargestellten Zusammenhänge sollen an einem Beispiel verdeutlicht werden:

Ein sehr langes dünnwandiges Rohr (Wandstärke s, Leitfähigkeit κ, Innenradius ϱ_i, Länge $l \gg \varrho_i$) ist einem zur Achse des Rohres parallelen magnetischen Wechselfeld (Primärfeld) $H_P(t) = H_0 \cos \omega t = \mathfrak{R}\{H_0\, e^{j\omega t}\}$ ausgesetzt, Bild 10.2. Gesucht sind das magnetische Feld innerhalb und außerhalb des Rohres (H_i und H_a) sowie die elektrische Stromdichte J in der Wand. Vom Einfluss des Verschiebungsstroms soll abgesehen werden.

Hinweis *In diesem Abschnitt wird ausnahmsweise die Leitfähigkeit mit κ und nicht mit γ bezeichnet, weil der Buchstabe γ wie in Kapitel 9 für die Ausbreitungskonstante gebraucht wird.*

Wegen der Voraussetzung $l \gg \varrho_i$ bleiben Randeffekte außer Betracht: Die gesuchten Größen sind dann in dem interessierenden Bereich (s. Bild 10.2) von z unabhängig. Auf Grund der geringen Wandstärke hängt die Stromdichte in der Wand auch nicht von der Ortskoordinate ab. Damit liegt die gleiche räumliche Stromverteilung vor wie bei der langen Zylinderspule, Beispiel 5.3. Das mit dieser Stromverteilung nach dem Durchflutungsgesetz, Gl. (10.1) bzw. (5.15a), verknüpfte Magnetfeld ist in Bild 5.16 dargestellt. Man kann dieses Feld als Sekundärfeld auffassen (in dem jetzt betrachteten Fall ist es zeitlich veränderlich) und es dem gegebenen Wechselfeld (Primärfeld) überlagern. Damit ergibt sich, dass das Feld außerhalb des Rohres unverändert bleibt, weil das

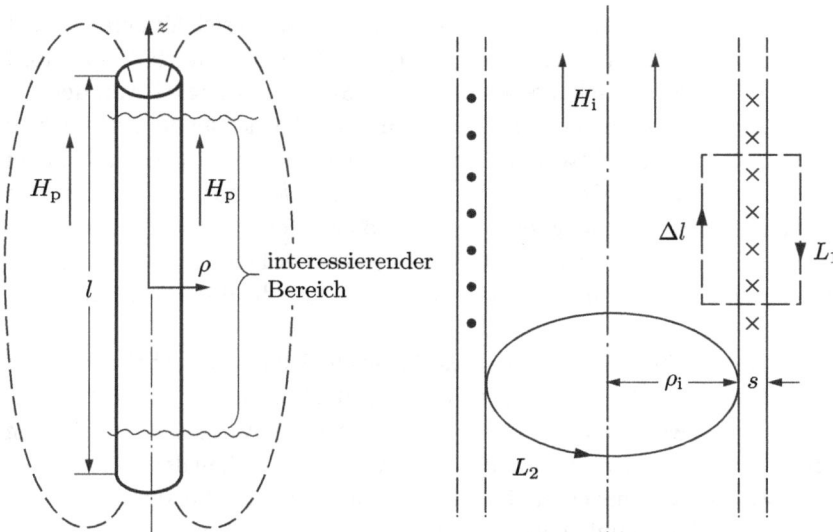

Abb. 10.2: Leitendes Rohr in einem zur Achse parallelen magnetischen Wechselfeld.

Sekundärfeld dort vernachlässigbar klein ist. Innerhalb des Rohres dagegen führt die Überlagerung des primären und des sekundären Feldes zu einer Verringerung der magnetischen Feldstärke (Lenz'sche Regel!).

Um zu quantitativen Zusammenhängen zu kommen, wenden wir Gl. (10.1′) auf den in Bild 10.2 eingetragenen Umlauf L_1 an:

$$H_i \Delta l - H_0 \Delta l = J \Delta l s = \kappa E \Delta l s$$

und Gl. (10.2′) auf den Umlauf L_2:

$$E 2 \pi \varrho_i = -j \omega B_i \pi \varrho_i^2 = -j \omega \mu H_i \pi \varrho_i^2 \ .$$

Dieses Gleichungssystem wird nach den gesuchten Größen aufgelöst:

$$H_i = \frac{1}{1 + j \omega \mu \kappa s A/l} H_0 \ , \tag{10.6}$$

$$J = \kappa E = \frac{-j \omega \mu \kappa A/l}{1 + j \omega \mu \kappa s A/l} H_0 \ . \tag{10.7}$$

Die hier eingeführten Abkürzungen A und l haben folgende Bedeutung:

$$A = \pi \varrho_i^2 \quad \text{(Rohrquerschnitt)}, \qquad l = 2 \pi \varrho_i \quad \text{(Rohrumfang)}.$$

Die Größe μ ist hier die Permeabilität der Umgebung und nicht des Rohres (also $\mu = \mu_0$, wenn das Rohr von Luft umgeben ist).

Den Strom in der Rohrwand bezeichnet man als **Wirbelstrom** und die mit diesem Strom verbundenen Verluste als **Wirbelstromverluste**. Diese lassen sich mit Gl. (4.6) aus Gl. (10.7) z. B. als Funktion der Frequenz bestimmen: Es ergibt sich für $\omega \mu \kappa s A/l \ll 1$ eine Proportionalität der Verluste zum Quadrat der Frequenz (siehe auch Beispiel 10.1).

In Bild 10.3 ist die H_i-Ortskurve gemäß Gl. (10.6) in Abhängigkeit von der Frequenz dargestellt: Der Betrag der Feldstärke H_i nimmt mit wachsender Frequenz ab (Feldschwächung), gleichzeitig wird die zeitliche Nacheilung von H_i gegenüber dem Primärfeld immer größer; im Grenzfall $\omega \to \infty$ beträgt sie $\pi/2$. Das Rohr schirmt also den Innenraum gegen äußere Magnetfelder ab, und zwar (bei gegebenen Rohrdaten) um so besser, je größer die Frequenz ist. Bei vorgegebener Frequenz kann man die Schirmwirkung durch die Wahl des Rohrmaterials (κ) und die der Abmessungen (s, A/l) beeinflussen.

Wird an Stelle des dünnwandigen Rohres ein langer Metallzylinder betrachtet (bei sonst unveränderter Aufgabenstellung), so muss die Abhängigkeit von der Ortskoordinate ϱ berücksichtigt werden. Der Schwierigkeitsgrad dieser Aufgabe übersteigt den Rahmen der vorliegenden einführenden Darstellung. Um trotzdem den Lösungsweg aufzuzeigen, wenden wir uns einer einfacheren Anordnung zu, bei der die Begrenzungsflächen eben sind, nämlich einer leitenden Platte (z. B. Transformatorblech), Bild 10.4. Diese Metallplatte sei einem zur y-Achse parallelen magnetischen Wechselfeld $H_P(t) = \Re\{H_0\, e^{j\omega t}\}$ ausgesetzt. Um von Randeffekten absehen zu können, soll gelten: $l_x \gg 2b$, $l_y \gg 2b$. Wir betrachten nur den Bereich, in dem die elektrischen und magnetischen Feldlinien Geraden sind, womit in diesem Bereich beide Feldgrößen nur von z abhängen. Wir machen also die Ansätze

$$\vec{E}(P) = \vec{e}_x E_x(z)\,, \qquad \vec{H}_i(P) = \vec{e}_y H_y(z)$$

und wollen nun die Dgln. für diese beiden Funktionen aufstellen. Wir gehen dabei ähnlich vor wie in Abschnitt 9.1. Zuerst wenden wir Gl. (10.1′) auf den in Bild 10.4 eingetragenen Umlauf L_1 an (unter Vernachlässigung des Verschiebungsstroms):

$$H_y(z)\,\mathrm{d}y - H_y(z + \mathrm{d}z)\,\mathrm{d}y = J_x(z)\,\mathrm{d}y\,\mathrm{d}z\,.$$

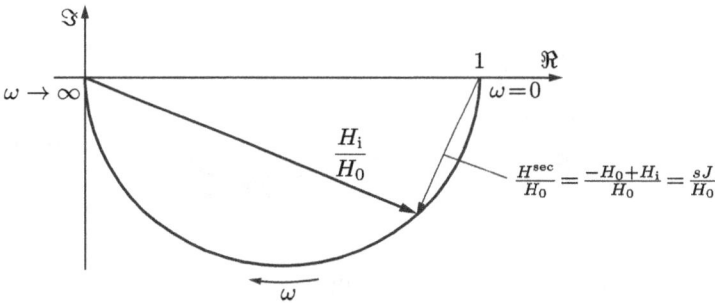

Abb. 10.3: Die magnetische Feldstärke innerhalb des Rohres als Ortskurve.

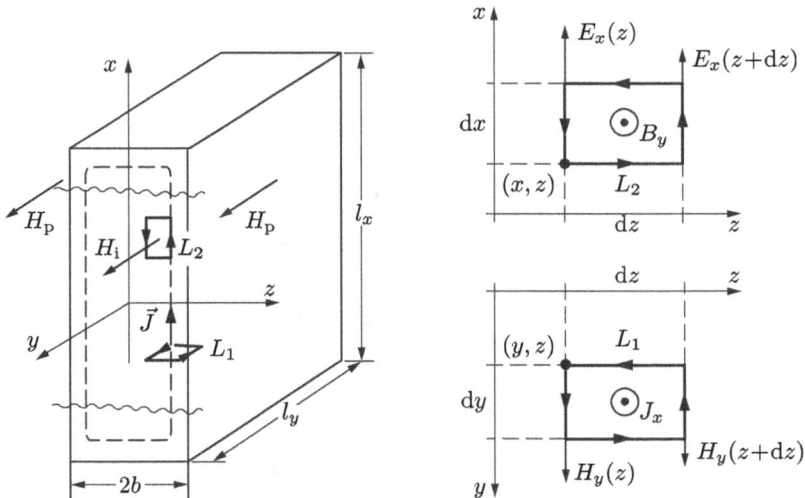

Abb. 10.4: Leitende Platte im magnetischen Wechselfeld.

Durch Anwendung des Taylor'schen Satzes auf den zweiten Summanden und bei Berücksichtigung nur der ersten beiden Glieder der Reihenentwicklung entsteht:

$$\frac{dH_y}{dz} = -J_x(z) \, . \tag{10.8}$$

Entsprechend folgt mit Gl. (10.2′), aufgeschrieben für den Umlauf L_2:

$$-E_x(z) \, dx + E_x(z + dz) \, dx = -j\omega B_y(z) \, dx \, dz$$

oder

$$\frac{dJ_x}{dz} = -j\omega\mu\kappa H_y(z) \, . \tag{10.9}$$

Durch Eliminieren von J_x bzw. H_y erhält man aus (10.8) und (10.9) mit der Abkürzung

$$\gamma^2 = j\omega\mu\kappa \quad \text{oder} \quad \gamma = (1 + j)\sqrt{\frac{\omega\mu\kappa}{2}} \equiv \frac{(1 + j)}{d} \tag{10.10}$$

die Dgln.

$$\frac{d^2 H_y}{dz^2} - \gamma^2 H_y(z) = 0 \tag{10.11}$$

$$\frac{d^2 J_x}{dz^2} - \gamma^2 J_x(z) = 0 \, , \tag{10.12}$$

die vom gleichen Typ sind wie (9.8) und (9.9). Ihre Lösungen kennen wir schon: Gl. (9.10) bzw. (9.11). So wird z. B.

$$H_y(z) = C_1 \, e^{\gamma z} + C_2 \, e^{-\gamma z} \tag{10.13}$$

und mit Gl. (10.8) dann

$$J_x(z) = -\gamma (C_1 \, e^{\gamma z} - C_2 \, e^{-\gamma z}) \, . \tag{10.14}$$

Da die Anordnung symmetrisch zur Ebene $z = 0$ ist und das primäre Magnetfeld die gleiche Symmetrie aufweist, wird die magnetische Feldstärke in der Platte eine gerade Funktion ($C_1 = C_2 \equiv C$):

$$H_y(z) = 2C \cosh \gamma z \, . \tag{10.15}$$

Die gleichen Überlegungen, die bei der vorigen Aufgabe angestellt wurden, führen auch hier zu dem Ergebnis, dass außerhalb der Platte das Magnetfeld von der Wirbelströmung nicht beeinflusst wird. So gilt, da die Tangentialkomponenten von H sich in einer Grenzschicht stetig verhalten, Gl. (5.23):

$$H_y(\pm b) = H_0 \quad \text{oder} \quad 2C \cosh \gamma b = H_0 \, .$$

Als Lösung der Aufgabe erhalten wir nach Einarbeiten dieser Randbedingung in (10.15):

$$H_y(z) = H_0 \frac{\cosh \gamma z}{\cosh \gamma b} \tag{10.16}$$

und wegen Gl. (10.8)

$$J_x(z) = -\gamma H_0 \frac{\sinh \gamma z}{\cosh \gamma b} . \qquad (10.17)$$

Wir kommen noch einmal auf die Gln. (10.13) und (10.14) zurück und wollen z. B. die Lösung mit der Konstanten C_2 veranschaulichen. Mit Gl. (10.10) folgt

$$H_y(z) = C_2\, e^{-(1+j)z/d} ,$$

$$J_x(z) = \frac{1+j}{d} C_2\, e^{-(1+j)z/d} .$$

Diese Gleichungen beschreiben eine ebene Welle (vgl. die Abschnitte 9.2 und 9.7), die sich in Richtung zunehmender Werte von z ausbreitet, wobei sie eine Dämpfung gemäß dem Faktor $e^{-z/d}$ erfährt. Beim Zurücklegen des Weges $\Delta z = d$ nimmt der Dämpfungsfaktor (und damit die Feldstärke) um $1/e \approx 0,37$ ab. Da die Größe d ein Maß dafür ist, wie stark die Welle in den Leiter eindringt, heißt **d** die **Eindringtiefe**. Es ist z. B. d für einen Kupferleiter bei der Frequenz $f = 50\,\mathrm{Hz}$ ungefähr gleich 1 cm.

Die für das Blech erhaltene Lösung, Gl. (10.16) und Gl. (10.17), lässt sich also als Überlagerung zweier gleichartiger **Wirbelstromwellen** auffassen, die jedoch entgegengesetzte Ausbreitungsrichtungen haben. Da beide Teilwellen exponentiell gedämpft sind, liegt das Feldminimum in der Symmetrieebene ($z = 0$).

Wir fassen die bisherigen Überlegungen zusammen und ergänzen einige Punkte. Wirbelströme sind mit einem Leistungsumsatz und daher mit **Wirbelstromverlusten** und einer Erwärmung des Leiters verbunden. Es kommt außerdem zu einer **Feldschwächung** bzw. **Feldverdrängung**. Aus diesen Gründen sind Wirbelströme meist unerwünscht. Sie lassen sich vermindern, indem man z. B. den Eisenkern eines magnetischen Kreises in dünne Bleche aufteilt oder Ferrite (Eisenoxyd mit Zusätzen) verwendet. Die erste Maßnahme ist in der Energietechnik üblich, die zweite wird bei hohen Frequenzen in der Nachrichtentechnik angewendet.

In einigen Fällen werden Wirbelströme auch für einen bestimmten Zweck ausgenutzt. Als Beispiele nennen wir die Wirbelstrombremse, den Wechselstromzähler, die Asynchronmaschine und den Induktionsofen sowie induktive Sensoren zur berührungslosen Messung (Weg, Abstand, Position, Schwingungen).

Beispiel 10.1: Wirbelstromverluste in einem Blech.
Der Leistungsumsatz in dem Blech nach Bild 10.4 soll näherungsweise bestimmt werden; d. h. von Randeffekten und der Feldverdrängung ist abzusehen ($H_i = H_0$).

Lösung
Auf der in Bild 10.4 gestrichelt eingezeichneten Strombahn tritt die Spannung

$$U = \oint \vec{E} \cdot d\vec{s} \approx 2 E_x(z) l_x$$

auf. Diese ist mit der Flussänderung nach Gl. (10.1') verknüpft:

$$U \approx 2 E_x(z) l_x = -j \omega \mu H_0 l_x 2z .$$

Teilt man das ganze durchströmte Volumen in Streifen mit dem Querschnitt $l_y\,dz$ und der Länge $2l_x$ auf (vgl. Abschnitt 4.2, Beispiel 4.2), so lässt sich der Leitwert eines Streifens angeben

$$dG = \frac{\kappa l_y\,dz}{2l_x}$$

und der Leistungsumsatz in diesem Streifen (im zeitlichen Mittel; Faktor $1/2$ da mit komplexen Amplituden gearbeitet wird) berechnen:

$$dP = \frac{1}{2}UU \cdot dG = \frac{1}{2}\left(\omega\mu H_0 l_x 2z\right)^2 \cdot \frac{\kappa l_y\,dz}{2l_x} = \left(\omega\mu H_0\right)^2 \cdot \kappa l_x l_y z^2\,dz\,.$$

Die Gesamtleistung folgt durch Integration:

$$P = \int dP = (\omega\mu H_0)^2 \kappa l_x l_y \int_0^b z^2\,dz = \frac{1}{3}(\omega\mu H_0)^2 \kappa l_x l_y b^3\,.$$

Bezieht man diese Leistung auf das Volumen $V = l_x l_y 2b$ des Bleches, so wird

$$\frac{P}{V} = \frac{1}{6}(\omega\mu H_0)^2 \kappa b^2\,.$$

Bemerkenswert an diesem Ergebnis ist, dass die Verluste pro Volumen in erster Näherung mit dem Quadrat der Blechdicke anwachsen.

10.4 Die Maxwell'schen Gleichungen in Differenzialform

Die Maxwell'schen Gleichungen in Differenzialform wurden bereits ohne Herleitung in Abschnitt 6.6 (Bd. 1) vorgestellt; diese soll hier nachgeholt werden.

Im Allgemeinen entspricht eine Vektorgleichung drei skalaren Gleichungen. So lassen sich z. B. auch für das Ampere-Maxwell'sche Durchflutungsgesetz (10.1) drei skalare Gleichungen gewinnen, wenn man für das Flächenelement $d\vec{A}$ nacheinander setzt:

1. Fall: $\Delta\vec{A} = \vec{e}_x\Delta A_x = \vec{e}_x\Delta y\Delta z$,
2. Fall: $\Delta\vec{A} = \vec{e}_y\Delta A_y = \vec{e}_y\Delta z\Delta x$,
3. Fall: $\Delta\vec{A} = \vec{e}_z\Delta A_z = \vec{e}_z\Delta x\Delta y$.

Zur Vereinfachung führen wir vorübergehend für die Gesamtstromdichte die Abkürzung

$$\vec{G} = \vec{J} + \frac{\partial\vec{D}}{\partial t}$$

ein. (Eine Verwechslung mit dem Leitwert G ist hier nicht zu befürchten.)

Im ersten Fall (Bild 10.5) erhält man für gegen null strebende Längenelemente Δx, Δy, Δz:

$$\oint \vec{H}\cdot d\vec{s} = \vec{G}\cdot\Delta\vec{A} = \underbrace{\vec{G}\cdot\vec{e}_x}_{G_x}\Delta y\Delta z = G_x\Delta y\Delta z\,.$$

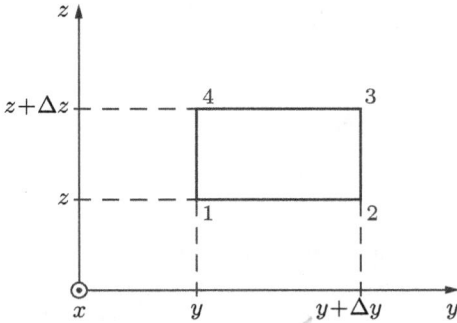

Abb. 10.5: Zur Herleitung von rot $\vec{H}$.

Die linke Gleichungsseite lässt sich so darstellen:

$$\oint \vec{H} \cdot d\vec{s} = \int\limits_1^2 + \int\limits_2^3 + \int\limits_3^4 + \int\limits_4^1 =$$

$$= \vec{H}(x,y,z) \cdot \vec{e}_y \Delta y + \vec{H}(x,y+\Delta y,z) \cdot \vec{e}_z \Delta z + \vec{H}(x,y,z+\Delta z) \cdot (-\vec{e}_y)\Delta y +$$

$$+ \vec{H}(x,y,z) \cdot (-\vec{e}_z)\Delta z$$

$$= \underline{H_y(x,y,z)\Delta y} + H_z(x,y+\Delta y,z)\Delta z - \underline{H_y(x,y,z+\Delta z)\Delta y} - H_z(x,y,z)\Delta z \ .$$

Die unterstrichenen Terme können mit der Taylor'schen Formel (vgl. auch Abschnitt 9.1) zusammengefasst werden:

$$[H_y(x,y,z) - H_y(x,y,z+\Delta z)]\Delta y$$

$$= \left\{ H_y(x,y,z) - \left[H_y(x,y,z) + \frac{\partial H_y}{\partial z}\Delta z \right] \right\} \Delta y = -\frac{\partial H_y}{\partial z}\Delta z \Delta y \ .$$

Entsprechend liefern die nichtunterstrichenen Terme den Beitrag

$$+\frac{\partial H_z}{\partial y}\Delta y \cdot \Delta z \ .$$

Insgesamt hat man im 1. Fall

$$-\frac{\partial H_y}{\partial z}\Delta z \Delta y + \frac{\partial H_z}{\partial y}\Delta y \Delta z = G_x \Delta y \Delta z$$

oder (nach Division durch $\Delta y \Delta z$):

$$\frac{\partial H_z}{\partial y} - \frac{\partial H_y}{\partial z} = G_x \qquad \Big| \cdot \vec{e}_x \ .$$

In den Fällen 2 und 3 erhält man durch die gleiche Rechnung (oder einfacher durch zyklisches Vertauschen der Indizes):

$$\frac{\partial H_x}{\partial z} - \frac{\partial H_z}{\partial x} = G_y \qquad \bigg| \cdot \vec{e}_y \,,$$

$$\frac{\partial H_y}{\partial x} - \frac{\partial H_x}{\partial y} = G_z \qquad \bigg| \cdot \vec{e}_z \,.$$

Multipliziert man die letzten drei Zeilen wie angegeben mit $\vec{e}_x$, $\vec{e}_y$ bzw. $\vec{e}_z$ und addiert sie dann, so ergibt sich auf der rechten Seite der Vektor $\vec{G}$. Der Vektor auf der linken Gleichungsseite wird **Rotation von $\vec{H}$** (abgekürzt: rot $\vec{H}$) genannt. Dieser Vektor lässt sich besonders übersichtlich durch eine Determinante darstellen:

$$\operatorname{rot} \vec{H} = \begin{vmatrix} \vec{e}_x & \vec{e}_y & \vec{e}_z \\ \frac{\partial}{\partial x} & \frac{\partial}{\partial y} & \frac{\partial}{\partial z} \\ H_x & H_y & H_z \end{vmatrix} = \vec{\nabla} \times \vec{H} \,. \tag{10.18}$$

Die mathematischen Operationen Divergenz und Rotation lassen sich sowohl über den Nabla-Operator als auch über die sprachliche Variante ausdrücken. Hier gilt

$$\operatorname{div} \vec{A} = \vec{\nabla} \cdot \vec{A} \quad \text{für die Divergenz,} \qquad \operatorname{rot} \vec{A} = \vec{\nabla} \times \vec{A} \quad \text{für die Rotation.}$$

Das **Ampere-Maxwell'sche Durchflutungsgesetz** lautet also **in differenzieller Form** (wenn $\vec{G}$ wieder durch $\vec{J} + \partial \vec{D}/\partial t$ ersetzt wird):

$$\operatorname{rot} \vec{H} = \vec{J} + \frac{\partial \vec{D}}{\partial t} \,. \tag{10.19}$$

Für das **Faraday-Maxwell'sche Induktionsgesetz** ergibt sich entsprechend

$$\operatorname{rot} \vec{E} = -\frac{\partial \vec{B}}{\partial t} \,. \tag{10.20}$$

Die Gleichungen (10.3) und (10.4) lassen sich auch in Differenzialgleichungen umwandeln, indem anstelle eines beliebigen Volumens V ein beliebig kleines Volumenelement $\Delta V = \Delta x \cdot \Delta y \cdot \Delta z$ betrachtet wird. Die beiden schraffierten Seiten in Bild 10.6 liefern zur linken Seite von Gl. (10.4) den Beitrag:

$$\vec{D}(x,y,z) \cdot (-\vec{e}_y)\Delta A_y + \vec{D}(x,y+\Delta y,z) \cdot \vec{e}_y \Delta A_y$$
$$= -D_y(x,y,z)\Delta z \Delta x + D_y(x,y+\Delta y,z)\Delta z \Delta x \,.$$

Die letzte Zeile lässt sich mit der Taylor'schen Formel als

$$\frac{\partial D_y}{\partial y} \Delta y \Delta z \Delta x = \frac{\partial D_y}{\partial y} \Delta V$$

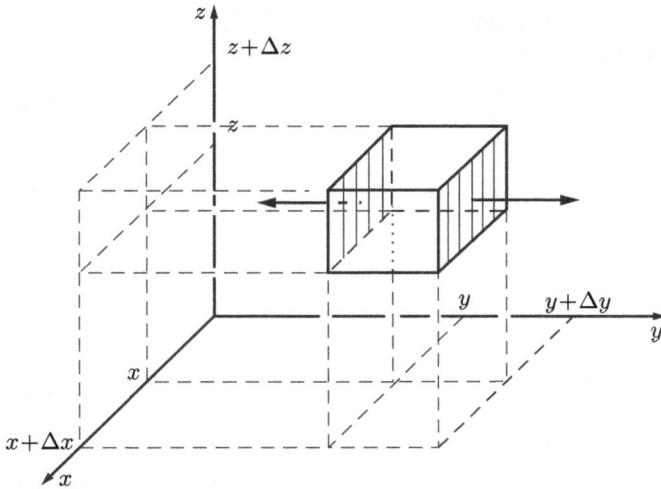

Abb. 10.6: Zur Herleitung von div $\vec{D}$.

darstellen. Entsprechende Beiträge liefern die übrigen vier Flächenelemente. Insgesamt hat man:

$$\oint \vec{D} \cdot \mathrm{d}\vec{A} \to \left(\frac{\partial D_x}{\partial x} + \frac{\partial D_y}{\partial y} + \frac{\partial D_z}{\partial z} \right) \Delta V \,.$$

Die Summe zwischen den runden Klammern bezeichnet man als **Divergenz von $\vec{D}$** (abgekürzt: div $\vec{D}$):

$$\mathrm{div}\, \vec{D} = \frac{\partial D_x}{\partial x} + \frac{\partial D_y}{\partial y} + \frac{\partial D_z}{\partial z} = \vec{\nabla} \cdot \vec{D} \,. \tag{10.21}$$

Damit lautet die linke Gleichungsseite (von Gl. (10.4)):

$$\mathrm{div}\, \vec{D} \cdot \Delta V \,.$$

Die rechte Gleichungsseite wird

$$\oint \varrho\, \mathrm{d}V \to \varrho \Delta x \Delta y \Delta z = \varrho \Delta V \,.$$

Durch Gleichsetzen beider Seiten und Division durch ΔV folgt die gesuchte differentielle Form. Anstelle von (10.3) und (10.4) hat man also für die beiden Gauß'schen Gesetze

$$\mathrm{div}\, \vec{B} = 0 \,, \tag{10.22}$$

$$\mathrm{div}\, \vec{D} = \varrho \,. \tag{10.23}$$

Um die Beziehungen ((10.19), (10.20), (10.22), (10.23)) anzuwenden, stellen wir uns die Aufgabe, eine möglichst einfache Lösung dieses Gleichungssystems zu finden. Wir setzen zunächst eine harmonische Zeitabhängigkeit und ein nichtleitendes homogenes Material voraus. Dann ergibt sich (mit (10.5)):

$$\operatorname{rot} \vec{H} = j\omega\varepsilon\vec{E} \qquad (10.19')$$

$$\operatorname{rot} \vec{E} = -j\omega\mu\vec{H} \qquad (10.20')$$

$$\operatorname{div} \mu\vec{H} = 0 \qquad (10.22')$$

$$\operatorname{div} \varepsilon\vec{E} = \varrho \qquad (10.23')$$

oder

$$\operatorname{div} \vec{H} = 0 \qquad \text{für} \qquad \mu = konst, \qquad (10.22'')$$

$$\operatorname{div} \vec{E} = \frac{\varrho}{\varepsilon} \qquad \text{für} \qquad \varepsilon = konst. \qquad (10.23'')$$

In diesen Gleichungen sind $\vec{E}$ und $\vec{H}$ komplexe Amplituden.

Zuerst untersuchen wir, ob Longitudinalwellen (wie bei Schall) möglich sind. Wir arbeiten also mit dem Ansatz

$$\vec{E} = \vec{e}_z E(z)$$

und setzen diesen in Gl. (10.20') ein:

$$\operatorname{rot} \vec{E} = \begin{vmatrix} \vec{e}_x & \vec{e}_y & \vec{e}_z \\ 0 & 0 & \frac{\partial}{\partial z} \\ 0 & 0 & E_z \end{vmatrix} = 0 = -j\omega\mu\vec{H}.$$

Es zeigt sich, dass das vorausgesetzte elektrische Feld wirbelfrei ist: Es ist nicht mit einem Magnetfeld verknüpft, entsteht also nicht durch Änderung eines magnetischen Flusses. Dagegen folgt aus (10.23'')

$$\operatorname{div} \vec{E} = \frac{\partial E_z}{\partial z} = \frac{\varrho}{\varepsilon} \qquad \text{oder} \qquad E_z(z) = \frac{1}{\varepsilon} \int \varrho \, dz + konst,$$

dass das elektrische Feld sich durch eine bestimmte Ladungsverteilung realisieren lässt. In dem Sonderfall $\varrho = 0$ hat man $E_z = $ konst (homogenes Feld, z. B. das Feld zwischen den Platten eines Plattenkondensators).

Wir machen jetzt versuchsweise einen Ansatz für Transversalwellen

$$\vec{E} = \vec{e}_x E_x(z) \qquad (10.24)$$

und erhalten mit Gl. (10.20')

$$\operatorname{rot} \vec{E} = \begin{vmatrix} \vec{e}_x & \vec{e}_y & \vec{e}_z \\ 0 & 0 & \frac{\partial}{\partial z} \\ E_x & 0 & 0 \end{vmatrix} = \vec{e}_y \frac{\partial E_x}{\partial z} = -j\omega\mu\vec{H}.$$

Da auf der linken Seite nur eine y-Komponente auftritt, kann auf der rechten Seite auch nur H_y von null verschieden sein:

$$\frac{\partial E_x}{\partial z} = -j\omega\mu H_y. \qquad (10.25)$$

Diese Gleichung enthält zwei Unbekannte. Wir brauchen eine weitere Bedingung; diese liefert Gl. (10.19′):

$$\operatorname{rot}\vec{H} = \begin{vmatrix} \vec{e}_x & \vec{e}_y & \vec{e}_z \\ 0 & 0 & \frac{\partial}{\partial z} \\ 0 & H_y & 0 \end{vmatrix} = -\vec{e}_x \frac{\partial H_y}{\partial z} = \mathrm{j}\omega\varepsilon\vec{E} = \mathrm{j}\omega\varepsilon\vec{e}_x E_x$$

oder

$$\frac{\partial H_y}{\partial z} = -\mathrm{j}\omega\varepsilon E_x \,. \tag{10.26}$$

Da E_x und H_y nur von der Veränderlichen z abhängen, kann in den Gln. (10.25) und (10.26) das Symbol $\partial/\partial z$ durch $\mathrm{d}/\mathrm{d}z$ ersetzt werden.

Leitet man diese Gln. einmal nach z ab und setzt jeweils die andere (nicht abgeleitete) Gleichung ein, so entstehen mit der Abkürzung (vgl. (9.7) und (10.10))

$$\gamma^2 = \mathrm{j}\omega\mu\,\mathrm{j}\omega\varepsilon \quad \text{oder} \quad \gamma = \mathrm{j}\omega\sqrt{\mu\varepsilon} \equiv \mathrm{j}\beta \quad (\alpha = 0) \tag{10.27}$$

die Gleichungen

$$\frac{\mathrm{d}^2 H_y}{\mathrm{d}z^2} - \gamma^2 H_y = 0 \,, \tag{10.28}$$

$$\frac{\mathrm{d}^2 E_x}{\mathrm{d}z^2} - \gamma^2 E_x = 0 \,. \tag{10.29}$$

Die Lösungen sind bekannt (vgl. (9.10) oder (10.13)); für E_x hat man

$$E_x = C_1 \,\mathrm{e}^{\gamma z} + C_2 \,\mathrm{e}^{-\gamma z} = C_1 \,\mathrm{e}^{\mathrm{j}\beta z} + C_2 \,\mathrm{e}^{-\mathrm{j}\beta z} \,.$$

In Abschnitt 9.2 wurde gezeigt, dass C_1 und C_2 die komplexen Amplituden der Echowelle (Index r) und der Hauptwelle (Index h) sind. Wir schreiben also mit unbekannten Konstanten (analog zu Gl. (9.17)):

$$E_x(z) = E_\mathrm{r} \,\mathrm{e}^{\gamma z} + E_\mathrm{h} \,\mathrm{e}^{-\gamma z} \,. \tag{10.30}$$

Daraus folgt wegen Gl. (10.25) und mit der Abkürzung (vgl. Abschnitt 9.7)

$$\frac{\gamma}{\mathrm{j}\omega\mu} = \frac{\mathrm{j}\omega\sqrt{\mu\varepsilon}}{\mathrm{j}\omega\mu} = \sqrt{\frac{\varepsilon}{\mu}} = \frac{1}{Z_\mathrm{F}} \quad (Z_\mathrm{F} = \text{Feldwellenwiderstand}) \tag{10.31}$$

der Ausdruck (analog zu Gl. (9.18))

$$H_y(z) = -\frac{E_\mathrm{r}}{Z_\mathrm{F}} \,\mathrm{e}^{\gamma z} + \frac{E_\mathrm{h}}{Z_\mathrm{F}} \,\mathrm{e}^{-\gamma z} \,. \tag{10.32}$$

Zum Schluss ist zu prüfen, ob die gefundenen Lösungen (10.30) und (10.32) auch den Gln. (10.22″) und (10.23″) genügen:

$$\operatorname{div}\vec{H} = \frac{\partial H_y(z)}{\partial y} = 0 \quad \text{und} \quad \operatorname{div}\vec{E} = \frac{\partial E_x(z)}{\partial x} = 0 \,.$$

Das ist offensichtlich der Fall.

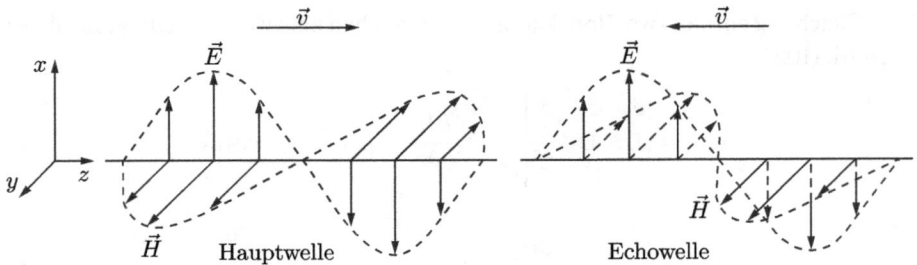

Abb. 10.7: Transversalwelle.

Die Lösungen der Gleichungen (10.30) und (10.32) lassen sich leicht veranschaulichen (vgl. Abschnitt 9.2): In Bild 10.7 sind für einen bestimmten Zeitpunkt die Feldvektoren dargestellt (links: Hauptwelle, rechts: Echowelle).

Mit den eben durchgeführten Überlegungen lassen sich auch die Gln. (10.8) und (10.9) ermitteln. Man braucht nur in den Formeln ab Gl. (10.19) den Vorfaktor $j\omega\varepsilon$ durch die Leitfähigkeit κ zu ersetzen (an die Stelle der Verschiebungsstromdichte tritt also die Leitungsstromdichte). Es ergibt sich z. B. aus (10.25) und (10.26)

$$\frac{dE_x}{dz} = -j\omega\mu H_y \qquad \text{oder} \qquad \frac{dJ_x}{dz} = -j\omega\mu\kappa H_y$$

$$\frac{dH_y}{dz} = -\kappa E_x = -J_x \, .$$

Das sind die Gln. (10.9) und (10.8). Statt Gl. (10.27) folgt

$$\gamma^2 = j\omega\mu \cdot \kappa \qquad \text{oder} \qquad \gamma = (1+j)\sqrt{\frac{\omega\mu\kappa}{2}} = \frac{1+j}{d}$$

also Gl. (10.10); usw.

11 Nichtsinusförmige Vorgänge

11.1 Einführung

Wir betrachten den Reihenschwingkreis nach Bild 11.1, auf den jetzt eine Quellenspannung $u_q(t)$ von beliebigem zeitlichen Verlauf einwirken soll. Ist z. B. die Spannung am Kondensator gesucht, die hier einfach mit $u(t)$ ohne Index bezeichnet wird, so hat man folgende Differenzialgleichung zu lösen (wegen der Herleitung siehe Abschnitt 12.5.2):

$$LC\frac{d^2u}{dt^2} + RC\frac{du}{dt} + u(t) = u_q(t) \, . \tag{11.1}$$

Der übliche Lösungsweg besteht darin,
1. Lösungen der homogenen Dgl. aufzustellen:

$$u_{h1} = K_1 \, e^{\lambda_1 t} \, , \qquad u_{h2} = K_2 \, e^{\lambda_2 t} \, ,$$

2. eine partikuläre Lösung der inhomogenen Dgl. zu ermitteln:

$$u_p(t) \, ,$$

3. die Gesamtlösung zu bilden

$$u(t) = u_p(t) + K_1 \, e^{\lambda_1 t} + K_2 \, e^{\lambda_2 t}$$

und die Anfangsbedingungen

$$u(t_0) \, , \quad \frac{du}{dt}\bigg|_{t_0}$$

einzuarbeiten, womit die Konstanten K_1 und K_2 bestimmt werden.

Wir führen diesen Lösungsweg an Hand von zwei Beispielen vor.

Aufladen und Entladen eines Kondensators (Bild 11.2a)
Nach Einlegen des Schalters S (Stellung 1) gilt folgende Umlaufgleichung:

$$Ri(t) + u_C(t) = U_1 \quad \text{mit} \quad i(t) = C\frac{du_C}{dt}$$

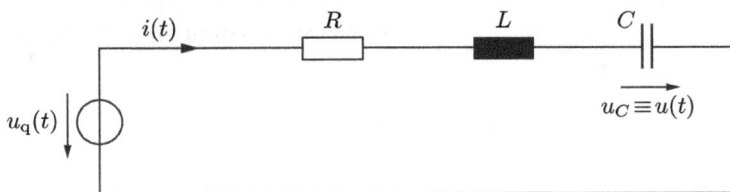

Abb. 11.1: Reihenschwingkreis.

https://doi.org/10.1515/9783110631647-005

a)   b)

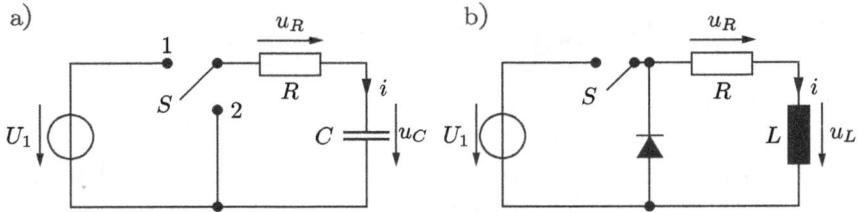

Abb. 11.2: Ein- und Ausschaltvorgang beim RC- und RL-Kreis.
a) Auf- und Entladen eines Kondensators; b) Ein- und Ausschalten eines Spulenstromes.

oder

$$RC\frac{du_C}{dt} + u_C(t) = U_1 \, .$$

Der Ansatz $u_C = K\,e^{\lambda t}$ für die Lösung der homogenen Dgl. liefert

$$RC\lambda K\,e^{\lambda t} + K\,e^{\lambda t} = 0 \to \lambda = -\frac{1}{RC} \, .$$

Man nennt RC die **Zeitkonstante T** der betrachteten RC-Schaltung:

$$RC = T \, .$$

Damit ist

$$u_{C,h}(t) = K\,e^{-t/T} \, .$$

Die homogene Lösung beschreibt den Ausgleichsvorgang. Wenn dieser abgeklungen ist, fließt kein Strom mehr, die Quellenspannung stimmt dann mit der Kondensatorspannung überein. Addieren wir die partikuläre Lösung

$$u_{C,p} = U_1$$

zu der bereits gefundenen Lösung $u_{C,h}$ hinzu, so entsteht die Gesamtlösung

$$u_C(t) = U_1 + K\,e^{-t/T} \, .$$

Die Konstante K ergibt sich aus der **Anfangsbedingung:** Der Kondensator soll im Schaltaugenblick ungeladen sein, d. h. es ist $u_C(0) = 0$. (Eine sprunghafte Änderung der Kondensatorspannung ist nicht möglich, da diese wegen $W_e = 1/2\,Cu_C^2$, Gl. (3.46), mit einer sprunghaften Energieänderung und folglich mit einem unendlich großen Leistungsumsatz verbunden wäre.)

$$0 = U_1 + K \to K = -U_1 \, .$$

Damit lautet die Gesamtlösung

$$u_C(t) = U_1\left(1 - e^{-t/T}\right) \, .$$

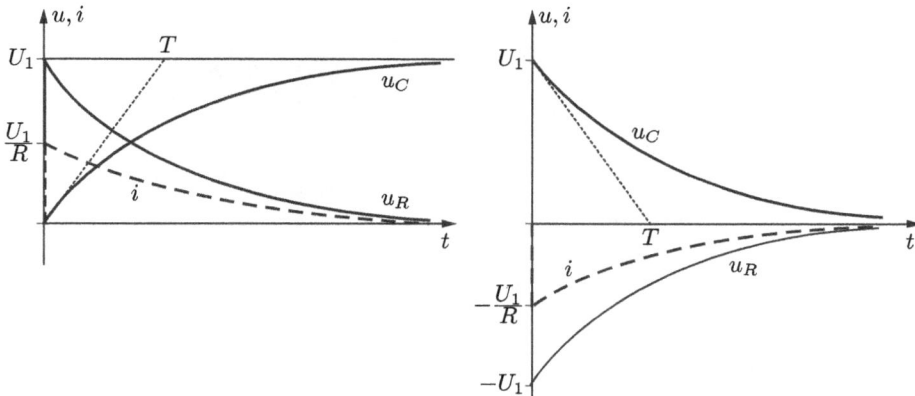

Abb. 11.3: Spannungs- und Stromverlauf beim Ein- und Ausschalten des RC-Kreises.

Wird, nachdem der Kondensator völlig aufgeladen ist, der Schalter S in die Stellung 2 gebracht, so gilt die Umlaufgleichung

$$RC\frac{\mathrm{d}u_C}{\mathrm{d}t} + u_C(t) = 0 ,$$

deren Lösung wir schon kennen:

$$u_C(t) = K\,\mathrm{e}^{-t/T} .$$

Die Anfangsbedingung lautet jetzt $u_C(0) = U_1$, also $K = U_1$; und es folgt

$$u_C(t) = U_1\,\mathrm{e}^{-t/T} .$$

Der zeitliche Verlauf dieser Spannung ist in Bild 11.3 dargestellt, außerdem die Zeitverläufe von $i = C\,\mathrm{d}u_C/\mathrm{d}t$ und $u_R = iR$.

Einschalten und Ausschalten eines Spulenstromes (Bild 11.2b)
Nach Schließen des Schalters S gilt die Umlaufgleichung

$$Ri(t) + u_L(t) = U_1 \qquad \text{mit} \qquad u_L(t) = L\frac{\mathrm{d}i}{\mathrm{d}t}$$

oder

$$Ri(t) + L\frac{\mathrm{d}i}{\mathrm{d}t} = U_1 .$$

Diese Dgl. stimmt mit der gerade behandelten überein. Die Lösung der homogenen Dgl. wird

$$i_\mathrm{h}(t) = K\,\mathrm{e}^{\lambda t} \qquad \text{mit} \qquad \lambda = -\frac{R}{L} .$$

Man bezeichnet L/R als **Zeitkonstante T** der betrachteten RL-Schaltung:

$$\frac{L}{R} = T .$$

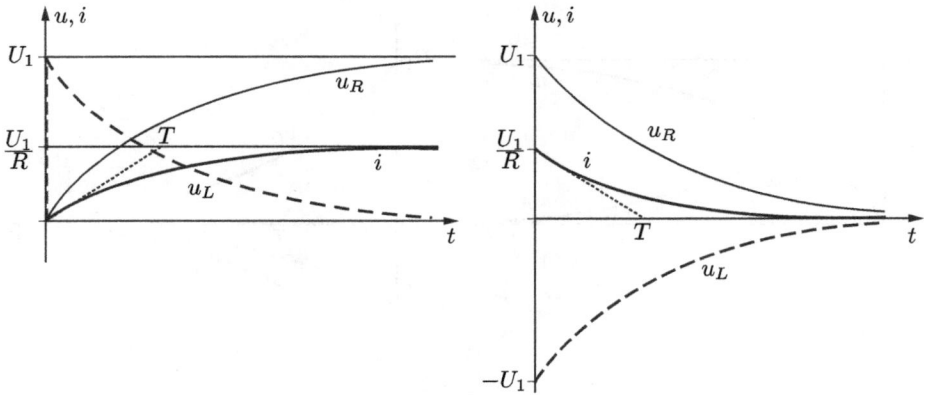

Abb. 11.4: Spannungs- und Stromverlauf beim Ein- und Ausschalten des RL-Kreises.

Damit ergibt sich

$$i_\mathrm{h}(t) = K\,e^{-t/T}\,.$$

Nach Abklingen des Ausgleichsvorganges fließt der Strom

$$i_\mathrm{p} = \frac{U_1}{R}\,.$$

Die Gesamtlösung ist

$$i(t) = \frac{U_1}{R} + K\,e^{-t/T}\,.$$

Mit der Anfangsbedingung $i(0) = 0$ folgt

$$i(t) = \frac{U_1}{R}\left(1 - e^{-t/T}\right)\,.$$

(Eine sprunghafte Änderung des Spulenstromes ist nicht möglich, weil mit dieser wegen $W_\mathrm{m} = 1/2\,L i^2$, Gl. (6.32), eine sprunghafte Energieänderung verbunden wäre.)

Wird, nachdem der Strom seinen Endwert erreicht hat, der Schalter S geöffnet, so gilt die Umlaufgleichung

$$Ri(t) + L\frac{\mathrm{d}i}{\mathrm{d}t} = 0\,,$$

deren Lösung bekannt ist:

$$i(t) = K\,e^{-t/T}\,.$$

Mit der neuen Anfangsbedingung $i(0) = U_1/R$ wird

$$i(t) = \frac{U_1}{R}\,e^{-t/T}\,.$$

Dieser Strom und außerdem die Spannungen u_L und u_R sind in Bild 11.4 skizziert.

Weitere Aufgaben dieser Art werden in Kapitel 12 mit der Laplace-Transformation gelöst. Wir wollen uns zunächst in den Abschnitten 11.2 und 11.3 mit solchen Funktionen $u_q(t)$ befassen, die **periodische Dauerschwingungen** sind. Dann kann man für die partikuläre Lösung $u_p(t)$ auch eine periodische Zeitfunktion erwarten. Weiterhin wollen wir annehmen, dass der Zeitpunkt, in dem die Quelle an das Netzwerk angeschlossen wurde, so weit zurückliegt, dass man die Lösungen $u_{h1}(t)$ und $u_{h2}(t)$ nicht zu berücksichtigen braucht: Wir beschränken uns also auf den **eingeschwungenen Zustand**.

Der einfachste Fall besteht dann darin, dass die Zeitabhängigkeit der Quellenspannung durch den Sinus bzw. Kosinus beschrieben wird. Dieser Fall ist ausführlich in Kapitel 7 (Wechselstromlehre) behandelt worden. In den beiden folgenden Abschnitten wollen wir die Quellenspannung bei nicht sinusförmigem Verlauf in sinusförmige Teilspannungen zerlegen. Wir lassen dann jede Teilspannung für sich auf das Netzwerk einwirken, bestimmen die Teillösungen der gesuchten Größen (Ströme und Spannungen an irgendwelchen Stellen) und finden schließlich die Gesamtlösung durch Superposition. Das setzt natürlich voraus, dass ein lineares Netz und damit eine lineare Dgl. vorliegt; sonst ist das Superpositionsprinzip nicht anwendbar.

In Abschnitt 11.4 wird das Verfahren auch auf nichtperiodische Spannungen und Ströme übertragen, indem die Periodendauer als unendlich groß angesehen wird.

11.2 Fourier-Reihe

11.2.1 Reelle Darstellung zeitperiodischer Funktionen

Wir betrachten irgendeine periodische Funktion mit der Periodendauer T, Bild 11.5. Eine solche Funktion kann man nach Fourier auf folgende Weise in Sinusschwingungen zerlegen bzw. in eine sog. **Fourier-Reihe** entwickeln:

$$f(t) = \frac{a_0}{2} + \sum_{n=1}^{\infty} a_n \cos n\omega_1 t + \sum_{n=1}^{\infty} b_n \sin n\omega_1 t \qquad (11.2)$$

mit

$$\omega_1 = \frac{2\pi}{T} \, . \qquad (11.3)$$

Die Größe $a_0/2$ nennt man den **Gleichanteil**; warum hier der Faktor $1/2$ eingeführt wurde, wird später deutlich. Die Schwingungen mit $n = 1$ heißen **Grundschwingungen**, die anderen Schwingungen ($n = 2, 3, \dots$) sind die **Oberschwingungen**. Man bezeichnet die n-te Schwingung auch als n-te **Harmonische**.

Ist $f(t)$ eine gerade periodische Funktion, d. h. $f(t) = f(-t)$, so enthält die Fourier-Reihe (11.2) nur Kosinusterme, es sind also alle $b_n = 0$. Bei einer ungeraden Funktion, $f(-t) = -f(t)$, dagegen, kommen in der zugehörigen Fourier-Reihe nur Sinusterme vor, und es sind alle $a_n = 0$ (auch a_0).

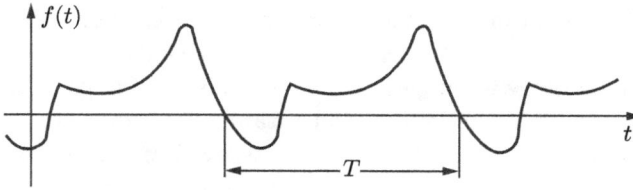

Abb. 11.5: Zeitperiodische Funktion.

Die Koeffizienten a_n, b_n kann man mit den sog. Orthogonalitätsrelationen ($n, m > 0$, ganz)

$$\int_{-\pi}^{\pi} \cos(nx)\sin(mx)\,dx = 0$$

$$\int_{-\pi}^{\pi} \cos(nx)\cos(mx)\,dx = \left\{ \begin{array}{ll} 0 & \text{für } n \neq m \\ \pi & \text{für } n = m \end{array} \right.$$

$$\int_{-\pi}^{\pi} \sin(nx)\sin(mx)\,dx = \left\{ \begin{array}{ll} 0 & \text{für } n \neq m \\ \pi & \text{für } n = m \end{array} \right.$$

ermitteln. (Diese lassen sich leicht beweisen, wenn die trigonometrischen Funktionen durch e-Funktionen dargestellt werden). Wir multiplizieren Gl. (11.2) mit $\cos(m\omega_1 t)$ bzw. $\sin(m\omega_1 t)$ und integrieren über eine Periode, z. B. von $t = -T/2$ bis $t = +T/2$:

$$\int_{-T/2}^{T/2} f(t)\cos(m\omega_1 t)\,dt = \frac{a_0}{2}\int_{-T/2}^{T/2}\cos(m\omega_1 t)\,dt$$

$$+ \int_{-T/2}^{T/2}\left(\sum_{n=1}^{\infty} a_n\cos(n\omega_1 t)\right)\cos(m\omega_1 t)\,dt$$

$$+ \int_{-T/2}^{T/2}\left(\sum_{n=1}^{\infty} b_n\sin(n\omega_1 t)\right)\cos(m\omega_1 t)\,dt\,.$$

Nach Vertauschen der Reihenfolge von Integration und Summation (wir setzen voraus, dass das hier zulässig ist) folgt bei Beachtung der Orthogonalitätsrelationen (mit $\omega_1 t$ statt x, $\pm T/2$ statt $\pm\pi$):

$$\int_{-T/2}^{T/2} f(t)\cos(m\omega_1 t)\,dt = a_m\frac{T}{2} \qquad (m > 0)\,.$$

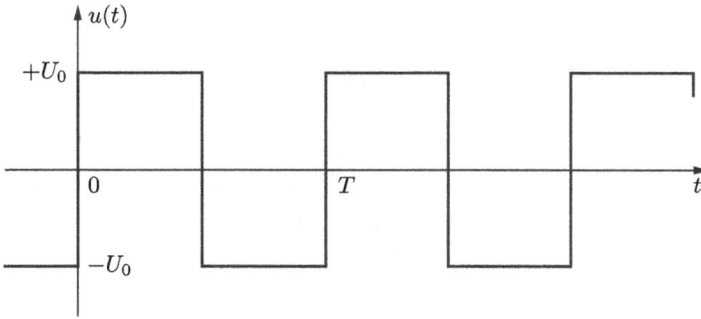

Abb. 11.6: Rechteckspannung.

Wir lösen nach a_m auf und ersetzen den Index m durch n:

$$a_n = \frac{2}{T} \int\limits_{-T/2}^{T/2} f(t) \cos(n\omega_1 t)\, dt \,. \tag{11.4}$$

Auf ähnliche Weise ergibt sich der Koeffizient b_n:

$$b_n = \frac{2}{T} \int\limits_{-T/2}^{T/2} f(t) \sin(n\omega_1 t)\, dt \,. \tag{11.5}$$

Der Koeffizient a_0 lässt sich bestimmen, indem man beide Seiten der Gl. (11.2) über eine Periode integriert:

$$\int\limits_{-T/2}^{T/2} f(t)\, dt = \frac{a_0}{2} T \,.$$

Durch Auflösen nach a_0 überzeugt man sich davon, dass die Berechnungsvorschrift für a_0 bereits in Gl. (11.4) enthalten ist. Hätten wir den Gleichanteil in Gl. (11.2) ohne den Faktor $1/2$ geschrieben, so hätten wir jetzt für a_0 neben den Gln. (11.4) und (11.5) eine zusätzliche Gleichung zu notieren.

Ohne Beweis geben wir hinreichende Bedingungen dafür an, dass sich eine periodische Funktion in eine Fourier-Reihe entwickeln lässt. Die Funktion $f(t)$ und ihre Ableitung dürfen in einem Intervall der Breite T nur endlich viele Sprungstellen aufweisen mit endlichen Sprunghöhen. Die Funktion muss (über eine Periode) absolut integrierbar sein.

Als erste Anwendung betrachten wir die Rechteckspannung, Bild 11.6. Da der zeitliche Mittelwert (Gleichwert) der Spannung null ist, kommt der Summand $a_0/2$ in der zugehörigen Fourier-Reihe nicht vor. Auch die übrigen Koeffizienten a_n treten nicht auf, da die gegebene Spannung eine ungerade Funktion ist: $u(-t) = -u(t)$.

Somit lautet unser Ansatz

$$u(t) = \sum_{n=1}^{\infty} b_n \sin(n\omega_1 t)\,.$$

Für die Koeffizienten folgt nach Gl. (11.5)

$$b_n = \frac{2}{T}\left\{\int_{-T/2}^{0} (-U_0)\sin(n\omega_1 t)\,\mathrm{d}t + \int_{0}^{T/2} (+U_0)\sin(n\omega_1 t)\,\mathrm{d}t\right\}$$

$$= \frac{2}{T}\frac{U_0}{n\omega_1}\left\{\left[1 - \cos\left(n\omega_1 \frac{T}{2}\right)\right] - \left[\cos\left(n\omega_1 \frac{T}{2} - 1\right)\right]\right\}\,.$$

Mit $\omega_1 T = 2\pi$ ergibt sich

$$b_n = \frac{2U_0}{n\cdot\pi}\left[1 - \cos(n\cdot\pi)\right] = \frac{2U_0}{n\cdot\pi}\left[1 - (-1)^n\right]$$

$$= \begin{cases} \frac{4U_0}{n\cdot\pi} & \text{für } n \text{ ungerade,} \\ 0 & \text{für } n \text{ gerade}\,. \end{cases}$$

Es treten also nur die Terme mit ungeradem n in der gesuchten Reihe auf. Damit wird die Spannung $u(t)$ schließlich

$$u(t) = \frac{4}{\pi}U_0 \sum_{n=1}^{\infty} \frac{\sin(n\omega_1 t)}{n} \qquad (n \text{ ungerade})$$

oder

$$u(t) = \frac{4}{\pi}U_0 \sum_{k=0}^{\infty} \frac{\sin([2k+1]\omega_1 t)}{2k+1}\,. \tag{11.6}$$

Die Rechteckspannung soll jetzt auf die Reihenschaltung aus R, L und C, Bild 11.1, wirken.

Wir ersetzen die Spannungsquelle $u(t)$ entsprechend Gl. (11.6) durch eine Reihenschaltung aus Spannungsquellen mit den sinusförmigen Spannungen

$$\frac{4U_0}{1\pi}\sin(1\omega_1 t)\,, \quad \frac{4U_0}{3\pi}\sin(3\omega_1 t)\,, \quad \frac{4U_0}{5\pi}\sin(5\omega_1 t)\,, \quad \dots$$

und erhalten damit die Schaltung nach Bild 11.7. Ist das Netz linear, so lassen sich die Teilspannungen und der Strom in dem Netz durch Anwenden des Superpositionsprinzips bestimmen. Wir kommen auf die Aufgabe zurück, wenn wir die Teilspannungen in komplexer Form dargestellt haben.

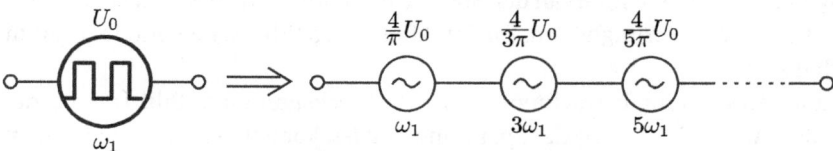

Abb. 11.7: Ersatz der Rechteckspannung durch sinusförmige Spannungen.

11.2.2 Komplexe Darstellung zeitperiodischer Funktionen

Man kann eine einfachere Darstellung der Fourier-Reihe gewinnen, wenn man in Gl. (11.2) die trigonometrischen Funktionen durch Kombinationen aus e-Funktionen ersetzt, Gln. (7.22a,b):

$$f(t) = \frac{a_0}{2} + \sum_{n=1}^{\infty} \frac{a_n}{2} \left(e^{jn\omega_1 t} + e^{-jn\omega_1 t} \right) + \sum_{n=1}^{\infty} \frac{b_n}{2j} \left(e^{jn\omega_1 t} - e^{-jn\omega_1 t} \right)$$

$$= \frac{a_0}{2} + \sum_{n=1}^{\infty} \frac{a_n - jb_n}{2} e^{jn\omega_1 t} + \sum_{n=1}^{\infty} \frac{a_n + jb_n}{2} e^{-jn\omega_1 t}.$$

Führt man jetzt komplexe Koeffizienten c_n ein gemäß

$$\frac{a_0}{2} = c_0 , \quad \frac{a_n - jb_n}{2} = c_n , \quad \frac{a_n + jb_n}{2} = c_{-n} \tag{11.7}$$

und schreibt dann in der zweiten Summe der Fourier-Reihe an Stelle von n den Index $-n$, so hat man

$$f(t) = c_0 + \sum_{n=1}^{\infty} c_n e^{jn\omega_1 t} + \sum_{n=-1}^{-\infty} c_n e^{jn\omega_1 t}$$

oder

$$f(t) = \sum_{n=-\infty}^{\infty} c_n e^{jn\omega_1 t} . \tag{11.8}$$

Diese Gleichung bezeichnet man als **Spektraldarstellung** der Zeitfunktion $f(t)$. Die Koeffizienten c_n nennt man die zugehörigen **Spektralkomponenten (komplexes Amplitudenspektrum)**.

Wie Gl. (11.7) zeigt, sind für reelle a_n, b_n die Koeffizienten mit positiven Indizes konjugiert komplex zu den entsprechenden Koeffizienten mit negativen Indizes; es gilt also für reelle Funktionen $f(t)$

$$c_n = c_{-n}^* . \tag{11.9}$$

Gleichung (11.7) lässt weiterhin erkennen, dass bei einer geraden Funktion, für die (wie bereits erwähnt) $b_n = 0$ gilt, die c_n-Werte reell werden. Entsprechend treten bei einer ungeraden Funktion ($a_n = 0$) nur imaginäre Koeffizienten c_n auf.

Wegen Gl. (11.7) lassen sich die c_n mit den Gln. (11.4) und (11.5) berechnen. Bequemer ist es, die Reihe (11.8) mit $e^{-jm\omega_1 t}$ zu multiplizieren und über eine volle Periode zu integrieren:

$$\int_{-T/2}^{T/2} f(t)\, e^{-jm\omega_1 t}\, dt = \sum_{n=-\infty}^{\infty} c_n \int_{-T/2}^{T/2} e^{j(n-m)\omega_1 t}\, dt,$$

$$c_n \int_{-T/2}^{T/2} e^{j(n-m)\omega_1 t}\, dt = \begin{cases} \dfrac{c_n}{j(n-m)\omega_1} \left[e^{j(n-m)\omega_1 t} \right]_{-\frac{T}{2}}^{\frac{T}{2}} = 0 & \text{für } n \neq m , \\[2mm] c_n \displaystyle\int_{-T/2}^{T/2} dt = c_m T & \text{für } n = m . \end{cases}$$

Damit wird, wenn man statt m wieder n schreibt:

$$c_n = \frac{1}{T} \int\limits_{-T/2}^{T/2} f(t)\, \mathrm{e}^{-\mathrm{j}n\omega_1 t}\, \mathrm{d}t\,. \tag{11.10}$$

Die Darstellung gemäß Gl. (11.8) mit dem komplexen Koeffizienten c_n hat oft den Vorteil, dass sich das Integral (11.10) leichter auswerten lässt als die Beziehungen (11.4) und (11.5). Wichtiger noch ist für uns der Gesichtspunkt, dass die in der komplexen Wechselstromrechnung eingeführten Begriffe und Verfahren unmittelbar übernommen werden können. Die folgende Aufgabe soll das verdeutlichen.

Wir betrachten noch einmal die in Bild 11.1 skizzierte Schaltung und setzen $u_\mathrm{q}(t)$ als Rechteckspannung an. Ermittelt werden soll die Spannung am Kondensator, die wir wie in Bild 11.1 einfach mit $u(t)$ (also ohne Index) bezeichnen. Zuerst entwickeln wir die Quellenspannung $u_\mathrm{q}(t)$ in eine Fourier-Reihe mit komplexen Koeffizienten gemäß Gl. (11.8). Wegen Gl. (11.10) wird

$$c_n = \frac{1}{T}\left\{ \int\limits_{-T/2}^{0} (-U_0)\, \mathrm{e}^{-\mathrm{j}n\omega_1 t}\, \mathrm{d}t + \int\limits_{0}^{T/2} (+U_0)\, \mathrm{e}^{-\mathrm{j}n\omega_1 t}\, \mathrm{d}t \right\}$$

$$= \frac{U_0}{-\mathrm{j}n\omega_1 T}\left\{ -\left(1 - \mathrm{e}^{+\mathrm{j}n\omega_1 T/2}\right) + \left(\mathrm{e}^{-\mathrm{j}n\omega_1 T/2} - 1\right) \right\} \qquad (n \neq 0)\,.$$

Mit $\omega_1 T = 2\pi$ hat man

$$c_n = \frac{-U_0}{\mathrm{j}n\pi}\left(\mathrm{e}^{\mathrm{j}n\pi} - 1 \right) = \frac{-U_0}{\mathrm{j}n\pi}\left[(-1)^n - 1 \right]$$

$$= \begin{cases} \frac{2U_0}{\mathrm{j}n\pi} & \text{für } n \text{ ungerade,} \\ 0 & \text{für } n \text{ gerade.} \end{cases}$$

Die Rechteckspannung ist also darstellbar durch die Reihe

$$u_\mathrm{q}(t) = \frac{2}{\mathrm{j}\pi} U_0 \sum_{n=-\infty}^{\infty} \frac{1}{n}\, \mathrm{e}^{\mathrm{j}n\omega_1 t} \qquad (n \text{ ungerade})$$

oder

$$u_\mathrm{q}(t) = \frac{2}{\mathrm{j}\pi} U_0 \sum_{k=-\infty}^{\infty} \frac{1}{2k+1}\, \mathrm{e}^{\mathrm{j}(2k+1)\omega_1 t}\,. \tag{11.11}$$

Unter Benutzung der Euler'schen Formel und dem Ansatz zu (11.8) lässt sich dieses Ergebnis leicht in Gl. (11.6) umrechnen.

Anmerkung *In der Wechselstromlehre werden komplexe Größen meist durch Unterstreichung gekennzeichnet, und auf Amplituden weist ein »Dach« hin. In der Mathematik ist diese besondere Kennzeichnung nicht üblich: die komplexen Amplituden z. B. in Gl. (11.8) heißen einfach c_n. Um den Leser nicht zu verwirren, werden wir im vorliegenden Kapitel Spannungen, Ströme und Impedanzen wie in der Wechselstromlehre (s. speziell Abschnitt 7.2.1) bezeichnen und z. B. $\underline{\hat{u}}$, $\underline{\hat{i}}$ und $\underline{Z}$ schreiben.*

Jeder Summand von Gl. (11.11) entspricht einer Teil-Quellenspannung mit der komplexen Amplitude $\hat{\underline{u}}_q \equiv \hat{\underline{u}}_q(\omega) = 2U_0/[j\pi(2k+1)]$ und der Kreisfrequenz $\omega = (2k+1)\omega_1$. Die Teil-Quellenspannungen haben in dem betrachteten Netzwerk Teilströme und an jedem Bauelement Teilspannungen zur Folge, deren komplexe Amplituden sich mit den Methoden der Wechselstromlehre berechnen lassen. So ergeben sich für den Strom und für die Spannung am Kondensator die Beziehungen

$$\hat{\underline{\imath}}(\omega) = \frac{\hat{\underline{u}}_q(\omega)}{\underline{Z}(\omega)} \quad \text{und} \quad \hat{\underline{u}}(\omega) = \hat{\underline{u}}_q(\omega)\frac{\frac{1}{j\omega C}}{\underline{Z}(\omega)}$$

mit

$$\underline{Z}(\omega) = R + j\omega L + \frac{1}{j\omega C}.$$

Ersetzt man hierin $\hat{\underline{u}}_q(\omega)$ und ω durch die oben angegebenen Ausdrücke, so folgt z. B. für die Spannung am Kondensator die komplexe Amplitude der $(2k+1)$-ten Teilspannung:

$$\hat{\underline{u}}(\omega) \equiv \hat{\underline{u}}[(2k+1)\omega_1] = \frac{2U_0}{j\pi(2k+1)} \frac{\frac{1}{j(2k+1)\omega_1 C}}{R + j(2k+1)\omega_1 L + \frac{1}{j(2k+1)\omega_1 C}}.$$

Die Gesamtlösung erhält man dadurch, dass man bei jeder komplexen Amplitude den zugehörigen Zeitfaktor $\exp[j(2k+1)\omega_1 t]$ ergänzt und die Teillösungen superponiert:

$$u(t) = -\frac{2U_0}{\pi\omega_1 C} \sum_{k=-\infty}^{\infty} \frac{e^{j(2k+1)\omega_1 t}}{(2k+1)^2\left[R + j(2k+1)\omega_1 L + \frac{1}{j(2k+1)\omega_1 C}\right]}. \tag{11.12}$$

(Streng genommen gilt die Superposition nur für endlich viele Summanden.)

Anders als in der Wechselstromlehre (Kapitel 7) haben wir im vorliegenden Kapitel neben den komplexen Amplituden c_n immer auch die konjugiert komplexen Amplituden $c_{-n} = c_n^*$ in die Betrachtung mit einbezogen. Damit ergibt sich als Lösung – z. B. Gl. 11.12 – der Augenblickswert, ohne dass man den Realteil bilden bzw. die mit $e^{-j\omega t}$ multiplizierte konjugiert komplexe Amplitude ergänzen muss.

Beispiel 11.1: Die Koeffizienten der Rechteckspannung und die zugehörigen Linienspektren.

Für die Rechteckspannung nach Bild 11.6 soll der durch Gl. (11.7) gegebene Zusammenhang zwischen den Koeffizienten überprüft werden. Die Koeffizienten sind als Linienspektren darzustellen.

Lösung

Bei der Herleitung von Gl. 11.6 hatte sich ergeben

$$a_0 = 0, \quad a_n = 0, \quad b_{2k+1} = \frac{4U_0}{\pi}\frac{1}{2k+1}, \quad b_{2k} = 0, \quad k \in \mathbb{N}_0 \ (k = 0, 1, 2, \dots)$$

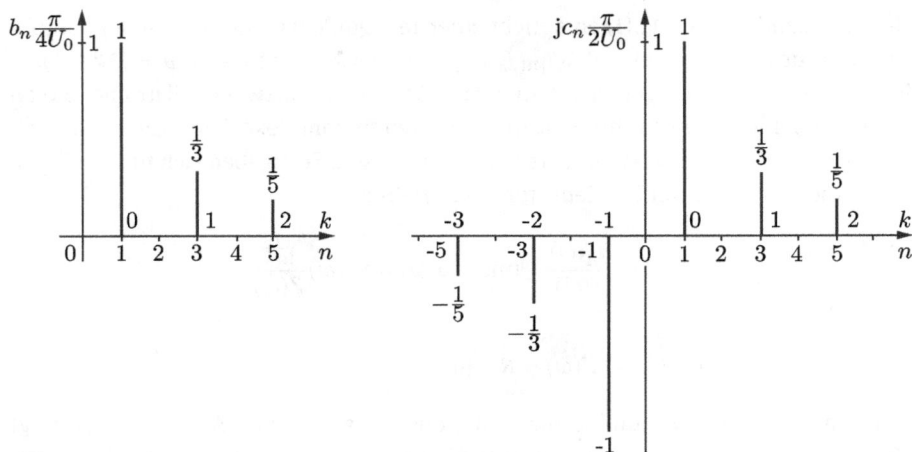

Abb. 11.8: Spektren der Rechteckspannung (Bild 11.6).

und entsprechend bei Gl. (11.11)

$$c_{2k+1} = \frac{2U_0}{j\pi}\frac{1}{2k+1}, \qquad c_{2k} = 0, \qquad k \in \mathbb{Z} \ (k = \dots, -2, -1, 0, +1, +2, \dots) \ .$$

Diese Gln. entsprechen offensichtlich der Bedingung (11.7).

Stellt man die Koeffizienten graphisch dar (hier in normierter Form), so erhält man die **Linienspektren (diskreten Spektren)** nach Bild 11.8. Im allgemeinen Fall (a_n und b_n von null verschieden bzw. c_n komplex) trägt man meist $|c_n|$ und $\arg c_n$ auf.

Beispiel 11.2: Überprüfung des Ergebnisses (11.12).
Man überzeuge sich davon, dass Gl. (11.12) die Lösung der Dgl. (11.1) für den Fall ist, dass die Quellenspannung $u_q(t)$ einen zeitlichen Verlauf gemäß Bild 11.6 hat.

Lösung
Durch Einsetzen von Gl. (11.12) in die linke Seite von Gl. (11.1) erhält man mit der Abkürzung

$$\underline{Z}(k) = R + j(2k+1)\omega_1 L + \frac{1}{j(2k+1)\omega_1 C}$$

den Ausdruck

$$-\frac{2U_0}{\pi\omega_1 C}\sum_k \frac{e^{j(2k+1)\omega_1 t}}{(2k+1)^2\underline{Z}(k)}\left[-(2k+1)^2\omega_1^2 LC + CRj(2k+1)\omega_1 + 1\right]$$

$$= \frac{2U_0}{j\pi}\sum_k \frac{e^{j(2k+1)\omega_1 t}}{(2k+1)\underline{Z}(k)}\left[j(2k+1)\omega_1 L + R + \frac{1}{j(2k+1)\omega_1 C}\right].$$

Die Summe in der eckigen Klammer ist gleich $\underline{Z}(k)$, so dass man kürzen kann. Es ergibt sich also Gl. (11.11), die Fourier-Reihe einer Rechteckspannung.

Beispiel 11.3: Eine Rechteckspannung wirkt auf einen Tiefpass.
Die Rechteckspannung nach Bild 11.6 werde an den Eingang des in Bild 11.9 dargestellten Vierpols gelegt. Gesucht ist die Ausgangsspannung $u_2(t)$.

Lösung
Die auf den Eingang wirkende komplexe Teilspannung $\underline{\hat{u}}_1(\omega)$ mit der Kreisfrequenz ω hat am Ausgang die komplexe Amplitude

$$\underline{\hat{u}}_2(\omega) = \underline{\hat{u}}_1(\omega)\frac{1}{1+j\omega CR}$$

zur Folge. Wir setzen dann im Hinblick auf Gl. (11.11):

$$\underline{\hat{u}}_2(\omega) = \frac{2U_0}{j\pi}\frac{1}{2k+1}\cdot\frac{1}{1+j(2k+1)\omega_1 CR}\,.$$

Nach Ergänzen des Zeitfaktors und Summenbildung entsteht schließlich:

$$u_2(t) = \frac{2U_0}{j\pi}\sum_{k=-\infty}^{\infty}\frac{e^{j(2k+1)\omega_1 t}}{(2k+1)\cdot[1+j(2k+1)\omega_1 CR]}\,.$$

Dass der vorliegende Vierpol als Tiefpass wirkt, kann man auch aus dem Aufbau der Glieder der soeben bestimmten Reihe ablesen: Bei dieser Reihe werden die Glieder dem Betrag nach mit $1/(2k+1)^2$ kleiner, während bei der Eingangsspannung nach Gl. (11.11) der Faktor $1/(2k+1)$ auftritt.

Beispiel 11.4: Die Minimierung des mittleren Fehlerquadrates bei der Approximation einer Funktion durch die Fourier-Reihe.
Man überzeuge sich davon, dass die endliche Fourier-Reihe

$$S_N(t) = \sum_{k=-N}^{N} c_k e^{jk\omega_1 t}$$

mit nach Gl. (11.10) berechneten Koeffizienten c_n bzw. c_k eine vorgegebene Funktion $f(t)$ so approximiert, dass das mittlere Fehlerquadrat ein Minimum wird.

Lösung
Der Fehler an irgendeiner Stelle t ist $f(t) - S_N(t)$ und damit wird das mittlere Fehlerquadrat F:

$$F = \frac{1}{T}\int_{-T/2}^{T/2}[f(t)-S_N(t)]^2\,dt\,.$$

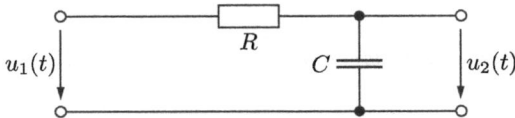

Abb. 11.9: Vierpol (Tiefpass 1. Grades).

Soll in Abhängigkeit von c_n der Fehler ein Minimum werden, so muss gelten

$$\frac{\partial F}{\partial c_n} \overset{!}{=} 0 \,,$$

also

$$\frac{1}{T} \int_{-T/2}^{T/2} 2[f(t) - S_N(t)]\frac{\partial}{\partial c_n}(f(t) - S_N(t))\, dt \overset{!}{=} 0 \qquad (-N \le n \le N)\,.$$

Das sind $2N + 1$ Gleichungen für $2N + 1$ unbekannte Koeffizienten c_n. Nach Einsetzen von $S_N(t)$ und Durchführen der Differenziation hat man (dabei heißt der c-Wert, nach dem differenziert wird, jetzt c_k, um Verwechslungen mit den c_n in der verbleibenden Summe zu vermeiden):

$$\int_{-T/2}^{T/2}\left[f(t) - \sum_{n=-N}^{N} c_n\, e^{jn\omega_1 t}\right] e^{jk\omega_1 t}\, dt \overset{!}{=} 0 \qquad (-N \le k \le +N)$$

oder

$$\int_{-T/2}^{T/2} f(t)\, e^{jk\omega_1 t}\, dt = \sum_{n=-N}^{N} c_n \int_{-T/2}^{T/2} e^{j\omega_1 t(n+k)}\, dt\,.$$

Das Integral auf der rechten Seite war uns bei der Herleitung von Gl. (11.10) schon begegnet. Es ist null für $n + k \neq 0$ und T für $n + k = 0$ bzw. $n = -k$:

$$\int_{-T/2}^{T/2} f(t)\, e^{jk\omega_1 t}\, dt = c_{(-k)} T\,.$$

Ersetzt man hier k durch $-n$, so folgt die gesuchte Beziehung (11.10).

11.3 Die Leistung bei nichtsinusförmigen Strömen und Spannungen

Strom und Spannung an einem Verbraucher sollen periodische Funktionen mit der Periode T sein und unterschiedliche Kurvenform haben. Sie seien z. B. gegeben durch die folgenden Fourier-Reihen:

$$u(t) = U_0 + \sum_{m=1}^{\infty} \hat{u}_m \cos(m\omega_1 t + \alpha_m) \qquad (11.13a)$$

$$i(t) = I_0 + \sum_{n=1}^{\infty} \hat{\imath}_n \cos(n\omega_1 t + \beta_n)\,. \qquad (11.13b)$$

Man überzeugt sich leicht davon, dass sich diese Reihen auch auf die Formen (11.2) und (11.8) bringen lassen. Im zweiten Fall führt man komplexe Amplituden ein (vgl. Abschnitt 7.2.1):

$$\hat{\underline{u}}_m = \hat{u}_m\, e^{j\alpha_m} \qquad \hat{\underline{i}}_n = \hat{i}_n\, e^{j\beta_n}$$

$$\hat{\underline{u}}_0 = 2U_0 \qquad \hat{\underline{i}}_0 = 2I_0$$

$$\hat{\underline{u}}_{(-m)} = \hat{u}_m\, e^{-j\alpha_m} \qquad \hat{\underline{i}}_{(-n)} = \hat{i}_n\, e^{-j\beta_n}$$

$$\hat{\underline{u}}_{(-m)} = \hat{\underline{u}}_m^* \qquad \hat{\underline{i}}_{(-n)} = \hat{\underline{i}}_n^* \ .$$

Damit wird

$$u(t) = \frac{1}{2} \sum_{m=-\infty}^{\infty} \hat{\underline{u}}_m\, e^{jm\omega_1 t} \ ,$$

$$i(t) = \frac{1}{2} \sum_{n=-\infty}^{\infty} \hat{\underline{i}}_n\, e^{jn\omega_1 t} \ .$$

Der Augenblickswert der Leistung folgt durch Multiplikation der beiden Reihen:

$$p(t) = u(t) \cdot i(t) = \frac{1}{4} \sum_{m=-\infty}^{\infty} \sum_{n=-\infty}^{\infty} \hat{\underline{u}}_m \cdot \hat{\underline{i}}_n\, e^{j(m+n)\omega_1 t} \ .$$

Der zeitliche Mittelwert der Leistung

$$P = \frac{1}{T} \int\limits_{-T/2}^{T/2} p(t)\, dt$$

ergibt nach Vertauschen von Summation und Integration den Ausdruck

$$P = \frac{1}{T} \sum_{m=-\infty}^{\infty} \sum_{n=-\infty}^{\infty} \frac{\hat{\underline{u}}_m \cdot \hat{\underline{i}}_n}{4} \int\limits_{-T/2}^{T/2} e^{j(m+n)\omega_1 t}\, dt \ .$$

Das hier auftretende Integral ist uns bei der Herleitung von Gl. (11.10) schon begegnet. Es wird T für $m + n = 0$, andernfalls null. Damit hat man mit $n = -m$

$$P = \frac{1}{4} \sum_{m=-\infty}^{\infty} \hat{\underline{u}}_m \cdot \hat{\underline{i}}_{(-m)} \ . \tag{11.14}$$

Wir stellen die komplexen Amplituden wieder durch den Betrag und den Drehfaktor dar:

$$P = U_0 I_0 + \frac{1}{4} \sum_{m=1}^{\infty} \left[\hat{u}_m \cdot \hat{i}_m\, e^{j(\alpha_m - \beta_m)} + \hat{u}_m \cdot \hat{i}_m\, e^{-j(\alpha_m - \beta_m)} \right]$$

$$= U_0 I_0 + \sum_{m=1}^{\infty} \frac{\hat{u}_m \hat{i}_m}{2} \cos(\alpha_m - \beta_m) \ .$$

Die Phasenverschiebung zwischen Strom und Spannung bezeichnet man üblicherweise mit φ:

$$\varphi_m = \alpha_m - \beta_m \ .$$

Indem wir jetzt noch Effektivwerte einführen

$$U_m = \frac{\hat{u}_m}{\sqrt{2}} , \qquad I_m = \frac{\hat{i}_m}{\sqrt{2}} ,$$

erhalten wir

$$P = U_0 I_0 + \sum_{m=1}^{\infty} U_m I_m \cos \varphi_m . \tag{11.15}$$

Bei mehrwelligen Strömen und Spannungen ist es demnach so, dass im zeitlichen Mittel ein Leistungsumsatz nur zwischen Strom- und Spannungswellen gleicher Ordnung bzw. gleicher Frequenz stattfindet.

Wirkt eine nichtsinusförmige periodische Spannung auf einen ohmschen Widerstand R, so vereinfacht sich Gl. (11.15) wegen $I_m = U_m/R$ zu

$$P = \frac{U_0^2 + \sum\limits_{m=1}^{\infty} U_m^2}{R} = \sum_{m=0}^{\infty} \frac{U_m^2}{R} . \tag{11.16}$$

Man bezeichnet in Anlehnung an die in Abschnitt 7.1.7.4 angegebene Definition den Ausdruck

$$U = \sqrt{\sum_{m=0}^{\infty} U_m^2} \tag{11.17}$$

als **Effektivwert** der nichtsinusförmigen Wechselspannung und

$$U_{\text{ü}} = \sqrt{\sum_{m=1}^{\infty} U_m^2} \tag{11.18}$$

als Effektivwert der dem Gleichanteil U_0 **überlagerten Wechselspannungen** U_m. Den Quotienten aus diesem Effektivwert und dem Gleichanteil nennt man **Welligkeit** *w*:

$$w = \frac{U_{\text{ü}}}{U_0} . \tag{11.19}$$

Bei reinen Wechselgrößen (ohne Gleichanteil) charakterisiert man den oft unerwünschten Gehalt an Oberschwingungen durch den sog. **Klirrfaktor** *k*:

$$k = \sqrt{\frac{\sum\limits_{m=2}^{\infty} U_m^2}{\sum\limits_{m=1}^{\infty} U_m^2}} = \frac{\sqrt{\sum\limits_{m=2}^{\infty} U_m^2}}{U} . \tag{11.20}$$

Oder man gibt den **Grundschwingungsgehalt** *g* an, mit dem folgender Quotient gemeint ist:

$$g = \frac{U_1}{\sqrt{\sum\limits_{m=1}^{\infty} U_m^2}} = \frac{U_1}{U} . \tag{11.21}$$

Zwischen *g* und *k* besteht der Zusammenhang

$$g^2 + k^2 = 1 . \tag{11.22}$$

11.4 Die Fourier-Transformation

11.4.1 Der Übergang von der Fourier-Reihe zum Fourier-Integral

Um die Fourier-Analyse auch bei nichtperiodischen Funktionen anwenden zu können, denken wir uns die nichtperiodische Funktion aus der periodischen durch den Grenzübergang $T \to \infty$ hervorgegangen. Bei diesem Grenzübergang strebt dann die Frequenz der Grundschwingung wegen Gl. (11.3) gegen null: $\omega_1 \to 0$. Um den Grenzübergang zu veranschaulichen, stellen wir $f(t)$ zunächst durch die Reihe (11.8) dar und setzen die Koeffizienten gemäß Gl. (11.10) ein:

$$f(t) = \omega_1 \sum_{n=-\infty}^{\infty} \frac{1}{2\pi} \int_{-T/2}^{T/2} f(\tau)\, e^{jn\omega_1(t-\tau)}\, d\tau \ . \qquad (11.23)$$

Da $f(t)$ eine reelle Funktion ist, müssen sich die Imaginärteile des Integrals gegenseitig aufheben; wir brauchen also nur die Realteile des Integrals zu betrachten, die wir abkürzend mit h_r bezeichnen wollen:

$$h_r(jn\omega_1, t) = \frac{1}{2\pi} \Re\left\{ \int_{-T/2}^{T/2} f(\tau)\, e^{jn\omega_1(t-\tau)}\, d\tau \right\} \ .$$

Die Funktion $f(t)$ lässt sich nun mit der Abkürzung h_r so darstellen:

$$f(t) = \sum_{n=-\infty}^{\infty} \omega_1 h_r(jn\omega_1, t) \ .$$

Jeder Summand entspricht einem Streifen der Höhe h_r und der Breite ω_1, Bild 11.10. Die Summe wird also durch die gesamte Fläche unter der Treppenkurve veranschaulicht. Daher kann sie auch in Form eines Integrals

$$f(t) = \int \tilde{h}_r(j\omega, t)\, d\omega \qquad \left(-T/2 < t < T/2 \right)$$

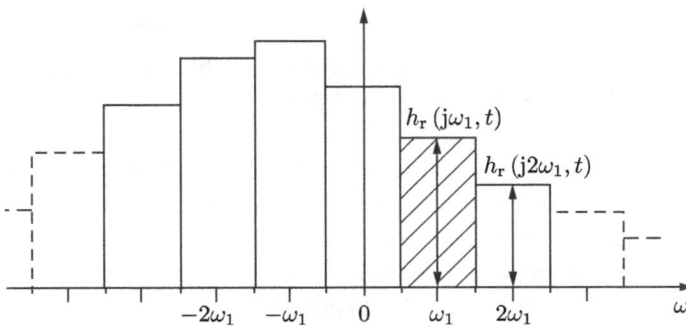

Abb. 11.10: Zum Übergang von der Fourier-Reihe zum Fourier-Integral.

geschrieben werden, wobei $\bar{h}_\mathrm{r}$ die Treppenfunktion von Bild 11.10 bedeutet. Für $T \to \infty$ geht die Stufenbreite $\omega_1 = 2\pi/T$ gegen null, und $\bar{h}_\mathrm{r}$ strebt gegen eine (im Allgemeinen) glatte Kurve. Zugleich geht das Zeitintervall, in dem die obige Integraldarstellung für $f(t)$ gilt, in die gesamte Abszissenachse über. Führen wir hier den Imaginärteil wieder ein und schreiben für die Abkürzung h_r wieder den ursprünglichen Ausdruck, so folgt mit den neuen Grenzen $\pm T/2 \to \pm\infty$:

$$f(t) = \frac{1}{2\pi} \int_{-\infty}^{\infty} \int_{-\infty}^{\infty} f(\tau)\,e^{j\omega(t-\tau)}\,d\tau\,d\omega\,. \tag{11.24}$$

Das ist die Darstellung der nichtperiodischen Funktion $f(t)$ durch das sogenannte **Fourier-Integral**.

Gleichung (11.24) kann auch als Transformation gedeutet werden: Man führt die komplexe **Spektralfunktion** $S(j\omega)$ ein und schreibt

$$S(j\omega) = \int_{-\infty}^{\infty} f(t)\,e^{-j\omega t}\,dt\,, \tag{11.25a}$$

$$f(t) = \frac{1}{2\pi} \int_{-\infty}^{\infty} S(j\omega)\,e^{j\omega t}\,d\omega\,. \tag{11.25b}$$

Die durch Gl. (11.25a) definierte Operation bezeichnet man als **Fourier-Transformation** und die durch Gl. (11.25b) beschriebene Operation als **Rücktransformation** oder inverse Fourier-Transformation. Für die beiden Operationen sind auch die Kurzzeichen $\mathcal{F}$ und $\mathcal{F}^{-1}$ üblich:

$$\mathcal{F}\{f(t)\} = \int_{-\infty}^{\infty} f(t)\,e^{-j\omega t}\,dt\,, \tag{11.26a}$$

$$\mathcal{F}^{-1}\{S(j\omega)\} = \frac{1}{2\pi} \int_{-\infty}^{\infty} S(j\omega)\,e^{j\omega t}\,d\omega\,. \tag{11.26b}$$

Beim Übergang von Gl. (11.24) zu den beiden Gln. (11.25a) und (11.25b) wurde der Faktor $1/2\pi$ willkürlich vor das zweite Integral geschrieben. Häufig wird zur »Verbesserung der Symmetrie« der Faktor $1/2\pi$ aufgespalten in $1/\sqrt{2\pi} \cdot 1/\sqrt{2\pi}$.

Die Herleitung des Fourier'schen Integraltheorems (11.24) erfolgte hier auf eine rein formale (heuristische) Weise. Den strengen Beweis des Theorems können wir hier nicht vorführen (man findet ihn in der Spezialliteratur). Wir beschränken uns darauf, hinreichende Bedingungen dafür anzugeben, dass die Funktion $f(t)$ durch ein Fourier-Integral dargestellt werden kann. Erstens soll $f(t)$ in jedem endlichen Intervall den Dirichlet'schen Bedingungen genügen: d. h. die Funktion hat eine endliche Anzahl von Minima und Maxima, endlich viele Sprungstellen, wobei die Sprunghöhen endlich

a)

b)

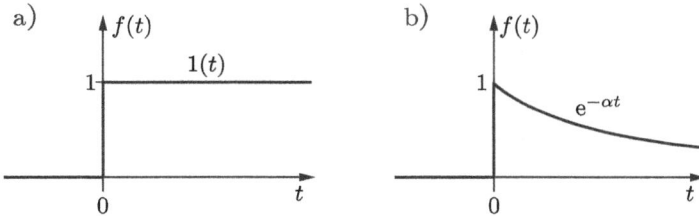

Abb. 11.11: a) Sprungfunktion und b) Exponentialfunktion.

sind. Zweitens muss das Integral

$$\int\limits_{-\infty}^{\infty} |f(t)|\, dt$$

existieren. Wegen der zweiten Bedingung lässt sich für die beim Einschalten von Gleichspannungen auftretende Sprungfunktion, Bild 11.11a, nicht ohne weiteres die Fourier-Transformierte angeben. Die Funktion nach Bild 11.11b dagegen besitzt eine Fourier-Transformierte:

$$S(j\omega) = \int\limits_{0}^{\infty} e^{-\alpha t}\, e^{-j\omega t}\, dt = \frac{1}{\alpha + j\omega}\,. \qquad (11.27)$$

Würde man als Transformierte der Sprungfunktion den Grenzwert von (11.27) für $\alpha \to 0$ ansehen, so erhielte man $S(j\omega) = 1/(j\omega)$. Eine genauere Betrachtung (s. Abschnitt 11.4.5, in dem auch die Funktion $\delta(\omega)$ erklärt wird) liefert jedoch

$$S(j\omega) = \frac{1}{j\omega} + \pi\delta(\omega)\,. \qquad (11.28)$$

Der Integrand der Formel (11.25b) entspricht weitgehend dem Summanden in Gl. (11.8), wobei an die Stelle des Fourier-Koeffizienten c_n jetzt $1/2\pi \cdot S(j\omega)\, d\omega$ getreten ist und $n\omega_1 = \omega$ gesetzt wurde. $S(j\omega)$ ist also eine **Amplitudendichte** (**Spektraldichte**). Die Formel (11.25a) stimmt weitgehend mit der Berechnungsformel (11.10) der Fourier-Koeffizienten überein.

Bei dieser Interpretation ergibt sich für die Netzwerkberechnung bei nichtperiodischer Anregung sofort Folgendes: Für jede Anregung (Strom oder Spannung) kann die Wirkung der differenziellen Anregung $1/2\pi \cdot S(j\omega)\, d\omega$ mit der komplexen Wechselstromrechnung bestimmt werden. Die Gesamtwirkung folgt durch Integration gemäß Gl. (11.25b).

11.4.2 Eine Anwendung der Fourier-Transformation

Um diese Vorgehensweise zu verdeutlichen, betrachten wir folgende Aufgabe: Die Spannung nach Bild 11.12 wirkt auf den Eingang des auch in Beispiel 11.3 untersuchten Vierpols. Gesucht ist die Ausgangsspannung $u_2(t)$.

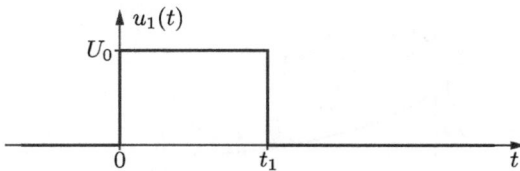

Abb. 11.12: Rechteckimpuls.

Zuerst stellen wir die Eingangsspannung durch ihr Spektrum bzw. ihre Fourier-Transformierte dar. Nach Gl. (11.25a) ergibt sich

$$S_1(\mathrm{j}\omega) = U_0 \int_0^{t_1} \mathrm{e}^{-\mathrm{j}\omega t}\,\mathrm{d}t = \frac{U_0}{\mathrm{j}\omega}\left(1 - \mathrm{e}^{-\mathrm{j}\omega t_1}\right)\,.$$

Die komplexe Amplitudendichte $S_1(\mathrm{j}\omega)$ hat wegen $\hat{\underline{u}}_2(\omega) = \hat{\underline{u}}_1(\omega)/(1 + \mathrm{j}\omega CR)$ nach Beispiel 11.3 am Ausgang die Amplitudendichte

$$S_2(\mathrm{j}\omega) = S_1(\mathrm{j}\omega)\frac{1}{1 + \mathrm{j}\omega CR} = \frac{U_0}{\mathrm{j}\omega}\cdot\frac{1 - \mathrm{e}^{-\mathrm{j}\omega t_1}}{1 + \mathrm{j}\omega CR}$$

zur Folge. Dieser Ausdruck stellt die Lösung der Aufgabe im Frequenzbereich dar. Um die Lösung im Zeitbereich zu erhalten, muss man die Rücktransformation gemäß Gl. (11.25b) durchführen:

$$u_2(t) = \frac{U_0}{2\pi\mathrm{j}} \int_{-\infty}^{\infty} \frac{1}{\omega}\cdot\frac{1 - \mathrm{e}^{-\mathrm{j}\omega t_1}}{1 + \mathrm{j}\omega CR}\,\mathrm{e}^{\mathrm{j}\omega t}\,\mathrm{d}\omega\,.$$

Der hier geschilderte Lösungsweg lässt sich durch das Schema in Bild 11.13 veranschaulichen.

Auf die Auswertung des Integrals für $u_2(t)$ soll hier nicht eingegangen werden. Sie ist in vielen Fällen sehr mühsam. Erst in Abschnitt 11.4.5 (Beispiel 11.6) werden wir die Rücktransformation vorführen.

11.4.3 Ausblick auf die Systemtheorie

Der Begriff System soll hier zuerst an einigen Beispielen (Bild 11.14) verdeutlicht werden.

Die auftretenden physikalischen Größen, die zur Darstellung von Nachrichten dienen, nennt man **Signale**. Eine Einrichtung (z. B. Schaltung, Prozess, Algorithmus), die aus einem gegebenen Eingangssignal ein Ausgangssignal erzeugt, bezeichnet man als **System**.

Lineare Systeme lassen sich beschreiben (charakterisieren) durch ihre Reaktion (Antwort) auf einfache Eingangsfunktionen (Testfunktionen). Besonders häufig verwendet werden folgende Testfunktionen:

1. Lineare Dgln. des gegebenen Netzes mit Anfangsbedingungen	klassischer Lösungsweg ----------------→	7. Lösung im Zeitbereich

Originalbereich, Zeitbereich

-- 2. Transformation ------------------------- 6. Rücktransformation --

Bildbereich, Frequenzbereich

3. Lineare algebraische Gleichungen in p	4. nach gesuchten Größen auflösen ───────────────→	5. Gesuchte Größen in transformierter Form (Lösung im Bildbereich)

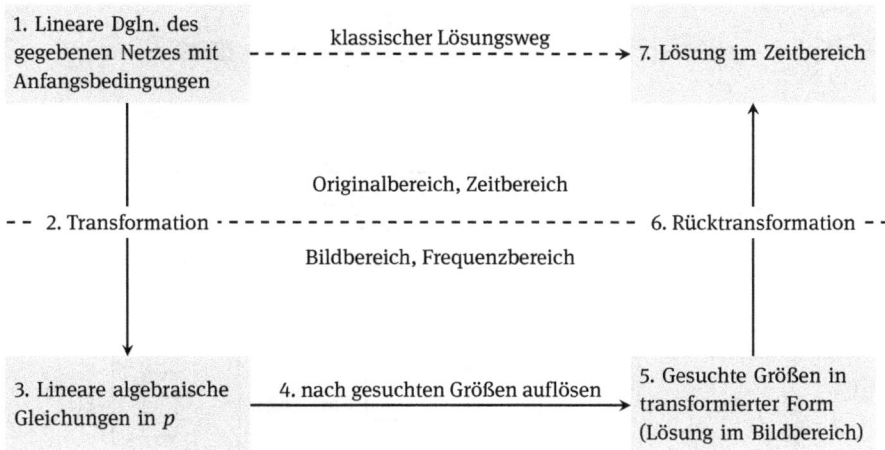

Abb. 11.13: Schema zur Anwendung der Fourier-Transformation (und der Laplace-Transformation: Kapitel 12).

a) $x(t) = \mathrm{e}^{\mathrm{j}\omega t}$,

b) $x(t) = \delta(t)$ (Dirac-Impuls),

c) $x(t) = 1(t)$ (Sprungfunktion).

Aus den Antworten auf diese Testfunktionen lässt sich relativ einfach die Antwort auf eine beliebige Eingangsfunktion herleiten.

Bisher wurde der Fall a) behandelt. Die Überlegungen werden hier noch einmal zusammenfassend dargestellt:

Es hatte sich gezeigt, dass bei linearen Netzen die Antwort auf $x(t) = \mathrm{e}^{\mathrm{j}\omega t}$ proportional zu $\mathrm{e}^{\mathrm{j}\omega t}$ ist. Man nennt den Proportionalitätsfaktor die **Systemfunktion** und schreibt

$$y(t) = H(\mathrm{j}\omega)\,\mathrm{e}^{\mathrm{j}\omega t}\,. \tag{11.29}$$

Im gerade behandelten Beispiel (Abschnitt 11.4.2) war $H(\mathrm{j}\omega)$ die Spannungsübertragungsfunktion $1/(1 + \mathrm{j}\omega CR)$. Aus (11.29) ergibt sich eine erste Vorschrift zur Bestimmung von $H(\mathrm{j}\omega)$:

$$H(\mathrm{j}\omega) = \left.\frac{y(t)}{x(t)}\right|_{x(t)=\mathrm{e}^{\mathrm{j}\omega t}}\,. \tag{11.30}$$

Stellt man eine beliebige Eingangsfunktion $x(t)$ durch das Fourier-Integral (falls dieses existiert) in der Form

$$x(t) = \int_{-\infty}^{\infty} \frac{1}{2\pi} X(\mathrm{j}\omega)\,\mathrm{d}\omega \cdot \mathrm{e}^{\mathrm{j}\omega t}$$

dar, so ist folgende Interpretation möglich: $x(t)$ ist zusammengesetzt aus lauter harmonischen Schwingungen $\mathrm{e}^{\mathrm{j}\omega t}$, die jeweils mit der (zu dem betreffenden ω gehörenden)

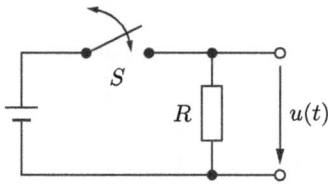

a) **zeitdiskretes** System

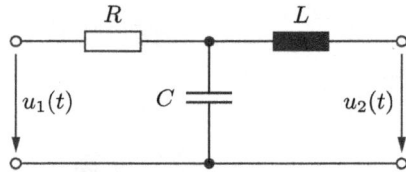

b) **analoges** System
   Eingang, Ausgang:
   physikalisch gleichartige Größe

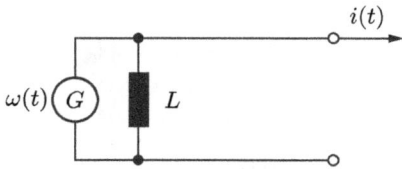

c) **analoges** System
   Eingang: Winkelgeschwindigkeit
   Ausgang: Strom

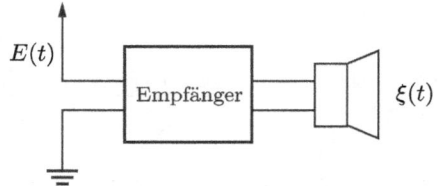

d) System mit **stochastischem** Eingangssignal
   (Schwankungen der Signalamplitude durch
   atmosphärische Störungen)
   $E(t) =$ el. Feldstärke, $\xi(t) =$ Schalldruck

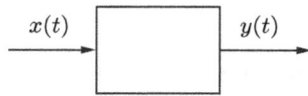

e) Darstellung eines Systems mit
   einem Eingang und einem Ausgang

f) System mit m Eingängen und n Ausgängen

Abb. 11.14: Beispiele für Systeme (aus: Wunsch/Schreiber »Digitale Systeme«).

Amplitude (Gewicht)

$$\frac{1}{2\pi} X(\mathrm{j}\omega)\,\mathrm{d}\omega \tag{11.31}$$

multipliziert sind. Hat nun die Eingangsfunktion $e^{\mathrm{j}\omega t}$ die Ausgangsfunktion $H(\mathrm{j}\omega)\,e^{\mathrm{j}\omega t}$ zur Folge, so gehört, falls das System linear ist, zu der mit der Amplitude (11.31) multiplizierten Eingangsfunktion $e^{\mathrm{j}\omega t}$ eine mit derselben Amplitude multiplizierte Ausgangsfunktion

$$H(\mathrm{j}\omega)\frac{1}{2\pi} X(\mathrm{j}\omega)\,\mathrm{d}\omega\,e^{\mathrm{j}\omega t}\,.$$

Überlagert man die Beiträge aller Frequenzen, so entsteht das Integral

$$y(t) = \frac{1}{2\pi} \int_{-\infty}^{\infty} X(\mathrm{j}\omega)\,H(\mathrm{j}\omega)\,e^{\mathrm{j}\omega t}\,\mathrm{d}\omega\,. \tag{11.32}$$

Ein Vergleich mit (11.25b) zeigt, dass das Produkt $X(j\omega)\,H(j\omega)$ die Fourier-Transformierte von $y(t)$ ist, also gilt

$$Y(j\omega) = H(j\omega)\,X(j\omega)\,. \tag{11.33}$$

Damit hat man eine zweite Vorschrift zur Ermittlung der Systemfunktion:

$$H(j\omega) = \frac{Y(j\omega)}{X(j\omega)}\,. \tag{11.34}$$

11.4.4 Einige Eigenschaften der Fourier-Transformation

Bezeichnet man die Transformierte jeweils durch den entsprechenden Großbuchstaben, so folgt z. B. statt (11.25a):

$$F(j\omega) = \int\limits_{-\infty}^{\infty} f(t)\,e^{-j\omega t}\,dt\,. \tag{11.35}$$

Häufig verwendet man für Transformation und Rücktransformation das Korrespondenzzeichen $\circ\!\!-\!\!$ bzw. $-\!\!\circ$:

$$f(t) \circ\!\!-\!\! F(j\omega) \quad \text{und} \quad F(j\omega) -\!\!\circ f(t)\,.$$

11.4.4.1 Betrag und Winkel
Ersetzt man in (11.35) ω durch $-\omega$, so entsteht:

$$F(-j\omega) = \int\limits_{-\infty}^{\infty} f(t)\,e^{+j\omega t}\,dt\,.$$

Für *reelles* $f(t)$ gilt also

$$F(-j\omega) = F^*(j\omega)\,. \tag{11.36}$$

Daraus folgt, dass $|F(j\omega)|$ eine gerade und $\arg F(j\omega)$ eine ungerade Funktion ist:

$$|F(j\omega)| = |F(-j\omega)|\,, \tag{11.37}$$
$$\arg F(j\omega) = -\arg F(-j\omega)\,. \tag{11.38}$$

11.4.4.2 Dualität, Symmetrie (Theorem)
Die Integrale für die Hin- und die Rücktransformation sind gleichartig aufgebaut. Das lässt vermuten, dass bei gegebener Korrespondenz $f(t) \circ\!\!-\!\! F(j\omega)$ eine Beziehung zwischen $F(jt)$ und $f(\omega)$ leicht angegeben werden kann. Ersetzt man in dem Umkehrintegral

$$f(t) = \frac{1}{2\pi} \int\limits_{-\infty}^{\infty} F(j\omega)\,e^{j\omega t}\,d\omega \tag{11.39}$$

zunächst ω durch t' und dann auf beiden Seiten t durch $-\omega$, so entsteht

$$2\pi f(-\omega) = \int_{-\infty}^{\infty} F(jt')\, e^{-j\omega t'}\, dt' \,.$$

Also gilt wegen (11.35):

$$F(jt) \circ\!\!-\!\!- 2\pi f(-\omega) \,. \tag{11.40}$$

11.4.4.3 Linearität
Durch Einsetzen in die Definitionsgleichung folgt

$$k_1 f_1(t) + k_2 f_2(t) \circ\!\!-\!\!- k_1 F_1(j\omega) + k_2 F_2(j\omega) \,. \tag{11.41}$$

11.4.4.4 Variablenverschiebung im Zeitbereich
Aus

$$f(t - t_0) \circ\!\!-\!\!- \int_{-\infty}^{\infty} f(t - t_0)\, e^{-j\omega t}\, dt$$

ergibt sich mit der Substitution $t - t_0 = \tau \rightarrow t = \tau + t_0$, $dt = d\tau$ bei unveränderten Grenzen:

$$f(t - t_0) \circ\!\!-\!\!- \int_{-\infty}^{\infty} f(\tau)\, e^{-j\omega(\tau + t_0)}\, d\tau$$

oder

$$f(t - t_0) \circ\!\!-\!\!- e^{-j\omega t_0} F(j\omega) \,. \tag{11.42}$$

Der Betrag des Spektrums bleibt also unverändert.

11.4.4.5 Variablenverschiebung im Frequenzbereich
Es ist

$$F(j(\omega - \omega_0)) = \int_{-\infty}^{\infty} f(t)\, e^{-j(\omega - \omega_0)t}\, dt$$

$$= \int_{-\infty}^{\infty} f(t)\, e^{j\omega_0 t}\, e^{-j\omega t}\, dt \,,$$

also

$$f(t)\, e^{j\omega_0 t} \circ\!\!-\!\!- F(j(\omega - \omega_0)) \,. \tag{11.43}$$

Anwendung Modulation: mit

$$f(t) \cos\omega_0 t = \frac{1}{2}\left[f(t)\, e^{j\omega_0 t} + f(t)\, e^{-j\omega_0 t} \right]$$

$$\circ\!\!-\!\!- \frac{1}{2}\left[F(j(\omega - \omega_0)) + F(j(\omega + \omega_0)) \right]$$

hat man den in Bild 11.15 dargestellten Zusammenhang zwischen Zeitfunktion und Spektrum.

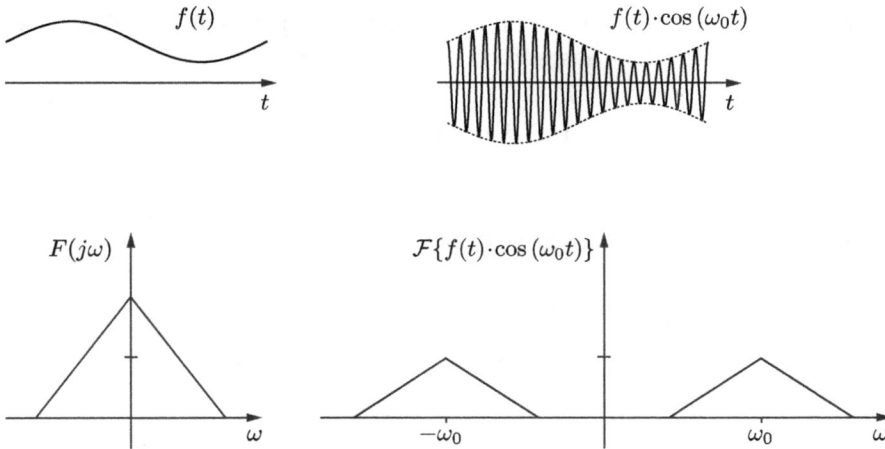

Abb. 11.15: Modulation.

11.4.4.6 Der Ähnlichkeitssatz

Für $f(at)$ mit $a > 0$ ergibt sich

$$f(at) \circ\!\!-\!\!\!- \int_{-\infty}^{\infty} f(at)\,e^{-j\omega t}\,dt\,.$$

Mit der Substitution $at = T \to t = \frac{T}{a}$, $dt = \frac{1}{a}\,dT$ bei unveränderten Grenzen erhält man

$$f(at) \circ\!\!-\!\!\!- \frac{1}{a} \underbrace{\int_{-\infty}^{\infty} f(T)\,e^{-j\frac{\omega}{a}T}\,dT}_{F\left(j\frac{\omega}{a}\right)}\,,$$

oder

$$f(at) \circ\!\!-\!\!\!- \frac{1}{a}F\left(j\frac{\omega}{a}\right)\,. \tag{11.44}$$

Falls $a < 0$ ist, lautet der Vorfaktor $1/(-a)$ statt $1/a$. Beide Fälle werden erfasst, wenn man $1/|a|$ schreibt.

11.4.4.7 Der Faltungssatz

Ist die Fourier-Transformierte als Produkt $F_1(j\omega) \cdot F_2(j\omega)$ darstellbar mit den bekannten Korrespondenzen $F_1(j\omega) \;-\!\!\!-\!\!\circ f_1(t)$, $F_2(j\omega) \;-\!\!\!-\!\!\circ f_2(t)$, so kann man die zu $F_1(j\omega) \cdot F_2(j\omega)$ gehörende Originalfunktion durch eine spezielle Integration aus $f_1(t)$ und $f_2(t)$ bestimmen. Für diese als **Faltung** bezeichnete Operation schreibt man $f_1(t) * f_2(t)$ (gelesen: f_1 gefaltet mit f_2):

$$F_1(j\omega) \cdot F_2(j\omega) \;-\!\!\!-\!\!\circ f_1(t) * f_2(t)\,. \tag{11.45}$$

Dieser Zusammenhang kann mit dem Umkehrintegral (11.39) dargestellt werden. Dabei wird z. B. $F_2(j\omega)$ durch (11.35) ausgedrückt:

$$f_1(t) * f_2(t) = \frac{1}{2\pi} \int\limits_{-\infty}^{\infty} F_1(j\omega) \underbrace{\left[\int\limits_{-\infty}^{\infty} f_2(\tau) \, e^{-j\omega\tau} \, d\tau \right]}_{F_2(j\omega)} e^{j\omega t} \, d\omega \; .$$

Vertauscht man beide Integrationen, so entsteht:

$$f_1(t) * f_2(t) = \int\limits_{-\infty}^{\infty} f_2(\tau) \underbrace{\frac{1}{2\pi} \int\limits_{-\infty}^{\infty} F_1(j\omega) \, e^{j\omega(t-\tau)} \, d\omega}_{f_1(t-\tau)} \, d\tau \; .$$

Ergebnis:

$$f_1(t) * f_2(t) = \int\limits_{-\infty}^{\infty} f_1(t - \tau) \, f_2(\tau) \, d\tau \;\circ\!\!\!-\!\!\!-\; F_1(j\omega) \cdot F_2(j\omega) \tag{11.46}$$

oder, wenn $F_1(j\omega)$ durch (11.35) ausgedrückt wird,

$$f_1(t) * f_2(t) = \int\limits_{-\infty}^{\infty} f_1(\tau) \, f_2(t - \tau) \, d\tau \;\circ\!\!\!-\!\!\!-\; F_1(j\omega) \cdot F_2(j\omega) \; .$$

Der entsprechende Ausdruck für die »Faltung im Frequenzbereich« lautet:

$$f_1(t) \cdot f_2(t) \;\circ\!\!\!-\!\!\!-\; \frac{1}{2\pi} \int\limits_{-\infty}^{\infty} F_1(j\lambda) \, F_2(j(\omega - \lambda)) \, d\lambda = \frac{1}{2\pi} F_1(j\omega) * F_2(j\omega) \; .$$

11.4.4.8 Differenziation im Zeitbereich
Eine Methode besteht darin, von (11.35) auszugehen und partiell zu integrieren:

$$F(j\omega) = \int\limits_{-\infty}^{\infty} \underbrace{f(t)}_{u} \underbrace{e^{-j\omega t}}_{v'} \, dt = \underbrace{-\frac{1}{j\omega} f(t) \, e^{-j\omega t} \Big|_{-\infty}^{\infty}}_{u \cdot v} + \underbrace{\frac{1}{j\omega} \int\limits_{-\infty}^{\infty} \frac{df}{dt} \, e^{-j\omega t} \, dt}_{u' \cdot v} \; .$$

Damit $f(t)$ transformierbar ist, muss gelten: $f(t) \rightarrow 0$ für $t \rightarrow \pm\infty$, also $u \cdot v = 0$. Ergebnis:

$$F(j\omega) = \frac{1}{j\omega} \, \mathcal{F}\left\{ \frac{df}{dt} \right\} \qquad \text{oder}$$

$$\frac{df}{dt} \;\circ\!\!\!-\!\!\!-\; j\omega F(j\omega) \; . \tag{11.47}$$

Bei einer anderen Methode geht man vom Umkehrintegral (11.39)

$$f(t) = \frac{1}{2\pi} \int\limits_{-\infty}^{\infty} F(j\omega) \, e^{j\omega t} \, d\omega$$

aus und differenziert auf beiden Seiten nach t (dabei vertauscht man auf der rechten Seite die Reihenfolge von Differenziation und Integration):

$$\frac{\mathrm{d}f}{\mathrm{d}t} = \frac{1}{2\pi} \int\limits_{-\infty}^{\infty} \mathrm{j}\omega F(\mathrm{j}\omega)\, \mathrm{e}^{\mathrm{j}\omega t}\, \mathrm{d}\omega\,.$$

Offenbar gilt

$$\frac{\mathrm{d}f}{\mathrm{d}t} \;\circ\!\!-\!\!\!-\; \mathrm{j}\omega F(\mathrm{j}\omega)\,.$$

Durch n-maliges Differenzieren gewinnt man

$$\frac{\mathrm{d}^n f}{\mathrm{d}t^n} \;\circ\!\!-\!\!\!-\; (\mathrm{j}\omega)^n\, F(\mathrm{j}\omega)\,. \tag{11.48}$$

Wegen dieser Beziehung geht eine **Differenzialgleichung** (mit konstanten Koeffizienten) durch Anwenden der Fourier-Transformation in eine **algebraische Gleichung** über.

11.4.4.9 Integration im Zeitbereich
Eine Funktion $g(t)$ sei durch ein Integral über $f(t)$ definiert:

$$g(t) = \int\limits_{-\infty}^{t} f(\tau)\, \mathrm{d}\tau\,.$$

Dann ist

$$\frac{\mathrm{d}g(t)}{\mathrm{d}t} = f(t)$$

oder in transformierter Form

$$\mathrm{j}\omega G(\mathrm{j}\omega) = F(\mathrm{j}\omega)$$

und

$$G(\mathrm{j}\omega) = \frac{1}{\mathrm{j}\omega} F(\mathrm{j}\omega)\,, \qquad \text{d. h.}$$

$$g(t) = \int\limits_{-\infty}^{t} f(\tau)\, \mathrm{d}\tau \;\circ\!\!-\!\!\!-\; \frac{1}{\mathrm{j}\omega} F(\mathrm{j}\omega)\,. \tag{11.49}$$

Diese Aussage gilt nur, wenn $F(\mathrm{j}\omega)$ und $G(\mathrm{j}\omega)$ existieren. Das bedeutet, dass $F(\mathrm{j}\omega)$ für $\omega \to 0$ verschwindet (s. Beispiel 11.5).

11.4.5 Die Fourier-Transformierten häufig auftretender Funktionen

11.4.5.1 (Einheits)sprungfunktion
Übliche Bezeichnungen sind $1(t)$, $\sigma(t)$, $\varepsilon(t)$, $s(t)$, $u(t)$ (wegen »unit«).

$$\text{Definition:} \quad 1(t) = \begin{cases} 0 & \text{für } t \le 0\,, \\ 1 & \text{für } t > 0\,. \end{cases}$$

a)

b)

c)

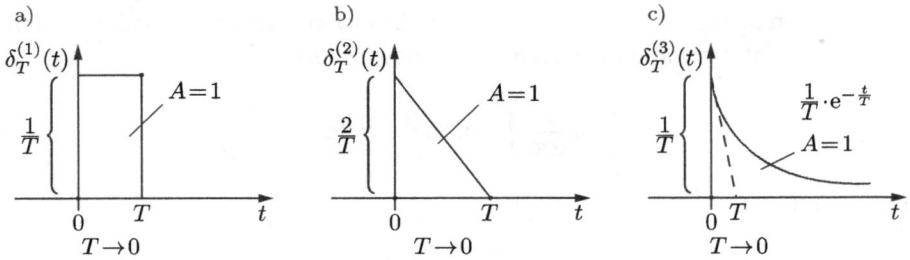

Abb. 11.16: Veranschaulichung der Deltafunktion. a) Rechteckimpuls, b) Dreieckimpuls, c) Exponentialimpuls.

$$1(t) \ \circ\!\!-\!\! \int\limits_{0}^{\infty} 1 \cdot e^{-j\omega t}\, dt = -\frac{1}{j\omega}\, e^{-j\omega t}\bigg|_{0}^{\infty} = \ ?$$

Dieser Fall wird später noch einmal betrachtet (unter Abschnitt 11.4.5.5.).

11.4.5.2 Deltafunktion, Stoßfunktion oder Dirac-Impuls

I. Veranschaulichung der Deltafunktion (als Grenzübergang)

Die Funktionen $\delta_T^{(i)}(t)$

$$\delta_T^{(1)}(t) = \begin{cases} 0 & \text{für } t \leq 0 \\ \frac{1}{T} & \text{für } 0 < t \leq T \\ 0 & \text{für } t > T \end{cases} \qquad \delta_T^{(2)}(t) = \begin{cases} 0 & \text{für } t \leq 0 \\ \frac{2}{T}\left(1 - \frac{t}{T}\right) & \text{für } 0 < t \leq T \\ 0 & \text{für } t > T \end{cases}$$

$$\delta_T^{(3)} = \begin{cases} 0 & \text{für } t \leq 0 \\ \frac{1}{T}\, e^{-\frac{t}{T}} & \text{für } t > 0 \end{cases}$$

gehen für $T \to 0$ in den **Dirac-Impuls** (die **Deltafunktion**) über:

$$\delta(t) = \lim_{T \to 0} \delta_T^{(i)}(t) \qquad i = 1, 2, 3\,.$$

Der Dirac-Impuls ist keine Funktion im Sinn der klassischen Mathematik, sondern eine verallgemeinerte Funktion (Distribution).

II. Darstellung des Dirac-Impulses

Siehe hierzu Bild 11.17.

III. Die Fourier-Transformierte der Deltafunktion

Aus

$$\delta_T^{(1)}(t) \ \circ\!\!-\!\! \frac{1}{T}\int\limits_{0}^{T} e^{-j\omega t}\, dt = \frac{1 - e^{-j\omega T}}{j\omega T}$$

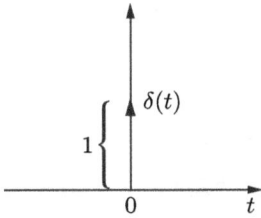

Abb. 11.17: Dirac-Impuls: $\delta(t)$ wird durch einen Pfeil der Länge 1 dargestellt.

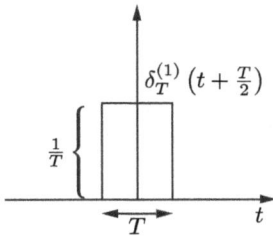

Abb. 11.18: Rechteckimpuls (symmetrisch).

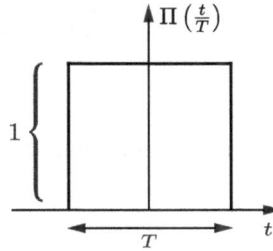

Abb. 11.19: Rechteckimpuls der Höhe 1.

folgt

$$\delta(t) \;\circ\!\!-\!\!-\; \lim_{T\to 0} \frac{1 - e^{-j\omega T}}{j\omega T} = \lim_{T\to 0} \frac{j\omega\, e^{-j\omega T}}{j\omega} = 1\,,$$

d. h.

$$\delta(t) \;\circ\!\!-\!\!-\; 1\,. \tag{11.50}$$

Das Spektrum der Deltafunktion enthält also alle Frequenzen.

Ergänzung: Fourier-Transformierte des symmetrischen Rechteckimpulses

Mit dem Verschiebungssatz folgt aus der oben angegebenen Korrespondenz (11.50) für den symmetrischen Rechteckimpuls (Bild 11.18):

$$\delta_T^{(1)}\left(t + \frac{T}{2}\right) \;\circ\!\!-\!\!-\; \frac{1 - e^{-j\omega T}}{j\omega T}\cdot e^{j\omega\frac{T}{2}} = \frac{e^{j\omega\frac{T}{2}} - e^{-j\omega\frac{T}{2}}}{j\omega T} = \frac{2\sin\omega\frac{T}{2}}{\omega T}\,.$$

Daraus entsteht

$$\delta(t) \;\circ\!\!-\!\!-\; \lim_{T\to 0} \frac{2\sin\omega\frac{T}{2}}{\omega T} = \lim_{T\to 0} \frac{2\cdot\omega\frac{T}{2}}{\omega T} = 1\,.$$

Der symmetrische Rechteckimpuls der Höhe 1 und der Breite T wird oft mit $\Pi\left(\frac{t}{T}\right)$ bezeichnet (Bild 11.19). Mit den üblichen Abkürzungen $\mathrm{si}(x) = \frac{\sin x}{x}$ und $\mathrm{sinc}(x) = \frac{\sin(\pi x)}{\pi x}$ gilt:

$$\Pi\left(\frac{t}{T}\right) \;\circ\!\!-\!\!-\; \frac{2\sin\left(\frac{\omega T}{2}\right)}{\omega} = T\,\mathrm{si}\left(\frac{\omega T}{2}\right) = T\,\mathrm{sinc}(fT)\,. \tag{11.51}$$

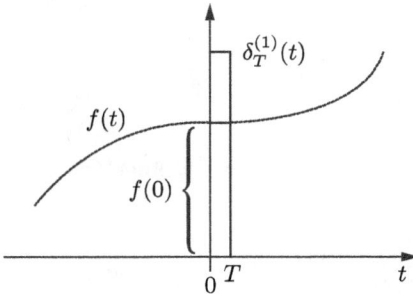

Abb. 11.20: Zur Ausblendeigenschaft der δ-Funktion.

IV. Definitionsgleichungen
Üblicherweise definiert man den Dirac-Impuls durch folgende Gleichungen:
Definition 1

$$\delta(t) = 0 \quad \text{für} \quad t \neq 0 \,,$$

$$\int_{-\infty}^{\infty} \delta(t)\,\mathrm{d}t = 1\,.$$

Definition 2

$$\left.\begin{array}{l} \displaystyle\int_{-\infty}^{\infty} f(t)\,\delta(t)\,\mathrm{d}t = f(0) \\[2mm] \text{oder} \\[2mm] \displaystyle\int_{-\infty}^{\infty} f(t)\,\delta(t - t_0)\,\mathrm{d}t = f(t_0) \end{array}\right\} \quad \text{Distributionentheorie.}$$

Aus Definition 1 und Definition 2 folgt (ohne hier genauer begründet zu werden) die wichtige Beziehung $f(t) \cdot \delta(t) = f(0) \cdot \delta(t)$, die später gebraucht wird (Beispiel 11.7). Vorausgesetzt wird dabei die Stetigkeit von $f(t)$ in der Umgebung von $t = 0$.

Wegen der Definition 2 spricht man von der »Ausblendeigenschaft der δ-Funktion« (Bild 11.20). Zwischen dem Dirac-Impuls und der Sprungfunktion bestehen folgende Zusammenhänge:

$$\int_{-\infty}^{t} \delta(\tau)\,\mathrm{d}\tau = 1(t) \equiv s(t)\,; \quad \frac{\mathrm{d}s}{\mathrm{d}t} = \delta(t)\,;$$

$$\int_{-\infty}^{t} \delta_T^{(1)}(\tau)\,\mathrm{d}\tau = s_T(t)\,; \quad \frac{\mathrm{d}s_T}{\mathrm{d}t} = \delta_T^{(1)}(t)\,.$$

Diese Beziehungen sind in Bild 11.21 veranschaulicht.

11.4.5.3 Die Exponentialfunktion

$$e^{-\alpha t} \cdot 1(t) \circ\!\!-\!\!-\!\!-\!\!\!\int_{0}^{\infty} \underbrace{e^{-\alpha t}\,e^{-\mathrm{j}\omega t}}_{e^{-(\alpha+\mathrm{j}\omega)t}}\,\mathrm{d}t = -\frac{1}{\alpha + \mathrm{j}\omega}\,e^{-(\alpha+\mathrm{j}\omega)t}\Big|_{0}^{\infty} = \frac{1}{\alpha + \mathrm{j}\omega}$$

(für $\alpha > 0$ oder, falls α komplex ist, $\mathbb{R}\{\alpha\} > 0$).

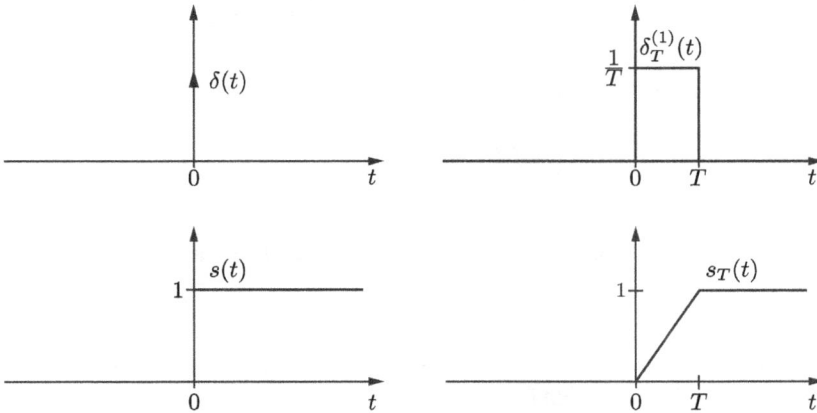

Abb. 11.21: Der Zusammenhang zwischen Impuls- und Sprungfunktion.

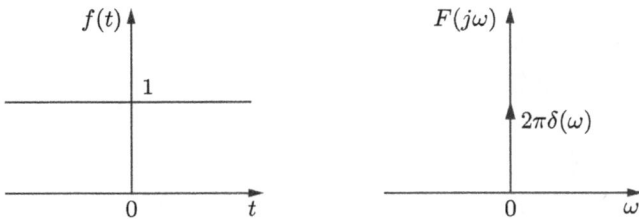

Abb. 11.22: Gleichspannung: nur Frequenz Null.

Folgerungen

1. Sprungfunktion:

$$\lim_{\alpha \to 0} e^{-\alpha t} 1(t) \ \circ\!\!-\!\!-\ \lim_{\alpha \to 0} \frac{1}{\alpha + j\omega} = \frac{1}{j\omega} \ .$$

Diese Herleitung ist nicht einwandfrei, da die oben angegebene Voraussetzung $\alpha > 0$ verletzt wird!

2. $e^{j\omega_0 t} \ \circ\!\!-\!\!-\ ?$

Bei Verwendung von (11.35) ergeben sich Probleme beim Einsetzen der Grenzen! Daher soll eine andere Methode verwendet werden. Aus $\delta(t) \ \circ\!\!-\!\!-\ 1$ folgt mit dem Symmetrietheorem:

$$\underbrace{2\pi\delta(-\omega) = 2\pi\delta(+\omega)}_{\text{gerade Funktion!}} \ -\!\!-\!\!\circ\ 1 \quad \text{oder} \quad 1 \ \circ\!\!-\!\!-\ 2\pi\delta(\omega) \ . \tag{11.52}$$

Mit der Variablenverschiebung im Frequenzbereich ergibt sich daraus (Bild 11.23):

$$e^{j\omega_0 t} \ \circ\!\!-\!\!-\ 2\pi\delta(\omega - \omega_0) \ . \tag{11.53}$$

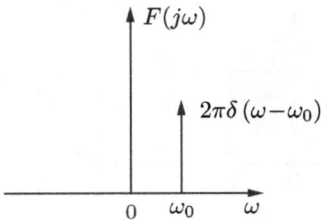

Abb. 11.23: (Reine) Wechselspannung der Frequenz ω_0 im Bildbereich.

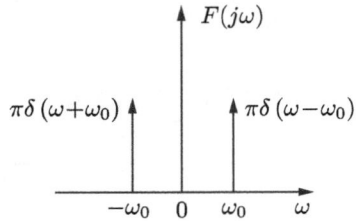

Abb. 11.24: Kosinus der Frequenz ω_0 im Bildbereich.

11.4.5.4 Kosinusfunktion

Für die Kosinusfunktion ergibt sich (Bild 11.24)

$$\cos \omega_0 t = \frac{1}{2}\, \mathrm{e}^{\mathrm{j}\omega_0 t} + \frac{1}{2}\, \mathrm{e}^{-\mathrm{j}\omega_0 t} \circ\!\!-\!\!-\!\!\bullet \ \pi[\delta(\omega - \omega_0) + \delta(\omega + \omega_0)]\,. \tag{11.54}$$

11.4.5.5 Sprungfunktion

Ausgangspunkt ist jetzt die Fourier-Reihe der Rechteckspannung (11.6) mit $U_0 = 1/2$ und einem zusätzlichen Gleichglied $a_0/2 = 1/2$:

$$f(t) = \frac{1}{2} + \frac{2}{\pi} \sum_{k=0}^{\infty} \frac{\sin((2k+1)\omega_1 t)}{2k+1}\,.$$

Um den Grenzübergang $T \to \infty$ durchführen zu können, wird zuerst mit

$$(2k+1)\omega_1 = \omega \quad \text{oder} \quad 2k+1 = \frac{\omega}{\omega_1}$$

die neue Veränderliche ω eingeführt:

$$f(t) = \frac{1}{2} + \frac{2}{\pi}\left[\sum_{\omega=(2k+1)\omega_1}^{\infty} \frac{\sin \omega t}{\omega} \cdot \omega_1 \right] \quad \text{mit} \quad k \in \mathbb{N}_0\,. \tag{11.55}$$

Die Summe $2\sum_{\omega} \cdots \omega_1$ lässt sich leicht durch Bild 11.25 veranschaulichen. Die Summe stellt also die Fläche unter der Treppenkurve dar. Diese geht für $T \to \infty$, $\omega_1 \to 0$ in eine glatte Kurve über; die Summe kann als Integral geschrieben werden; dabei wird $2\omega_1$ durch $\mathrm{d}\omega$ ersetzt:

$$1(t) = \frac{1}{2} + \frac{1}{2\pi\mathrm{j}}\left[\int_0^{\infty} \frac{\mathrm{e}^{\mathrm{j}\omega t}}{\omega}\,\mathrm{d}\omega - \int_0^{\infty} \frac{\mathrm{e}^{-\mathrm{j}\omega t}}{\omega}\,\mathrm{d}\omega \right]$$

$$= \frac{1}{2} + \frac{1}{2\pi\mathrm{j}}\left[\int_0^{\infty} \frac{\mathrm{e}^{\mathrm{j}\omega t}}{\omega}\,\mathrm{d}\omega - \int_0^{-\infty} \frac{\mathrm{e}^{\mathrm{j}\omega t}}{\omega}\,\mathrm{d}\omega \right]$$

$$= \frac{1}{2} + \frac{1}{2\pi} \int_{-\infty}^{\infty} \frac{1}{\mathrm{j}\omega}\, \mathrm{e}^{\mathrm{j}\omega t}\,\mathrm{d}\omega\,.$$

(Das Integral konvergiert nur im Sinn des Cauchy'schen Hauptwertes.)

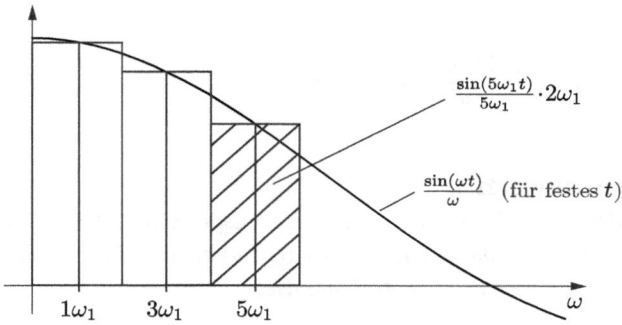

Abb. 11.25: Veranschaulichung der Summe.

Die Fourier-Transformierte von $1/2$ ist $\pi\delta(\omega)$, die des zweiten Summanden offenbar $1/(\mathrm{j}\omega)$, also wird

$$1(t) \circ\!\!-\!\!-\ \pi\delta(\omega) + \frac{1}{\mathrm{j}\omega}\ . \tag{11.56}$$

Wegen $1(t) = \frac{1}{2} + \frac{1}{2}\,\mathrm{sgn}(t)$ und mit Hilfe des oft verwendeten Standards $1(0) = \frac{1}{2}$ an der Unstetigkeitsstelle, ergibt sich für die Signumfunktion, die hier durch

$$\mathrm{sgn}(x) = \begin{cases} +1 & \text{für}\ \ x > 0\,, \\ \ \ 0 & \text{für}\ \ x = 0\,, \\ -1 & \text{für}\ \ x < 0\,, \end{cases}$$

definiert wird, die Korrespondenz

$$\mathrm{sgn}(t) \circ\!\!-\!\!-\ \frac{2}{\mathrm{j}\omega}\ . \tag{11.57}$$

Beispiel 11.5: Integration im Zeitbereich.
Man kann vom Faltungssatz in der folgenden Form ausgehen (mit $s(t) \equiv 1(t)$):

$$f(t) * s(t) = \int\limits_{-\infty}^{\infty} f(\tau)\,s(t-\tau)\,\mathrm{d}\tau\ .$$

Da $s(t-\tau) = \begin{Bmatrix} 0 & \text{für}\ \ t \le \tau \\ 1 & \text{für}\ \ t > \tau \end{Bmatrix}$ ist, wird

$$f(t) * s(t) = \int\limits_{-\infty}^{t} f(\tau)\,\mathrm{d}\tau\ .$$

Andererseits gilt:

$$f(t) * s(t) \circ\!\!-\!\!-\ F(\mathrm{j}\omega) \cdot \underbrace{S(\mathrm{j}\omega)}_{\substack{\parallel \\ \pi\delta(\omega) + \frac{1}{\mathrm{j}\omega}}} = \underbrace{F(\mathrm{j}\omega) \cdot \pi\delta(\omega)}_{\pi F(0)\cdot\delta(\omega)} + \frac{1}{\mathrm{j}\omega}F(\mathrm{j}\omega)\ .$$

Ergebnis:

$$\int_{-\infty}^{t} f(\tau)\,d\tau \quad \circ\!\!-\!\!- \quad \frac{F(j\omega)}{j\omega} + \pi F(0)\cdot\delta(\omega)\,. \tag{11.58}$$

Beispiel 11.6: Fortsetzung von Beispiel 11.3.

Das in Abschnitt 11.4.2 für $u_2(t)$ angegebene Integral soll jetzt ausgewertet werden. Zu diesem Zweck wird die Fourier-Transformierte $S_2(j\omega)$ oder $U_2(j\omega)$ in einfachere Terme zerlegt (dabei bedeutet jetzt U_q die Höhe des Rechteckimpulses):

$$U_2(j\omega) = U_q\left[\underbrace{\frac{1}{j\omega(1+j\omega CR)}}_{\text{Summand 1}} - \underbrace{\frac{e^{-j\omega t_1}}{j\omega(1+j\omega CR)}}_{\text{Summand 2}}\right].$$

Der erste Summand zwischen den eckigen Klammern lässt sich durch zwei Partialbrüche darstellen:

$$\frac{1}{CR}\cdot\frac{1}{j\omega\left(j\omega+\frac{1}{CR}\right)} = \frac{1}{CR}\left[\frac{A}{j\omega}+\frac{B}{j\omega+\frac{1}{CR}}\right]$$

mit

$$A = \left.\frac{1}{j\omega+\frac{1}{CR}}\right|_{j\omega=0} = CR,\qquad B = -CR$$

$$\text{Summand 1} = \frac{1}{j\omega} - \frac{1}{j\omega+\frac{1}{CR}} \quad \circ\!\!-\!\!- \quad \frac{1}{2}\,\text{sgn}(t) - e^{-t/CR}\cdot 1(t)\,.$$

(Die Korrespondenzen wurden aus Tabelle 11.1 am Ende des Kapitels entnommen).
Für den zweiten Summanden folgt mit dem Verschiebungssatz:

$$\text{Summand 2} \quad \circ\!\!-\!\!- \quad \frac{1}{2}\,\text{sgn}(t-t_1) - e^{-(t-t_1)/CR}\cdot 1(t-t_1)\,.$$

Also ist

$$u_2(t) = U_q\left[\frac{1}{2}(\text{sgn}(t)-\text{sgn}(t-t_1)) - e^{-t/CR}\cdot 1(t) + e^{-(t-t_1)/CR}\cdot 1(t-t_1)\right]\,. \tag{11.59}$$

Dieses Ergebnis ist in Bild 11.26 skizziert.

Beispiel 11.7: Die Sprungfunktion am Eingang des Tiefpasses 1. Grades.

Wirkt statt des Rechteckimpulses die Sprungfunktion auf dieselbe Schaltung ein, so entsteht mit

$$U_1(j\omega) = U_q\left[\pi\delta(\omega) + \frac{1}{j\omega}\right]$$

der Ausdruck

$$U_2(j\omega) = U_q\frac{\pi\delta(\omega)+\frac{1}{j\omega}}{1+j\omega CR} = U_q\left[\frac{\pi\delta(\omega)}{1+j\omega CR} + \frac{1}{j\omega(1+j\omega CR)}\right]\,.$$

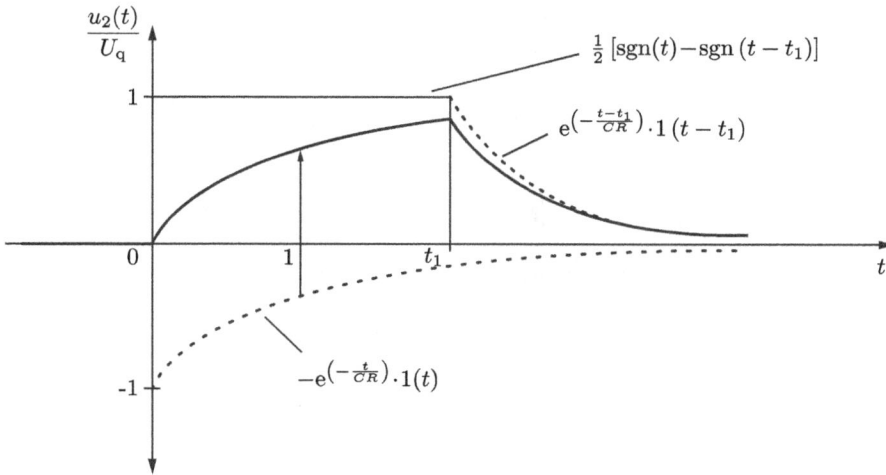

Abb. 11.26: Ergebnis von Beispiel 11.6.

Der erste Summand (zwischen den Klammern) ist wegen $\delta(\omega) \cdot f(\omega) = \delta(\omega) \cdot f(0)$ einfach $\pi\delta(\omega)$.

Der zweite Summand wird wie oben zerlegt; damit folgt:

$$U_2(\mathrm{j}\omega) = U_\mathrm{q}\left[\pi\delta(\omega) + \frac{1}{\mathrm{j}\omega} - \frac{1}{\mathrm{j}\omega + \frac{1}{CR}}\right].$$

Mit den bekannten Korrespondenzen ergibt sich:

$$u_2(t) = U_\mathrm{q}\left[1 - \mathrm{e}^{-t/CR}\right] \cdot 1(t). \tag{11.60}$$

11.4.5.6 Periodische Funktionen

In den vorangehenden Abschnitten sind zwei Fourier-Darstellungen eingeführt worden, nämlich die Fourier-Reihe für periodische Signale und das Fourier-Integral für nichtperiodische Signale. In den Anwendungen kommen auch Signale vor, die einen periodischen und einen nichtperiodischen Anteil enthalten. Beide Anteile lassen sich nicht ohne weiteres in einheitlicher Form durch die Fourier-Transformierte darstellen, da der periodische Anteil nicht absolut integrabel ist. Diese Schwierigkeit kann man umgehen, wenn man Dirac-Impulse zulässt.

Das erste Beispiel dieser Art ist die bereits hergeleitete Korrespondenz

$$\mathrm{e}^{\mathrm{j}\omega_0 t} \circ\!\!-\!\!- \;2\pi\delta(\omega - \omega_0).$$

Die Zeitfunktion ist periodisch mit der Periode $2\pi/\omega_0$. Aus dieser Korrespondenz folgt zunächst

$$c_k\,\mathrm{e}^{\mathrm{j}k\omega_0 t} \circ\!\!-\!\!- \;2\pi c_k\delta(\omega - k\omega_0)$$

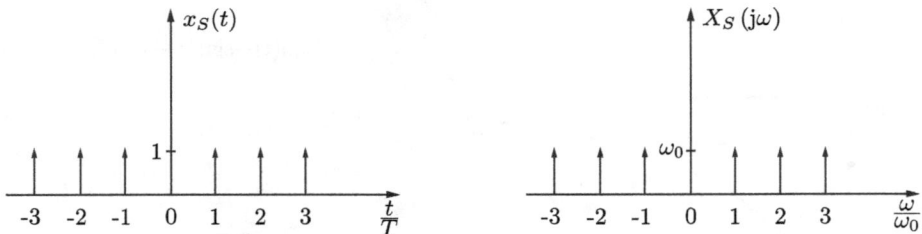

Abb. 11.27: Die ideale Abtastfunktion und ihre Fourier-Transformierte.

und durch Summation

$$\sum_{k=-\infty}^{\infty} c_k\, e^{jk\omega_0 t} \circ\!\!-\!\!\!-\ 2\pi \sum_{k=-\infty}^{\infty} c_k \delta(\omega - k\omega_0)\ .$$

Die linke Seite ist die Fourier-Reihe einer beliebigen Funktion mit der Periode $2\pi/\omega_0$. Die zugehörige Fourier-Transformierte wird durch eine gewichtete Impulsfolge beschrieben (mit den Gewichten $2\pi c_k$).

Als ideale Abtastfunktion spielt die gleichförmige Impulsfolge (mit den Gewichten 1 und der Periode T) eine Rolle:

$$x_S(t) = \sum_{k=-\infty}^{\infty} \delta(t - kT)\ .$$

Sie lässt sich zunächst durch die Fourier-Reihe

$$x_S(t) = \sum_{k=-\infty}^{\infty} c_k\, e^{jk\omega_0 t} \quad \text{mit} \quad c_k = \frac{1}{T} \int_{-T/2}^{T/2} \delta(t)\, e^{-jk\omega_0 t}\, dt$$

darstellen. Das Integral ist eins; also folgt

$$x_S(t) = \frac{1}{T} \sum_{k=-\infty}^{\infty} e^{jk\omega_0 t}\ .$$

Die Fourier-Transformierte ergibt sich zu:

$$X_S(j\omega) = \omega_0 \sum_{k=-\infty}^{\infty} \delta(\omega - k\omega_0)\ .$$

Das ist ein bemerkenswertes Ergebnis: Die gleichförmige Impulsfolge im Zeitbereich entspricht einer gleichförmigen Impulsfolge im Frequenzbereich (Bild 11.27).

Anmerkung *Bei den bisher mit der Fourier-Transformation behandelten Fällen (siehe Bild 11.13) ging es um die Berechnung der Systemantwort bei verschwindenden Anfangswerten (englisch: »zero-state-response«).*

Anfangswerte lassen sich berücksichtigen, indem (im Zeitbereich) durch Lösen der homogenen Differenzialgleichung (s. Abschnitt 11.1) ein Zusatzterm (englisch: »zero-input response«) bestimmt wird.

Mit der Fourier-Transformation allein kann ein Anfangswertproblem also nicht gelöst werden. Hierfür ist die einseitige Laplace-Transformation ein besonders geeignetes Hilfsmittel.

11.4.6 Beschreibung der Systemreaktion mit Hilfe der Impulsantwort

In Abschnitt 11.4.3 wurde bereits erwähnt, dass sich die Antwort eines Systems angeben lässt, wenn die Reaktion auf den Dirac-Impuls bekannt ist. Die Grundidee ist in Bild 11.28 skizziert. Vorausgesetzt werden Linearität und Zeitinvarianz des Systems. (Ein System nennt man zeitinvariant, wenn bei einer zeitlichen Verschiebung des Eingangssignals das Ausgangssignal um den gleichen Betrag verschoben – und sonst nicht geändert – wird.)

Die beschriebene Grundidee wird nun genauer formuliert. Die Funktion $x(t)$ soll durch eine Treppenkurve angenähert und diese durch eine Summe von Rechteckimpulsen (bisherige Bezeichnung: $\delta_T^{(1)}(t)$)

$$\delta_\Delta(t) = \begin{cases} \frac{1}{\Delta} & \text{für } 0 < t < \Delta\,, \\ 0 & \text{sonst} \end{cases}$$

dargestellt werden: Bild 11.29. Offenbar gilt:

$$x(t) \simeq \tilde{x}(t) = \sum_{k=-\infty}^{\infty} x(k\Delta)\,\delta_\Delta(t - k\Delta)\,\Delta \tag{11.61}$$

Für $\Delta \to 0$ geht die Treppenkurve $\tilde{x}(t)$ in eine i. a. glatte Kurve über:

$$x(t) = \lim_{\Delta \to 0} \tilde{x}(t)\,,$$

und aus der Summe wird ein Integral ($k\Delta \to \tau$, $\delta_\Delta(t) \to \delta(t)$, $\Delta \to \mathrm{d}\tau$):

$$x(t) = \int_{-\infty}^{\infty} x(\tau)\,\delta(t - \tau)\,\mathrm{d}\tau\,. \tag{11.62}$$

Die Antwort des Systems auf einen Impuls $\delta_\Delta(t)$ am Eingang soll mit $h_\Delta(t)$ (Impulsantwort, Bild 11.30) bezeichnet werden.

Ist das System **zeitinvariant**, so gilt:

$$\delta_\Delta(t - k\Delta) \quad \text{bewirkt am Ausgang} \quad h_\Delta(t - k\Delta)\,.$$

Ist das System außerdem **linear**, so hat man zunächst die Aussage:

$$x(k\Delta)\,\delta_\Delta(t - k\Delta)\,\Delta \quad \text{bewirkt am Ausgang} \quad x(k\Delta)\,h_\Delta(t - k\Delta)\,\Delta\,,$$

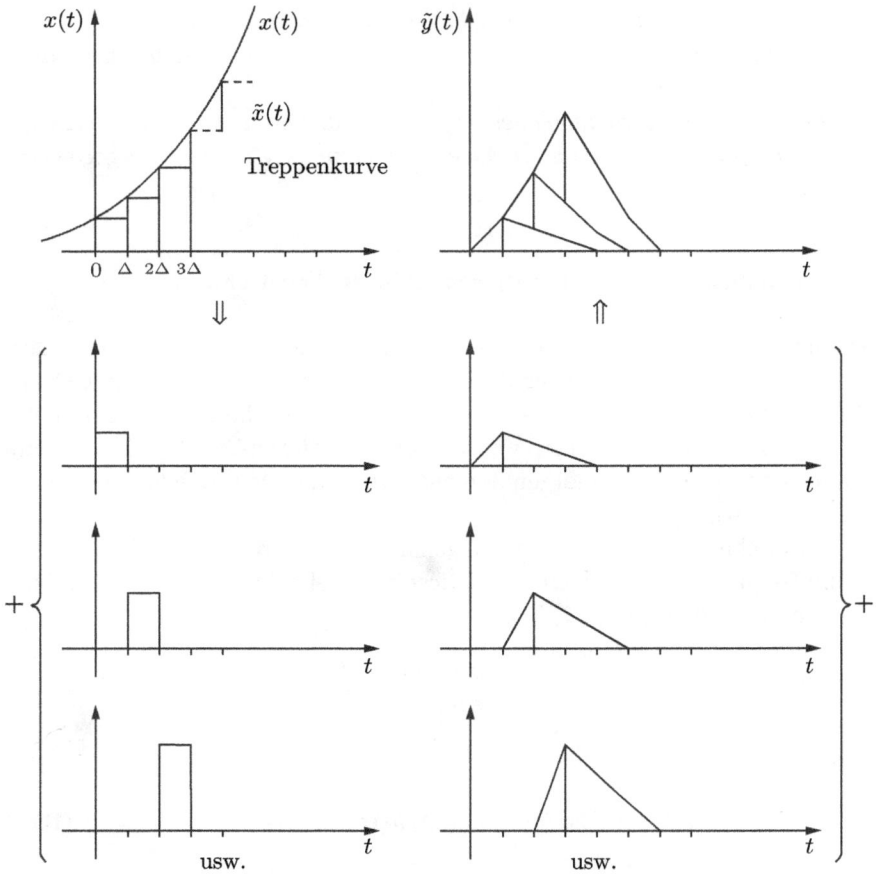

Abb. 11.28: Zerlegung einer beliebigen Eingangsfunktion in Rechteckimpulse und Zusammensetzen der Ausgangsfunktion aus Impulsantworten ($\tilde{x}(t), \tilde{y}(t)$ sind Näherungen).

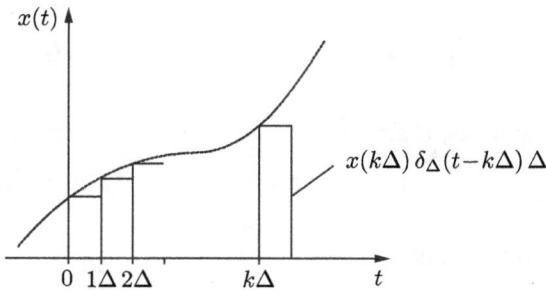

Abb. 11.29: Annäherung der Eingangsfunktion durch Rechteckimpulse.

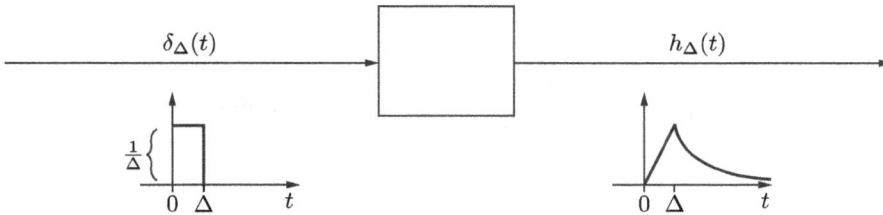

Abb. 11.30: Die Antwort $h_\Delta(t)$ auf den Rechteckimpuls $\delta_\Delta(t)$.

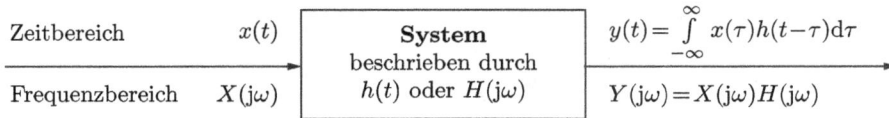

Zeitbereich	$x(t)$	**System** beschrieben durch $h(t)$ oder $H(\mathrm{j}\omega)$	$y(t) = \int\limits_{-\infty}^{\infty} x(\tau)h(t-\tau)\mathrm{d}\tau$
Frequenzbereich	$X(\mathrm{j}\omega)$		$Y(\mathrm{j}\omega) = X(\mathrm{j}\omega)H(\mathrm{j}\omega)$

Abb. 11.31: Der Zusammenhang zwischen Eingangs- und Ausgangsgröße im Zeit- und Frequenzbereich.

woraus sich für die Ausgangsgröße im allgemeinen Fall (beliebiges $x(t)$) durch **Superposition** ein zu (11.61) analoger Ausdruck ergibt:

$$y(t) \simeq \tilde{y}(t) = \sum_{k=-\infty}^{\infty} x(k\Delta)\, h_\Delta(t - k\Delta)\, \Delta \,. \tag{11.63}$$

Geht man auch hier zum Integral über, so folgt (mit $h_\Delta \to h$ usw.) das **Faltungsintegral** (Duhamel-Integral):

$$y(t) = \int\limits_{-\infty}^{\infty} x(\tau)\, h(t - \tau)\, \mathrm{d}\tau \,. \tag{11.64}$$

Wird diese Gleichung transformiert und der Faltungssatz (11.46) beachtet, so erhält man

$$Y(\mathrm{j}\omega) = X(\mathrm{j}\omega)\, H(\mathrm{j}\omega) \,.$$

Das ist aber Gleichung (11.33); die oben eingeführte **Systemfunktion** ist also nichts anderes als die Fourier-Transformierte der **Impulsantwort**.

Zusammenfassende Anmerkung

Für die in Abschnitt 11.4.3 eingeführte Systemfunktion haben wir inzwischen drei Deutungen kennengelernt, die wir im Folgenden mit teils neuen Bezeichnungen aufschreiben.

Frequenzgang:

$$x(t) = \mathrm{e}^{\mathrm{j}\omega_0 t} \quad \text{bewirkt am Ausgang} \quad y(t) = H(\mathrm{j}\omega_0)\, \mathrm{e}^{\mathrm{j}\omega_0 t} \,.$$

Tab. 11.1: Einige Korrespondenzen zur Fourier-Transformation. Die Angabe $a > 0$ setzt ein reelles a voraus. $s(t)$ bezeichnet hier die Sprungfunktion.

$f(t)$	$F(j\omega)$	Bedingungen
$e^{-at} \cdot s(t)$	$\dfrac{1}{a + j\omega}$	$a > 0$
$e^{at} \cdot s(-t)$	$\dfrac{1}{a - j\omega}$	$a > 0$
$t \cdot e^{-at} \cdot s(t)$	$\dfrac{1}{(a + j\omega)^2}$	$a > 0$
$t^n \cdot e^{-at} \cdot s(t)$	$\dfrac{n!}{(a + j\omega)^{n+1}}$	$a > 0$
$\delta(t)$	1	
1	$2\pi\delta(\omega)$	
$s(t)$	$\pi\delta(\omega) + \dfrac{1}{j\omega}$	
$e^{j\omega_0 t}$	$2\pi\delta(\omega - \omega_0)$	
$\cos(\omega_0 t)$	$\pi[\delta(\omega + \omega_0) + \delta(\omega - \omega_0)]$	
$\sin(\omega_0 t)$	$j\pi[\delta(\omega + \omega_0) - \delta(\omega - \omega_0)]$	
$\cos(\omega_0 t) \cdot s(t)$	$\dfrac{\pi}{2}[\delta(\omega - \omega_0) + \delta(\omega + \omega_0)] + \dfrac{j\omega}{\omega_0^2 - \omega^2}$	
$\sin(\omega_0 t) \cdot s(t)$	$\dfrac{\pi}{2j}[\delta(\omega - \omega_0) + \delta(\omega - \omega_0)] + \dfrac{j\omega}{\omega_0^2 - \omega^2}$	
$e^{-at}\sin(\omega_0 t) \cdot s(t)$	$\dfrac{\omega_0}{(a + j\omega)^2 + \omega_0^2}$	$a > 0$
$e^{-at}\cos(\omega_0 t) \cdot s(t)$	$\dfrac{a + j\omega}{(a + j\omega)^2 + \omega_0^2}$	$a > 0$
$\displaystyle\sum_{n=-\infty}^{\infty} \delta(t - nT)$	$\displaystyle\omega_0 \sum_{n=-\infty}^{\infty} \delta(\omega - n\omega_0)$	$\omega_0 = \dfrac{2\pi}{T}$
$e^{-t^2/2\sigma^2}$	$\sigma\sqrt{2\pi}\, e^{-1/2(\sigma\omega)^2}$	

Übertragungsfunktion bei beliebiger Erregung:

$$Y(j\omega) = H(j\omega)\, X(j\omega)\,.$$

Fourier-Transformierte der Impulsantwort:

$$H(j\omega) = \mathcal{F}\{h(t)\}\,.$$

Wirkt auf ein durch die Impulsantwort $h(t)$ gekennzeichnetes System das Exponentialsignal $x(t) = e^{j\omega_0 t}$, so folgt für die Antwort $y(t)$ mit dem Faltungsintegral (11.64)

$$y(t) = \int_{-\infty}^{\infty} h(\tau)\, e^{j\omega_0(t-\tau)}\, d\tau = e^{j\omega_0 t} \underbrace{\int_{-\infty}^{\infty} h(\tau)\, e^{-j\omega_0\tau}\, d\tau}_{H(j\omega_0)}\,.$$

12 Die Laplace-Transformation

12.1 Der Übergang von der Fourier- zur Laplace-Transformation

Das Fourier-Integral, Gl. (11.24), existiert wegen der Konvergenzschwierigkeiten bei $\tau \to \pm\infty$ nur für eine sehr beschränkte Klasse von Funktionen. So besitzt z. B., wie man leicht nachprüfen kann, die Funktion $f(t) = t$ keine Fourier-Transformierte,

$$\mathcal{F}\{t\} = \int_{-\infty}^{\infty} t \cdot e^{-j\omega t}\, dt = \frac{1}{\omega^2} \left[e^{-j\omega t}(1 + j\omega t) \right]_{-\infty}^{\infty} = \text{unbestimmt,}$$

und für die Sprungfunktion lässt sich die Transformierte nicht ohne weiteres (vgl. Abschnitt 11.4.5) herleiten. Die genannten Schwierigkeiten treten nicht auf, wenn man die Fourier-Transformation in geeigneter Weise modifiziert. Es ist naheliegend, zur Konvergenzverbesserung bei $t \to +\infty$ in Gl. (11.26a) den Faktor $e^{-\sigma t}$ mit $\sigma > 0$ (reell) zu ergänzen. Dadurch würden aber in vielen Fällen die Schwierigkeiten bei $t \to -\infty$ (s. o.) noch verstärkt. Um das zu vermeiden, fordert man

$$f(t) = 0 \quad \text{für} \quad t < 0\,.$$

Diese Forderung ist bei technischen Vorgängen, die zu einem bestimmten Zeitpunkt beginnen, ohnehin erfüllt, wenn der Zeitmaßstab so gewählt wird, dass $t = 0$ den Anfangszeitpunkt bedeutet. Damit kommt man zum **einseitigen Laplace-Integral** der Funktion $f(t)$, das mit $\mathcal{L}\{f(t)\}$ bezeichnet werden soll:

$$\mathcal{L}\{f(t)\} = \int_{0}^{\infty} f(t)\, e^{-\sigma t}\, e^{-j\omega t}\, dt\,. \tag{12.1}$$

Durch Zusammenfassen von σ und $j\omega$ zu der komplexen Variablen

$$p = \sigma + j\omega \tag{12.2}$$

folgt

$$\mathcal{L}\{f(t)\} = \int_{0}^{\infty} f(t)\, e^{-pt}\, dt\,. \tag{12.3}$$

Anmerkung *Bei der Ergänzung des Faktors $e^{-\sigma t}$ kann der Eindruck entstehen, das Integral (12.3) würde nur für positives σ konvergieren. Das trifft nicht zu, es hängt vielmehr von der Funktion $f(t)$ ab, wie groß σ mindestens sein muss (s. die späteren Beispiele).*

Bei der Fourier-Transformation ließ sich die Rücktransformation mit Hilfe des Umkehrintegrals (11.26b) durchführen. Wir wollen nun zeigen, dass es ein entsprechendes Integral auch bei der Laplace-Transformation gibt.

https://doi.org/10.1515/9783110631647-006

Wir gehen von Gl. (12.1) aus. Die rechte Seite dieser Gleichung kann man, wie ein Vergleich mit dem Integral (11.26a) zeigt, als Fourier-Transformierte von $f(t)\,e^{-\sigma t}$ auffassen:

$$S(p) = \mathcal{L}\{f(t)\} = \mathcal{F}\{f(t)\,e^{-\sigma t}\}\;. \tag{12.4}$$

Dabei wird $f(t) = 0$ für $t < 0$ vorausgesetzt und σ als Konstante behandelt. Außerdem muss σ so gewählt sein, dass das Laplace-Integral existiert.

Mit Gl. (12.4) ist ein Zusammenhang zwischen der Laplace-Transformierten und der Fourier-Transformierten gefunden. Das Umkehrintegral (11.26b) liefert

$$f(t)\,e^{-\sigma t} = \frac{1}{2\pi} \int\limits_{-\infty}^{\infty} S(\sigma + j\omega)\,e^{j\omega t}\,d\omega$$

oder

$$f(t) = \frac{1}{2\pi} \int\limits_{-\infty}^{\infty} S(\sigma + j\omega)\,e^{\sigma t}\,e^{j\omega t}\,d\omega\;.$$

Hier setzt man wieder $p = \sigma + j\omega$ und schreibt, da σ konstant ist, $dp = j\,d\omega$. Schließlich rechnet man die Integrationsgrenzen um,

$$\omega = \pm\infty \to p = \sigma \pm j\infty\;,$$

und erhält das **Laplace'sche Umkehrintegral**:

$$f(t) = \frac{1}{2\pi j} \int\limits_{\sigma-j\infty}^{\sigma+j\infty} S(p)\,e^{pt}\,dp\;. \tag{12.5}$$

Statt $\mathcal{L}\{f(t)\}$, $\mathcal{L}\{u(t)\}$, $\mathcal{L}\{i(t)\}$ usw. werden wir in Zukunft meist $F(p)$, $U(p)$, $I(p)$ schreiben. Damit tritt an die Stelle der Gln. (12.3) und (12.5):

$$F(p) = \int\limits_{0}^{\infty} f(t)\,e^{-pt}\,dt\;, \tag{12.6a}$$

$$f(t) = \frac{1}{2\pi j} \int\limits_{\sigma-j\infty}^{\sigma+j\infty} F(p)\,e^{pt}\,dp\;. \tag{12.6b}$$

Häufig wird das Korrespondenzzeichen ∘—• benutzt:

$$f(t) \;\circ\!\!-\!\!\bullet\; F(p) \quad \text{respektive} \quad F(p) \;\bullet\!\!-\!\!\circ\; f(t)\;.$$

Man bezeichnet $f(t)$ als **Originalfunktion**, die Transformierte $F(p)$ als **Bildfunktion**. Man spricht auch von der Darstellung einer Funktion im **Originalbereich** (Zeitbereich) bzw. im **Bildbereich** (Frequenzbereich).

Ohne Beweis geben wir hinreichende Bedingungen für die Existenz der Laplace-Transformierten an: neben der bereits genannten Voraussetzung, dass die Funktion $f(t)$ für $t < 0$ verschwinden muss, fordern wir: $f(t)$ soll (s. Abschnitt 11.4.1) den Dirichlet'schen Bedingungen genügen, weiter soll

$$\int_0^\infty |f(t)|\, e^{-\sigma t}\, dt$$

endlich sein, was sich durch eine geeignete Wahl von σ meist erreichen lässt

$$\int_0^\infty |f(t)|\, e^{-\sigma t}\, dt = \lim_{t \to 0} F(t) = G \quad \text{mit} \quad G \in \mathbb{R}\,.$$

(Eine Funktion, die diese letzte Voraussetzung nicht erfüllt, ist z. B. e^{+t^2}; diese besitzt keine Laplace-Transformierte.)

12.2 Einige Eigenschaften der Laplace-Transformation

12.2.1 Linearität

Auf Grund von Gl. (12.3) gilt

$$\mathcal{L}\{kf(t)\} = k\,\mathcal{L}\{f(t)\}\,, \qquad k = konst$$

$$\mathcal{L}\{f_1(t) + f_2(t)\} = \mathcal{L}\{f_1(t)\} + \mathcal{L}\{f_2(t)\}$$

$$\mathcal{L}\{k_1 \cdot f_1(t) + k_2 \cdot f_2(t)\} = k_1 \cdot \mathcal{L}\{f_1(t)\} + k_2 \cdot \mathcal{L}\{f_2(t)\}\,. \tag{12.7}$$

Entsprechende Beziehungen bestehen für das Umkehrintegral (12.5). Diese Eigenschaften zeigen, dass die Laplace-Transformation (wie die Fourier-Transformation auch) eine lineare Integral-Transformation ist.

12.2.2 Variablenverschiebung im Zeitbereich

Wählt man an Stelle des Zeitmaßstabs t den um b verschobenen Zeitmaßstab $t - b = \tau$ mit $b > 0$, so erhält man wegen (12.6a):

$$\mathcal{L}\{f(t - b)\} = \int_0^\infty f(t - b)\, e^{-pt}\, dt = \int_{-b}^\infty f(\tau)\, e^{-p(\tau + b)}\, d\tau = e^{-pb} \int_{-b}^\infty f(\tau)\, e^{-p\tau}\, d\tau\,.$$

Da bei der Laplace-Transformation vorausgesetzt wird, dass die betrachteten Funktionen $f(t)$ für $t < 0$ verschwinden, gilt für die verschobene Funktion: $f(t - b) = 0$ für $t - b < 0$ oder $t < b$, Bild 12.1. Die Integration darf also erst bei $\tau = 0$ beginnen:

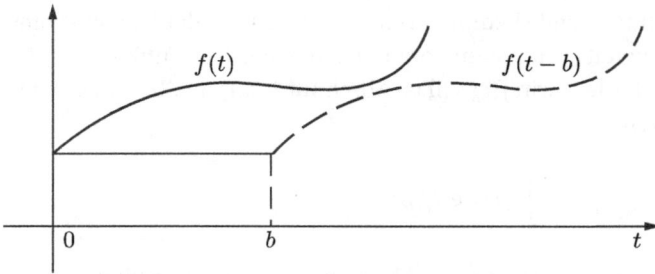

Abb. 12.1: Zum Verschiebungssatz.

$$\mathcal{L}\{f(t-b)\} = e^{-pb} \int_0^\infty f(\tau)\, e^{-p\tau}\, d\tau = e^{-pb}\, \mathcal{L}\{f(t)\}\ . \tag{12.8}$$

Die Verschiebung eines Zeitvorgangs um b in Richtung zunehmender Zeitwerte bewirkt im Bildbereich eine Multiplikation mit $e^{-pb} = e^{-\sigma b} \cdot e^{-j\omega b}$, d. h. eine Phasenänderung um $-\omega b$ und eine Maßstabsänderung $e^{-\sigma b}$.

12.2.3 Variablenverschiebung im Frequenzbereich

Ersetzt man in der transformierten Funktion $F(p)$ die Größe p durch $p + a$, so wird wegen:

$$F(p+a) = \int_0^\infty f(t)\, e^{-(p+a)t}\, dt = \mathcal{L}\{f(t)\, e^{-at}\}\ . \tag{12.9}$$

Diesen Zusammenhang bezeichnet man auch als Dämpfungssatz.

12.2.4 Differenziation im Zeitbereich

Wir setzen voraus, dass $f(t)$ für $t > 0$ differenzierbar ist und dass die Laplace-Transformierte von df/dt existiert. Dann ergibt sich durch partielle Integration:

$$\mathcal{L}\left\{\frac{df(t)}{dt}\right\} = \int_0^\infty \frac{df(t)}{dt}\, e^{-pt}\, dt = \left[f(t)\, e^{-pt}\right]_0^\infty + p \int_0^\infty f(t)\, e^{-pt}\, dt$$

$$= p\, \mathcal{L}\{f(t)\} - f(0)\ . \tag{12.10}$$

Durch wiederholtes Anwenden dieser Regel findet man die wichtige Beziehung

$$\mathcal{L}\left\{\frac{d^n f(t)}{d^n t}\right\} = p^n\, \mathcal{L}\{f(t)\} - p^{n-1} f(0) - p^{n-2} f'(0) - \cdots - f^{(n-1)}(0)\ . \tag{12.11}$$

Weist die Funktion bei $t = 0$ eine Sprungstelle auf, so muss man sich für den rechtsseitigen oder linksseitigen Grenzwert entscheiden. In diesem Kapitel wird durchweg mit dem rechtsseitigen Grenzwert $f(0+)$ gearbeitet (s. auch Abschnitt 14.3).

12.2.5 Integration im Zeitbereich

Wir betrachten das Integral $\int_0^t f(\tau)\,d\tau$. Durch partielles Integrieren ergibt sich:

$$\mathcal{L}\left\{\int_0^t f(\tau)\,d\tau\right\} = \int_0^\infty \int_0^t f(\tau)\,d\tau\, e^{-pt}\,dt = \left[-\frac{1}{p}\,e^{-pt}\int_0^t f(\tau)\,d\tau\right]_0^\infty + \frac{1}{p}\int_0^\infty f(t)\,e^{-pt}\,dt\ .$$

Der erste Summand verschwindet unter folgenden Voraussetzungen: Es soll $f(t)$ die in Abschnitt 11.4.1 genannten Bedingungen erfüllen. Dann wird an der unteren Grenze ($t = 0$)

$$\lim_{t\to 0}\frac{1}{p}\,e^{-pt}\int_0^t f(\tau)\,d\tau = 0\ .$$

Beim Einsetzen der oberen Grenze ($t \to \infty$) ergibt sich für einen genügend großen Realteil von p ebenfalls kein Beitrag. Damit folgt

$$\mathcal{L}\left\{\int_0^t f(\tau)\,d\tau\right\} = \frac{1}{p}\,\mathcal{L}\{f(t)\}\ . \tag{12.12}$$

12.2.6 Der Ähnlichkeitssatz

Ersetzt man in $f(t)$ das Argument t durch at mit $a > 0$, so entsteht folgende Laplace-Transformierte:

$$\mathcal{L}\{f(at)\} = \int_0^\infty f(at)\,e^{-pt}\,dt\ .$$

Mit der Substitution $at = T$, $dt = 1/a\,dT$ ergibt sich

$$\mathcal{L}\{f(at)\} = \frac{1}{a}\int_0^\infty f(T)\,e^{-p/a\,T}\,dT = \frac{1}{a}F\left(\frac{p}{a}\right)\ . \tag{12.13}$$

12.2.7 Der Faltungssatz

$F_1(p)$ und $F_2(p)$ sollen die Bildfunktionen von $f_1(t)$ und $f_2(t)$ sein. Wir betrachten das Produkt $F_1(p){\cdot}F_2(p)$ und fragen nach der zugehörigen Originalfunktion, die symbolisch als $f_1(t) * f_2(t)$ geschrieben wird. Wegen Gl. (12.6b) ist zunächst

$$f_1(t) * f_2(t) = \frac{1}{2\pi j}\int_{\sigma-j\infty}^{\sigma+j\infty} F_1(p)\cdot F_2(p)\,e^{pt}\,dp\ .$$

Wird hierin $F_2(p)$ durch das Integral (12.6a) dargestellt (mit τ an Stelle von t), so folgt

$$f_1(t) * f_2(t) = \frac{1}{2\pi j}\int_{\sigma-j\infty}^{\sigma+j\infty} F_1(p)\left\{\int_0^\infty f_2(\tau)\,e^{-p\tau}\,d\tau\right\}e^{pt}\,dp\ ,$$

und nach Vertauschen der Reihenfolge der Integrationen erhält man

$$f_1(t) * f_2(t) = \int\limits_0^\infty f_2(\tau) \left\{ \frac{1}{2\pi j} \int\limits_{\sigma-j\infty}^{\sigma+j\infty} F_1(p)\, e^{p(t-\tau)}\, dp \right\} d\tau \,.$$

Der Inhalt der geschweiften Klammer ist wegen (12.6b) die Funktion $f_1(t-\tau)$. Im Zusammenhang mit der »Variablenverschiebung« im Zeitbereich wurde schon auf die Voraussetzung hingewiesen, dass die hier betrachteten Zeitfunktionen für negative Werte des Arguments verschwinden müssen. Daher ist das innere Integral gleich $f_1(t-\tau)$ für $t > \tau$ und gleich null für $t < \tau$. Damit wird

$$f_1(t) * f_2(t) = \int\limits_0^t f_1(t-\tau) f_2(t)\, dt \,\circ\!\!-\!\!\bullet\, F_1(p) \cdot F_2(p) \,. \tag{12.14a}$$

Wegen der Symmetrie in $F_1(p)$ und $F_2(p)$ gilt auch:

$$f_1(t) * f_2(t) = \int\limits_0^t f_1(t) f_2(t-\tau)\, dt \,\circ\!\!-\!\!\bullet\, F_1(p) \cdot F_2(p) \,. \tag{12.14b}$$

Die Übereinstimmung zwischen (12.14a) und (12.14b) ergibt sich auch einfach nach der Substitution $t - \tau = \sigma$. Der entsprechende Ausdruck für die »Faltung im Bildbereich« lautet:

$$f_1(t) \cdot f_2(t) \,\circ\!\!-\!\!\bullet\, F_1(p) * F_2(p) = \frac{1}{2\pi j} \int\limits_{\sigma-j\infty}^{\sigma+j\infty} F_1(q)\, F_2(p-q)\, dq \,.$$

12.2.8 Die Grenzwertsätze

Die Grenzwerte der Funktion $f(t)$ für $t \to 0$ und $t \to \infty$ kann man, sofern sie existieren, aus den Grenzwerten von $pF(p)$ bestimmen.

Lässt man in Gl. (12.10)

$$\mathcal{L}\left\{\frac{df}{dt}\right\} = \int\limits_0^\infty \frac{df}{dt}\, e^{-pt}\, dt = pF(p) - f(0)$$

$p \to \infty$ gehen (wesentlich ist, dass der Realteil unendlich groß wird), so folgt mit $e^{-pt} \to 0$

$$\lim_{p\to\infty} \int\limits_0^\infty \frac{df}{dt}\, e^{-pt}\, dt = 0 \,,$$

falls df/dt transformierbar ist, d. h. keine Singularitäten aufweist. Die rechte Gleichungsseite $\lim[pF(p) - f(0+)]$ muss also auch null sein. Da $f(0+)$ eine Konstante ist (unabhängig von p), ergibt sich

$$f(0+) = \lim_{p\to\infty} pF(p) \,.$$

Diese Gleichung nennt man den **Anfangswertsatz**.

Lässt man dagegen in Gl. (12.10) $p \to 0$ gehen, so erhält man wegen $e^{pt} \to 1$:

$$\lim_{p\to 0} \int_0^\infty \frac{df}{dt}\, e^{-pt}\, dt = \int_0^\infty \frac{df}{dt}\, dt = f(\infty) - f(0+)$$

$$= \lim_{p\to 0}\left[pF(p) - f(0+)\right] = \lim_{p\to 0} pF(p) - f(0+)\,.$$

Damit folgt der **Endwertsatz**:

$$f(\infty) = \lim_{p\to 0} pF(p)\,.$$

Voraussetzung für die Gültigkeit dieses Satzes ist, dass $pF(p)$ für alle $\Re\{p\} \geq 0$ eine analytische Funktion ist.

Ergänzungen und Beispiele

Dass man ohne die eingangs erwähnte Voraussetzung (die Grenzwerte $f(0+)$, $f(\infty)$ müssen existieren) ein falsches Ergebnis erhalten kann, zeigt das Beispiel

$$f(t) = \sin \omega t \ \circ\!\!-\!\!\bullet\ F(p) = \frac{\omega}{p^2 + \omega^2}\,.$$

Der Endwertsatz liefert

$$\lim_{p\to 0} pF(p) = \lim_{p\to 0} \frac{p\omega}{p^2 + \omega^2} = 0\,,$$

während

$$\lim_{t\to\infty} \sin \omega t$$

nicht existiert.

Wenden wir die Grenzwertsätze auf

$$f(t) = e^{-at} \ \circ\!\!-\!\!\bullet\ F(p) = \frac{1}{p + a}$$

an, so ergibt sich richtig

$$f(0+) = \lim_{p\to\infty} pF(p) = \lim_{p\to\infty} \frac{p}{p + a} = 1$$

und

$$f(\infty) = \lim_{p\to 0} pF(p) = \lim_{p\to 0} \frac{p}{p + a} = 0\,.$$

(Ist aber $a < 0$, d. h. $f(t) = e^{+|a|t}$, so wird $f(\infty) \to \infty$. Hier liefert der Endwertsatz ein falsches Ergebnis; die Voraussetzung für die Gültigkeit des Satzes ist nicht erfüllt: $pF(p)$ weist bei $p = -|a|$ einen Pol auf.)

In Beispiel 12.3 wird

$$u_C(\infty) = \lim_{p\to 0} p \cdot \frac{U_1}{R_1} \frac{1}{p(Cp + \frac{1}{R})} = U_1 \frac{R}{R_1}\,,$$

in Abschnitt 12.5.2 ergibt sich aus Gl. 12.28:

$$u_C(\infty) = \lim_{p\to 0} p \cdot \frac{U_1}{p} \cdot \frac{1}{LCp^2 + RCp + 1} = U_1\,,$$

was auch aus physikalischen Überlegungen (ohne Rechnung) folgt.

12.3 Die Laplace-Transformierten häufig auftretender Funktionen

1. Die (Einheits-)**Sprungfunktion** (Bild 11.11a) wird mit $1(t)$, $\sigma(t)$, $\varepsilon(t)$, $s(t)$, oder $u(t)$ (unit step) bezeichnet:

$$1(t) = \begin{cases} 0 & \text{für } t \leq 0, \\ 1 & \text{für } t > 0. \end{cases}$$

Ihre Laplace-Transformierte ist

$$\mathcal{L}\{1(t)\} = \int\limits_0^\infty e^{-pt}\,dt = \frac{1}{p}\,,$$

falls der Realteil von p größer als null ist ($\mathfrak{R}\{p\} > 0$).

2. Die **Deltafunktion** (Stoßfunktion) definieren wir folgendermaßen (Bild 12.2):

$$\delta(t) = \lim_{T \to 0} \delta_T(t) \quad \text{mit} \quad \delta_T(t) = \begin{cases} 0 & \text{für } \quad t \leq 0, \\ \frac{1}{T} & \text{für } \quad 0 < t \leq T, \\ 0 & \text{für } \quad t > T. \end{cases}$$

Die Laplace-Transformierte der Deltafunktion lässt sich nicht ohne weiteres bestimmen, da diese Funktion nicht die in Abschnitt 12.1 bzw. 11.4.1 genannten Bedingungen erfüllt. Wir sehen daher als Laplace-Transformierte der Deltafunktion den Grenzwert der Laplace-Transformierten des Rechteckimpulses $\delta_T(t)$ an. $\delta_T(t)$ lässt sich als Überlagerung zweier Sprungfunktionen auffassen, die zeitlich gegeneinander um T verschoben sind (Bild 12.3):

$$\delta_T(t) = \frac{1}{T}\left[1(t) - 1(t - T)\right].$$

Mit dem Satz von der Variablenverschiebung im Zeitbereich, Gl. (12.8), folgt:

$$\mathcal{L}\{\delta_T(t)\} = \frac{1}{T}\left(\frac{1}{p} - \frac{e^{-pT}}{p}\right) = \frac{1}{Tp}\left(1 - e^{-pT}\right).$$

Der Grenzwert für $T \to 0$ lässt sich mit der Regel von Bernoulli-de l'Hospital bestimmen:

$$\lim_{T \to 0} \frac{1 - e^{-pT}}{Tp} = \lim_{T \to 0} \frac{p\,e^{-pT}}{p} = 1\,.$$

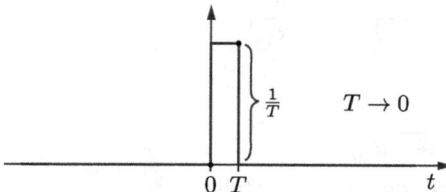

Abb. 12.2: Zur Entstehung der Deltafunktion $\delta(t)$ aus dem Rechteckimpuls $\delta_T(t)$.

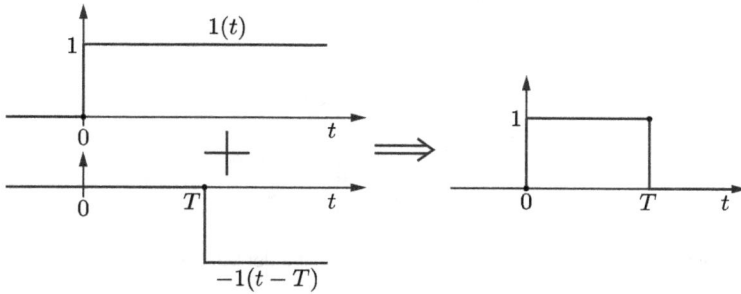

Abb. 12.3: Konstruktion des Rechteckimpulses aus der Addition von zwei zeitlich gegeneinander verschobenen Sprungfunktionen.

Also wird

$$\mathcal{L}\{\delta(t)\} = \lim_{T \to 0} \mathcal{L}\{\delta_T(t)\} = 1 \ .$$

3. Für die **Exponentialfunktion** e^{-at} ergibt sich

$$\mathcal{L}\{e^{-at}\} = \int_0^\infty e^{-(a+p)t}\, dt = \left. \frac{1}{-(a+p)}\, e^{-(a+p)t} \right|_0^\infty \ .$$

Dieses Integral existiert (obere Grenze!) nur für $\mathbb{R}\{a+p\} > 0$; damit hat man:

$$\mathcal{L}\{e^{-at}\} = \frac{1}{a+p} \quad \text{für} \quad \mathbb{R}\{a+p\} > 0 \ .$$

4. Mit dem soeben gewonnenen Ergebnis lässt sich die **Kosinusfunktion** leicht transformieren:

$$\mathcal{L}\{\cos \omega t\} = \mathcal{L}\left\{ \frac{1}{2}\left(e^{j\omega t} + e^{-j\omega t} \right) \right\} = \frac{1}{2}\left(\frac{1}{p - j\omega} + \frac{1}{p + j\omega} \right) = \frac{p}{p^2 + \omega^2} \ .$$

$$\mathcal{L}\{\cos \omega t\} = \frac{p}{p^2 + \omega^2} \ .$$

5. Durch Anwenden des Satzes von der Variablenverschiebung im Frequenzbereich, Gl. (12.9), erhält man für das **Produkt aus Kosinus- und Exponentialfunktion**:

$$\mathcal{L}\{e^{-at}\cos \omega t\} = \frac{p+a}{(p+a)^2 + \omega^2} \quad \text{für} \quad \mathbb{R}\{a+p\} > 0 \ .$$

6. Die zur **Rampenfunktion** (Bild 12.4a)

$$f(t) = \begin{cases} 0 & \text{für } t < 0, \\ t & \text{für } t \geq 0 \end{cases}$$

gehörende Transformierte wird durch partielle Integration bestimmt:

$$\mathcal{L}\{f(t)\} = \int_0^\infty t\, e^{-pt}\, dt = -\frac{1}{p}\left[t\, e^{-pt} \right]_0^\infty + \frac{1}{p}\int_0^\infty e^{-pt}\, dt = \frac{1}{p^2} \quad \text{für} \quad \mathbb{R}\{p\} > 0 \ .$$

a)

b)

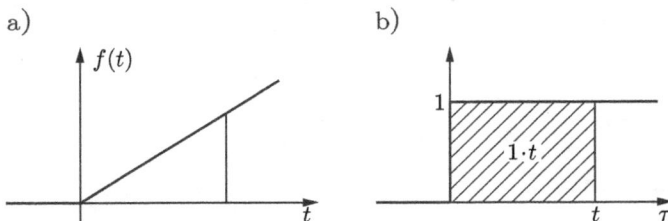

Abb. 12.4: a) Rampenfunktion, b) ihre Darstellung durch eine Teilfläche der Sprungfunktion.

Dieses Ergebnis kann man auch durch Integration im Zeitbereich gewinnen, wenn man t mittels der Sprungfunktion darstellt (Bild 12.4b):

$$t = \int_0^t 1(\tau)\,d\tau \qquad (t > 0)\,.$$

Mit Gl. 12.12 folgt

$$\mathcal{L}\{f(t)\} = \mathcal{L}\left\{\int_0^t 1(\tau)\,d\tau\right\} = \frac{1}{p}\mathcal{L}\{1(t)\} = \frac{1}{p^2}\,.$$

Auf gleiche Weise ergeben sich mit

$$t^2 = 2\int_0^t \tau\,d\tau\,, \quad t^3 = 3\int_0^t \tau^2\,d\tau \quad \text{usw.}$$

die Transformierten

$$\mathcal{L}\{t^2\} = \frac{2}{p}\mathcal{L}\{t\} = \frac{2}{p^3}\,, \quad \mathcal{L}\{t^3\} = \frac{3}{p}\mathcal{L}\{t^2\} = \frac{2\cdot 3}{p^4} \quad \text{usw.}$$

Allgemein wird für nichtnegatives ganzzahliges n:

$$\mathcal{L}\{t^n\} = \frac{n!}{p^{n+1}} \quad \text{für} \quad \mathbb{R}\{p\} > 0\,.$$

Alle in diesem Kapitel ermittelten Korrespondenzen und einige zusätzliche, deren Überprüfung der Leser als Übungsaufgabe ansehen sollte, sind in Tabelle 12.1 zusammengestellt.

12.4 Die Bestimmung der Originalfunktion aus der Bildfunktion (Rücktransformation)

Ist für ein Problem die Lösung im Bildbereich ermittelt worden, so besteht in vielen Fällen die Aufgabe nun noch darin, die Lösung in den Zeitbereich zurück zu transformieren, wie es schon in dem Schema nach Bild 11.13 für die Fourier-Transformation

Tab. 12.1: Einige wichtige Korrespondenzen der Laplace-Transformation

Zeitbereich (Originalbereich) $f(t)$	Frequenzbereich (Bildbereich) $F(p)$	Voraussetzung für die Konvergenz des L-Integrals (12.6a)
$1(t)$	$\dfrac{1}{p}$	$\mathbb{R}\{p\} > 0$
$\delta(t)$	1	
e^{-at}	$\dfrac{1}{p+a}$	$\mathbb{R}\{p+a\} > 0$
$1 - e^{-at}$	$\dfrac{a}{p(p+a)}$	$\mathbb{R}\{p+a\} > 0$
$t\,e^{-at}$	$\dfrac{1}{(p+a)^2}$	$\mathbb{R}\{p+a\} > 0$
$t^n\,(n > 0, n \in \mathbb{N})$	$\dfrac{n!}{p^{n+1}}$	$\mathbb{R}\{p\} > 0$
$\cos \omega t$	$\dfrac{p}{p^2 + \omega^2}$	$\mathbb{R}\{p\} > 0$
$\sin \omega t$	$\dfrac{\omega}{p^2 + \omega^2}$	$\mathbb{R}\{p\} > 0$
$e^{-at} \cos \omega t$	$\dfrac{p+a}{(p+a)^2 + \omega^2}$	$\mathbb{R}\{p+a\} > 0$
$e^{-at} \sin \omega t$	$\dfrac{\omega}{(p+a)^2 + \omega^2}$	$\mathbb{R}\{p+a\} > 0$

verdeutlicht wird. (Für manche Untersuchungen, z. B. in der Regelungstechnik, genügt oft das Studium der Bildfunktion, um die den Anwender interessierenden Fragen zu klären.)

Die leistungsfähigste und allgemeinste Methode der Rücktransformation ist die Auswertung des komplexen Umkehrintegrals (12.6b). Dazu sind allerdings einige Kenntnisse der Funktionentheorie erforderlich, die im Rahmen der vorliegenden einführenden Darstellung nicht vorausgesetzt werden können.

Alle bisher abgeleiteten Sätze, Gln. (12.7) bis (12.14b), sowie die Tabelle 12.1 der Korrespondenzen lassen sich sowohl von links nach rechts als auch von rechts nach links lesen. Damit kann die gesuchte Umkehrfunktion oft direkt einer Tabelle entnommen werden; sehr ausführliche Tabellen dieser Art sind in der Spezialliteratur angegeben. Manchmal muss die Bildfunktion durch einige Umformungen in Ausdrücke umgewandelt werden, die man in der Tabelle der Korrespondenzen wiederfindet.

Viele Bildfunktionen sind so aufgebaut, dass sie sich in Partialbrüche zerlegen lassen. Für einen Partialbruch $c/(p+a)$ ist die Umkehrfunktion bekannt, nämlich $c \cdot e^{-at}$. Es soll daher ein Verfahren zur Zerlegung einer Bildfunktion $F(p)$ betrachtet werden, die durch den Quotienten aus einem Zählerpolynom $Z(p)$ und einem Nennerpolynom $N(p)$ dargestellt ist, wobei der Grad des Nennerpolynoms höher als der des Zählerpolynoms sein muss. Außerdem setzen wir *einfache* Nullstellen des Nennerpolynoms voraus, die mit $p_1, p_2, \ldots, p_n$ bezeichnet werden sollen. Damit haben wir den Ansatz

$$F(p) = \frac{Z(p)}{N(p)} = \frac{Z(p)}{k(p - p_1)(p - p_2)\cdots(p - p_k)\cdots(p - p_n)}$$
$$= \frac{c_1}{p - p_1} + \frac{c_2}{p - p_2} + \cdots + \frac{c_k}{p - p_k} + \cdots + \frac{c_n}{p - p_n}.$$

Multipliziert man beide Seiten mit $p - p_k$, so entsteht

$$F(p)(p - p_k) = \frac{Z(p)}{N(p)}(p - p_k) = c_1\frac{p - p_k}{p - p_1} + c_2\frac{p - p_k}{p - p_2} + \cdots + c_k + \cdots + c_n\frac{p - p_k}{p - p_n}.$$

Für $p \to p_k$ folgt

$$c_k = \lim_{p \to p_k} \frac{Z(p)}{N(p)}(p - p_k).$$

Da im Zähler und Nenner für $p \to p_k$ jeweils ein Faktor Null auftritt, ziehen wir die Regel von l'Hospital heran und erhalten:

$$c_k = \lim_{p \to p_k} \underset{\neq 0}{Z(p)} \frac{(p - p_k)'}{(N(p))'} = \lim_{p \to p_k} Z(p)\frac{1}{N'(p)} = \frac{Z(p_k)}{N'(p_k)}.$$

Damit lässt sich die Funktion $F(p) = Z(p)/N(p)$ darstellen durch

$$F(p) = \sum_{k=1}^{n} \frac{Z(p_k)}{N'(p_k)} \frac{1}{p - p_k}.$$

Mit $1/(p - p_k)$ nach Tabelle 12.1 folgt also für die zu $F(p)$ gehörende Originalfunktion $f(t)$:

$$f(t) = \sum_{k=1}^{n} \frac{Z(p_k)}{N'(p_k)} e^{p_k t}. \tag{12.15}$$

Diese Beziehung nennt man den **Heaviside'schen Entwicklungssatz**.

12.5 Die Behandlung von Ausgleichsvorgängen

12.5.1 Übersicht über den Lösungsweg

Bei der Untersuchung von Ausgleichsvorgängen in linearen Netzen gehen wir nach folgendem Schema vor, vgl. Bild 11.13:

1. Es werden die der Aufgabe entsprechenden Gleichungen formuliert. Bei linearen Netzen entstehen dabei lineare Dgln. mit konstanten Koeffizienten. Hinzu kommen gewisse Anfangsbedingungen.

2. Die Gleichungen werden mit e^{-pt} multipliziert und von null bis unendlich über t integriert, Gl. (12.6a), und damit in den Bildbereich transformiert.

3. Dabei entstehen aus den linearen Dgln. mit konstanten Koeffizienten algebraische Gleichungen (»Algebraisierung des Problems«) mit der unabhängigen Veränderlichen p.

4. Die Gleichungen für die transformierten Funktionen werden nach den gesuchten Größen aufgelöst. Vorgegebene Anfangsbedingungen sind in die Lösung einzuarbeiten.
5. Damit liegt die Lösung der Aufgabe im Bildbereich (in transformierter Form) vor.
6. Die Lösung im Zeitbereich ergibt sich mit einer der in Abschnitt 12.4 besprochenen Methoden (Rücktransformation).

12.5.2 Schaltvorgänge bei Gleichstrom

12.5.2.1 Probleme, die durch eine Differenzialgleichung erster Ordnung beschrieben werden

Zuerst betrachten wir den Einschaltvorgang bei einer Reihenschaltung aus einem ohmschen Widerstand und einer Kapazität, Bild 11.2a, und ermitteln die Spannung am Kondensator. Die Dgl. für diese Größe hatten wir in Abschnitt 11.1 schon angegeben; sie lautet bei ganz beliebiger Zeitabhängigkeit der Quellenspannung $u_q(t)$:

$$RC\frac{du_C}{dt} + u_C(t) = u_q(t) \,. \tag{12.16}$$

Der Kondensator soll bereits eine Ladung $Q_0 = CU_0$ aufweisen, bevor Schalter S in Stellung 1 gebracht wird. Die Anfangsbedingung ist jetzt also

$$u_C(0) = U_0 = \frac{Q_0}{C} \,. \tag{12.17}$$

Durch Transformieren von Gl. (12.16) entsteht die algebraische Gleichung

$$RC[pU_C(p) - u_C(0)] + U_C(p) = U_q(p) \,,$$

die wir nach der gesuchten Größe auflösen:

$$U_C(p) = \frac{U_q(p) + RCu_C(0)}{RCp + 1} \,. \tag{12.18}$$

Handelt es sich bei der Quellenspannung $u_q(t)$ um die Gleichspannung U_1, so ist

$$u_q(t) = U_1$$

oder, wenn wir deutlich machen wollen, dass diese Spannung erst vom Zeitpunkt $t = 0$ an auf die RC-Schaltung einwirkt:

$$u_q(t) = 1(t)U_1 \,.$$

Die Transformierte $U_q(p)$ wird in diesem Fall gemäß Tabelle 12.1:

$$U_q(p) = \frac{U_1}{p} \,.$$

Setzt man diesen Ausdruck und außerdem den Anfangswert $u_C(0) = U_0$ in Gl. (12.18) ein, so folgt

$$U_C(p) = \frac{U_1}{p(RCp + 1)} + \frac{RCU_0}{RCp + 1} = \frac{U_1 \frac{1}{RC}}{p\left(p + \frac{1}{RC}\right)} + \frac{U_0}{p + \frac{1}{RC}} \ . \tag{12.19}$$

Die zu $U_C(p)$ gehörende Zeitfunktion kann sofort mit der Tabelle der Korrespondenzen bestimmt werden:

$$u_C(t) = U_1\left(1 - e^{-at}\right) + U_0\, e^{-at} \quad \text{mit} \quad a = \frac{1}{RC}$$

oder

$$u_C(t) = U_1 - (U_1 - U_0)\, e^{-t/RC} \ . \tag{12.20}$$

Der Verlauf dieser Spannung ist für verschiedene Anfangswerte U_0 in Bild 12.5 dargestellt.

Hätten wir den ersten Summanden in Gl. (12.19) nicht in der Tabelle der Korrespondenzen vorgefunden, so hätte dieser Term z. B. in Partialbrüche zerlegt werden können, was hier ohne Benutzung des Entwicklungssatzes, Gl. (12.15), vorgeführt wird:

$$\frac{U_1 a}{p(p + a)} = \frac{A}{p} + \frac{B}{p + a} = \frac{p(A + B) + aA}{p(p + a)} \quad \text{mit} \quad a = \frac{1}{RC} \ .$$

Da die Nenner der beiden Brüche links und rechts schon übereinstimmen, ist jetzt noch Gleichheit der Zähler für alle p zu fordern:

$$A = U_1 \quad \text{und} \quad A + B = 0 \quad \text{oder} \quad B = -A = -U_1 \ .$$

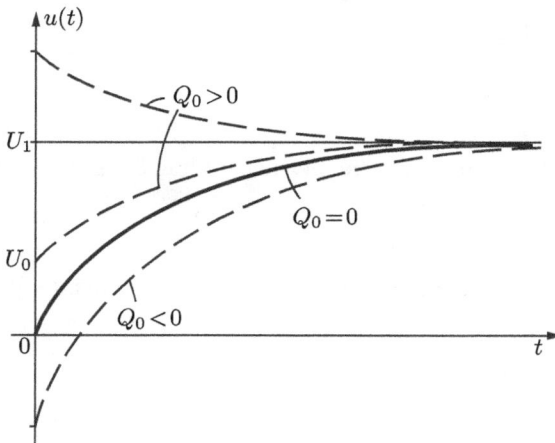

Abb. 12.5: Kondensatorspannung beim Einschalten eines RC-Kreises bei unterschiedlicher Anfangsladung Q_0.

Damit erhält man

$$\frac{U_1 a}{p(p+a)} = \frac{U_1}{p} - \frac{U_1}{p+a}$$

und nach Tabelle 12.1 die Korrespondenz

$$\frac{U_1 a}{p(p+a)} \quad \bullet\!\!-\!\!\circ \quad U_1 1(t) - U_1 e^{-at} = U_1\left(1 - e^{-t/RC}\right) \quad \text{mit} \quad t > 0\,.$$

Derselbe Zusammenhang kann auch mit dem Faltungssatz (12.14a) bestimmt werden:

$$\frac{U_1 a}{p}\frac{1}{p+a} \quad \bullet\!\!-\!\!\circ \quad U_1 a * e^{-at} = \int_0^t U_1 a\, e^{-a\tau}\, d\tau = U_1 a \frac{1}{-a} e^{-at}\Big|_0^t = U_1\left(1 - e^{-at}\right)\,.$$

Zum Schluss zeigen wir, wie man die Lösung auch mit Hilfe einer Reihenentwicklung finden kann. Durch Anwenden des Binomischen Satzes ergibt sich

$$\frac{U_1 a}{p(p+a)} = \frac{U_1 a}{p^2}\frac{1}{1+\frac{a}{p}} = \frac{U_1 a}{p^2}\left(1 - \frac{a}{p} + \left(\frac{a}{p}\right)^2 - \left(\frac{a}{p}\right)^3 + - \cdots\right)$$

$$= U_1 a\left(\frac{1}{p^2} - \frac{a}{p^3} + \frac{a^2}{p^4} - \frac{a^3}{p^5} + - \cdots\right) \quad \text{mit} \quad \left|\frac{a}{p}\right| < 1\,.$$

Hier kann man nun jeden Summanden wegen

$$t^n \quad \circ\!\!-\!\!\bullet \quad \frac{n!}{p^{n+1}} \qquad \text{oder} \qquad \frac{1}{p^{n+1}} \quad \bullet\!\!-\!\!\circ \quad \frac{t^n}{n!}$$

(nach Tabelle 12.1) zurück transformieren:

$$\frac{U_1 a}{p\,(p+a)} \quad \bullet\!\!-\!\!\circ \quad U_1 a\left(\frac{t}{1!} - a\frac{t^2}{2!} + a^2\frac{t^3}{3!} - a^3\frac{t^4}{4!} + - \cdots\right)$$

$$= U_1\left(\frac{at}{1!} - \frac{(at)^2}{2!} + \frac{(at)^3}{3!} - \frac{(at)^4}{4!} + - \cdots\right)$$

$$= U_1\left(\underbrace{1 - 1 + \frac{at}{1!} - \frac{(at)^2}{2!} + \frac{(at)^3}{3!} - \frac{(at)^4}{4!} + - \cdots}\right) = U_1\left(1 - e^{-at}\right)\,.$$

Der Ausdruck über der geschweiften Klammer ist die Potenzreihenentwicklung der Exponentialfunktion $- e^{-at}$.

Wir wenden uns jetzt dem Entladevorgang zu. Nachdem der Kondensator völlig aufgeladen ist und sich an ihm also die Spannung U_1 eingestellt hat, wird der Schalter S in die Stellung 2 gebracht. Den Schaltaugenblick bezeichnen wir wieder mit $t = 0$. Zu diesem Zeitpunkt ist daher $u_C(0) = U_1$ und die Spannung auf der rechten Seite von Gl. 12.16 gleich null. Die transformierte Lösung für die Spannung am Kondensator wird nach Gl. 12.18 unter den eben genannten Voraussetzungen:

$$U_C(p) = \frac{RCU_1}{RCp + 1} = \frac{U_1}{p + \frac{1}{RC}}\,.$$

Aus Tabelle 12.1 entnimmt man ($1/_{RC} = a$):

$$u_C(t) = U_1\, e^{-t/_{RC}} \,.\tag{12.21}$$

Das Beispiel zeigt, dass der Ausschaltvorgang im Grunde auf die gleiche Weise zu behandeln ist wie der Einschaltvorgang.

Als nächste Anwendung betrachten wir den Einschaltvorgang bei einer Reihenschaltung aus einem ohmschen Widerstand und einer Induktivität, Bild 11.2b. Gesucht ist der Strom, für den die Dgl. in Abschnitt 11.1 bereits angegeben wurde; sie lautet bei beliebiger Zeitabhängigkeit der Quellenspannung:

$$L\frac{di}{dt} + Ri(t) = u_q(t) \,.\tag{12.22}$$

Durch Transformieren dieser Gleichung erhalten wir

$$L[pI(p) - i(0)] + RI(p) = U_q(p)$$

und durch Auflösen nach $I(p)$:

$$I(p) = \frac{U_q(p) + Li(0)}{Lp + R} \,.\tag{12.23}$$

Wir setzen jetzt eine Gleichspannungsquelle U_1 voraus und nehmen an, dass $i(0) = 0$ ist. Damit folgt

$$I(p) = \frac{U_1}{p \cdot (Lp + R)} = \frac{U_1}{R}\, \frac{\dfrac{R}{L}}{p \cdot \left(p + \dfrac{R}{L}\right)} \,.\tag{12.24}$$

Nach Tabelle 12.1 wird ($R/_L = a$):

$$i(t) = \frac{U_1}{R}\left(1 - e^{-t R/_L}\right) \,.\tag{12.25}$$

Die bisherigen Anwendungen haben gezeigt, dass die Gleichungen im Bildbereich, sofern die Anfangswerte null sind, formal mit den entsprechenden Gleichungen der Wechselstromlehre übereinstimmen, wenn nur p statt $j\omega$ geschrieben wird.

Wir stellen die wichtigsten Beziehungen in der Tabelle 12.2 zusammen. Diese formalen Übereinstimmungen werden wir in einigen Fällen ausnutzen, um die interessierenden Gleichungen im Bildbereich unmittelbar aufzustellen, ohne vorher die Dgln. anzugeben.

Beispiel 12.1: Ausschaltvorgang im RL-Kreis.

Im Augenblick t = 0 wird der Schalter S in Bild 11.2b geöffnet, nachdem sich vorher der stationäre Zustand eingestellt hat.

Gesucht ist der Strom i(t).

Tab. 12.2: Überblick der wichtigsten Beziehungen.

Wechselgrößen	komplexe Größen	Größen im Bildbereich	Anmerkung
$u_R = Ri$	$\underline{U}_R = R\underline{I}$	$U_R(p) = RI(p)$	
$u_L = L\dfrac{di}{dt}$	$\underline{U}_L = j\omega L\underline{I}$	$U_L(p) = pLI(p)$	für $i(0) = 0$
$u_C = \dfrac{1}{C}\displaystyle\int_0^t i\,dt$	$\underline{U}_C = \dfrac{1}{j\omega C}\underline{I}$	$U_C(p) = \dfrac{1}{pC}I(p)$	für $u_C(0) = 0$

Lösung

Wir gehen von der transformierten Lösung, Gl. 12.23, aus und beachten, dass jetzt keine Quellenspannung im Stromkreis wirksam ist: $U_q(p) = 0$, dass aber im Schaltaugenblick noch der stationäre Strom $i(0) = U_1/R$ fließt. Damit folgt

$$I(p) = \frac{L\dfrac{U_1}{R}}{Lp + R} = \frac{\dfrac{U_1}{R}}{p + \dfrac{R}{L}} \ .$$

Die Lösung ergibt sich (Tabelle 12.1) zu:

$$i(t) = \frac{U_1}{R}\,e^{-tR/L} \ .$$

Anmerkung *Durch die Diode in der Schaltung nach Bild 11.2b wird erreicht, dass der Strom in der Spule beim Öffnen des Schalters ungehindert weiterfließen kann, und zwar über den Zweig mit der Diode (Freilaufdiode). Wäre die Diode nicht vorhanden, so würde sich zwischen den Kontakten kurzzeitig ein Lichtbogen ausbilden, da der Strom in der Spule sich nicht sprunghaft ändern kann (Abschnitt 11.1). Dieser wesentlich kompliziertere Vorgang wird hier nicht behandelt.*

Beispiel 12.2: Energiebilanz für das Aufladen des Kondensators.
Es sollen bestimmt werden durch Integration über die Zeit:
1. *die vom Kondensator aufgenommene elektrische Energie W_e,*
2. *die im Widerstand in Wärme umgesetzte Energie W_w.*
Voraussetzung: $u_C(0) = 0$.

Lösung

Wegen des Zusammenhangs $i = C\,du_C/dt$ ergibt sich aus Gl. (12.20):

$$i(t) = \frac{U_1}{R}\,e^{-t/RC} \ .$$

1. Die vom Kondensator aufgenommene Energie ist also ($a = 1/RC$):

$$W_\mathrm{e} = \int_0^\infty u_C(t) \cdot i(t)\,\mathrm{d}t = \int_0^\infty U_1 \left(1 - \mathrm{e}^{-at}\right) \frac{U_1}{R}\, \mathrm{e}^{-at}\,\mathrm{d}t$$

$$= \frac{U_1^2}{R} \int_0^\infty \left(\mathrm{e}^{-at} - \mathrm{e}^{-2at}\right)\mathrm{d}t = \frac{U_1^2}{R}\frac{1}{2a} = \frac{U_1^2}{2R}RC = \frac{1}{2}CU_1^2\,.$$

Dieses Ergebnis ist aus Abschnitt 3.8.1 bekannt: Gl. (3.46).

2. Die im Widerstand umgesetzte Energie wird:

$$W_\mathrm{w} = \int_0^\infty R i^2(t)\,\mathrm{d}t = R \int_0^\infty \frac{U_1^2}{R^2}\, \mathrm{e}^{-2at}\,\mathrm{d}t = \frac{U_1^2}{R}\frac{1}{2a} = \frac{1}{2}CU_1^2\,.$$

Beim Aufladen eines Kondensators tritt also ein Energieverlust von 50 % auf, unabhängig von der Größe des Widerstandes R. Dieser hat nur Einfluss auf den zeitlichen Ablauf, der durch die Zeitkonstante $T = RC$ charakterisiert wird.

Beispiel 12.3: Laden eines (realen) Kondensators mit Verlusten.
Der in Bild 12.6 skizzierte Kondensator mit dem Verlustwiderstand R_2 wird über einen Vorwiderstand R_1 zum Zeitpunkt $t = 0$ an eine Gleichspannungsquelle U_1 angeschlossen. Voraussetzung: $u_C(0) = 0$.

Lösung
Wir benutzen die Spannungsteilerregel und erhalten (wie in der Wechselstromlehre, nur mit p an Stelle von $\mathrm{j}\omega$):

$$U_C(p) = U_\mathrm{q}(p)\frac{\frac{R_2 Z_3}{R_2 + Z_3}}{R_1 + \frac{R_2 Z_3}{R_2 + Z_3}} \quad \text{mit} \quad Z_3 = \frac{1}{Cp}\,.$$

Nach einigen algebraischen Umformungen entsteht daraus

$$U_C(p) = \frac{U_\mathrm{q}(p)}{R_1}\frac{1}{Cp + \frac{R_1 + R_2}{R_1 \cdot R_2}}\,.$$

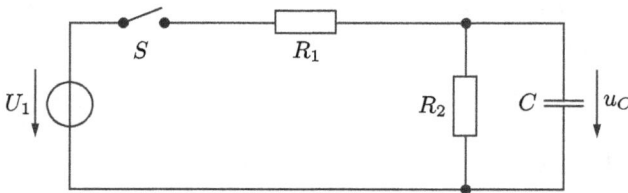

Abb. 12.6: Laden eines realen Kondensators mit Verlusten im Dielektrikum (dargestellt durch R_2).

Setzen wir jetzt $U_q(p) = U_1/p$ und führen die Abkürzung $R = \frac{R_1 R_2}{R_1 + R_2}$ ein, so folgt

$$U_C(p) = \frac{U_1}{R_1} \frac{1}{p\left(Cp + \frac{1}{R}\right)} = U_1 \frac{R}{R_1} \frac{\frac{1}{RC}}{p\left(p + \frac{1}{RC}\right)} \, .$$

Aus Tabelle 12.1 lesen wir die zugehörige Zeitfunktion ab:

$$\underline{\underline{u_C(t) = U_1 \frac{R}{R_1} \left(1 - e^{-t/RC}\right)}} \quad \text{mit} \quad R = \frac{R_1 R_2}{R_1 + R_2} \, .$$

12.5.2.2 Probleme, die durch eine Differentialgleichung zweiter Ordnung beschrieben werden

Wir wenden uns jetzt dem Reihenschwingkreis zu, Bild 11.1, an den zum Zeitpunkt $t = 0$ die Spannung $u_q(t)$ gelegt werden soll ($u_C(t) = u(t)$). Die Maschengleichung für diese Schaltung lautet:

$$Ri(t) + L\frac{di}{dt} + u(t) = u_q(t) \quad \text{mit} \quad i(t) = C\frac{du}{dt} \, .$$

Daraus folgt die in Abschnitt 11.1 schon angegebene Dgl. (11.1):

$$LC\frac{d^2 u}{dt^2} + RC\frac{du}{dt} + u(t) = u_q(t) \, .$$

Durch Transformation dieser Gleichung entsteht:

$$LC\left[p^2 U(p) - pu(0) - u'(0)\right] + RC\left[pU(p) - u(0)\right] + U(p) = U_q(p) \, . \tag{12.26}$$

Der Kondensator sei im Schaltaugenblick $t = 0$ ungeladen: $u(0) = 0$. Die Induktivität verhindert, dass der Strom sich sprunghaft ändert:

$$i(0) = \left. C\frac{du}{dt} \right|_{t=0} = Cu'(0) = 0 \, .$$

Damit wird aus Gl. (12.26), wenn wir sie nach $U(p)$ auflösen:

$$U(p) = U_q(p)\frac{1}{LCp^2 + RCp + 1} \, . \tag{12.27}$$

Ist $u_q(t)$ eine Gleichspannung: $u_q(t) = U_1$, so erhält man:

$$U(p) = \frac{U_1}{p}\frac{1}{LCp^2 + RCp + 1} = \frac{U_1}{LC}\frac{1}{p\left(p^2 + \frac{R}{L}p + \frac{1}{LC}\right)} \, . \tag{12.28}$$

Um die Rücktransformation mit Hilfe der Partialbruchzerlegung durchzuführen, werden die Nullstellen des Nennerpolynoms gebraucht. Der in Klammern eingeschlossene Faktor ist null für

$$p_{1,2} = -\frac{R}{2L} \pm \sqrt{\left(\frac{R}{2L}\right)^2 - \frac{1}{LC}} = -\delta \pm \sqrt{\delta^2 - \omega_r^2} \, . \tag{12.29}$$

Hier haben wir die Abkürzungen δ und ω_r eingeführt, δ nennt man den **Dämpfungs-faktor**, ω_r ist die aus Abschnitt 7.3.2 bekannte **Resonanzfrequenz** des Schwingkreises.

Mit p_1 und p_2 schreiben wir an Stelle von Gl. (12.28):

$$\frac{U(p)}{U_1} = \frac{1}{LC} \cdot \frac{1}{p(p-p_1)(p-p_2)} = \frac{1}{LC}\frac{Z(p)}{N(p)} .$$

Der Quotient aus Zählerpolynom $Z(p)$ und Nennerpolynom $N(p)$ lässt sich mit dem Heaviside'schen Entwicklungssatz (12.15) in den Zeitbereich zurück transformieren:

$$\frac{Z(p)}{N'(p)} = \frac{1}{(p-p_1)(p-p_2) + p(p-p_1) + p(p-p_2)} ,$$

$$\frac{Z(0)}{N'(0)} = \frac{1}{p_1 p_2} , \qquad \frac{Z(p_1)}{N'(p_1)} = \frac{1}{p_1(p_1-p_2)} , \qquad \frac{Z(p_2)}{N'(p_2)} = \frac{1}{p_2(p_2-p_1)} ,$$

$$\frac{u(t)}{U_1} = \frac{1}{LC}\left(\frac{1}{p_1 p_2}\, e^0 + \frac{1}{p_1(p_1-p_2)}\, e^{p_1 t} + \frac{1}{p_2(p_2-p_1)}\, e^{p_2 t} \right).$$

Aus Gl. (12.29) folgt, dass $p_1 p_2 = \omega_r^2 = 1/LC$ ist. Damit kann man den Ausdruck für $u(t)/U_1$ vereinfachen:

$$\frac{u(t)}{U_1} = 1 + \frac{p_2\, e^{p_1 t} - p_1\, e^{p_2 t}}{p_1 - p_2} . \tag{12.30}$$

Die Größen R, L, C können so gewählt sein, dass p_1 und p_2 reell werden und dann entweder verschieden sind oder übereinstimmen. Es ist auch möglich, dass p_2 die zu p_1 konjugiert komplexe Zahl ist. Man unterscheidet entsprechend drei Fälle.

Der aperiodische Fall ($\delta > \omega_r$)

Die Wurzel in Gl. 12.29 ist für $\delta > \omega_r$ reell; man schreibt

$$p_{1,2} = -\delta \pm \sqrt{\delta^2 - \omega_r^2} = -\delta \pm \Omega \tag{12.31}$$

und hat

$$p_1 - p_2 = 2\Omega .$$

Damit wird aus Gl. (12.30):

$$\frac{u(t)}{U_1} = 1 + \frac{1}{2\Omega}\left[(-\delta - \Omega)\, e^{-\delta t + \Omega t} - (-\delta + \Omega)\, e^{-\delta t - \Omega t} \right]$$

$$= 1 + \frac{1}{\Omega}\, e^{-\delta t}\left[-\frac{\delta}{2}\left(e^{\Omega t} - e^{-\Omega t} \right) - \frac{\Omega}{2}\left(e^{\Omega t} + e^{-\Omega t} \right) \right]$$

oder

$$\frac{u(t)}{U_1} = 1 - e^{-\delta t}\left(\cosh \Omega t + \frac{\delta}{\Omega}\sinh \Omega t \right) . \tag{12.32}$$

Der Strom folgt durch Differenzieren unter Benutzung der Produktregel:

$$i(t) = C\frac{du}{dt} = -CU_1\, e^{-\delta t}\left(\Omega \sinh \Omega t + \delta \cosh \Omega t - \frac{\delta^2}{\Omega}\sinh \Omega t - \delta \cosh \Omega t \right)$$

$$= -\frac{CU_1}{\Omega}\, e^{-\delta t}\left(\Omega^2 - \delta^2 \right)\sinh \Omega t .$$

Wegen $\Omega^2 - \delta^2 = \delta^2 - \omega_r^2 - \delta^2 = -\omega_r^2 = -1/LC$ entsteht daraus

$$i(t) = \frac{U_1}{\Omega L}\, e^{-\delta t} \sinh \Omega t \,.$$ (12.33)

Der periodische Fall ($\delta < \omega_r$)
Jetzt wird die Wurzel in Gl. (12.29) imaginär; man führt die Abkürzung ω_e (Eigenfrequenz) ein und hat:

$$p_{1,2} = -\delta \pm j\sqrt{\omega_r^2 - \delta^2} = -\delta \pm j\omega_e\,,$$ (12.34)
$$p_1 - p_2 = j2\omega_e\,.$$

Damit lautet Gl. (12.30) nach ähnlicher Zwischenrechnung wie im aperiodischen Fall:

$$\frac{u(t)}{U_1} = 1 - e^{-\delta t}\left(\cos\omega_e t + \frac{\delta}{\omega_e}\sin\omega_e t\right)\,.$$ (12.35)

Den Strom bestimmt man am einfachsten, indem man in Gl. (12.33) Ω durch $j\omega_e$ ersetzt und den Zusammenhang $\sinh jx = j\sin x$ berücksichtigt:

$$i(t) = \frac{U_1}{\omega_e L}\, e^{-\delta t} \sin\omega_e t\,.$$ (12.36)

Der aperiodische Grenzfall ($\delta = \omega_r$)
Jetzt ist nach Gl. (12.29):

$$p_{1,2} = -\delta\,.$$ (12.37)

Wir bestimmen die Lösungen, indem wir vom periodischen Fall ausgehen und ω_e gegen null gehen lassen. Mit

$$\lim_{\omega_e \to 0}\cos\omega_e t = 1,\quad \lim_{\omega_e \to 0}\frac{\sin\omega_e t}{\omega_e} = t$$

wird aus Gl. (12.35):

$$\frac{u(t)}{U_1} = 1 - e^{-\delta t}(1 + \delta t)\,.$$ (12.38)

Der Strom folgt aus Gl. (12.36) mit $\omega_e \to 0$:

$$i(t) = \frac{U_1}{L}\, t\, e^{-\delta t}\,.$$ (12.39)

Für die drei eben behandelten Fälle ist die Kondensatorspannung in Bild 12.7 dargestellt. Zusätzlich enthält das Bild die entsprechenden Kurven für den Ausschaltvorgang (Kurzschließen des Reihenschwingkreises; vgl. auch Bsp. 12.4).

Beispiel 12.4: Kurzschließen eines Reihenschwingkreis.
Der Reihenschwingkreis nach Bild 12.8 wird zuerst an die Gleichspannungsquelle U_1 angeschlossen (Schalter S_1 geschlossen, Schalter S_2 geöffnet). Nachdem sich ein stationärer Zustand eingestellt hat ($u_C = U_1$, $i = 0$), wird der Schalter S_1 geöffnet und der Schalter S_2 eingelegt (Zeitpunkt $t = 0$). Gesucht ist der zeitliche Verlauf des Stromes i (nur periodischer Fall).

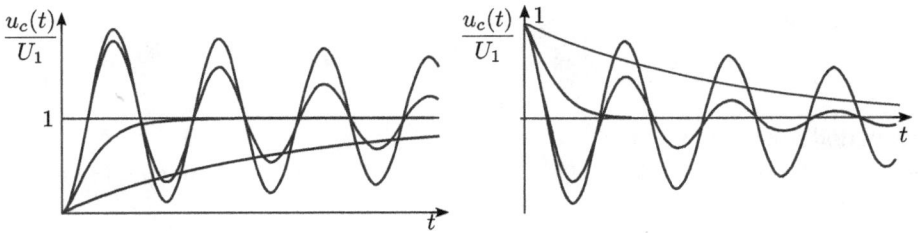

Abb. 12.7: Ein- und Ausschalten (Kurzschließen) eines Reihenschwingkreises: jeweils periodischer Fall (zwei Kurven), aperiodischer Grenzfall, aperiodischer Fall.

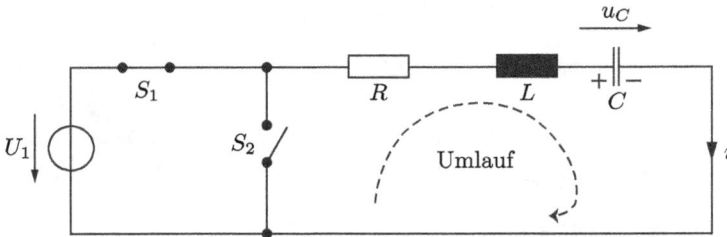

Abb. 12.8: Kurzschließen eines Reihenschwingkreises.

Lösung

Die Maschengleichung wird für den eingetragenen Umlauf:

$$Ri + L\frac{di}{dt} + \frac{1}{C} \int_{-\infty}^{t} i(\tau)\,d\tau = 0$$

oder

$$Ri + L\frac{di}{dt} + \frac{1}{C} \int_{-\infty}^{0} i(\tau)\,d\tau + \frac{1}{C} \int_{0}^{t} i(\tau)\,d\tau = 0 \,. \tag{12.40}$$

Hierbei stellt das erste Integral die Ladung Q_0 dar, auf die der Kondensator bis zum Zeitpunkt $t = 0$ aufgeladen wurde. Zwischen dieser Ladung und der Kondensatorspannung besteht der Zusammenhang $Q_0 = CU_1$. Damit geht Gl. (12.40) über in

$$Ri + L\frac{di}{dt} + U_1 + \frac{1}{C} \int_{0}^{t} i(\tau)\,d\tau = 0 \,. \tag{12.41}$$

Durch Transformieren ergibt sich

$$RI(p) + L[pI(p) - i(0)] + \frac{U_1}{p} + \frac{1}{Cp}I(p) = 0 \,.$$

Die Induktivität verhindert eine sprunghafte Änderung des Stromes: $i(0) = 0$. Somit folgt

$$I(p) = \frac{-U_1}{p\left(R + Lp + \frac{1}{Cp}\right)} = -\frac{U_1}{L}\frac{1}{p^2 + \frac{R}{L}p + \frac{1}{CL}} \,. \tag{12.42}$$

Wir bezeichnen die Nullstellen des Nenners von Gl. (12.42) wieder mit $p_{1,2}$, Gl. (12.29), und transformieren den Strom mit Gl. (12.15) in den Zeitbereich zurück:

$$i(t) = -\frac{U_1}{L}\left(\frac{1}{p_1 - p_2}\,e^{p_1 t} + \frac{1}{p_2 - p_1}\,e^{p_2 t}\right).$$

Nach kurzer Zwischenrechnung ergibt sich für den periodischen Fall, der hier allein betrachtet wird:

$$i(t) = -\frac{U_1}{L}\frac{1}{\omega_e}\,e^{-\delta t}\sin\omega_e t,$$

also der Ausdruck für eine gedämpfte Schwingung. Das Minuszeichen macht deutlich, dass der Strom während der ersten Sinushalbwelle entgegen dem eingetragenen Zählpfeil fließt, d. h. außerhalb des Kondensators von Plus nach Minus.

Anmerkung *Ein anderer Lösungsweg besteht darin, Gl. (12.40) oder (12.41) einmal nach der Zeit zu differenzieren,*

$$L\frac{d^2 i}{dt^2} + R\frac{di}{dt} + \frac{1}{C}i = 0,$$

und diese Gleichung zu transformieren:

$$L\left(p^2 I(p) - p i(0) - i'(0)\right) + R\left(p I(p) - i(0)\right) + \frac{1}{C}I(p) = 0.$$

Hierin ist $i(0) = 0$ und damit auch $u_R(0) = 0$. Für $i'(0)$ ergibt sich:

$$u_L = L\frac{di}{dt} \rightarrow i'(0) = \frac{u_L(0)}{L}.$$

Aus dem 2. Kirchhoff'schen Satz folgt dann speziell für $t = 0$:

$$u_R + u_L + u_C = 0 \rightarrow 0 + u_L(0) + U_1 = 0 \quad oder \quad u_L(0) = -U_1.$$

Damit hat man

$$L\left(p^2 I(p) + \frac{U_1}{L}\right) + R p I(p) + \frac{1}{C}I(p) = 0,$$

woraus durch Umformen ebenfalls Gl. (12.42) entsteht.

12.5.3 Schaltvorgänge bei Wechselstrom

In dem vorangehenden Abschnitt über Schaltvorgänge bei Gleichstrom hatten wir bei der Ermittlung der transformierten Lösungen für $U(p)$ oder $I(p)$ zunächst offengelassen, welchen zeitlichen Verlauf die Quellenspannung haben sollte. Es tauchte also bei den Einschaltaufgaben in der Lösung zuerst immer noch eine ganz beliebige transformierte Quellenspannung $U_q(p)$ auf. Wir könnten die bisher behandelten Aufgaben durch entsprechende Wahl der Quellenspannung beliebig modifizieren, ohne grundsätzlich neue Überlegungen anstellen zu müssen. Mit Rücksicht auf die große praktische Bedeutung der sich zeitlich nach einem Sinusgesetz ändernden Spannungen und Ströme beschränken wir uns hier auf das Einschalten einer solchen Quellenspannung.

Wir betrachten den Fall, dass an eine Reihenschaltung aus R und C (Bild 11.2a) zum Zeitpunkt $t = 0$ die folgende Spannung geschaltet wird:

$$u_q(t) = \hat{u}\cos(\omega t + \gamma) \qquad (t > 0). \tag{12.43}$$

Wir suchen die Spannung am Kondensator für den Sonderfall, dass der Kondensator anfangs ungeladen ist: $u_C(0) = 0$.

Mit Gl. (12.18) können wir die Lösung im Bildbereich sofort hinschreiben:

$$U_C(p) = \frac{\mathcal{L}\{\hat{u}\cos(\omega t + \gamma)\}}{RCp + 1} = \mathcal{L}\{\hat{u}\cos(\omega t + \gamma)\}\frac{\frac{1}{RC}}{p + \frac{1}{RC}}. \tag{12.44}$$

Ist die Transformierte von u_q bekannt, so lässt sich die Rücktransformation mit Gl. (12.15) durchführen. Wir besprechen hier einen anderen Lösungsweg und benutzen den Faltungssatz (12.14a), wobei wir den ersten Faktor in Gl. (12.44) als $F_2(p)$ auffassen, den zweiten als $F_1(p)$. Dann gilt:

$$F_1(p) = \frac{\frac{1}{RC}}{p + \frac{1}{RC}} \quad\bullet\!\!-\!\!\circ\quad \frac{1}{RC}\,e^{-t/RC} = f_1(t) \qquad \text{(Tabelle 12.1)}$$

$$F_2(p) = \mathcal{L}\{\hat{u}\cos(\omega t + \gamma)\} \quad\bullet\!\!-\!\!\circ\quad \hat{u}\cos(\omega t + \gamma) = f_2(t)\,.$$

Nach Einsetzen in Gl. (12.14a) ergibt sich ($1/RC = a$):

$$U_C(p) = F_1(p)\,F_2(p) \quad\bullet\!\!-\!\!\circ\quad \frac{\hat{u}}{RC}\int_0^t e^{-a(t-\tau)}\cos(\omega\tau + \gamma)\,d\tau$$

$$u_C(t) = \frac{\hat{u}}{RC}\int_0^t e^{-a(t-\tau)}\frac{1}{2}\left(e^{j(\omega\tau+\gamma)} + e^{-j(\omega\tau+\gamma)}\right)d\tau$$

$$= \frac{\hat{u}}{2RC}\,e^{-at}\int_0^t \left(e^{(a+j\omega)\tau + j\gamma} + e^{(a-j\omega)\tau - j\gamma}\right)d\tau\,.$$

Nach Auswerten des Integrals erhält man

$$u_C(t) = \frac{\hat{u}}{2RC}\,e^{-at}\left(\frac{e^{(a+j\omega)t} - 1}{a + j\omega}\,e^{j\gamma} + \frac{e^{(a-j\omega)t} - 1}{a - j\omega}\,e^{-j\gamma}\right)\,.$$

Führt man hier die Abkürzung $\tan\psi = \omega/a$ ein und schreibt die Nenner zwischen den Klammern als

$$a \pm j\omega = \sqrt{a^2 + \omega^2}\cdot e^{\pm j\arctan \omega/a} = \sqrt{a^2 + \omega^2}\cdot e^{\pm j\psi}\,, \tag{12.45}$$

so wird mit $a = 1/RC$

$$u_C(t) = \frac{\hat{u}}{2RC} \frac{1}{\sqrt{a^2 + \omega^2}} \left[e^{j(\omega t + \gamma - \psi)} + e^{-j(\omega t + \gamma - \psi)} - e^{-at} \left(e^{j(\gamma - \psi)} + e^{-j(\gamma - \psi)} \right) \right]$$

oder

$$u_C(t) = \frac{\hat{u}}{RC} \frac{1}{\sqrt{a^2 + \omega^2}} \left[\cos(\omega t + \gamma - \psi) - e^{-at} \cos(\gamma - \psi) \right] . \qquad (12.46)$$

In Gl. (12.46) beschreibt der erste Summand eine periodische Dauerschwingung, während der zweite den Übergangsvorgang charakterisiert.

Ein bemerkenswerter Sonderfall liegt vor, wenn sich nach dem Schalten sofort der eingeschwungene Zustand einstellt; das ist z. B. für

$$\gamma - \psi = \pm \frac{\pi}{2} \quad \text{oder} \quad \gamma = \pm \frac{\pi}{2} + \psi$$

der Fall. Dann wird aus den Gln. (12.43) und (12.46):

$$u_q(t) = \hat{u} \cos\left(\omega t \pm \frac{\pi}{2} + \psi\right) = \mp \hat{u} \sin(\omega t + \psi) \qquad (12.43')$$

$$u_C(t) = \frac{\hat{u}}{RC} \frac{1}{\sqrt{a^2 + \omega^2}} \cos\left(\omega t \pm \frac{\pi}{2}\right) = \mp \frac{\hat{u}}{RC} \frac{1}{\sqrt{a^2 + \omega^2}} \sin \omega t . \qquad (12.46')$$

Die Quellenspannung eilt im eingeschwungenen Fall der Kondensatorspannung um $\psi = \arctan(\omega/a) = \arctan(\omega CR)$ voraus. Dieser Winkel ist nicht mit dem Winkel φ identisch, der üblicherweise die Phasenverschiebung zwischen Strom und Spannung bezeichnet. Es gilt vielmehr $\psi + \varphi = \pi/2$ mit $\varphi = \arctan(1/\omega CR)$. Die Zusammenhänge sind in Bild 12.9 dargestellt.

Im Schaltaugenblick ($t = 0$) wird in dem betrachteten Sonderfall $u_C(0) = 0$ und $u_q(0) = \mp \hat{u} \sin \psi$. Wollte man den Übergangsvorgang vermeiden, so müsste man also um den Winkel ψ nach einem Nulldurchgang der Quellenspannung schalten, Bild 12.10. Speziell für $1/\omega C \gg R$ und damit $\psi = 0$ wäre ein Schalten genau im Nulldurchgang der Quellenspannung erforderlich.

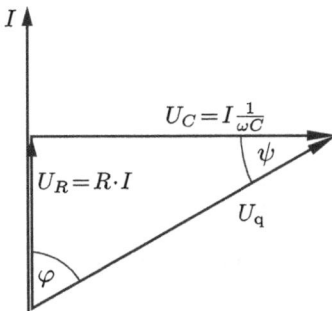

Abb. 12.9: RC-Kreis bei Wechselstrom: Zeigerdiagramm.

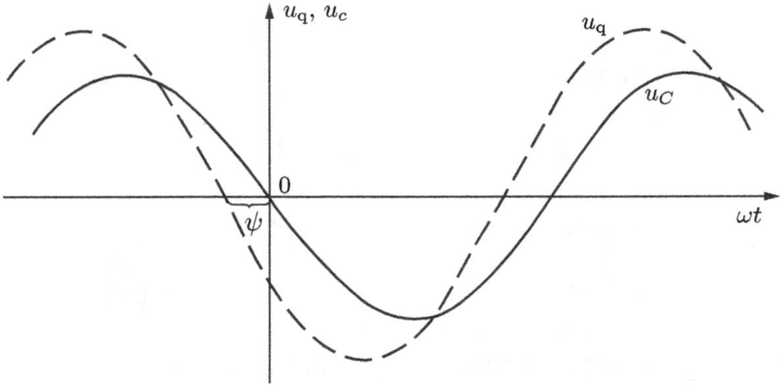

Abb. 12.10: RC-Kreis bei Wechselstrom: Liniendiagramm.

Beispiel 12.5: Einschalten eines RL-Kreises an Wechselspannung.

Im Augenblick $t = 0$ wird der RL-Kreis nach Bild 11.2b an die Wechselspannung $u_q = \hat{u} \cos(\omega t + \gamma)$ gelegt. Gesucht ist der Strom $i(t)$ unter der Voraussetzung $i(0) = 0$.

Lösung

Die transformierte Lösung für die vorliegende Anordnung ist bekannt: Gl. (12.23). Damit folgt hier:

$$I(p) = \frac{U_q(p)}{Lp + R} = \frac{\mathcal{L}\{\hat{u} \cos(\omega t + \gamma)\}}{Lp + R} .$$

Um einen anderen Lösungsweg vorzuführen, benutzen wir hier nicht – wie bei der vorangehenden Aufgabe – den Faltungssatz, sondern transformieren $u_q(t)$ und wenden dann den Heaviside'schen Entwicklungssatz an, Gl. (12.15). Wegen $\cos(\omega t + \gamma) = \cos \omega t \cos \gamma - \sin \omega t \sin \gamma$ lässt sich die Transformierte der Quellenspannung mit den in Tabelle 12.1 aufgeführten Korrespondenzen leicht angeben:

$$U_q(p) = \hat{u} \frac{p \cos \gamma - \omega \sin \gamma}{p^2 + \omega^2} .$$

Also hat man mit $a = R/L$:

$$I(p) = \frac{\hat{u}}{Lp + R} \frac{p \cos \gamma - \omega \sin \gamma}{p^2 + \omega^2}$$

$$= \frac{\hat{u} \cos \gamma}{L} \frac{p}{(p + a)(p^2 + \omega^2)} - \frac{\hat{u} \cdot \omega \sin \gamma}{L} \frac{1}{(p + a)(p^2 + \omega^2)} .$$

Das Nennerpolynom $N = (p + a)(p^2 + \omega^2)$ hat die Nullstellen $p_1 = -a$, $p_2 = -j\omega$, $p_3 = +j\omega$ und die Ableitung $N'(p) = 3p^2 + 2ap + \omega^2$. Daher wird

$$N'(p_1) = a^2 + \omega^2 , \quad N'(p_2) = -2\omega^2 - j2a\omega , \quad N'(p_3) = -2\omega^2 + j2a\omega .$$

Der Entwicklungssatz liefert damit

$$i(t) = \frac{\hat{u}\cos\gamma}{L}\left[\frac{-a}{a^2+\omega^2}e^{-at} + \frac{-j\omega}{-2\omega^2-j2a\omega}e^{-j\omega t} + \frac{j\omega}{-2\omega^2+j2a\omega}e^{+j\omega t}\right]$$
$$-\frac{\hat{u}\omega\sin\gamma}{L}\left[\frac{1}{a^2+\omega^2}e^{-at} + \frac{1}{-2\omega^2-j2a\omega}e^{-j\omega t} + \frac{1}{-2\omega^2+j2a\omega}e^{+j\omega t}\right]$$

und nach einigen Umformungen

$$i(t) = \frac{\hat{u}\omega}{L}\left[-\frac{\frac{a}{\omega}\cos\gamma + \sin\gamma}{a^2+\omega^2}e^{-at} + \frac{1}{2\omega(a-j\omega)}e^{-j(\omega t+\gamma)} + \frac{1}{2\omega(a+j\omega)}e^{+j(\omega t+\gamma)}\right].$$

Mit der bereits verwendeten Abkürzung nach Gl. (12.45), d. h. $\tan\psi = \omega/a$, $\cot\psi = a/\omega$, $\sin\psi = \omega/\sqrt{a^2+\omega^2}$, folgt

$$i(t) = \frac{\hat{u}\cdot\omega}{L}\left[-\frac{\cos\psi\cos\gamma + \sin\psi\sin\gamma}{\sin\psi}\frac{e^{-at}}{a^2+\omega^2} + \frac{e^{-j(\omega t+\gamma-\psi)} + e^{+j(\omega t+\gamma-\psi)}}{2\omega\sqrt{a^2+\omega^2}}\right]$$

und als Endformel

$$i(t) = \frac{\hat{u}}{L\sqrt{a^2+\omega^2}}\left[\cos(\omega t + \gamma - \psi) - e^{-at}\cos(\gamma - \psi)\right],$$
$$\text{mit}\quad a = \frac{R}{L}, \quad \tan\psi = \frac{\omega}{a} = \frac{\omega L}{R}.$$

Das Ergebnis stimmt weitgehend mit Gl. 12.46 überein. Auch jetzt ist der Sonderfall möglich, dass der eingeschwungene Zustand sich bereits unmittelbar nach dem Schalten einstellt: $\gamma - \psi = \pm\pi/2$ usw. oder $\gamma = \pm\pi/2 + \psi$. Ist speziell $\omega L/R \gg 1$ und damit $\psi = \pi/2$ oder $\gamma = [\pi, 0]$, so wird $u_q(0) = \hat{u}\cos(\pi) = -\hat{u}$ bzw. $\hat{u}\cos(0) = +\hat{u}$. Der Übergangsvorgang lässt sich in diesem Sonderfall also vermeiden, wenn in einem Spannungsminimum bzw. -maximum geschaltet wird.

Ganz andere Verhältnisse liegen für $\gamma - \psi = 0$ vor. Dann gilt

$$u_q(t) = \hat{u}\cos(\omega t + \psi);$$
$$i(t) = \frac{\hat{u}}{L\sqrt{a^2+\omega^2}}\left[\cos\omega t - e^{-at}\right].$$

Der ungünstigste Fall tritt speziell für $a = R/L = 0$ oder $\psi = \pi/2$ auf. Das bedeutet, dass bei einem Nulldurchgang der Quellenspannung geschaltet wird. Dann verläuft der Strom näherungsweise zunächst gemäß

$$i(t) \approx \frac{\hat{u}}{\omega L}[\cos\omega t - 1]$$

und erreicht einen ersten Extremwert bei $\omega t = \pi$:

$$i_{\max} \approx -\frac{2\hat{u}}{\omega L}.$$

Der Maximalwert des Stromes wird nach dem Schalten also nahezu doppelt so groß wie im eingeschwungenen Zustand. (Noch ungünstigere Verhältnisse ergeben sich bei nichtlinearen Induktivitäten.)

13 Die z-Transformation

13.1 Allgemeine Zusammenhänge

13.1.1 Einführung und Definition

Neben den bisher betrachteten **zeitkontinuierlichen Systemen**, bei denen die interessierenden Größen durch i. A. stetige Funktionen – z. B. $u(t)$, $i(t)$ – beschrieben werden (Bild 13.1a), spielen in der Elektrotechnik in zunehmendem Maß **zeitdiskrete Systeme** eine Rolle. Bei diesen werden die interessierenden Größen nur zu bestimmten (= diskreten) Zeitpunkten betrachtet (gemessen): Bild 13.1b. Diesen Vorgang bezeichnet man als **Abtastung**: Durch diese wird der (i. A.) **kontinuierlichen Funktion** $f(t)$ die **Folge der Abtastwerte** ..., $f_0, f_1, f_2, f_3, \ldots$ zugeordnet.

In den meisten Anwendungen ist der Abstand zwischen zwei aufeinander folgenden Abtastzeitpunkten konstant:

$$f_0 = f(0), f_1 = f(T), f_2 = f(2T), \ldots, f_n = f(nT), \ldots \qquad T = konst.$$

Auf diesen Fall wollen wir uns im Folgenden beschränken.

Als Einführung in die Art der Aufgabenstellungen dieses Kapitels betrachten wir eine aus Addierern, Multiplizierern und Verzögerungselementen (diese verzögern den Wert der Eingangsfolge jeweils um einen Zeitschritt T) aufgebaute Schaltung: Bild 13.2.

Dem Schaltbild entnimmt man, dass zwischen der gegebenen Eingangsfolge x_n und der gesuchten Ausgangsfolge y_n der Zusammenhang

$$y_n = x_n + 2y_{n-1} + 3y_{n-2} \tag{13.1}$$

besteht. Diese Gleichung gilt für alle ganzen n. Sie kann bei bekannter Eingangsfolge x_n nur eindeutig gelöst werden, wenn man zusätzlich bestimmte Anfangswerte vorgibt. Um das zu erkennen, schreiben wir Gl. (13.1) für $n = 0, 1, 2, \ldots$ auf, d. h. wir betrachten

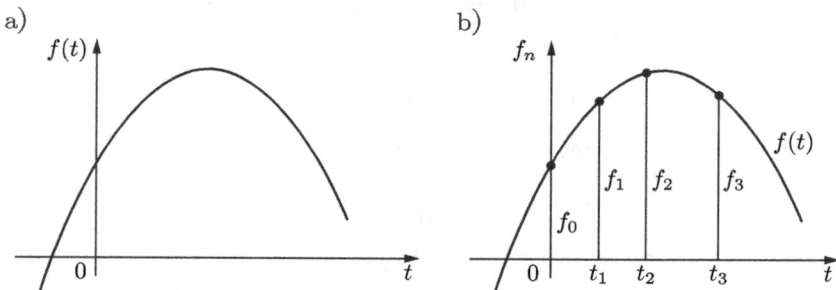

Abb. 13.1: Die Funktion $f(t)$ und die Abtastwerte f_n.

https://doi.org/10.1515/9783110631647-007

den Vorgang vom Zeitpunkt $t = 0$ an:

$$n = 0 : \quad y_0 = x_0 + 2y_{-1} + 3y_{-2}$$
$$n = 1 : \quad y_1 = x_1 + 2y_0 + 3y_{-1}$$
$$n = 2 : \quad y_2 = x_2 + 2y_1 + 3y_0$$
$$n = 3 : \quad y_3 = x_3 + 2y_2 + 3y_1 \qquad \text{usw.}$$

Offenbar kann man das Gleichungssystem lösen, wenn die Werte y_{-1} und y_{-2} bekannt sind. Wir geben uns vor: $y_{-1} = y_{-2} = 0$. Dann lässt sich aus der ersten Zeile y_0 ermitteln. Mit diesem y_0 liefert dann die zweite Zeile y_1, danach die dritte Zeile y_2 usw. Wir zeigen das für die Eingangsfolge $x_n = 1$ ($n \geq 0$), vgl. Bild 13.3:

$$n = 0 : \quad y_0 = 1$$
$$n = 1 : \quad y_1 = 1 + 2 \cdot 1 = 3$$
$$n = 2 : \quad y_2 = 1 + 2 \cdot 3 + 3 \cdot 1 = 10$$
$$n = 3 : \quad y_3 = 1 + 2 \cdot 10 + 3 \cdot 3 = 30$$
$$n = 4 : \quad y_4 = 1 + 2 \cdot 30 + 3 \cdot 10 = 91 \qquad \text{usw.} \qquad (13.2)$$

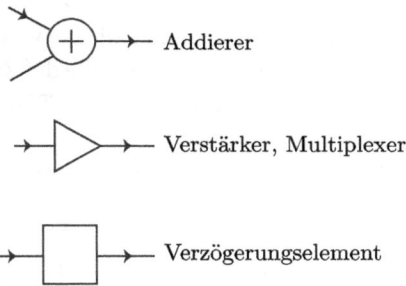

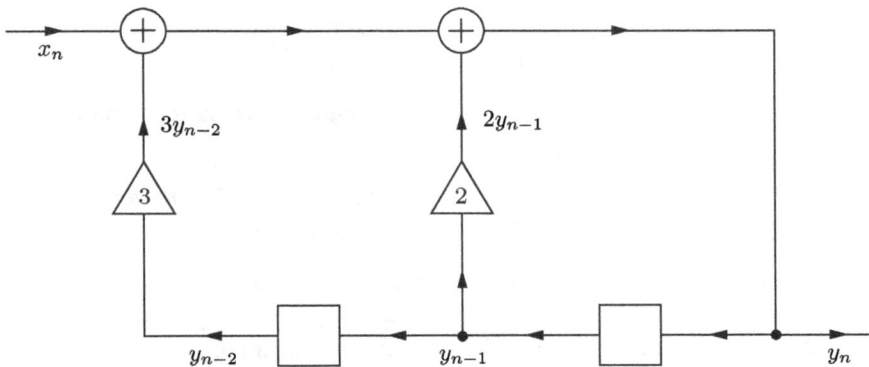

Abb. 13.2: Beispiel eines zeitdiskreten Systems.

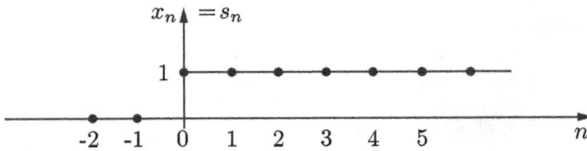

Abb. 13.3: Die (Einheits-)Sprungfolge.

Die Werte y_0, y_1, y_2 usw. werden hier **rekursiv** bestimmt; daher bezeichnet man Gleichung (13.1) als **Rekursionsgleichung**. Oft verwendet man auch den Ausdruck **Differenzengleichung**, und zwar deswegen, weil Gleichungen dieses Typs entstehen, wenn man in Differenzialgleichungen die Ableitungen durch Differenzenquotienten ersetzt.

Wir betrachten dazu ein Beispiel, und zwar den Tiefpass 1. Grades nach Bild 7.91a. Die Umlaufgleichung lautet:

$$u_E(t) = R \cdot i(t) + u_A(t) \quad \text{mit} \quad i(t) = C\frac{du_A}{dt}$$

oder

$$CR\frac{du_A(t)}{dt} + u_A(t) = u_E(t) \, .$$

Die äquivalente Differenzengleichung (durch die die vorliegende Differenzialgleichung angenähert wird) erhält man, indem man anstelle des Zeitpunktes t und des Zeitdifferenzials dt den Zeitpunkt nT und die Zeitdifferenz T betrachtet:

$$CR\frac{u_A((n+1)T) - u_A(nT)}{T} + u_A(nT) = u_E(nT)$$

oder

$$u_A((n+1)T) + \left(\frac{T}{CR} - 1\right)u_A(nT) = \frac{T}{CR}u_E(nT) \, .$$

Statt $u(nT)$ schreiben wir einfacher u_n oder $u[n]$, also

$$u_A[n+1] + \left(\frac{T}{CR} - 1\right)u_A[n] = \frac{T}{CR}u_E[n] \, .$$

Eine Gleichung dieser Art nennt man eine Differenzengleichung erster Ordnung.

Anmerkung *Die Werte u_n oder $u[n]$ sind hier nicht die Abtastwerte des kontinuierlichen Systems nach Bild 7.91a. Die Folge $u_A[n]$ ist vielmehr die Lösung der Differenzengleichung bei gegebener Eingangsfolge $u_E[n]$ und bekanntem Anfangszustand.*

Die klassische Methode zur Lösung von Differenzengleichungen ist vergleichbar mit dem Verfahren zur Lösung von Differenzialgleichungen. (Man stellt Lösungen der homogenen Gleichung auf, sucht dann eine Partikularlösung der inhomogenen Gleichung usw.; vgl. Abschnitt 11.1). Dieser Weg zur Gewinnung eines allgemeinen Ausdrucks für y_n soll hier nicht verfolgt werden. Statt dessen wollen wir hier derartige Probleme mit der **z-Transformation** lösen. Diese Methode hat für die Untersuchung diskreter Systeme eine ähnliche Bedeutung wie die Laplace-Transformation für die Analyse kontinuierlicher Systeme. (Auf den Zusammenhang zwischen beiden Transformationen geht Abschnitt 13.1.2 ein und liefert nachträglich eine Motivation für die jetzt folgende Beziehung (13.3)). Die z-Transformation ist definiert durch die Gleichung

$$\mathcal{Z}\{f_n\} = \sum_{n=0}^{\infty} f_n\, z^{-n} = F(z)\,. \tag{13.3}$$

Diese Vorschrift liefert zu einer **Originalfolge** f_n eine Bildfunktion $F(z)$. Mit dem aus Abschnitt 12.1 schon bekannten Korrespondenzzeichen schreibt man

$$f_n \circ\!\!-\!\!\bullet\, F(z) \quad \text{oder} \quad F(z) \,\bullet\!\!-\!\!\circ\, f_n\,.$$

In der Literatur werden meist im Zusammenhang mit der z-Transformation nur Folgen mit $f_n = 0$ für $n < 0$ betrachtet. Das soll in der vorliegenden Darstellung zunächst auch vorausgesetzt werden. Wann die Reihe (13.3) – es handelt sich um eine Laurent-Reihe – absolut konvergiert, kann mit dem Quotientenkriterium entschieden werden:

$$\lim_{n\to\infty} \left| \frac{f_{n+1} z^{-(n+1)}}{f_n z^{-n}} \right| = \left| z^{-1} \right| \lim_{n\to\infty} \left| \frac{f_{n+1}}{f_n} \right| \overset{!}{<} 1$$

oder

$$|z| \overset{!}{>} \lim_{n\to\infty} \left| \frac{f_{n+1}}{f_n} \right| \equiv r\,.$$

Das Konvergenzgebiet ist also das Gebiet außerhalb des Kreises mit dem Radius r um den Koordinatenursprung (Bild 13.4: das Konvergenzgebiet ist schraffiert).

Diejenigen Leser, die sich in erster Linie für die Handhabung der z-Transformation interessieren und die Rücktransformation ausschließlich mit Hilfe von Korrespondenztabellen durchführen wollen, können die jetzt folgenden Abschnitte 13.1.2 und 13.1.3 überspringen und gleich zu Abschnitt 13.2 übergehen.

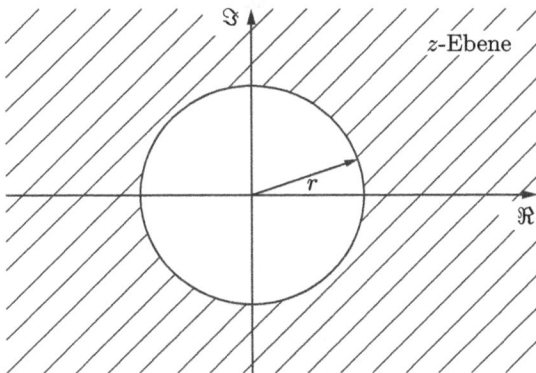

Abb. 13.4: Die z-Ebene und das Konvergenzgebiet $|z| > r$ der Bildfunktion.

13.1.2 Der Übergang von der Laplace- zur z-Transformation

Von einer für $t > 0$ definierten Funktion $f(t)$ seien nur die Werte für $t = 0$, $t = T$, $t = 2T, \ldots$ (Abtastwerte) gegeben: $f(nT) \equiv f_n$. Diese Folge von Funktionswerten lässt sich nicht ohne weiteres der Laplace-Transformation unterwerfen. Ordnet man dieser Folge jedoch eine Treppenfunktion $f_T(t)$ gemäß

$$f_T(t) = f_n \quad \text{für} \quad nT \leq t < (n+1)T$$

zu (Bild 13.5), so kann die Transformation durchgeführt werden:

$$\mathcal{L}\{f_T(t)\} = \int_0^\infty f_T(t)\, e^{-pt}\, dt = \sum_{n=0}^\infty \int_{nT}^{(n+1)T} f_n\, e^{-pt}\, dt$$

$$= \sum_{n=0}^\infty f_n \frac{e^{-p(n+1)T} - e^{-pnT}}{-p} = \frac{1 - e^{-pT}}{p} \sum_{n=0}^\infty f_n\, e^{-pnT}\,.$$

Der Vorfaktor $\frac{1-e^{-pT}}{p}$ ist offenbar gleich der Laplace-Transformierten des Rechteckimpulses nach Bild 12.3 (s. Abschnitt 12.3). Wir interessieren uns hier zunächst nur für die Summe, die der Folge f_n eine bestimmte Funktion zuordnet. Diese Zuordnungsvorschrift nennt man die **diskrete Laplace-Transformation**, für die die Bezeichnung $D[f_n]$ gebräuchlich ist:

$$D[f_n] = \sum_{n=0}^\infty f_n\, e^{-pnT}\,.$$

Mit der Abkürzung

$$z = e^{pT}$$

entsteht dann die bereits angegebene Gleichung (13.3). Die diskrete Laplace-Transformation kann als gewöhnliche Laplace-Transformation gedeutet werden, die auf die (verallgemeinerte) Funktion aus den äquidistanten Impulsen $f_0 \cdot \delta(t)$, $f_1 \cdot \delta(t - T)$,

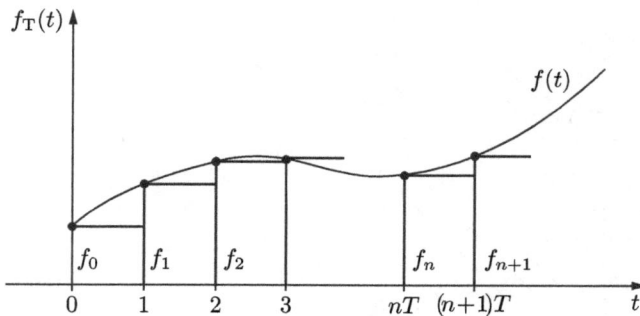

Abb. 13.5: Die der Folge f_n zugeordnete Treppenfunktion $f_T(t)$.

$f_2 \cdot \delta(t - 2T), \ldots$ einwirkt, also auf:

$$\sum_{n=0}^{\infty} f_n\, \delta(t - nT) \,.$$

Multipliziert man die Laplace-Transformierte dieser Funktion mit der Laplace-Transformierten des Rechteckimpulses (die wir oben zunächst nicht wieder betrachtet hatten), so entsteht die Laplace-Transformierte der Treppenfunktion nach Bild 13.5. Dieser Zusammenhang lässt sich auch mit dem Faltungssatz (12.14a) nachweisen.

Ersetzt man in Gl. (13.3) die Variable z durch $\mathrm{e}^{\mathrm{j}\omega t}$, so entsteht

$$F\!\left(\mathrm{e}^{\mathrm{j}\omega t}\right) = \sum_{n=0}^{\infty} f_n\, \mathrm{e}^{-\mathrm{j}n\omega t} \,.$$

Diese Reihe kann man formal zu einer Reihe von $n = -\infty$ bis $n = +\infty$ ergänzen, indem man die Koeffizienten $f_{-1} = f_{-2} = f_{-3} = \cdots = 0$ hinzunimmt:

$$F\!\left(\mathrm{e}^{\mathrm{j}\omega t}\right) = \sum_{n=-\infty}^{\infty} f_n\, \mathrm{e}^{-\mathrm{j}n\omega t} \,.$$

Das ist die Darstellung einer Funktion durch eine Fourier-Reihe gemäß Gl. (11.8) mit bekannten komplexen Koeffizienten (hier f_n). Ist dagegen die Funktion $F(\mathrm{e}^{\mathrm{j}\omega t})$ vorgegeben und sind die Koeffizienten f_n unbekannt, so zeigt die Gl. (11.10) eine Möglichkeit auf, das Umkehrproblem (d. h. die Rücktransformation von F nach f_n) zu lösen. Dieser Weg soll hier jedoch nicht weiter verfolgt werden. Statt dessen wird das Umkehrproblem im folgenden Abschnitt mit einer anderen Methode behandelt.

13.1.3 Die Umkehrformel

Eine Umkehrformel, mit der die Originalfolge aus der Bildfunktion ermittelt werden kann, lässt sich mit dem, aus der Funktionentheorie bekannten, **Cauchy'schen Integralsatz** herleiten: Zunächst multipliziert man beide Seiten von Gl. (13.3) mit z^m (den Exponenten m gibt man sich dabei willkürlich vor) und integriert dann längs eines im Konvergenzgebiet liegenden Kreises (Bild 13.4):

$$\oint_L \sum_{n=0}^{\infty} f_n\, z^{-n+m}\, \mathrm{d}z = \oint_L F(z)\, z^m\, \mathrm{d}z \,. \tag{13.4}$$

Auf der linken Seite werden Summation und Integration vertauscht:

$$\sum_{n=0}^{\infty} f_n \oint_L z^{-n+m}\, \mathrm{d}z \,. \tag{13.5}$$

Das hier auftretende Integral ist (wegen des Cauchy'schen Integralsatzes):

$$\oint_L z^{-n+m}\, \mathrm{d}z = \begin{cases} 2\pi\,\mathrm{j} & \text{für } -n+m = -1 \ \text{ oder } \ n = m+1\,, \\ 0 & \text{für } -n+m \neq -1 \ \text{ oder } \ n \neq m+1\,. \end{cases}$$

Die Summe (13.5) weist also nur ein von null verschiedenes Glied auf, nämlich $f_{m+1} \cdot 2\pi\,\mathrm{j}$. Damit lautet Gl. (13.4) jetzt

$$f_{m+1} \cdot 2\pi\,\mathrm{j} = \oint_L F(z)z^m\,\mathrm{d}z \ .$$

Ersetzt man hier noch auf der linken Seite $m + 1$ durch n und auf der rechten Seite m durch $n - 1$, so folgt die gesuchte Umkehrformel

$$f_n = \frac{1}{2\pi\,\mathrm{j}} \oint_L F(z)\,z^{n-1}\,\mathrm{d}z = \sum \mathrm{Res}\{F(z)\,z^{n-1}\} \ . \tag{13.6}$$

Die Definitionsgleichung (13.3) und die Umkehrformel (13.6) entsprechen dem Gleichungspaar (12.6a), (12.6b) bei der Laplace-Transformation. Dabei steht der Ausdruck »Res« für Residuum, einen Begriff aus der Funktionentheorie – ein Hilfsmittel bei der Berechnung von komplexen Kurvenintegralen.

13.2 Einige Eigenschaften der z-Transformation

Linearität

Aus Gl. (13.3) folgt mit den Konstanten a und b

$$\mathcal{Z}\{af_n\} = a\,\mathcal{Z}\{f_n\} \quad \text{und}$$
$$\mathcal{Z}\{af_n + bg_n\} = a\,\mathcal{Z}\{f_n\} + b\,\mathcal{Z}\{g_n\} \ . \tag{13.7}$$

Verschiebungssätze

Anstelle der Folge f_n wird die **nach rechts verschobene Folge** f_{n-k} ($k > 0$) betrachtet (Bild 13.6). Es ergibt sich

$$\mathcal{Z}\{f_{n-k}\} = \sum_{n=0}^{\infty} f_{n-k}\,z^{-n} = z^{-k} \sum_{n=0}^{\infty} f_{n-k}\,z^{-(n-k)}$$

$$= z^{-k} \sum_{m=-k}^{\infty} f_m\,z^{-m} \ .$$

Wenn $f_m = 0$ für $m < 0$ vorausgesetzt wird (s. o.), kann man schreiben (jetzt wieder mit n statt m):

$$\mathcal{Z}\{f_{n-k}\} = z^{-k} \sum_{n=0}^{\infty} f_n\,z^{-n}$$

oder

$$\mathcal{Z}\{f_{n-k}\} = z^{-k}\,\mathcal{Z}\{f_n\} \quad \text{mit} \quad k = 0, 1, 2, \ldots \tag{13.8}$$

Wichtig ist der Sonderfall $k = 1$:

$$\mathcal{Z}\{f_{n-1}\} = z^{-1}\,\mathcal{Z}\{f_n\} \ . \tag{13.8'}$$

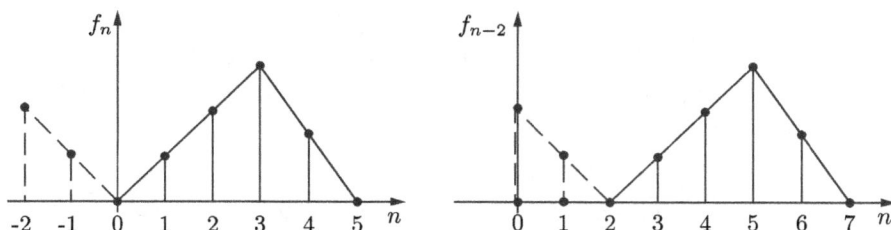

Abb. 13.6: Eine Folge f_n und die um 2 nach rechts verschobene Folge f_{n-2}.

Mit dem Korrespondenzzeichen lassen sich die beiden letzten Formeln so darstellen:

$$f_{n-k} \circ\!\!-\!\!\bullet\, z^{-k}F(z)$$

und

$$f_{n-1} \circ\!\!-\!\!\bullet\, z^{-1}F(z)\,.$$

In manchen Anwendungen treten auch (von null verschiedene) f_n-Werte mit negativen Indizes auf, also f_{-1}, f_{-2} usw. In diesem Fall ergeben sich anstelle von (13.8) und (13.8') etwas kompliziertere Formeln:

$$\mathcal{Z}\{f_{n-k}\} = z^{-k} \sum_{m=-k}^{\infty} f_m\, z^{-m}$$

$$= z^{-k}\Big[f_{-k}\,z^{k} + f_{-k+1}\,z^{k-1} + \cdots + f_{-1}\,z + \sum_{m=0}^{\infty} f_m\, z^{-m}\Big]$$

oder

$$\mathcal{Z}\{f_{n-k}\} = z^{-k}\Big[f_{-k}\,z^{k} + f_{-k+1}\,z^{k-1} + \cdots + f_{-1}\,z + \mathcal{Z}\{f_n\}\Big] \qquad (13.9)$$

$$= z^{-k}\Big[\sum_{m=1}^{k} f_{-m}\,z^{m} + \mathcal{Z}\{f_n\}\Big]\,.$$

$$k = 0, 1, 2, \ldots$$

Für den Sonderfall $k = 1$ folgt

$$\mathcal{Z}\{f_{n-1}\} = f_{-1} + z^{-1}\,\mathcal{Z}\{f_n\}\,. \qquad (13.9')$$

Werden in Gl. (13.9) die Summanden zwischen den rechteckigen Klammern mit z^{-k} multipliziert, so erhält man (bei Benutzung des Korrespondenzzeichens):

$$f_{n-k} \circ\!\!-\!\!\bullet\, f_{-k} + f_{-k+1}z^{-1} + \cdots + f_{-1}\,z^{-k+1} + z^{-k}F(z)$$

und

$$f_{n-1} \circ\!\!-\!\!\bullet\, f_{-1} + z^{-1}\,F(z)\,.$$

Anmerkung *Die (wegen der Voraussetzung $f_n = 0$ für $n < 0$) speziellere Formel (13.8) folgt aus der allgemeineren Gleichung (13.9) auch, wenn man anstelle der Folge f_n die Folge $s_n \cdot f_n$ betrachtet, wobei s_n die in Abschnitt 13.3 behandelte Sprungfolge bedeutet (vgl. auch Bild 13.3):*

$$\mathcal{Z}\{s_{n-k}f_{n-k}\} = z^{-k}\,\mathcal{Z}\{f_n\} \ .$$

Auf ähnliche Weise wie (13.8) und (13.9) leitet man für eine **Verschiebung nach links** her ($k > 0$):

$$\mathcal{Z}\{f_{n+k}\} = \sum_{n=0}^{\infty} f_{n+k}\,z^{-n} = z^k \sum_{n=0}^{\infty} f_{n+k}\,z^{-(n+k)} = z^k \sum_{m=k}^{\infty} f_m\,z^{-m} \ .$$

Ergänzt man auf beiden Seiten der Gleichung die Summanden mit $m = 0$ bis $k - 1$, so folgt:

$$\mathcal{Z}\{f_{n+k}\} + z^k \sum_{m=0}^{k-1} f_m\,z^{-m} = z^k \sum_{m=0}^{\infty} f_m\,z^{-m} = z^k\,\mathcal{Z}\{f_n\}$$

oder

$$\mathcal{Z}\{f_{n+k}\} = z^k\left[\mathcal{Z}\{f_n\} - \sum_{m=0}^{k-1} f_m\,z^{-m}\right] \quad \text{mit} \quad k = 1, 2, 3, \ldots \qquad (13.10)$$

Im Sonderfall $k = 1$ hat man $\mathcal{Z}\{f_{n+1}\} = z[\mathcal{Z}\{f_n\} - f_0]$. Die Verschiebungssätze sind zur Lösung von Rekursionsgleichungen besonders wichtig. Sie spielen eine ähnliche Rolle wie die Korrespondenzen (12.10) und (12.11) bei der Laplace-Transformation (Differenziation im Zeitbereich).

Der Faltungssatz

$F(z)$ und $G(z)$ sollen die Bildfunktionen von f_n und g_n sein. Gesucht ist die zu dem Produkt $F(z) \cdot G(z)$ gehörende Originalfolge, die symbolisch als $f_n * g_n$ geschrieben wird. Dabei setzen wir $f_n, g_n = 0$ für $n < 0$ voraus. Zunächst wird $F(z)$ entsprechend Gl.(13.3) umgeformt

$$F(z) \cdot G(z) = \sum_{k=0}^{\infty} f_k \underbrace{z^{-k}\,G(z)}_{a} \ .$$

Nun ist aber das unterklammerte Produkt a wegen Gl. (13.8) die z-Transformierte von g_{n-k}, so dass sich ergibt

$$F(z) \cdot G(z) = \sum_{k=0}^{\infty} f_k \underbrace{\sum_{n=0}^{\infty} g_{n-k}\,z^{-n}}_{a} \ .$$

Durch Vertauschen der Reihenfolge beider Summationen entsteht

$$F(z) \cdot G(z) = \sum_{n=0}^{\infty}\left\{\sum_{k=0}^{\infty} f_k\,g_{n-k}\right\}z^{-n} \ .$$

Offenbar ist die Summe zwischen den geschweiften Klammern die gesuchte Original-folge. Berücksichtigt man noch, dass voraussetzungsgemäß $g_{n-k} = 0$ für $n - k < 0$ ist, so erhält man als Endformel:

$$f_n * g_n = \sum_{k=0}^{n} f_k\, g_{n-k} = \sum_{k=0}^{n} f_{n-k}\, g_k \circ\!\!-\!\!\bullet\; F(z) \cdot G(z)\,. \tag{13.11}$$

Der Dämpfungssatz

Dieser für beliebiges a (komplex) gültige Satz, ergibt sich unmittelbar aus (13.3):

$$a^n f_n \circ\!\!-\!\!\bullet\; F\!\left(\frac{z}{a}\right)$$

Die Grenzwertsätze

Die Grenzwerte der Folge f_n für $n \to 0$ und $n \to \infty$ kann man, sofern sie existieren, aus $F(z)$ bestimmen. Schreibt man (13.3) in der Form

$$F(z) = f_0 + f_1\, z^{-1} + f_2\, z^{-2} + \dots$$

auf, so findet man sofort, dass für $z \to \infty$ auf der rechten Seite nur der erste Summand nicht verschwindet. Damit lautet der **Anfangswertsatz:**

$$f_0 = \lim_{z\to\infty} F(z)\,.$$

Auf ähnliche Weise erhält man:

$$f_1 = \lim_{z\to\infty} z[F(z) - f_0]\,,$$
$$f_2 = \lim_{z\to\infty} z^2\big[F(z) - f_0 - f_1 z^{-1}\big]\,.$$

Relativ langwierig ist die Herleitung des **Endwertsatzes**. Daher wird hier nur das Ergebnis mitgeteilt:

$$f_\infty = \lim_{z\to 1+} (z - 1)F(z)\,.$$

13.3 Die z-Transformierten häufig auftretender Folgen

1. Die (Einheits-) **Sprungfolge**

$$s_n = \begin{cases} 0 & \text{für } n < 0\,, \\ 1 & \text{für } n \geq 0\,, \end{cases}$$

die auch mit σ_n, ε_n oder u_n bezeichnet wird, hat die Transformierte

$$\mathcal{Z}\{s_n\} = \sum_{n=0}^{\infty} 1 \cdot z^{-n} = \sum_{n=0}^{\infty} \left(\frac{1}{z}\right)^n = 1 + z^{-1} + z^{-2} + \dots$$

Mit der bekannten Formel $1 + q + q^2 + \dots = 1/(1 - q)$ für $|q| < 1$ ergibt sich

$$s_n \circ\!\!-\!\!\bullet\; \frac{1}{1 - 1/z} = \frac{z}{z - 1}\,.$$

2. Die Sprungfolge ist ein Sonderfall der **geometrischen Folge**

$$f_n = \begin{cases} 0 & \text{für } n < 0, \\ a^n & \text{für } n \ge 0. \end{cases}$$

Als z-Transformierte erhält man

$$\mathcal{Z}\{f_n\} = \sum_{n=0}^{\infty} a^n z^{-n} = \sum_{n=0}^{\infty} \left(\frac{a}{z}\right)^n = \frac{1}{1 - a/z} = \frac{z}{z - a}$$

oder

$$a^n \;\circ\!\!-\!\!\bullet\; \frac{z}{z - a}.$$

3. Die **Deltafolge** ist definiert durch

$$\delta_n = \begin{cases} 1 & \text{für } n = 0, \\ 0 & \text{für } n \ne 0. \end{cases}$$

Man erhält

$$\mathcal{Z}\{\delta_n\} = \sum_{n=0}^{\infty} \delta_n z^{-n} = 1$$

oder

$$\delta_n \;\circ\!\!-\!\!\bullet\; 1.$$

4. Für die **Exponentialfolge** e^{an} folgt, wenn man in der Korrespondenz für die geometrische Folge die Variable a durch e^{α} ersetzt:

$$e^{an} \;\circ\!\!-\!\!\bullet\; \frac{z}{z - e^{\alpha}}.$$

5. Da die z-Transformation linear ist, lassen sich mit dem letzten Ergebnis die Transformierten der **trigonometrischen Folgen** leicht angeben. So ist z. B.

$$\mathcal{Z}\{\cos(\Omega n)\} = \sum_{n=0}^{\infty} \cos(\Omega n) \cdot z^{-n}$$

$$= \frac{1}{2} \sum_{n=0}^{\infty} \left(e^{j\Omega n} + e^{-j\Omega n}\right) z^{-n} = \frac{1}{2}\left[\frac{z}{z - e^{j\Omega}} + \frac{z}{z - e^{-j\Omega}}\right]$$

$$= \frac{1}{2}\frac{2z^2 - z(e^{j\Omega} + e^{-j\Omega})}{z^2 + 1 - z(e^{j\Omega} + e^{-j\Omega})} = \frac{z^2 - z\cos(\Omega)}{z^2 + 1 - 2z\cos(\Omega)}$$

oder

$$\cos(\Omega n) \;\circ\!\!-\!\!\bullet\; \frac{z[z - \cos(\Omega)]}{z^2 - 2z\cos\Omega + 1}.$$

6. Die zur **Rampenfolge**

$$f_n = r_n = \begin{cases} 0 & \text{für } n < 0, \\ n & \text{für } n \ge 0. \end{cases}$$

gehörende Transformierte ergibt sich auf folgende Weise:

$$\mathcal{Z}\{f_n\} = \sum_{n=0}^{\infty} n z^{-n} = z^{-1} + 2z^{-2} + 3z^{-3} + \dots$$

Um die bekannte Summenformel (s. o.) benutzen zu können, bildet man

$$\mathcal{Z}\{f_n\} \cdot z - \mathcal{Z}\{f_n\} =$$
$$= 1 + 2z^{-1} + 3z^{-2} + 4z^{-3} + \dots - \left[z^{-1} + 2z^{-2} + 3z^{-3} + \dots \right]$$
$$= 1 + z^{-1} + z^{-2} + z^{-3} + \dots = \frac{z}{z-1}$$

oder

$$\mathcal{Z}\{f_n\} = \frac{z}{(z-1)(z-1)} = \frac{z}{(z-1)^2} .$$

Also ist

$$r_n \;\circ\!\!-\!\!\bullet\; \frac{z}{(z-1)^2} .$$

Dieses Ergebnis kann auch durch andere Überlegungen gewonnen werden: Im Konvergenzbereich einer **Laurent-Reihe** darf diese gliedweise differenziert werden. Damit lassen sich weitere Korrespondenzen gewinnen. So folgt aus

$$\mathcal{Z}\{s_n\} = \sum_{n=0}^{\infty} z^{-n} = \frac{z}{z-1} \quad \text{(s. o. oder Tabelle 13.1)}$$

durch Differenzieren auf beiden Seiten

$$- \sum_{n=0}^{\infty} n\, z^{-(n+1)} = \frac{z-1-z}{(z-1)^2}$$

oder

$$\sum_{n=0}^{\infty} n\, z^{-(n+1)} = z^{-1} \sum_{n=0}^{\infty} n\, z^{-n} \equiv z^{-1}\, \mathcal{Z}\{n\} = \frac{1}{(z-1)^2} .$$

Daraus ergibt sich

$$\sum_{n=0}^{\infty} n\, z^{-n} \equiv \mathcal{Z}\{n\} = \frac{z}{(z-1)^2} .$$

Nochmaliges Differenzieren liefert auf analoge Weise

$$- \sum_{n=0}^{\infty} n^2 z^{-(n+1)} = -z^{-1} \sum_{n=0}^{\infty} n^2 z^{-n} = \frac{(z-1)^2 - 2z(z-1)}{(z-1)^4} = \frac{-(z+1)}{(z-1)^3}$$

oder

$$\sum_{n=0}^{\infty} n^2 z^{-n} \equiv \mathcal{Z}\{n^2\} = \frac{z(z+1)}{(z-1)^3} .$$

Die in diesem Kapitel ermittelten Korrespondenzen und einige weitere sind in der Tabelle 13.1 zusammengestellt.

Tab. 13.1: Einige wichtige Korrespondenzen der z-Transformation

Originalbereich f_n	Bildbereich $F(z)$	Konvergenzbereich
u_n, s_n	$\dfrac{z}{z-1}$	$|z| > 1$
a^n	$\dfrac{z}{z-a}$	$|z| > |a|$
$e^{\alpha n}$	$\dfrac{z}{z-e^{\alpha}}$	$|z| > e^{\alpha}$ für $\alpha \in \mathbb{R}$
δ_n	1	
$\cos(n\Omega)$	$\dfrac{z[z - \cos(\Omega)]}{z^2 - 2z\cos(\Omega) + 1}$	$|z| > 0$, $\Omega \in \mathbb{R}$
$\sin(n\Omega)$	$\dfrac{z\sin(\Omega)}{z^2 - 2z\cos(\Omega) + 1}$	$|z| > 0$, $\Omega \in \mathbb{R}$
n, r_n	$\dfrac{z}{(z-1)^2}$	$|z| > 1$
n^2	$\dfrac{z(z+1)}{(z-1)^3}$	$|z| > 1$
$a^{n-1}s_{n-1}$	$\dfrac{1}{(z-a)}$	$|z| > |a|$

13.4 Die Bestimmung der Originalfolge aus der Bildfunktion (Rücktransformation)

Für die Rücktransformation gelten weitgehend die im Zusammenhang mit der inversen Laplace-Transformation (Abschnitt 12.4) behandelten Gesichtspunkte: Die allgemeinste Methode der Rückkehr zum Originalbereich besteht in der Auswertung des Umkehrintegrals (13.6). Meist findet man die gesuchte Lösung leichter, indem man in einer Korrespondenztabelle (s. auch Spezialliteratur) nachschlägt.

Viele Bildfunktionen haben die Form eines Quotienten aus Zählerpolynom $Z(z)$ und Nennerpolynom $N(z)$. Ist der Grad von $Z(z)$ kleiner als der von $N(z)$ und sind außerdem die Nullstellen des Nenners einfach, so lässt sich eine Partialbruchzerlegung der angegebenen Form vornehmen:

$$F(z) = \frac{Z(z)}{N(z)} = \frac{Z(z)}{k(z - z_1)(z - z_2)\cdots(z - z_k)\cdots(z - z_n)}$$
$$= \frac{c_1}{z - z_1} + \frac{c_2}{z - z_2} + \cdots + \frac{c_k}{z - z_k} + \cdots + \frac{c_n}{z - z_n}.$$

Die Koeffizienten können mit folgenden Formeln bestimmt werden (vgl. Abschnitt 12.4):

$$c_k = \lim_{z \to z_k} \frac{Z(z)}{N(z)}(z - z_k) \tag{13.12}$$

oder

$$c_k = \lim_{z \to z_k} \frac{Z(z)}{N'(z)} = \frac{Z(z_k)}{N'(z_k)}. \tag{13.13}$$

Offensichtlich brauchen wir noch die zu $1/(z - z_k)$ oder $1/(z - a)$ gehörende Originalfolge. Wir gehen aus von

$$F(z) = \frac{1}{z - a} = z^{-1} \frac{z}{z - a} \, .$$

Der Quotient auf der rechten Seite lässt sich auch als Summe darstellen (s. Tabelle 13.1):

$$F(z) = z^{-1} \sum_{n=0}^{\infty} \left(\frac{a}{z} \right)^n = \sum_{n=0}^{\infty} a^n z^{-(n+1)} \, .$$

Mit $n + 1 = m$ folgt

$$F(z) = \sum_{m=1}^{\infty} a^{m-1} \cdot z^{-m} = \sum_{n=1}^{\infty} a^{n-1} z^{-n} \, .$$

Offenbar gilt

$$F(z) \; \bullet\!\!-\!\!\circ \; f_n = \begin{cases} 0 & \text{für } n < 1 \, , \\ a^{n-1} & \text{für } n \geq 1 \, . \end{cases}$$

Einfacher lässt sich diese Korrespondenz mit dem Verschiebungssatz (13.8') herleiten

$$F(z) = \frac{1}{z - a} = z^{-1} \frac{z}{\underset{\mathcal{Z}\{a^n\}}{\underbrace{z - a}}} \qquad \text{(s. Tabelle 13.1)}$$

und mit der verschobenen Sprungfunktion darstellen (gilt nicht für den Sonderfall $a = 0$):

$$\frac{1}{z - a} \; \bullet\!\!-\!\!\circ \; s_{n-1} \cdot a^{n-1} \, . \tag{13.14}$$

Wir fassen die durchgeführten Überlegungen zur folgenden Korrespondenz zusammen ($z_k \neq 0$):

$$F(z) = \sum_k \frac{c_k}{z - z_k} \; \bullet\!\!-\!\!\circ \; f_n = \sum_k c_k z_k^{n-1} s_{n-1} \, . \tag{13.15}$$

Wenn dagegen Zähler- und Nennerpolynom von gleichem Grad sind (die Nullstellen des Nenners sollen weiterhin einfach und ungleich null sein), so kann $F(z)$ nicht in Partialbrüche zerlegt werden, dagegen aber $F(z)/z$:

$$\frac{F(z)}{z} = \frac{d_0}{z} + \frac{d_1}{z - z_1} + \cdots + \frac{d_k}{z - z_k} + \cdots + \frac{d_n}{z - z_n} \, .$$

Die Koeffizienten ergeben sich (vgl. Gl. (13.12)) zu

$$d_0 = \frac{Z(0)}{N(0)} = F(0) \quad \text{und} \quad d_k = \lim_{z \to z_k} \frac{Z(z)}{z N(z)} (z - z_k) \, . \tag{13.16}$$

Damit erhalten wir für $F(z)$ eine Darstellung der Form

$$F(z) = d_0 + \sum_k d_k \frac{z}{z - z_k} \, .$$

Die zu $z/(z - z_k)$ gehörende Originalfolge ist nach Tabelle 13.1 die geometrische Folge z_k^n, die Konstante d_0 führt zu einem Impuls:

$$F(z) = d_0 + \sum_k d_k \frac{z}{z - z_k} \;\bullet\!\!-\!\!\circ\; f_n = d_0 \delta_n + \sum_k d_k z_k^n s_n \qquad (13.17)$$

Das folgende Beispiel kann sowohl mit Gl. (13.15) als auch mit Gl. (13.17) behandelt werden.

Beispiel 13.1: Rücktransformation mit Hilfe einer Partialbruchzerlegung (Grad des Zählerpolynoms kleiner als der des Nennerpolynoms).
Gesucht ist die zu

$$F(z) = \frac{3z - 7}{z^2 - 5z + 6}$$

gehörende Originalfolge.

Lösung
Erste Methode   Es ist

$$F(z) = \frac{3z - 7}{(z - 2)(z - 3)} = \frac{c_1}{z - 2} + \frac{c_2}{z - 3}$$

mit $c_1 = 1$ und $c_2 = 2$ (wegen Gl. (13.12)). Damit folgt mit Gl. (13.15)

$$f_n = 1 \cdot 2^{n-1} s_{n-1} + 2 \cdot 3^{n-1} s_{n-1} = \left(\frac{1}{2} \cdot 2^n + \frac{2}{3} \cdot 3^n \right) s_{n-1} \;.$$

Zweite Methode   Es ist

$$\frac{F(z)}{z} = \frac{3z - 7}{z(z - 2)(z - 3)} = \frac{d_1}{z} + \frac{d_2}{z - 2} + \frac{d_3}{z - 3}$$

mit $d_1 = -7/6$, $d_2 = 1/2$, $d_3 = 2/3$ (wegen Gl. (13.17)). Also hat man

$$F(z) = -\frac{7}{6} \frac{z}{z} + \frac{1}{2} \frac{z}{z - 2} + \frac{2}{3} \frac{z}{z - 3} \;.$$

Der erste Summand auf der rechten Seite ist eine Konstante, die zugehörige Originalfolge nach Tabelle 13.1 also die Impulsfolge δ_n. Die beiden anderen Summanden führen zu geometrischen Folgen:

$$f_n = -\frac{7}{6} \delta_n + \left(\frac{1}{2} 2^n + \frac{2}{3} 3^n \right) s_n \;.$$

Das mit der ersten Methode gewonnene Ergebnis lässt sich mit $s_{n-1} = s_n - \delta_n$ leicht auf diese Form bringen:

$$f_n = \left(\frac{1}{2} 2^n + \frac{2}{3} 3^n \right) (s_n - \delta_n) = \left(\frac{1}{2} 2^n + \frac{2}{3} 3^n \right) s_n - \underbrace{\left(\frac{1}{2} 2^n + \frac{2}{3} 3^n \right) \delta_n}_{7/6 \, \delta_n} \;.$$

13.5 Einige weitere Anwendungen

Beispiel 13.2: Rücktransformation mit Hilfe einer Partialbruchzerlegung (bei gleichem Grad von Zähler- und Nennerpolynom).
Es soll die

$$F(z) = \frac{3z^2 - 3z}{z^2 - \frac{5}{2}z + 1}$$

zugeordnete Folge f_n bestimmt werden.

Lösung
Hier hat das Zählerpolynom den gleichen Grad wie das Nennerpolynom. Die Partialbruchzerlegung kann jetzt nicht auf zwei Arten (wie in Beispiel 13.1) durchgeführt werden, sondern nur nach der zweiten Methode. Für die beiden Nullstellen des Nenners, nämlich $z_1 = 2$ und $z_2 = 1/2$, erhält man mit Gl. (13.16)

$$d_1 = 2, \quad d_2 = 1.$$

Also wird

$$F(z) = \frac{2z}{z - 2} + \frac{z}{z - \frac{1}{2}}.$$

Mit der Korrespondenztabelle 13.1 oder Gl. (13.17) ergibt sich die gesuchte Folge zu

$$\underline{\underline{f_n = 2 \cdot 2^n + \left(\frac{1}{2}\right)^n.}}$$

Wenn Missverständnisse zu befürchten sind, sollte man deutlicher schreiben

$$f_n = \begin{cases} 0 & \text{für } n < 0, \\ 2 \cdot 2^n + \left(\frac{1}{2}\right)^n & \text{für } n \geq 0 \end{cases}$$

oder

$$f_n = \left(2 \cdot 2^n + \left(\frac{1}{2}\right)^n\right) \cdot s_n.$$

Beispiel 13.3: Inhomogene Differenzengleichung 1. Ordnung.
Die Differenzengleichung

$$y_{n+1} - 3y_n = 10 \quad \text{bzw.} \quad 10s_n, \quad n \in \mathbb{N}_0$$

mit der Anfangsbedingung $y_0 = 10$ soll mit Hilfe der z-Transformation gelöst werden.

Lösung
Erste Methode Die transformierte Gleichung lautet mit (13.10) und Tabelle 13.1:

$$z\left[Y(z) - y_0\right] - 3Y(z) = 10\frac{z}{z - 1}$$

oder

$$Y(z)(z-3) = 10\frac{z}{z-1} + 10z = 10\frac{z^2}{z-1}$$

$$Y(z) = \frac{10z^2}{(z-1)\cdot(z-3)}.$$

Die rechte Seite lässt sich in zwei Summanden aufspalten, zu denen die Originalfolgen leicht angegeben werden können:

$$Y(z) = 10z\frac{z}{(z-1)\cdot(z-3)} = 10z\left[\frac{d_1}{z-1} + \frac{d_2}{z-3}\right]$$

mit $d_1 = -1/2$, $d_2 = 3/2$. Es ist also

$$Y(z) = -5\frac{z}{z-1} + 15\frac{z}{z-3}$$

und daher nach Tabelle 13.1

$$y_n = -5\cdot 1^n + 15\cdot 3^n.$$

Zweite Methode An diesem Beispiel lässt sich die Rücktransformation mit Hilfe des Faltungssatzes (13.11) sehr schön demonstrieren:

$$Y(z) = \underbrace{10\frac{z}{z-1}}_{\parallel} \cdot \underbrace{\frac{z}{z-3}}_{\parallel}$$

$$G(z) \bullet\!\!-\!\!\circ 10\cdot 1^n \quad F(z) \bullet\!\!-\!\!\circ 3^n$$

Nach dem Faltungssatz (13.11) ist

$$y_n = \sum_{k=0}^{n} f_k\cdot g_{n-k} = \sum_{k=0}^{n} 3^k\cdot 10\cdot 1^{n-k} = 10\sum_{k=0}^{n} 3^k.$$

Die Summe lässt sich leicht angeben:

$$\left.\begin{array}{l} y_n = 10\left(1 + 3 + 3^2 + \cdots + 3^n\right) \\ 3y_n = 10\left(\quad 3 + 3^2 + \cdots + 3^n + 3^{n+1}\right) \end{array}\right\} -$$
$$\overline{-2y_n = 10\left(1 - 3^{n+1}\right)}$$

Damit wird

$$y_n = -5(1 - 3\cdot 3^n) = \underline{-5 + 15\cdot 3^n}.$$

Beispiel 13.4: Inhomogene Differenzengleichung 2. Ordnung.
Die in dem einführenden Abschnitt 13.1 betrachtete Differenzengleichung (13.1)

$$y_n - 2y_{n-1} - 3y_{n-2} = x_n \quad mit \quad x_n \equiv s_n \quad für \quad n \geq 0$$

und den Anfangswerten

$$y_{-1} = y_{-2} = 0$$

soll mit der z-Transformation behandelt werden.

Lösung

Durch Transformieren entsteht mit Gl. (13.8) oder (13.9)

$$Y(z) - 2z^{-1}Y(z) - 3z^{-2}Y(z) = X(z)$$

oder

$$Y(z) = \frac{X(z)}{1 - 2z^{-1} - 3z^{-2}} = \frac{z^2}{z^2 - 2z - 3}X(z)\,.$$

Der Nenner hat einfache Pole bei

$$z_{1,2} = +1 \pm \sqrt{1+3} = 1 \pm 2 = \left\{ \begin{array}{l} 3\,, \\ -1\,. \end{array} \right.$$

Somit folgt

$$Y(z) = \frac{z^2}{(z-3)\cdot(z+1)}X(z)\,.$$

Hier ersetzen wir $X(z)$ noch durch die Transformierte der Sprungfolge (Tabelle 13.1)

$$X(z) = \frac{z}{z-1}$$

und erhalten

$$Y(z) = \frac{z^2 \cdot z}{(z-3)(z+1)(z-1)}\,.$$

Die Zerlegung in Partialbrüche setzt voraus, dass der Grad des Nennerpolynoms größer ist als der des Zählerpolynoms. Wir betrachten daher nicht $Y(z)$, sondern $Y(z)/z$:

$$\frac{Y(z)}{z} = \frac{z^2}{(z-3)(z+1)(z-1)} = \frac{d_1}{z-3} + \frac{d_2}{z+1} + \frac{d_3}{z-1}\,.$$

Die Koeffizienten der Partialbrüche sind wegen Gl. 13.16:

$$d_1 = \frac{9}{4\cdot 2} = \frac{9}{8}\,, \quad d_2 = \frac{1}{(-4)(-2)} = \frac{1}{8}\,, \quad d_3 = \frac{1}{(-2)\cdot 2} = -\frac{1}{4}\,.$$

Also hat man

$$\frac{Y(z)}{z} = \frac{1}{8}\left[\frac{9}{z-3} + \frac{1}{z+1} - \frac{2}{z-1}\right]$$

und

$$Y(z) = \frac{1}{8}\left[9\frac{z}{z-3} + \frac{z}{z+1} - 2\frac{z}{z-1}\right]\,.$$

Mit den Korrespondenzen nach Tabelle 13.1 ergibt sich

$$\underline{\underline{y_n = \frac{1}{8}\left[9\cdot 3^n + (-1)^n - 2\cdot 1^n\right]\,.}}$$

Setzt man hier der Reihe nach für n die Werte 0 bis 4 ein, so erhält man das in Abschnitt 13.1 rekursiv bestimmte Ergebnis (13.2). Für $n = -1, -2$ ergeben sich die laut Aufgabenstellung vorgeschriebenen Anfangswerte $y_{-1} = y_{-2} = 0$. Die Lösung ist in Bild 13.7 dargestellt (kein linearer Ordinatenmaßstab).

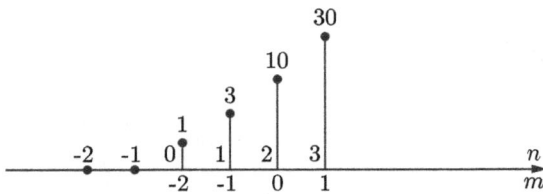

Abb. 13.7: Die Lösung von Beispiel 13.4 (kein linearer Ordinatenmaßstab).

Um bei dieser Aufgabe auch einmal den Verschiebungssatz (13.10) – Verschiebung nach links – zu benutzen, formulieren wir die Aufgabe noch einmal und verwenden dabei anstelle der Variablen n die neue Variable m:

$$m = n - 2 \quad oder \quad n = m + 2 \,.$$

Damit lautet die Rekursionsgleichung (13.1):

$$y_{m+2} - 2y_{m+1} - 3y_m = s_{m+2} \quad mit \quad m \geq -2 \,.$$

Es wird sich zeigen, dass jetzt die Anfangswerte

$$y_0 = 10 \quad und \quad y_1 = 30$$

gebraucht werden.

Lösung

Mit Gl. (13.10) entsteht

$$z^2 \left[Y(z) - y_0 - y_1 z^{-1} \right] - 2z \left[Y(z) - y_0 \right] - 3Y(z) = X(z)$$

oder

$$
\begin{aligned}
Y(z) &= \frac{X(z) + z^2 y_0 + z y_1 - 2z y_0}{z^2 - 2z - 3} \\
&= \frac{X(z) + 10z^2 + 30z - 2 \cdot 10z}{\cdots} = \frac{X(z) + 10z(z + 1)}{(z - 3) \cdot (z + 1)} \,.
\end{aligned}
$$

Im vorliegenden Fall ist (mit (13.10)):

$$X(z) = \mathcal{Z}\{s_{m+2}\} = z^2 \left[\underset{\frac{z}{z-1}}{\underline{S(z)}} - s_0 - s_1 z^{-1} \right]$$

$$= z^2 \left[\frac{z}{z - 1} - 1 - z^{-1} \right] = \frac{z^3 - (z^2 + z)(z - 1)}{z - 1} = \frac{z^3 - [z^3 - z^2 + z^2 - z]}{z - 1} = \frac{z}{z - 1} \,.$$

(Das Ergebnis war eigentlich zu erwarten, da hier die einseitige z-Transformation benutzt wird.)

Damit hat man

$$Y(z) = \frac{\frac{z}{z-1} + 10z(z+1)}{(z-3)(z+1)} = \frac{z + 10z(z^2-1)}{(z-3)(z+1)(z-1)}$$

oder

$$\frac{Y(z)}{z} = \frac{10z^2 - 9}{(z-3)(z+1)(z-1)} = \frac{d_1}{z-3} + \frac{d_2}{z+1} + \frac{d_3}{z-1}$$

mit den Koeffizienten

$$d_1 = \frac{90 - 9}{4 \cdot 2} = \frac{81}{8}, \qquad d_2 = \frac{10 - 9}{(-4)(-2)} = \frac{1}{8}, \qquad d_3 = \frac{10 - 9}{(-2)2} = -\frac{1}{4}.$$

Also wird

$$Y(z) = \frac{1}{8}\left[81\frac{z}{z-3} + \frac{z}{z+1} - 2\frac{z}{z-1}\right]$$

und

$$y_m = \frac{1}{8}\left[81 \cdot 3^m + (-1)^m - 2 \cdot 1^m\right].$$

Beachtet man den Zusammenhang $m = n - 2$, so erkennt man, dass dieses Ergebnis mit dem zuerst berechneten übereinstimmt.

Beispiel 13.5: Homogene Differenzengleichung 2. Ordnung.

Gegeben ist eine lineare homogene Differenzengleichung 2. Ordnung:

$$y_{n+2} - 2K y_{n+1} + y_n = 0, \quad n \in \mathbb{N}_0.$$

K sei eine reelle Konstante mit $|K| < 1$; die Anfangswerte sind $y_0 = A, y_1 = B$. Die Gleichung soll mit Hilfe der z-Transformation gelöst werden.

Lösung

Die Differenzengleichung wird mit Benutzung des Verschiebungssatzes (13.10) transformiert:

$$z^2\left[Y(z) - \sum_{n=0}^{1} y_n z^{-n}\right] - 2K z\left[Y(z) - y_0\right] + Y(z) = 0$$

$$z^2\left[Y(z) - y_0 - y_1 z^{-1}\right] - 2K z\left[Y(z) - y_0\right] + Y(z) = 0.$$

Nach Einarbeiten der Anfangswerte hat man

$$z^2\left[Y(z) - A - Bz^{-1}\right] - 2K z\left[Y(z) - A\right] + Y(z) = 0$$

und schließlich

$$Y(z) = \frac{Az^2 + (B - 2KA)z}{z^2 - 2Kz + 1}.$$

Setzt man hierin $K = \cos(\Omega)$ und formt in geeigneter Weise um, so kann die Rücktransformation mit den oben gefundenen Korrespondenzen – Tabelle 13.1 – durchgeführt werden:

$$Y(z) = \frac{Az^2 + (B - 2A\cos(\Omega))z}{z^2 - 2z\cos(\Omega) + 1} = \frac{Az(z - \cos(\Omega)) + (B - A\cos(\Omega))z}{z^2 - 2z\cos(\Omega) + 1}$$

$$= A\underbrace{\boxed{\frac{z(z - \cos\Omega)}{z^2 - 2z\cos\Omega + 1}}}_{\circ} + \frac{B - A\cos\Omega}{\sin\Omega} \cdot \underbrace{\boxed{\frac{z\sin\Omega}{z^2 - 2z\cos\Omega + 1}}}_{\circ}$$

$$\cos n\Omega \qquad\qquad\qquad \sin n\Omega$$

Ergebnis:

$$y_n = A\cos(n\Omega) + \frac{B - A\cos(\Omega)}{\sin(\Omega)}\sin(n\Omega) \quad \text{mit} \quad n \in \mathbb{N}_0 \,.$$

Man überzeugt sich leicht davon, dass die Anfangsbedingungen bei $n = 0, 1$ erfüllt werden. Mühsamer ist der Nachweis, dass die Lösung auch die Differenzengleichung befriedigt.

13.6 Beschreibung der Systemreaktion mit Hilfe der Impulsantwort

Wie bei zeitkontinuierlichen Systemen (vgl. Abschnitt 11.4.6) lässt sich die Antwort eines zeitdiskreten Systems angeben, wenn die Impulsantwort bekannt ist. Diese Idee ist in Bild 13.8 skizziert. Vorausgesetzt werden Linearität und Zeitinvarianz des Systems.

Eine beliebige Eingangsfolge kann (in Analogie zu Gl. (11.62)) durch eine Summe von Deltafolgen dargestellt werden:

$$x_n = \sum_{k=-\infty}^{\infty} x_k\,\delta_{n-k}\,. \tag{13.18}$$

Die Reaktion des Systems auf den Impuls δ_n wird mit h_n (= Impulsantwort) bezeichnet. Ist das System **zeitinvariant**, so gilt:

$$\delta_{n-k} \text{ bewirkt am Ausgang } h_{n-k}\,.$$

Ist das System außerdem **linear**, so folgt:

$$x_k\,\delta_{n-k} \text{ bewirkt am Ausgang } x_k\,h_{n-k}\,.$$

Hieraus ergibt sich für ein beliebiges x_n durch Superposition die Ausgangsfolge (als diskrete Faltung gemäß Gl. (13.11), in Analogie zu (11.64)):

$$y_n = \sum_{k=-\infty}^{\infty} x_k\,h_{n-k} = \sum_{k=-\infty}^{\infty} x_{n-k}\,h_k\,. \tag{13.19}$$

Unterwirft man diese Gleichung der z-Transformation, so entsteht wegen (13.12):

$$Y(z) = X(z)\,H(z)\,. \tag{13.20}$$

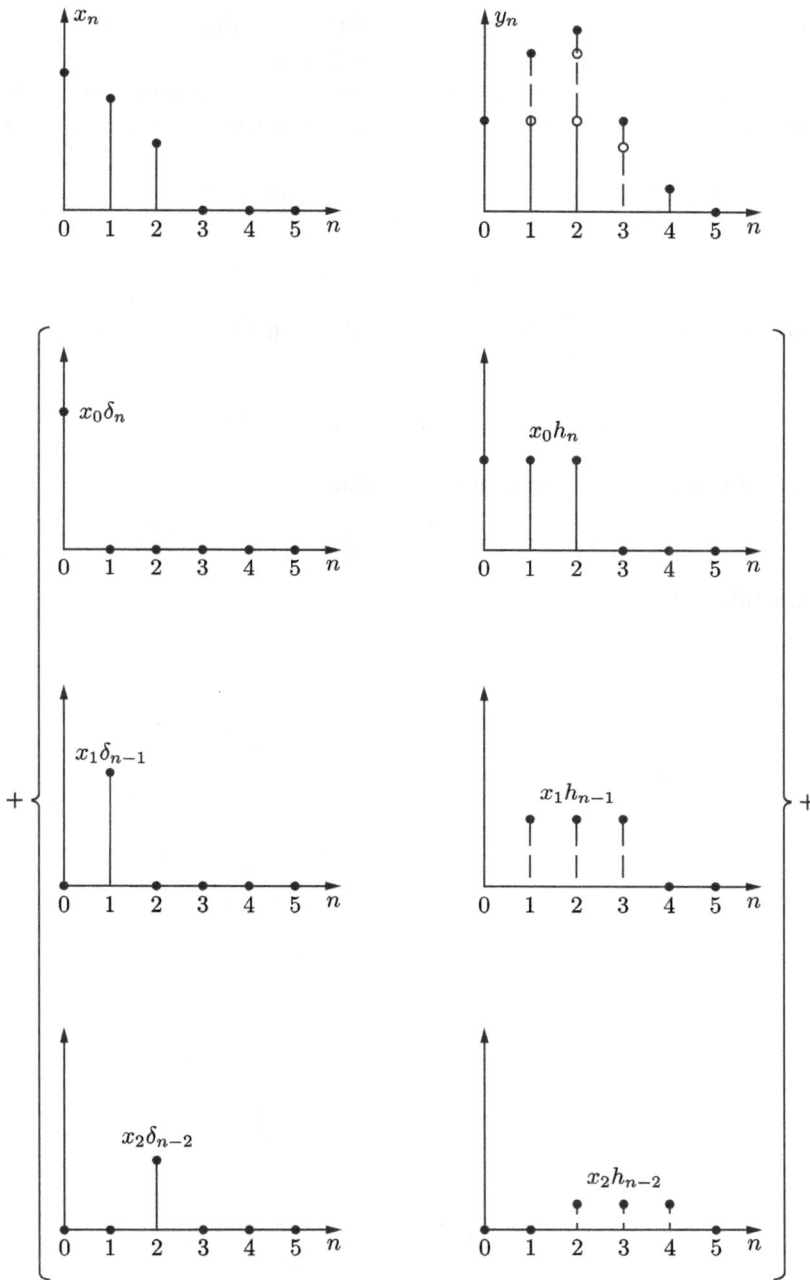

Abb. 13.8: Zerlegung einer beliebigen Eingangsfolge in gewichtete Impulsfolgen und Zusammensetzen der Ausgangsfolge aus gewichteten Impulsantworten.

Wie im zeitkontinuierlichen Fall bezeichnet man $H(z)$ als Systemfunktion. Die Zusammenhänge (13.19) und (13.20) kann man wie in Bild 11.31 veranschaulichen.

Wirkt auf ein – durch die Impulsantwort h_n gekennzeichnetes – System das abgetastete Exponentialsignal $x_n = e^{j\omega_0 nT}$, so folgt die Antwort y_n mit dem Faltungssatz (13.19):

$$y_n = \sum_{k=-\infty}^{\infty} h_k\, e^{j\omega_0(n-k)T} = e^{j\omega_0 nT} \sum_{k=-\infty}^{\infty} h_k \cdot \left(e^{j\omega_0 T}\right)^{-k}$$

$$= e^{j\omega_0 nT} \cdot H(z)\Big|_{z=e^{j\omega_0 T}} = e^{j\omega_0 nT} \cdot H\left(e^{j\omega_0 T}\right) .$$

Zusammenfassend lassen sich also für die Systemfunktion drei Deutungen angeben:

1. **Frequenzantwort:**

$$x_n = e^{j\omega_0 nT} \text{ bewirkt am Ausgang } y_n = H\left(e^{j\omega_0 T}\right) e^{j\omega_0 nT} .$$

2. **Übertragungsfunktion bei beliebiger Anregung:**

$$Y(z) = H(z)\, X(z) .$$

3. **z-Transformierte der Impulsantwort:**

$$H(z) = \mathcal{Z}\{h_n\} .$$

14 Systemtheorie

14.1 Zusammenfassender Vergleich zwischen zeitkontinuierlichen und zeitdiskreten Systemen

Einen ersten Ausblick auf die Systemtheorie bot Abschnitt 11.4.3. Wichtige Begriffe wie *Signal, System, Systemfunktion* kamen zur Sprache. Weitere Einzelheiten wurden dann zuerst für zeitkontinuierliche Signale und Systeme ausgearbeitet und anschließend (in Kapitel 13) für zeitdiskrete. Wichtige Prinzipien – wie Linearität, Zeitinvarianz, Superposition, Kausalität, Variablenverschiebung usw. – kommen in gleichartiger Form im zeitkontinuierlichen wie im zeitdiskreten Bereich vor. So folgt in beiden Fällen, dass bei einem linearen zeitinvarianten System die Kenntnis der Impulsantwort vollständig ausreicht, um die Antwort des Systems auf eine beliebige Eingangsgröße zu bestimmen. Das geschieht im ersten Fall durch Auswerten des Faltungsintegrals und im zweiten Fall durch Berechnen der Faltungssumme. In beiden Fällen entspricht die im Originalbereich durchgeführte Faltung einer Produktbildung im Bildbereich.

Ein gleichartiges Vorgehen ist auch bei der folgenden Stabilitätsbetrachtung möglich. Im zeitkontinuierlichen wie im zeitdiskreten Fall führt eine begrenzte Eingangsgröße $|x(t)| \leq k_1$ bzw. $|x_n| \leq k_1$ oft zu einer begrenzten Ausgangsgröße $|y(t)| \leq k_2$ bzw. $|y_n| \leq k_2$. Ein System mit dieser Eigenschaft nennt man **BIBO-stabil** (bounded input / bounded output). Es lässt sich zeigen (Beispiele 14.1 und 14.2), dass ein lineares zeitinvariantes System BIBO-stabil ist, wenn – im zeitkontinuierlichen Fall – die Impulsantwort absolut integrabel ist:

$$\int_{-\infty}^{\infty} |h(\tau)| \, d\tau < \infty . \tag{14.1}$$

Im zeitdiskreten Fall muss die Impulsantwort absolut summierbar sein:

$$\sum_{k=-\infty}^{\infty} |h_k| < \infty . \tag{14.2}$$

Anmerkung *Neben der eben betrachteten BIBO-Stabilität gibt es noch weitere Stabilitätsdefinitionen.*

Beispiel 14.1: Stabile zeitkontinuierliche Systeme.
Man zeige, dass Gl. (14.1) die Bedingung für BIBO-Stabilität eines zeitkontinuierlichen Systems ist.

Lösung
Die Eingangsgröße soll begrenzt sein, d. h. es wird $|x(t)| \leq k_1 \; \forall \, t$ vorausgesetzt, wobei k_1 eine positive Konstante ist. Mit dem Faltungssatz folgt dann:

https://doi.org/10.1515/9783110631647-008

$$|y(t)| = \left| \int_{-\infty}^{\infty} h(\tau)\, x(t-\tau)\, d\tau \right| \leq \int_{-\infty}^{\infty} |h(\tau)|\, |x(t-\tau)|\, d\tau \leq k_1 \int_{-\infty}^{\infty} |h(\tau)|\, d\tau \;.$$

Wenn die Impulsantwort absolut integrabel ist, also

$$\int_{-\infty}^{\infty} |h(\tau)|\, d\tau = K < \infty$$

gilt, wird $|y(t)| \leq k_1 K = k_2 \;\forall\, t$, und das System ist BIBO-stabil.

Beispiel 14.2: Stabile zeitdiskrete Systeme.
Man zeige, dass Gl. (14.2) die Bedingung für BIBO-Stabilität eines zeitdiskreten Systems ist.

Lösung
Die Eingangsgröße soll begrenzt sein, d. h. es wird $|x_n| \leq k_1 \;\forall\, n$ vorausgesetzt, wobei k_1 eine positive Konstante ist. Mit dem Faltungssatz folgt dann:

$$|y_n| = \left| \sum_{k=-\infty}^{\infty} h_k\, x_{n-k} \right| \leq \sum_{k=-\infty}^{\infty} |h_k|\, |x_{n-k}| \leq k_1 \sum_{k=-\infty}^{\infty} |h_k| \;.$$

Wenn die Impulsantwort absolut summierbar ist, also

$$\sum_{k=-\infty}^{\infty} |h_k| = K < \infty$$

gilt, wird $|y_n| \leq k_1 K = k_2 \;\forall\, n$, und das System ist BIBO-stabil.

Die Berechnung der Sprungantwort eines Systems aus seiner Impulsantwort erfolgt im Zeitkontinuierlichen und Zeitdiskreten mit gleichartigen Formeln (Integral bzw. Summe). Bei der umgekehrten Aufgabe tritt an die Stelle der 1. Ableitung die sog. 1. Differenz: siehe Beispiele 14.3 und 14.4.

Beispiel 14.3: Zusammenhang zwischen Impuls- und Sprungfunktion.
Die Impulsantwort eines Systems ist bekannt. Gesucht ist die Reaktion auf die Sprung-funktion s(t), die Sprungantwort genannt und mit a(t) bezeichnet wird.

Lösung
Mit dem Faltungssatz erhält man:

$$y(t) \equiv a(t) = \int_{-\infty}^{\infty} h(\tau)\, s(t-\tau)\, d\tau$$

oder (wegen $s(t - \tau) = 0$ für $t \leq \tau$)

$$a(t) = \int_{-\infty}^{t} h(\tau)\, d\tau \;. \tag{14.3}$$

Die zugehörige inverse Operation ist der Differenzialquotient 1. Ordnung

$$h(t) = a'(t) = \frac{da(t)}{dt} \,. \tag{14.4}$$

Beispiel 14.4: Zusammenhang zwischen Impuls- und Sprungfolge.
Die Impulsantwort eines Systems ist bekannt. Gesucht ist die Reaktion auf die Sprungfolge s_n*, die Sprungantwort genannt und mit* a_n *bezeichnet wird.*

Lösung
Mit dem Faltungssatz erhält man

$$y_n \equiv a_n = \sum_{k=-\infty}^{\infty} h_k \, s_{n-k}$$

oder (wegen $s_{n-k} = 0$ für $n < k$)

$$a_n = \sum_{k=-\infty}^{n} h_k \,. \tag{14.5}$$

Diese Gleichung kann nach h_k bzw. h_n aufgelöst werden:

$$a_n - a_{n-1} = \sum_{k=-\infty}^{n} h_k - \sum_{k=-\infty}^{n-1} h_k = h_n \,.$$

Die zu (14.5) inverse Operation ist die sogenannte 1. Differenz:

$$h_n = a_n - a_{n-1} \,. \tag{14.6}$$

Höheren Ableitungen (im zeitkontinuierlichen Fall) entsprechen kompliziertere Differenzen (im zeitdiskreten Fall). Bei den einseitigen Transformationen kommen zusätzlich Anfangswerte vor. Das sind nach dem Differenziationssatz (12.11) die Werte $f(0)$, $f'(0)$ usw. (im selben Punkt $t = 0$). Das zeitdiskrete Gegenstück ist der Verschiebungssatz (13.9), bei dem die aufeinanderfolgenden Abtastwerte f_{-1}, f_{-2} usw. auftreten. Nach dem Vergleich einiger Eigenschaften und Sätze soll kurz noch auf Unterschiede bei den Grundsignalen eingegangen werden.

Die in Abschnitt 11.4.5 betrachtete Sprungfunktion, die jetzt mit $s(t)$ bezeichnet werden soll, besitzt bei $t = 0$ den Wert null, die Einheitssprungfolge s_n dagegen hat bei $n = 0$ den Wert eins.

Mit dem Einführen der Deltafunktion $\delta(t)$ verlässt man den Bereich der klassischen Mathematik. Im zeitdiskreten Fall besteht dagegen keine mathematische Schwierigkeit, die Impulsfolge zu definieren.

Während im zeitkontinuierlichen Fall folgende Beziehungen zwischen Deltafunktion und Sprungfunktion angegeben wurden

$$\frac{ds}{dt} = \delta(t) \,, \quad s(t) = \int_{-\infty}^{t} \delta(\tau) \, d\tau \,, \tag{14.7}$$

sind die Entsprechungen im zeitdiskreten Fall die erste Differenz und die Summe:

$$s_n - s_{n-1} = \delta_n , \quad s_n = \sum_{k=-\infty}^{n} \delta_k . \tag{14.8}$$

In Analogie zu der in Abschnitt 11.4.5 angegebenen Beziehung $f(t) \cdot \delta(t) = f(0) \cdot \delta(t)$ bzw. zu der allgemeineren Formel

$$f(t) \cdot \delta(t - t_0) = f(t_0) \cdot \delta(t - t_0) \tag{14.9}$$

gilt im zeitdiskreten Fall

$$f_n \cdot \delta_{n-k} = f_k \cdot \delta_{n-k} . \tag{14.10}$$

Eine Sonderstellung nimmt die periodische Folge ein. Hat sie die Periode N, so gilt folgende Gleichung:

$$x_{n+N} = x_n .$$

Durch Abtasten einer periodischen Funktion entsteht nicht ohne weiteres eine periodische Folge, wie das Beispiel der Funktion $e^{j\omega_0 t}$ (mit der Periode $2\pi/\omega_0$) zeigt: Die Folge der Abtastwerte ist nur dann periodisch, wenn

$$e^{j\omega_0 T(n+N)} = e^{j\omega_0 Tn}$$

ist. Es muss dann gelten:

$$e^{j\omega_0 T \cdot N} = 1$$

und demnach

$$\omega_0 T \cdot N = 2\pi k \quad \text{oder} \quad \frac{\omega_0 T}{2\pi} = \frac{k}{N} .$$

Ein weiterer Unterschied gegenüber dem zeitkontinuierlichen Fall liegt darin, dass sich zwei Exponentialfolgen mit den normierten Frequenzen $\omega_0 T$ und $\omega_0 T + 2\pi$ nicht unterscheiden lassen; es ist nämlich

$$e^{j(\omega_0 T + 2\pi)n} = e^{j\omega_0 Tn} \cdot e^{j2\pi n} = e^{j\omega_0 Tn} .$$

Entsprechendes gilt für Kosinus- und Sinusfolgen.

14.2 Abtastung und Signalrekonstruktion

14.2.1 Zum Abtasttheorem

Durch Abtasten der Funktion $f(t)$ entsteht

$$f_s = f(t) \cdot p(t) , \tag{14.11}$$

wobei $p(t)$ zunächst eine periodische Folge von Rechteckimpulsen mit der Abtastfrequenz f_T ist. $p(t)$ kann also durch eine Fourier-Reihe dargestellt werden:

$$p(t) = \sum_{n=-\infty}^{\infty} c_n \, e^{j\omega_T nt} \tag{14.12}$$

mit

$$\omega_T = 2\pi f_T \,, \quad f_T = \frac{1}{T} \,; \quad c_n = \frac{1}{T} \int_{(T)} p(t) \, e^{-j\omega_T nt} \, dt \,. \tag{14.13}$$

Nach Einsetzen der Reihe (14.12) in (14.11) hat man

$$f_s(t) = \sum_n c_n f(t) \, e^{j\omega_T nt} \tag{14.14}$$

mit der Fourier-Transformierten:

$$
\begin{aligned}
F_s(j\omega) &= \int_{-\infty}^{\infty} \sum_n c_n f(t) \, e^{j\omega_T nt} \cdot e^{-j\omega t} \, dt = \sum_n c_n \int_{-\infty}^{\infty} f(t) \, e^{-j(\omega - n\omega_T)t} \, dt \\
&= \sum_n c_n \, F(j(\omega - n\omega_T)) \,.
\end{aligned}
\tag{14.15}
$$

Wählt man als Abtastfunktion eine Folge von Dirac-Impulsen, d. h.

$$p(t) = \sum_{n=-\infty}^{\infty} \delta(t - nT) \,, \tag{14.16}$$

so ergibt sich für c_n:

$$c_n = \frac{1}{T} \int_{-T/2}^{T/2} \delta(t) \, e^{-j\omega_T nt} \, dt = \frac{1}{T} = f_T \,. $$

Damit folgt statt (14.15):

$$F_s(j\omega) = f_T \sum_{n=-\infty}^{\infty} F(j(\omega - n\omega_T)) \,. \tag{14.17}$$

Das Spektrum des abgetasteten Signals besteht also – abgesehen von dem Faktor f_T – aus periodischen Wiederholungen des Spektrums $F(j\omega)$ des ursprünglichen Signals $f(t)$. Dieses Ergebnis ist im Bild 14.1 für ein sog. bandbegrenztes Signal $f(t)$ dargestellt, das nur Frequenzanteile innerhalb des Bandes $-\omega_b < \omega < \omega_b$ enthält, wobei

$$\omega_T > 2\omega_b \tag{14.18}$$

vorausgesetzt wurde. Diese Bedingung nennt man das **Abtasttheorem**: Die Abtastfrequenz muss also mindestens doppelt so groß sein wie die höchste im Signal auftretende Frequenz. Wenn die Bedingung nicht erfüllt ist, kommt es zu Überlappungen der Teilspektren (Aliasing): Bild 14.2. Der Verlauf des Signals kann nicht mehr aus seinen Abtastwerten rekonstruiert werden.

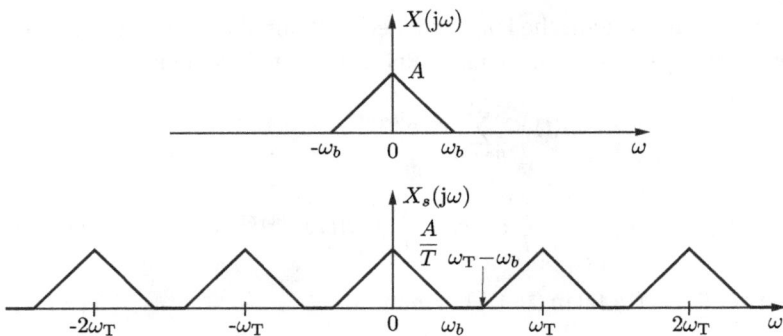

Abb. 14.1: Spektrum von $x(t)$ und Spektrum von $x_s(t)$; keine Überlappung der Teilspektren.

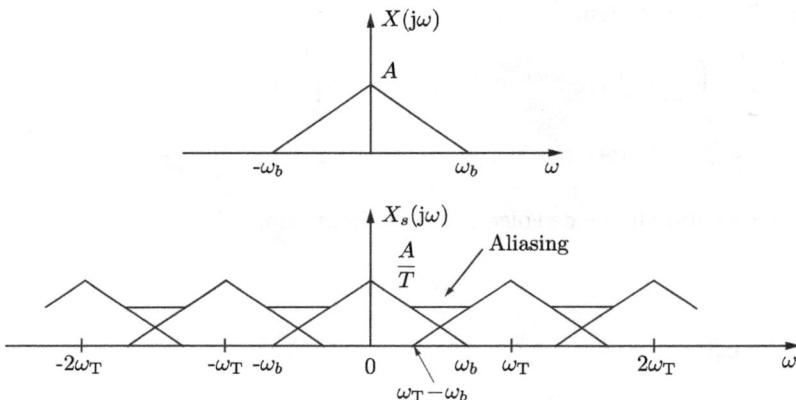

Abb. 14.2: Spektren wie in Bild 14.1; Abtasttheorem nicht erfüllt: Aliasing.

14.2.2 Zur Signalrekonstruktion

Um das ursprüngliche Signal $f(t)$ zurückzugewinnen, muss das abgetastete Signal $f_s(t)$ mit dem Spektrum (14.17) einer Tiefpassfilterung entsprechend

$$H(j\omega) = \begin{cases} T & \text{für } |\omega| \leq \omega_{\mathrm{T}}/2, \\ 0 & \text{sonst} \end{cases}$$

unterworfen werden. Zu $H(j\omega)$ gehört die Impulsantwort:

$$h(t) = \frac{1}{2\pi} \int\limits_{-\omega_{\mathrm{T}}/2}^{\omega_{\mathrm{T}}/2} T\, e^{j\omega t}\, d\omega = \frac{T}{2\pi\, j t}\, e^{j\omega t}\bigg|_{-\omega_{\mathrm{T}}/2}^{\omega_{\mathrm{T}}/2}$$

$$= \frac{T}{\pi t} \sin\left(\frac{\omega_{\mathrm{T}}}{2}t\right) = \frac{T}{\pi t} \sin(\pi f_{\mathrm{T}} t) = \underbrace{T f_{\mathrm{T}}}_{1} \frac{\sin(\pi f_{\mathrm{T}} t)}{\pi f_{\mathrm{T}} t} = \mathrm{sinc}(f_{\mathrm{T}} t). \qquad (14.19)$$

(Die Abkürzung sinc wurde in Abschnitt 11.4.5 eingeführt.)

Auf das durch (14.19) charakterisierte System wirkt das Eingangssignal (14.11) mit $p(t)$ nach (14.16):

$$f_s(t) = \sum_{n=-\infty}^{\infty} f(t) \cdot \delta(t - nT) = \sum_{n=-\infty}^{\infty} f(nT) \cdot \delta(t - nT) \,.$$

Das Ausgangssignal ist also:

$$g(t) = f_s(t) * h(t) = \int_{-\infty}^{\infty} \sum_{n} f(nT) \cdot \delta(\tau - nT) \cdot \operatorname{sinc}(f_T(t - \tau)) \, d\tau$$

$$= \sum_{n=-\infty}^{\infty} f(nT) \operatorname{sinc}(f_T(t - nT)) \,. \tag{14.20}$$

Man überzeugt sich leicht davon, dass für $t = nT$ nur der n-te Summand einen Beitrag liefert, alle anderen Summanden sind an dieser Stelle null; also wird $g(nT) = f(nT)$.

14.3 Ein- und zweiseitige Transformation

14.3.1 Einführung

Vorgänge, die von $t = -\infty$ bis $t = +\infty$ beobachtet werden, kommen in den Anwendungen kaum vor. Ein technischer Vorgang beginnt zu einem bestimmten Zeitpunkt, der als Nullpunkt betrachtet werden kann. Daher liegt es nahe, die Laplace-Transformation wie in Kapitel 12 als einseitige Transformation einzuführen. Sie stellt ein leistungsfähiges Hilfsmittel dar, um Anfangswertprobleme zu lösen. Entsprechendes gilt für die in Kapitel 13 behandelte z-Transformation. Bei manchen Aufgabenstellungen ergeben sich auch Funktionen bzw. Folgen, die für negative Zeitwerte (kontinuierlich bzw. diskret) nicht verschwinden. Für solche Fälle sind zweiseitige Transformationen oft sehr nützlich.

In der Literatur werden häufig die zweiseitigen Transformationen zuerst eingeführt. Bei ihrer Anwendung auf einseitige Funktionen $f(t)\,s(t)$ bzw. Folgen $f_n s_n$, die man auch als **kausale Signale** bezeichnet, ergeben sich die einseitigen Transformationen jeweils als Sonderfall der zweiseitigen.

Ist das System durch die kausale Impulsantwort ($h(t) = 0$ für $t < 0$ bzw. $h_n = 0$ für $n < 0$) gekennzeichnet, so spricht man von einem **kausalen System**.

14.3.2 Die zweiseitige Laplace-Transformation

Zuerst geben wir die Definitionsgleichung an:

$$F_{II}(p) = \int_{-\infty}^{\infty} f(t)\, e^{-pt}\, dt \,. \tag{14.21}$$

(Wenn Verwechselungen ausgeschlossen sind, kann der Index römische Ziffer II entfallen). Bei der einseitigen Laplace-Transformation musste für die Existenz des Integrals (12.6a) i. a. ein genügend großer Wert von $\Re\{p\}$ vorausgesetzt werden. Das Konvergenzgebiet war also eine Halbebene rechts von einer Geraden parallel zur imaginären Achse. Die folgenden Beispiele zeigen, dass bei der zweiseitigen Laplace-Transformation das Konvergenzgebiet ein Streifen parallel zur imaginären Achse ist. Enthält der Streifen die $j\omega$-Achse, dann gehen Fourier- und Laplace-Transformation durch die Substitution $p = j\omega$ ineinander über.

Beispiel 14.5: Rechts- und linksseitige Funktion.
Die Transformierten der Funktionen

$$\text{a)} \quad f_1(t) = e^{-a_1 t} s(t)\,, \quad \text{b)} \quad f_2(t) = -e^{-a_2 t} s(-t)$$

mit reellen a_1, a_2 sind zu bestimmen.

Lösung
a) Mit (14.21) folgt

$$F_1(p) = \int_{-\infty}^{\infty} e^{-a_1 t} s(t)\, e^{-pt}\, dt = \int_{0}^{\infty} e^{-(a_1+p)t}\, dt = \frac{1}{p + a_1}\,,$$

falls $a_1 + \Re\{p\} > 0$ oder $\Re\{p\} = \sigma > -a_1$ ist.
b) Entsprechend ergibt sich

$$F_2(p) = -\int_{-\infty}^{\infty} e^{-a_2 t} s(-t)\, e^{-pt}\, dt = -\int_{-\infty}^{0} e^{-(a_2+p)t}\, dt = \frac{1}{p + a_2}\,,$$

falls $a_2 + \Re\{p\} < 0$ oder $\Re\{p\} = \sigma < -a_2$ ist.
Die Konvergenzbereiche sind in Bild 14.3 dargestellt. Bemerkenswert ist, dass beide Funktionen für $a_1 = a_2$ die gleiche Transformierte besitzen, dass sich jedoch die Konvergenzgebiete unterscheiden.

Beispiel 14.6: Zweiseitige Funktion.
Es soll die Funktion

$$f_3(t) = e^{-a_1 t} s(t) - e^{-a_2 t} s(-t)$$

transformiert werden.

Lösung
Mit den Ergebnissen von Beispiel 14.5 erhält man

$$F_3(p) = \frac{1}{p + a_1} + \frac{1}{p + a_2} = \frac{2p + a_1 + a_2}{(p + a_1)(p + a_2)}\,.$$

Dieses ist nur dann die Transformierte von $f_3(t)$, wenn sich die zu den beiden Summanden gehörenden Konvergenzgebiete überlappen (wie es in Bild 14.3 skizziert ist). Andernfalls besitzt diese Funktion keine Laplace-Transformierte.

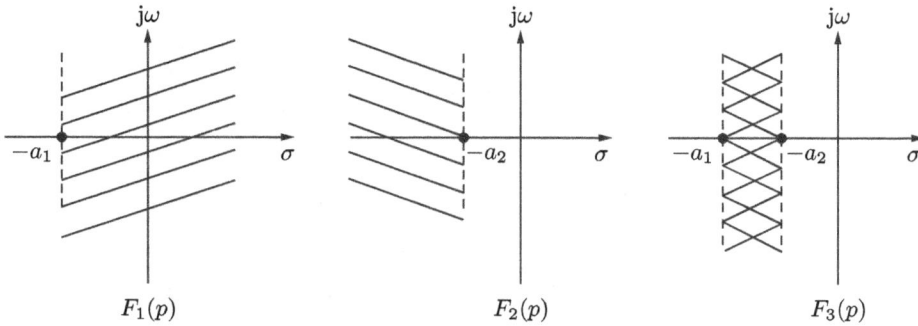

Abb. 14.3: Die zu den Beispielen 14.5 und 14.6 gehörenden Konvergenzgebiete.

Soll die Rücktransformation mit (12.6b) unter Verwendung des Residuensatzes durchgeführt werden, so ist der innerhalb des Konvergenzstreifens verlaufende Integrationsweg zu ergänzen: für $t > 0$ kann der Weg durch einen nach links angesetzten Halbkreis mit unendlich großem Radius geschlossen werden, für $t < 0$ durch einen Halbkreis nach rechts.

Die meisten Eigenschaften der zweiseitigen Laplace-Transformation stimmen mit denen der einseitigen Transformation überein. Ein besonders wichtiger Unterschied betrifft die Differenziation nach der Zeit: Bei der zweiseitigen Transformation treten Anfangswerte nicht auf.

Der Faltungssatz nimmt, wenn nichtkausale Signale betrachtet werden, statt (12.14) die Form

$$f_1(t) * f_2(t) = \int\limits_{-\infty}^{\infty} f_1(t - \tau) \cdot f_2(\tau)\,d\tau$$

$$= \int\limits_{-\infty}^{\infty} f_1(\tau) \cdot f_2(t - \tau)\,d\tau = F_1(p) \cdot F_2(p) \qquad (14.22)$$

an.

14.3.3 Ergänzungen zur einseitigen Laplace-Transformation

Bei der zur Lösung von Anfangswertproblemen eingeführten einseitigen Laplace-Transformation (Kapitel 12) wurde in der älteren Literatur unter dem Anfangswert $f(0)$, der im Differenziationssatz auftritt, der rechtsseitige Grenzwert verstanden, also $f(0+)$, falls $f(t)$ im Punkt $t = 0$ nicht stetig ist. Wenn jedoch auch Dirac-Impulse $\delta(t)$ in den Aufgabenstellungen vorkommen, fasst man die untere Grenze des Integrals (12.6a) besser als linksseitigen Grenzwert auf (siehe hierzu Bild 14.4):

$$F(p) = \int\limits_{0-}^{\infty} f(t)\,e^{-pt}\,dt \,. \qquad (14.23)$$

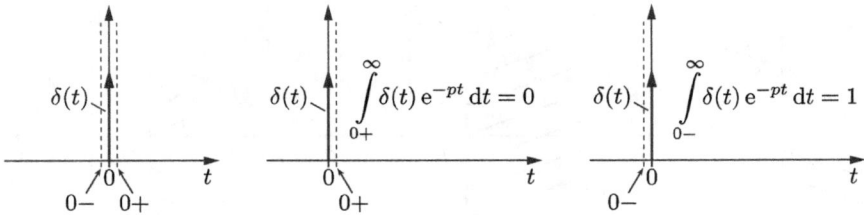

Abb. 14.4: Zur Auswertung des Laplace-Integrals über den Dirac-Impuls, abhängig von den unteren Grenzen 0+ und 0−.

Der Differenziationssatz (12.10) erhält die Form

$$\frac{\mathrm{d}f}{\mathrm{d}t} \multimap pF(p) - f(0-) \,. \tag{14.24}$$

Im folgenden Beispiel werden die Unterschiede herausgestellt, die sich durch das Arbeiten mit den unterschiedlichen Grenzwerten $f(0-)$ und $f(0+)$ ergeben.

Beispiel 14.7: Die Impulsantwort des Tiefpasses 1. Grades.
Ausgehend von der Differenzialgleichung soll die Impulsantwort des Tiefpasses nach Bild 11.2a bestimmt werden, und zwar mit

$$\text{a)} \quad f(0) = f(0-), \quad \text{b)} \quad f(0) = f(0+) \,,$$

wobei vorausgesetzt wird, dass der Kondensator vor dem Einwirken des Impulses ungeladen ist.

Lösung
Wenn die Impulsantwort mit $h(t)$ bezeichnet wird, hat man statt (12.16):

$$CR\frac{\mathrm{d}h}{\mathrm{d}t} + h(t) = \delta(t) \,.$$

a) Unter der Voraussetzung $f(0) = f(0-)$ ergibt sich mit (14.24)

$$CR\left[pH(p) - \underbrace{h(0-)}_{=0} \right] + H(p) = 1$$

und daraus

$$H(p) = \frac{1}{CRp + 1} = \frac{1}{CR} \cdot \frac{1}{p + \frac{1}{CR}} \,.$$

Durch Rücktransformation entsteht

$$h(t) = \frac{1}{CR} \mathrm{e}^{-\frac{t}{CR}} \cdot s(t) \,.$$

b) Unter der Voraussetzung $f(0) = f(0+)$ geht die Differenzialgleichung über in

$$CR\left[pH(p) - \underbrace{h(0+)}_{\neq 0} \right] + H(p) = 0$$

und

$$H(p) = \frac{CRh(0+)}{CRp + 1} = \frac{h(0+)}{p + \frac{1}{CR}} \ .$$

Durch Rücktransformation folgt

$$h(t) = h(0+) \cdot e^{-\frac{t}{CR}} \cdot s(t) \ .$$

Hierin ist $h(0+)$ noch unbekannt und muss durch eine zusätzliche Betrachtung bestimmt werden:

Ein Rechteckimpuls (vgl. Bild 11.16a) der Höhe $1/\Delta$ und der Breite Δ führt zu einer Kondensatorspannung im Zeitpunkt $t = \Delta$ von

$$h(\Delta) = \frac{1}{\Delta}\left(1 - e^{-\frac{\Delta}{CR}}\right) \ .$$

Dieser Ausdruck ergibt sich aus (12.20), wenn man

$$u_C(t) = h(t) \ , \quad U_1 = \frac{1}{\Delta} \ , \quad U_0 = 0$$

einsetzt.

Für $\Delta \rightarrow 0$ erhält man (die e-Funktion wird durch die ersten beiden Glieder der Reihe approximiert):

$$h(0+) = \lim_{\Delta \rightarrow 0} h(\Delta) = \lim_{\Delta \rightarrow 0} \frac{1}{\Delta}\left[1 - \left(1 - \frac{\Delta}{CR}\right)\right] = \frac{1}{CR} \ .$$

Also folgt

$$h(t) = \frac{1}{CR} e^{-\frac{t}{CR}} \cdot s(t) \ .$$

Anmerkung *Die in diesem Beispiel auftretenden Formelzeichen C, R, h usw. bedeuten Zahlenwerte. Es wird also – wie in der Systemtheorie üblich – mit normierten Größen gearbeitet.*

14.3.4 Die zweiseitige z-Transformation

Die Definitionsgleichung lautet

$$F_{\mathrm{II}}(z) = \sum_{n=-\infty}^{\infty} f_n\, z^{-n} \ . \tag{14.25}$$

(Wenn Verwechslungen mit der einseitigen Transformation nicht zu befürchten sind, wird der Index römische Ziffer II weggelassen.) Bei der einseitigen Transformation war das Konvergenzgebiet i. a. das Äußere eines Kreises um den Koordinatenursprung. Bei der zweiseitigen z-Transformation erhält man als Konvergenzgebiet i. a. einen Kreisring mit dem Koordinatenursprung als Zentrum. Die folgenden Beispiele zeigen das.

Beispiel 14.8: Rechts- und linksseitige Folge.

Die Transformierten der beiden Folgen

$$\text{a)} \quad f_n = a^n s_n \qquad \text{b)} \quad g_n = -b^n s_{-n-1}$$

sind zu bestimmen.

Lösung

Mit (14.25) ergibt sich

$$F(z) = \sum_{n=0}^{\infty} a^n z^{-n} = \frac{1}{1 - z^{-1}a} = \frac{z}{z - a} \, ,$$

falls $|z| > |a|$ ist. Das Konvergenzgebiet ist also das Äußere des Kreises um den Ursprung mit dem Radius $|a|$. Entsprechend erhält man:

$$G(z) = -\sum_{n=-\infty}^{-1} b^n z^{-n} = -\sum_{n=1}^{\infty} \left(\frac{z}{b}\right)^n = -\sum_{n=0}^{\infty} \left(\frac{z}{b}\right)^n + 1$$

$$= -\frac{1}{1 - \frac{z}{b}} + 1 = \frac{z}{z - b}$$

falls $|z| < |b|$ ist. Das Konvergenzgebiet ist also das Innere des Kreises um den Ursprung mit dem Radius $|b|$. Beide Folgen haben für $a = b$ die gleichen Transformierten, die Konvergenzgebiete sind jedoch verschieden.

Beispiel 14.9: Zweiseitige Folge.

Es soll die Folge

$$x_n = a^n s_n - b^n s_{-n-1}$$

transformiert werden.

Lösung

Mit den Ergebnissen von Beispiel 14.8 erhält man

$$X(z) = \frac{z}{z - a} + \frac{z}{z - b} = \frac{z(2z - a - b)}{(z - a)(z - b)} \, .$$

Dieses ist nur dann die Transformierte von x_n, wenn sich die zu den beiden Summanden gehörenden Konvergenzgebiete überlappen (wie es in Bild 14.5 skizziert ist). Andernfalls besitzt die Folge keine z-Transformierte.

Soll die Rücktransformation mit (13.6) durchgeführt werden, so ist für L ein Weg zu wählen, der ganz im Konvergenzgebiet liegt.

Die meisten Eigenschaften der zweiseitigen z-Transformation stimmen mit denen der einseitigen Transformation überein. Ein besonders wichtiger Unterschied betrifft den Verschiebungssatz (13.9), der jetzt in seiner allgemeinen Form

$$\mathcal{Z}\{f_{n-k}\} = z^{-k} F(z) \tag{14.26}$$

lautet und damit die gleiche Form wie (13.8) annimmt.

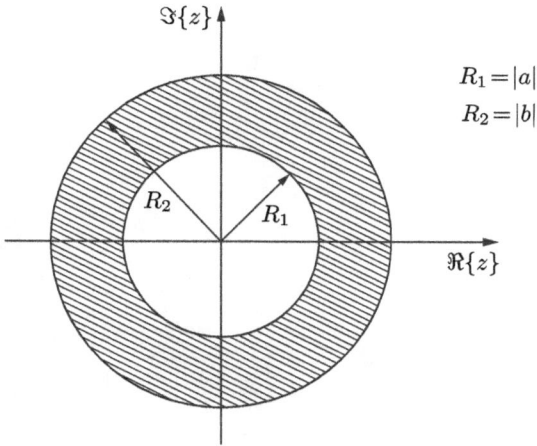

$$R_1 = |a|$$
$$R_2 = |b|$$

Abb. 14.5: Das zu Beispiel 14.9 gehörende Konvergenzgebiet.

In der Faltungssumme läuft der Summationsindex, wenn nichtkausale Folgen betrachtet werden, von $-\infty$ nach $+\infty$ (statt (13.11)):

$$f_n * g_n = \sum_{k=-\infty}^{\infty} f_k \cdot g_{n-k} = \sum_{k=-\infty}^{\infty} f_{n-k} \cdot g_k = F(z) \cdot G(z) . \qquad (14.27)$$

Weiterführende Literatur

Lehrbücher

[1]   W. Ameling. *Laplace-Transformation*. 3. Aufl. Braunschweig: Vieweg, 1984.

[2]   W. Ameling. *Grundlagen der Elektrotechnik*. Band I: 4. Aufl., Band II: 2. Aufl. Braunschweig: Vieweg, 1988/1984.

[3]   F. Bening. *Z-Transformation für Ingenieure*. Stuttgart: B. G. Teubner, 1995.

[4]   G. Bosse. *Grundlagen der Elektrotechnik*. Band I: *Elektrostatisches Feld und Gleichstrom*, Band II: *Magnetisches Feld und Induktion*, Band III: *Wechselstromlehre, Vierpol- u. Leitungstheorie*, Band IV: *Drehstrom, Ausgleichsvorgänge in linearen Netzen*. Band I: 3. Aufl., Band II: 4. Aufl., Band III: 3. Aufl., Band IV: 2. Aufl. Berlin: Springer, 1996.

[5]   H. Clausert. *Elektrotechnische Grundlagen der Informatik*. München: Oldenbourg, 1995.

[6]   C. A. Desoer und E. S. Kuh. *Basic Circuit Theory*. 16th printing Singapore: McGraw-Hill, 1987.

[7]   G. Doetsch. *Anleitung zum praktischen Gebrauch der Laplace-Transformation und der Z-Transformation*. 6. Aufl. München: Oldenbourg, 1989.

[8]   H. Elschner. *Grundlagen der Elektrotechnik/Elektronik*. Band 1 u. 2. Berlin: Verlag Technik, 1990/91.

[9]   O. Föllinger. *Laplace- und Fourier-Transformation*. 5. Aufl. Heidelberg: Hüthig, 1990.

[10] H. Frohne, K.-H. Löcherer, H. Müller, Th. Harriehausen, D. Schwarzenau: *Moeller Grundlagen der Elektrotechnik*. 22. Aufl. Stuttgart: Teubner, 2011.

[11] A. Führer, K. Heidemann und W. Nerreter. *Grundgebiete der Elektrotechnik*. Band 1 u. 2, 8. Aufl. München: Hanser, 2006.

[12] H. Grafe, J. Loose und H. Kühn. *Grundlagen der Elektrotechnik*. Band I: *Gleichspannungstechnik*, Band II: *Wechselspannungstechnik*. Band I: 13 Aufl., Band II: 9. Aufl. Heidelberg: Hüthig, 1989/1987.

[13] W. Herzog. *Elektrizität und Elektrotechnik*, Teil 1 u. 2. Heidelberg: Hüthig, 1979.

[14] J. G. Holbrook. *Laplace-Transformation*. 3. Aufl. Braunschweig: Vieweg, 1984.

[15] HÜTTE. *Die Grundlagen der Ingenieurwissenschaften*. H. Czichos (Hrsg.). 31. Aufl. Berlin: Springer, 2000.

[16] L. B. Jackson. *Signals, Systems, and Transforms*. Reading, Mass.: Addison-Wesley, 1991.

[17] K. Küpfmüller, W. Mathis, A. Reibiger. *Theoretische Elektrotechnik und Elektronik*. 18. Aufl. Berlin: Springer, 2008.

[18] K. Küpfmüller. *Die Systemtheorie der elektrischen Nachrichtenübertragung*. Stuttgart: S. Hirzel, 1974.

[19] K. Lunze. *Theorie der Wechselstromschaltungen (Lehrbuch)*. 8. Aufl. Heidelberg: Hüthig, 1991.

[20] O. Mildenberger. *System- und Signaltheorie*. 3. Aufl. Braunschweig: Vieweg, 1995.

[21] A. V. Oppenheim und A. S. Willsky. *Signale und Systeme, Arbeitsbuch*. Weinheim: VCH Verlagsges., 1989.

[22] A. V. Oppenheim und A. S. Willsky. *Signale und Systeme, Lehrbuch*. 2. Aufl. Weinheim: VCH Verlagsges., 1992.

[23] R. Paul. *Elektrotechnik*. Band I: *Elektrische Erscheinungen und Felder*, Band II: *Netzwerke*. Band I: 3. Aufl., Band II: 3. Aufl. Berlin: Springer, 1993/94.

[24] E. Philippow. *Grundlagen der Elektrotechnik*. 10. Aufl. Berlin: Verlag Technik, 2000.

[25] A. Prechtl. *Vorlesungen über die Grundlagen der Elektrotechnik*. Band 1 u. 2, 2. Aufl. Wien: Springer, 2006/2007.

[26] R. Pregla. *Grundlagen der Elektrotechnik*. Band I: 4. Aufl., Band II: 3. Aufl. Heidelberg: Hüthig, 1990.

https://doi.org/10.1515/9783110631647-009

[27] H.W. Schüssler. *Netzwerke, Signale und Systeme*. Band 1: *Systemtheorie linearer elektrischer Netzwerke*, Band 2: *Theorie kontinuierlicher und diskreter Signale und Systeme*. 3. Aufl. Berlin: Springer, 1991.

[28] K. Simonyi. *Kulturgeschichte der Physik*. 2 . Aufl. Thun: Verlag Harri Deutsch, 1995.

[29] S. D. Stearns und D. R. Hush. *Digitale Verarbeitung analoger Signale*. 7. Aufl. München: Oldenbourg, 1999.

[30] U. Tietze und Ch. Schenk. *Halbleiter-Schaltungstechnik*. 13. Aufl. Berlin: Springer, 2010.

[31] R. Unbehauen. *Systemtheorie 1: Grundlagen für Ingenieure*. 8 . Aufl. München: Oldenbourg, 2002.

[32] R. Unbehauen. *Grundlagen der Elektrotechnik*. Band 1 u. 2: 5. Aufl. Berlin: Springer, 1999.

[33] P. Vaske. *Berechnung von Drehstromschaltungen*. 4. Aufl. Stuttgart: Teubner, 1990.

[34] P. Vaske. *Berechnung von Wechselstromschaltungen*. 4 . Aufl. Stuttgart: Teubner, 1990.

[35] H. Weber. *Laplace-Transformation für Ingenieure der Elektrontechnik*. 7. Aufl. Stuttgart: Teubner, 2003.

Aufgabensammlungen und Arbeitsbücher

[36] O. Haas, C. Spieker et al. *Arbeitsbuch Elektrotechnik, Band 2: Wechselströme, Drehstrom, Leitungen, Anwendungen der Fourier-, der Laplace- und der Z-Transformation*. 2. Aufl. München: De Gruyter Oldenbourg, 2022.

[37] O. Haas, C. Spieker. *Arbeitsbuch Elektrotechnik, Band 1: Gleichstromnetze, Operationsverstärkerschaltungen, elektrische und magnetische Felder*. 2. Aufl. München: De Gruyter Oldenbourg, 2022.

[38] G. Hagmann. *Aufgabensammlung zu den Grundlagen der Elektrotechnik*. 12. Aufl. Wiesbaden: Aula-Verlag, 2006.

[39] H. Lindner. Elektroaufgaben. *Band I: Gleichstrom, Band II: Wechselstrom, Band III: Leitungen, Vierpole, Fourier-Analyse, Laplace-Transformation*. Band I: 29. Aufl., Band II: 24. Aufl., Band III: 6. Aufl. München: Hanser, 2010.

[40] K. Lunze. *Berechnung elektrischer Stromkreise (Arbeitsbuch)*. 15. Aufl. Heidelberg: Hüthig, 1990.

[41] K. Lunze und E. Wagner. *Einführung in die Elektrotechnik (Arbeitsbuch)*. 7. Aufl. Heidelberg: Hüthig, 1991.

[42] H. Mattes. Übungskurs Elektrotechnik. *Band 1: Felder und Gleichstromnetze, Band 2: Wechselstromrechnung*. Berlin: Springer, 1992/94.

[43] G. Wiesemann. *Übungen in Grundlagen der Elektrotechnik, Band II: Magnetfeld und Anwendungen des Induktionsgesetzes*. 2. Aufl. Berlin: Springer, 1995.

[44] G. Wiesemann und W. Mecklenbräuker. *Übungen in Grundlagen der Elektrotechnik, Band I: Elektrostatisches Feld, Gleichstrom und Netzanalyse*. 2. Aufl. Berlin: Springer, 1995.

Handbücher, Normen, Allgemeines

[45] F. A. Brockhaus. *Brockhaus Naturwissenschaften und Technik (3 Bände)*. Mannheim: F. A. Brockhaus, 2002.

[46] K. Budig. *Fachwörterbuch Elektrotechnik/Elektronik (Deutsch-Engl./Engl.-Deutsch)*. 6. Aufl. Berlin: Langenscheidt Fachverlag, 2002.

[47] DIN Deutsches Institut für Normung e.V. *Einheiten und Begriffe für physikalische Größen (DIN Taschenbuch 22)*. 9. Aufl. Berlin: Beuth, 2009.

[48] DUDEN *Informatik*. Mannheim: Bibliographisches Institut, 2003.

[49] M. Klein. *Einführung in die DIN-Normen*. 14. Aufl. Stuttgart: Teubner, 2009.

[50] H. Netz. *Formeln der Elektrotechnik und Elektronik*. 2. Aufl. München: Hanser, 1991.

[51] E. Philippow. *Taschenbuch Elektrotechnik. Band 1: Allgemeine Grundlagen*. 3. Aufl. München: Hanser, 1986.

[52] Hrsg. bisher C. Rint; neu hrsgg. v. Lacroix u. Motz u. Paul u. Reuber. *Handbuch der Informationstechnik und Elektronik*. Heidelberg: Hüthig, 1989.

[53] Hrsg. Physikalisch-Technische Bundesanstalt, Nationales Metrologieinstitut. *PTB-Infoblatt – Das neue Internationale Einheitensystem (SI)*. Braunschweig: 2019. https://www.ptb.de/cms/fileadmin/internet/presse_aktuelles/broschueren/intern_einheitensystem/Das_neue_Internationale_Einheitensystem.pdf (Zugriff am 19. Dezember 2021).

[54] Hrsg. Physikalisch-Technische Bundesanstalt, Nationales Metrologieinstitut. *Die gesetzlichen Einheiten in Deutschland*. 2. Aufl. Braunschweig: 2020. https://www.ptb.de/cms/fileadmin/internet/presse_aktuelles/broschueren/intern_einheitensystem/Die_gesetzlichen_Einheiten.pdf (Zugriff am 19. Dezember 2021).

[55] E. Tiesinga, P. Mohr, D. Newell, B. Taylor. *2018 CODATA Recommended Values of the Fundamental Constants of Physics and Chemistry*. Special Publication (NIST SP), National Institute of Standards and Technology, Gaithersburg, MD, [online], 2019. https://tsapps.nist.gov/publication/get_pdf.cfm?pub_id=928211 (Accessed December 19, 2021).

Stichwortverzeichnis

https://doi.org/10.1515/9783110631647-010